南怀仁的《欧洲天文学》

The *Astronomia Europaea* of Ferdinand Verbiest, S.J.

[比]南怀仁 著　[比]高华士 英译
余三乐 中译　林俊雄 审校

国际汉学经典译丛

中原出版传媒集团
大地传媒
大象出版社
·郑州·

图书在版编目(CIP)数据

南怀仁的《欧洲天文学》/[比]南怀仁著；[比]高华士，余三乐译；林俊雄校.— 郑州：大象出版社，2016. 3

ISBN 978-7-5347-8327-2

Ⅰ. ①南… Ⅱ. ①南… ②高… ③余… ④林… Ⅲ. ①天文学史—研究—欧洲 Ⅳ. ①P1-095

中国版本图书馆 CIP 数据核字(2015)第 040725 号

国际汉学经典译丛

南怀仁的《欧洲天文学》

[比]南怀仁 著 [比]高华士 英译 余三乐 中译 林俊雄 审校

出 版 人 王刘纯
责任编辑 李光洁
责任校对 毛 路 李婧慧 安德华 张迎娟 马 宁
封面设计 王莉娟

出版发行 大象出版社(郑州市开元路 16 号 邮政编码 450044)
发行科 0371-63863551 总编室 0371-65597936
网 址 www.daxiang.cn
印 刷 河南新华印刷集团有限公司
经 销 各地新华书店经销
开 本 787mm×1092mm 1/16
印 张 31.5
字 数 605 千字
版 次 2016 年 3 月第 1 版 2016 年 3 月第 1 次印刷
定 价 75.00 元

若发现印、装质量问题，影响阅读，请与承印厂联系调换。
印厂地址 郑州市经五路 12 号
邮政编码 450002 电话 0371-65957865

比利时鲁汶大学南怀仁研究中心

Ferdinand Verbiest Institute, Katholieke Universiteit Leuven Belgium

本书在南怀仁研究中心的支持下，由北京外国语大学中国海外汉学研究中心策划，其翻译及审校工作亦得到南怀仁研究中心的协助

总序一①

任继愈

中国是世界文明古国之一。世界知道中国，不自今日始，回溯历史，中外文化交流共有五次高潮。② 文明交流的深度、广度也是近代超过古代。

中外文化交流，也循着文化交流的规律。一般情况下，文化水平高的一方会影响文化水平低的一方。文化水平低的一方则比较容易成为接受者。古代中国与周边国家的交流，往往是施与者，这种情况一直持续到明代中期。其间也有双方文化水平相当，接触后发生冲突，然后各自吸收有用的，并使它为己所用的情况。这种水平相当的交流，往往要经过相当长的时期，才能收到互相融会、双方受益的效果。进入近代，中国科技领域在国际上不再领先，往往借助外来文化补充自己的不足。明代中期，如天文、历算往往学习西法，这就是中国接受外来文化的一个实例。

文化交流、交融、吸收、互补，也是不可避免的现象。只有国力充实、文化发达、科学先进的情况下，才可以在交流中采取主动，吸取其可用者为我所用。当国势衰弱，文化停滞，科学落后时，往往在交流中处于被动地位，甚至失去对外来文化选择的主动权，成为完全被动的接受者。鸦片战争以后，在长达百年的这一段时间里，输入中国的外来文化，有些是我们主动吸收的，也有些是中国所不愿接受的，也有些是被迫引进的。

历史告诉人们，当前世界经济已经一体化，世界上一个地区出现了经济危机，全世界都会受到震动。文化方面虽然没有达到这样紧密程度，却也有牵一发而动全身的趋势。当前文化交流的条件大大超过古代，传递手段之迅捷，古人无法想象。因此，文化交流的责任也远比古代社会沉重。“国际汉学研究书系”负担着21世纪中外文化交流的艰巨任务。

为了涵盖古今汉学进展的全面状况，本书系分为三个系列：

---

① 这是任继愈先生为北京外国语大学海外汉学研究中心与大象出版社联合组织出版的“国际汉学研究书系”丛书所写的总序。

② 第一次在汉朝，公元前1世纪，开通了丝绸之路；第二次在唐朝，7—8世纪；第三次在明朝，14—15世纪；第四次在清末鸦片战争前后，19世纪；第五次在五四运动前后，20世纪初到现在。

一、西方早期汉学经典译丛(翻译);

二、当代海外汉学名著译丛(翻译);

三、海外汉学研究(著作)。

“汉学”这一名称,国内外学术界多数人认同,也有少数学者有不同意见。我们不准备用很多精力界定这个名词,我们只是把过去和现代人们已发表的和正在从事研究的这一类译著汇集起来,总之,都属于中国文化这个大范围之内的学术著作。正如“现代新儒家”这个名字的内容,海内外学术界也有不同的理解和使用标准。因为它属于中国文化这个领域,本书系也将包括这类译著是同样的道理。

我们愿借这个领域,作为联系海内外研究古今中国文化的桥梁,为人类精神文明略尽绵薄之力,我们的初衷就算达到了。

我们这套书系,本着对社会负责,对历史负责,对人类未来负责的心愿,向全世界介绍中国文化,同时也向中国展示健康的、高品位的世界文化。即将到来的21世纪,是信息爆炸的时代,也是总结历史成果的时代。我们以科学的良心,如实向世界推进文化交流,我们介绍古代先驱者的业绩,在当代人中,沟通各国文化的精华,展望人类未来的光明前景。

只有在健康、光明、理性、科学为主干的文化指引下,人类才可以避免失误,走向和平。每一个经历过世界大战的人,都深知和平的可贵,战争的罪恶。我们从事文化事业的、正直善良的学者,出版这套书系,期望其社会效益不限于书斋以内,更寄希望于提高全人类的文化素质,泯除非理性的强权暴行,引导社会走向和平、光明的大道。为中华民族积累精神财富,为世界人民增加友谊与理解。

总序二

“国际汉学研究书系”出版已经十五年了,当年是任继愈先生写的总序,先生已经驾鹤西去,他对“国际汉学研究书系”的关心和指导至今仍是我们考虑这套书的出发点。

近三十年来,国内学术界对海外汉学(中国学)的研究已经取得了长足的进步,研究大大深入了。学术界已经充分认识到,中国人文社会科学走向世界,展示自己的学术成果,扩大自己的学术影响力,第一步就是要了解国外中国文化的研究(汉学或中国学)的历史与现状,唯有如此,才能迈出走向世界的坚实步伐。

同时也应看到,海外中国学与中国近现代的中国学术进展紧密相连。从晚明时开始,在全球化的初期,中国已经被卷入世界的贸易体系之中,关于中国的知识、文化、历史、典籍已经开始被这些来华的传教士、外交官、商人研究。从那时起,中国的知识已经不完全归中国学者独有,开始有了另一套讲述中国文化和学术的新的叙述,这就是海外中国文化研究(汉学或中国学)。而且在1814年的法国,他们已经把中国研究列入其正式的教育系统之中,在西方东方学中开始有了一门新学问——汉学。更为引起我们注意的是,1905年中国废除科举制度,经学解体,中国知识的叙述系统发生了根本性变化,目前我们这一套人文社会科学体系,完全是从西方传过来的,其中很大一部分是经由苏联传来的。作为后发性现代化国家,自己的知识系统的独立发展已经中断了,而帮助我们建立这套现代学术体系的人中,西方汉学家起到很重要的作用。在这个意义上,如果不了解国外的中国文化研究(汉学或者中国学),我们就搞不清我们自己的近代知识系统的形成与变迁。

更为重要的在于今天中国崛起后,我们希望走出百年欧风美雨对我们的影响,重建中国的学术体系,如果做到这一点也必须了解域外中国文化研究,不这样,我们自己的近代到当代的学术历史就搞不清,中国学术的当代重建也是一句空话。

中国学术已经在全球范围内展开,为了让中国学术回到世界学术的中心,为了重建好自己的学术系统,我们都必须了解海外的中国文化研究(汉学或中国学)。

如何展开海外中国学的研究呢?以下三点是很重要的。

首先,要了解各国中国学研究的历史与传统。每个国家对中国的研究都有自己的历史和传统。所以,摸清其历史和传统应该是与其对话的基本要求,不然会闹出笑话。近三十年来中国学术界在这方面已经取得了初步的成果。《国际汉学》《世界汉学》《汉学研究》已经成为重要的学术阵地,"海外中国学书系""国际汉学研究书系""列国汉学史"等多种系列丛书在学术界受到了欢迎。我们对各国的中国文化研究传统有了一个初步的了解。

其次,要注意海外中国文化研究的学术背景和文化背景。西方的中国研究是在西方的学术背景下展开的,他们的基本理论、框架、方法大都是西方的,因此,在把握这些国外的中国研究时,特别是西方的中国学时要特别注意这一点,万不可以为,他们讲述的是中国的知识和内容,就按照我们熟悉的理论和方法去理解他们。对待域外的中国文化研究应从跨文化的角度加以分析和研究。这是一个基本的出发点。

最后,积极与海外中国学展开学术互动,建立学术的自信与自觉。在当前的世界学术话语中,无论人文学术或者社会科学的研究,占主导地位的是西方的学术话语。由于长期以来,国内学术界未在国际学术领域展开,中国研究,这个原本属于我们掌握话语权的研究领域,在国际范围起主导作用的仍是西方的中国学研究者,这在社会科学研究领域十分明显。近年来有所好转,但基本格局尚未扭转。因此,我们走向世界的第一步是了解海外的中国文化研究,同时,我们所面临的第一波的学术论争也可能是和西方的汉学家们之间展开的。在解释中国文明与文化,在解释当代中国的发展上,西方中国学研究领域已经形成了一整套的理论和方法,这些理论和方法中有些对我们很有启发,值得我们深思,有些则明显是有问题的,这就需要我们和他们展开学术性的讨论。所以,在与国外汉学家们打交道时,文化的自信和自觉是一个基本的立场。

世界的重心在向东方转移,走出"西方中心主义"是一个大的趋势,西方文明和中国文明一样都是地域性的文明,同时都具有普世性的意义,一切理论都来自西方的看法肯定是有问题的。在中国文化研究上更不应如此。因此，在世界范围内展开中国文化研究，熟悉国际范围内的中国文化研究成果，学习汉学家们的宝贵经验，理解他们在跨文化背景下中国文化研究的特点的同时，纠正他们中一些汉学家在知识论和方法论上的问题，与其展开学术对话。这是更新我们的学术和推动中国学术走向世界的重要任务之一，也是我们面临的双重任务。这是全球化时代中国学术走向世界的必由之路，也是中国学术重建的必由之路。

国外中国文化研究的存在，表明中国的学术已经是一个世界性的学术，我们只有在世界范围内展开与海外中国学界的对话与合作，才能逐步拥有在世界学术领域中的发言权；我们只有在世界范围内表达我们中国学术的理想、立场、传统与文化，才能在当下这个"三千年未有之大变局"的背景下，真正重建中国当代学术体系和理论，开创属于我们这一代人的学术事业。

我们应该看到海外中国文化研究是在中西文化交流背景下展开的，从事海外中国文化研究的主体是汉学家，由此，我们在"国际汉学研究书系"再版之际对丛书做了适当的调整，本书系分为三个方面：

一、中西文化交流史翻译与研究系列。旨在介绍西方出版的中西文化交流史著作，同时展示国内对中西文化交流史的研究。近代以来的中西文化交流史涉及中国和西方的社会与文化思想变迁，它们构成了西方汉学的发生和中国明清思想文化裂变的基础。这是一批具有双边文化特点的著作，是研究全球化初期中国和西方文化关系的基础。

二、国际汉学经典译丛。旨在翻译和整理西方汉学历史名著，可以说，这方面已经形成了自己的风格与特点。目前国内西方汉学早期历史的重要著作基本是我们组织翻译的。我们将继续继承这个传统，将翻译的范围逐步扩大到能涵盖西方各国汉学历史的名著。

三、汉学家传记翻译与研究系列。汉学家是国际中国文化研究的重要力量，系统地展开对重要汉学家的研究，系统整理和翻译重要汉学家的传记，可以为读者提供一个海外中国文化研究的更为生动、具象的画面。

"江山代有才人出，各领风骚数百年。"我们期盼国内外年轻的学者们加入到"国际汉学研究书系"的写作和翻译中来，在这里书写汉学研究的新篇章，我期待着你们。

张西平

2013 年岁末于游心书屋

目 录

序一

16—17 世纪欧洲发生了科学革命,而在欧洲与中国之间发生了西学东渐。来华耶稣会士采取适应本土文化的传教策略,希望利用数学、天文学的可验性及其他知识的实用性来类推天主教是可验的和有益于社会的,以使对相关知识感兴趣的中国人能够皈依天主教,并进而达到使天主教化中国的最终目的。明清之际,许多中国学者关注那些有助于解决社会与民生问题的实学,对传教士介绍的欧洲科学技术产生了兴趣。利玛窦(Matteo Ricci)、邓玉函(Johannes Terrentius)、汤若望(Johann Adam Schall von Bell)、罗雅谷(Giacomo Rho)和南怀仁(Ferdinand Verbiest)等耶稣会士以及徐光启等学者将欧洲的天文学、数学、地理学以及火器、机械与水利等技术传入中国,对这个东亚大国的社会和文化产生了非同寻常的影响。

来华耶稣会士及其实践的西学东渐是中外史学界持续研究的一个重要对象。作为数学家、天文学家和工程师,南怀仁长期在清朝钦天监司职“治理历法”,曾主持制作黄道经纬仪、赤道经纬仪、象限仪、纪限仪、地平经仪和天体仪等六大件仪器,编成《康熙永年历》,设计制作欧式火炮,传播欧洲科学技术知识,因功绩卓著而先后被加封太常寺卿、通政使、工部右侍郎等衔。南怀仁在天文仪器史上的地位与欧洲但泽(Danzig)的天文学家赫维留(Johannes Hevelius)类似。他们是欧洲古典仪器的最后代表人物,都模仿第谷(Tycho Brahe)的设计,几乎同时制作了各自的成套天文仪器。南怀仁将欧洲的机械加工工艺与中国的铸造工艺、造型艺术结合起来,在中国工匠的帮助下实现他的设计。

传教士的论著自然是西学东渐史研究者非常珍视的历史文献。南怀仁用汉文、拉丁文、满文等文字记述了他所从事的科学技术活动。他于 1674 年用中文写成《新制灵台仪象志》,书中详解仪器的构造原理,以及制造、安装和使用方法。他强调将仪器“公诸天下,而垂永久之意”,“要使肄业之官生服习心喻”。后来,他又整理自己的论著,为欧洲天主教会和其他读者编写出《欧洲天文学》(*Astronomia Europaea*)。这部拉丁文著作的前十二章生动回溯了南怀仁重新确立欧洲天文学在清朝编制历法等方面的主导地位的历程,介绍了钦天监在观测、编制历书、预报天象等方面的工作。书中表达了一些未说给中国人的实话,表现出西方科学优越感。这些与《新制灵台仪象志》和《熙朝定案》等文献具有明显的互补性。

除了天文学,《欧洲天文学》的第十三章至第二十七章分门别类地记述南怀仁和其他耶稣会士在北京的科学技术活动,涵盖数学科学(几何学、算术、测量学、宇宙论)、力学与机械、日晷测时、弹道学与铸炮、光学、透视画法、水利工程、气象学和音乐等领域,其中不乏中国学者过去所不熟悉的内容。在前言和第二十八章中特别说明了科学在传教事业中的特殊作用,强调传教士借科学之力“获得了崇高的威望”。其实,南怀仁等传教士的科学活动不仅在中国有开创性,就是在世界科技史上也是有特点的。例如,南怀仁敏锐地关注了伽利略等欧洲科学家和工程师所探索的弹道学、落体运动和单摆等前沿问题。南怀仁还是以蒸汽驱动车和船的先驱,在北京成功进行了蒸汽车与蒸汽船的模型试验。

应该说,《欧洲天文学》是研究欧洲科学技术向中国传播史,乃至西学东渐史的学者必读之书。比利时学者高华士(Noël Golvers)博士在南怀仁基金会和鲁汶大学中欧研究所的支持下,系统研究并翻译了《欧洲天文学》。这部1993年出版的英文译本包含了高华士先生撰写的导言和大量注释等研究成果,帮助非拉丁语读者突破了语言障碍。我在1996年为研究明清天文仪器史而拜读过这部英译本,当时就觉得译者为我们做了一件雪中送炭的善事。如今,余三乐先生将高华士先生的《欧洲天文学》英译本翻译成中文,使中国广大读者便于解读和参考这部著作,深入理解耶稣会士在传播科学技术方面的作为及其历史意义。在此,谨向余三乐和高华士二位先生,以及策划出版此书的张西平教授和大象出版社表示敬意和祝贺!

张柏春

中国科学院自然科学史研究所　研究员、所长

2014年1月3日,于北京中关村

序二

对鲁汶大学南怀仁研究中心来说，高华士博士《南怀仁的〈欧洲天文学〉》一书的中文出版是件重要且令人高兴的事。高博士所投入的研究，使得中国学者能够认识南怀仁在中国杰出的学术与科学作品，我们希望南怀仁所做的一切能够在中国以及海外更广为人知。本书的英文版包含了20页的批注，之前中国和海外的学者对这些信息并不知晓，长久以来我们一直以为这是最难翻译的一本书。在此，我们感谢并恭喜译者余三乐，他将这本书翻译得非常出色，成功地为东西文化交流做出了贡献。另外，我们也感谢台湾大学的古伟瀛教授、林俊雄先生以及南怀仁研究中心台北办事处的潘玉玲女士，他们为本书的中译校订及出版付出了相当多的时间及精力。

1982年当我们在鲁汶创立南怀仁研究中心时，我们描述它的重要目标是：借由文化交流增进友谊与合作。具体来说，我们通过推进中国和比利时（以下简称中比）关系的学术研究来开始追寻这样的目标。1982年5月，我代表新成立的比利时鲁汶大学南怀仁研究中心，参观了北京的中国社会科学院，我遇见多位知名的学者以及他们的董事成员：宦乡、赵复山、马雍、郝镇华和其他人。后来在1982年的6月，我们欢迎马雍教授来到鲁汶大学，我们邀请他为文学院和哲学院的教授们演讲，他以"中国与外国关系委员会委员"的身份演讲，强烈地认同我们协会的目标是提倡中比关系的学术研究。他引用来自"低地国"的一些重要的耶稣会传教士名单，而这些人早在17、18世纪对中国的文化交流就有重要贡献；另外，他也鼓励我们利用那些在我们自己国家内最不被触碰的档案去研究这些重要资料。出席那次会议的大部分观众，除南怀仁的名字外，其他耶稣会士几乎都不认识。在那次的演讲之后，有一位教授向马雍借他的名单，这就是这个小册子"Belgae in China（1985）"的开始——提供了17、18世纪诞生的文化交流中一些先驱者的简短生平，也就是当时被认为是"低地国"的人士：金尼阁（Nicolas Trigault，1577—1628年，生于Douai）、柏应理（Philippe Couplet，1624—1692年，生于Malines）、鲁日满（François de Rougemont，1624—1676年，生于Maastricht）、

Albert d' Orville(1622—1662 年,生于 Brussels)、卫方济(François Noel,1651—1729 年,生于 Hestrud)、南怀仁(Ferdinand Verbiest,1623—1688 年,生于 Pittem)、安多·托玛(Antoine Thomas,1644—1709 年,生于 Namur)、Pieter van Hamme(1651—1727 年,生于根特)以及其他人。马雍的鼓励促使我们于 1986 年在鲁汶举办了第一届学术会议,主题为柏应理,以及 1988 年的第二届学术会议,主题为南怀仁。会议的论文集由南怀仁研究中心与《华裔学志》共同出版。

高华士是一位拉丁文和古典语言学的博士,这样的背景对他研究欧洲天文学来说是一个很完美的基础。不过,他并没有将自己局限于翻译文稿,目前证明他不仅是一位杰出的历史学家,更是一位研究南怀仁的最著名专家。他在 1993 年出版了《欧洲天文学》,此书包含丰富的而且是以前不为人知的数据。不过这只是高华士博士针对 17、18 世纪南怀仁以及耶稣会士展开长达 20 年研究的开端。另外,他也为我们的刊物 *Verbiest Koerier*(《怀仁之驿》,荷兰文和法文版)写了许多文章,并且陆续在欧洲和中国的刊物上发表文章。除此之外,高华士在我们的鲁汶中国研究丛书当中出版了许多书:1999 年时他出版了《清初耶稣会士鲁日满常熟账本及灵修笔记研究》(*F. De Rougemont, S. J., Missionary in Ch' ang-shu—A Study of the Account Book, 1674-1676, And The Elogium*,第 795 页,鲁汶中国研究丛书七),2003 年出版了《南怀仁的中文天际》(*Ferdinand Verbiest, S. J., 1623-1688, and the Chinese Heaven*,第 670 页,鲁汶中国研究丛书十二),2009 年他与 Efthymios Nicolaidis 共同出版了《南怀仁与十七世纪在中国的耶稣会科学》(*Ferdinand Verbiest and the Jesuit Science in 17th century China*,鲁汶中国研究丛书十九)。

近几年来,高华士博士做了许多 17、18 世纪耶稣会传教士学者在中国的图书馆研究,显示了当时耶稣会在中国的传教士是如何快速、成功地从欧洲得到最新的科学出版物,而这些信息是前人都不知晓的。我们鲁汶办公室目前正筹备将在 2012 年出版两册的《为中华而搜集的西学图书馆》(*Libraries of Western Learning for China*),这两册书的内容包含:耶稣会士是如何得到他们的书、他们在中国图书馆丰富的藏书清单,以及当时这些藏书的读者。南怀仁研究中心的网站不久也将推出一大笔藏书目录的相关信息。

过去几年来,我们陆续又发现许多南怀仁之前不为外界所知的信件,我们希望根据以上的这些研究及新的资料,最后能写成一本南怀仁的生平传记。不过,我们希望此事完成后仍然可以推动许多之前提到的重要耶稣会士的研究，我们希望继续朝此研究方向努力。另外，我们也必须提倡对那些在19、20世纪来华的传教士的更多研究，尽管当中曾经历过一段非常艰难的时期，不过这样反而可能刺激我们去做更多不是以意识形态，而是以历史文献为基础的、实事求是的研究。我们确信，客观历史资料的出版，不管是正面的还是负面的，是唯一能有助于以平等和互相尊重为基础的文化交流的正确方式。我们在这方面做得越成功，越能证明我们与中国的关系日趋坚强与成熟。鲁汶大学南怀仁研究中心很高兴尽它所能地朝向此目标前进，并有所贡献。

南怀仁研究中心主任

韩德力

圣母圣心会士

2011年，于比利时鲁汶

中译者前言

1680年（康熙十九年）南怀仁完成了他的拉丁文著作——《欧洲天文学》。书中介绍了在经历了康熙初年的“历狱”之后，中国朝廷再次接受欧洲天文学的过程，介绍了清廷钦天监的机构和职能，介绍了来华传教士们在应用天文学等多学科知识为清廷服务中所做的贡献。南怀仁在该书多个章节中特别强调了科学对传播天主教的作用。这部著作为我们提供了丰富的中西文化交流的第一手资料，具有很高的学术价值。

一

南怀仁（Ferdinand Verbiest）于1623年出生于比利时西佛德兰地区一个叫作皮滕（Pittem）的小镇，1640年进入著名的鲁汶大学，之后不久加入天主教的耶稣会，1652年到罗马学院进修神学。这期间，他曾结识了被称为“最后的一个文艺复兴人物”的百科全书式的学术大师——耶稣会士基歇尔（Kircher, Athanasius, 1602—1680年）。因为会说西班牙语，南怀仁起初立志到南美洲区传教，但由于受了卫匡国——返回欧洲的来华传教士——在鲁汶大学精彩和富于鼓动性的报告的吸引，他改而申请去中国，1655年，他的要求得到批准。在滞留葡萄牙的科因布拉城一年多之后，1657年在卫匡国的带领下，南怀仁一行从里斯本启程，于1658年6月17日抵达澳门。在当时深得大清王朝顺治皇帝信任并享有崇高威望的汤若望的斡旋下，南怀仁等14名传教士顺利进入内地不同的传教点，他本人来到西安主持教务。1660年，在顺治皇帝的批准下，南怀仁应年近70、时任钦天监首脑的汤若望之召，进入北京，成为他的助手和继承人。

1661年，顺治皇帝殡天。1665年幼帝康熙的辅政大臣鳌拜等人，支持杨光先等大兴“历狱”，致使南怀仁、汤若望等被投入监狱。1669年，康熙过问此案，令南怀仁和杨光先预测日影长度，南怀仁三测皆准，取得了康熙的信任。于是“历狱”得到平反昭雪，杨光先等遭到惩处，南怀仁受命主持钦天监事务。随后的几年中，以南怀仁为首的在华耶稣会士们在天文历法、水利工程、铸造火炮、运输石料等方面，应用西方科学技术为康熙皇帝解决了众多难题，获得皇帝的青睐和重用。1676 年，南怀仁被授予工部右侍郎之职，正二品顶戴。天主教也借此机会得到了恢复，开创了继汤若望之后的又一个黄金时代。

南怀仁正是在其传教事业、科学活动和个人威望达到巅峰的时候，在异常繁忙的世俗和传教事务的间隙，挤出时间将以前的一些文字进行了综合、补充，编写了这部拉丁文著作《欧洲天文学》。据当代比利时学者高华士考证，该著作杀青时间应为 1679 年至 1680 年年初。

1681 年 12 月，南怀仁的同胞，比利时耶稣会士柏应理（Philippe Couplet，1624—1692 年）携带着包括《欧洲天文学》在内的大量出自耶稣会士之手的宝贵手稿和书信，从澳门登上了开往欧洲的航船。1685 年，这部书稿随柏应理一起来到罗马，经耶稣会的检查员和编辑阅读之后，于同年 11 月 26 日得到允许出版的许可令。1687 年，《欧洲天文学》在德国西南部的德林根（Dillingen）印刷出版。德林根虽然是一个小镇，但却是一所著名的耶稣会大学的所在地，17 世纪有不少耶稣会传教士的著作在那里出版。

《欧洲天文学》自出版之日起至今，已经 420 多年了。经过岁月的沧桑，特别是一次次战争的破坏，目前该书的拉丁文原版存者寥寥。据高华士先生考证，比利时现存 5 部，德国现存 12 部，法国与荷兰各存 2 部。1988 年起，高华士在南怀仁基金会和鲁汶大学中国—欧洲研究所的支持下，开始将《欧洲天文学》译成英文。高华士先生对原著进行了深入的研究，参考了大量的原始资料（南怀仁的其他著作以及发往欧洲的书信，连同其他来华传教士的著作与通信，还有耶稣会档案资料等）。他不仅翻译了原著，还加注了篇幅两倍半于原著的注释，撰写了长篇的“介绍”，对该书的成书时间与过程、资料来源，该书的出版、流传和收藏作了详尽的介绍。高华士的这部力作在南怀仁诞辰 370 周年之际，于 1993 年由德国华裔学社出版。中译本就是依照了这一英译本而翻译的。

南怀仁的《欧洲天文学》包括前言和二十八个章节。其中第一章至第七章回顾了自康熙八年开始欧洲天文学的回归；第八章至第十二章介绍了大清王朝钦天监的机构设施、工作职能以及颁布中国历书、预报日月交食等相关事宜；第十四章至第二十七章分别记述了各个门类的欧洲科学在当时都城北京特别是在大清朝宫廷中的应用情况；最后，作者在前言、第十三章和第二十八章中强调了科学在传播天主教过程中的作用。以下分别加以简介,为读者阅读时提供参考。

二

南怀仁《欧洲天文学》的第一章至第七章,记述了自康熙八年开始的“历狱”平反昭雪一案。与康熙亲政紧密关联的“历狱”平反一事,在清史中无疑是一桩重大事件,但在中文史料中记述都十分简略。在《清实录》《熙朝定案》和《正教奉褒》中收录的一些有关奏章,多是从中国官方视角出发的。在来华耶稣会士方面,也有出自安文思等人的一些信件。然而任何其他人的记录都不能代替南怀仁本人的记录,特别是涉及至关重要的几次天文测试。这是因为,正如南怀仁自己所说的,“只有我才有资格做这件事,我制造了这些仪器,我亲手操纵这些仪器进行了多次天文观测,我不仅仅是一个旁观者,而且是这出戏的主角,我也始终生活在北京——这出戏剧的舞台上,扮演着钦天监领导者的官方角色”,“得益于天文观测和数学仪器的所谓‘天文学革命’,是无法由一个对天文学和数学不熟悉的人来讲述的”[1]。

南怀仁在此书的第一章中,记述了发生在南堂的具有关键意义的一次会面,这是上述中国史料里都不曾记载的。1668 年 12 月(康熙七年十一月)某日的夜晚,康熙皇帝“派了被称作‘阁老’的四名官员来到我们的住所,询问中国现在正在使用的历书以及来年将要使用的历书是否存在错误。这一历书是根据中国自己的天文学理论计算出来的”。“针对‘阁老’们的提问,我立即回答说:‘这部历书的确有很多错误,其中最大的错误就是在明年(即康熙八年)的历书里设置了 13 个月。’”“当那些大臣们听说历书中存在的这个天大错误,而且是近百年来他们所耳闻的最大的错误之后,认为这是一件十分重要的事情。因此他们立即向康熙皇帝做了全面的呈奏,包括我在他们面前列举的历书中的一些其他错误。没过多久,这些大臣们又来到我们的住所,并且带来了康熙皇帝的圣旨,命我们第二天早晨到紫禁城去。”[2]

关于决定南怀仁与杨光先命运同时也是关系着欧洲天文学和天主教命运的三次天文观测活动,上述中国史料中都有记载。但是南怀仁在本书中的一段记载,即举行此次天文“擂台赛”的来由,却是独一无二的:在康熙皇帝接见时,“他面带十分慈善的表情,问了我一些问题。他问道:‘是否能有任何一种明显的征兆,可以直观地向我们证明,现有历法的计算方法与天体的运行规律相符,或者不相符?’我迅速回答道:‘这一点很容易证明,因为我们用天文仪器已经验证多少次了,也可以在北京的观象台上再次验证。’‘因为太阳是人们可以观察得最清楚的天体,所以我准备在高贵的大皇帝——陛下您的面前通过计算来做一预测。只要做简单的准备,即将任意一根标杆或桌子或椅子立在院子中央,阳光照射在标杆(或桌子、或椅子)上,就会产生阴影。标杆阴影的长度是由太阳的高度来决定的,因此每一天阴影的长度是不同的。但是却是可以准确推算出的。请高贵的大皇帝您确定一个日子、一个时间,我就可以准确地预测投影的长度,并且根据特定时间上太阳的高度,清楚地了解太阳在黄道带中的位置。因此判断历法的计算是否与天体的运行相一致。'皇帝龙颜大悦,下令一直跪在下面的'阁老'和其他大臣们,在紫禁城城墙之内,安排一次测验日影的活动。"[3]

关于这三次天文测验,南怀仁在这部书中进行了虽然不是特别详细,但却十分生动的描述。比如在第二次,南怀仁写道:"当太阳接近正午的位置时,标杆的影子还没有落在院子里的木板上。换句话说,当日影似乎要偏离院子里我设置的平台,要超越平台上我预先刻画横线的时候,那位汉人阁老和我们的对手就认为,我的计算是错误的。于是,他们开始窃窃私语,发出讥讽的嘲笑声。但是,当太阳越来越接近它在正午那一点的位置时,标杆的影子就爬上了我的平台,突然缩小偏离,走向我预制的那条横线。最后,太阳达到了它在正午的位置,日影严丝合缝地落到我画在平台上的横线上。一位曾带头反对我们的满族官员,出人意料地大喊:'真正的大师在这里!千真万确啊!'在院子里,这时候我的对手们脸色灰白,面面相觑,心中充满了嫉妒。"[4]

三

南怀仁在《欧洲天文学》的第八章至第十二章中,向他的欧洲同胞们介绍了大清王朝钦天监的组织机构和工作职能。尤其是他以欧洲人细腻的笔法描写了作为朝廷大典之一的每年十月一日举行的钦天监向皇帝和朝廷进献来年历书的隆重仪式,和当日食或月食发生时中国官员和百姓的愚昧行为。

关于前者,他写道:

在每年十月的第一天,在皇帝的紫禁城里,下一年度的历书在满朝文武朝会的隆重仪式上发布。于是,那天凌晨,大臣们便早早地出门,赶往紫禁城。在同一天的同一时辰,钦天监的全部官员,每人都身着根据他们的品级而确定的、带有尊贵标志的朝服，以隆重的仪仗，护送着这些历书，从钦天监走到紫禁城。

敬献给皇帝、皇后和其他嫔妃的历书都是装潢华丽考究的特大版本，封面是用正黄色丝绸做的，用绣着金线的绸缎包裹着。这些历书放在一个四周装饰着金边的高高的肩舆里，由四十多个抬夫肩抬着上路。这个主抬夫之后跟随着十个，有时是十二个，或者更多的装饰金边和四周围着红色丝绸的小肩舆。在这些小肩舆里，放的是给那些与皇帝有着血亲关系的亲王们的历书。这些历书全部都覆盖着红色的丝绸，以红丝线与银线交织的绳子捆绑着。

最后，这些肩舆的后面是几张蒙着红色毯子的桌子。桌子上是给高官显贵和六部尚书的历书。为了显示他们的官阶和等级，每本历书都盖有钦天监的大印，而且历书的封面也都装饰成黄色。与他们能和皇帝一样使用黄颜色相联系的，只有一点，这就是他们等级的标志。在每一张桌子上都附有一份名单，上面清楚地写着那些六部九卿等官员的姓名，这些历书就是属于他们的。

历书就是在这样的仪仗下按照这样的顺序，从钦天监送到紫禁城的。在这队伍之前，是钦天监的官员以他们自己的顺序排列的队伍。而在他们的前面，沿着大街的两边，行进着长长的皇家乐队，演奏着众多的乐器，大鼓和喇叭发出震天轰鸣。当他们到达紫禁城的时候，所有原来禁闭的大门立即都打开了。只有在皇帝进出时才开启的中央大道，通向很多宽大的院落。穿过这些大门，穿过中轴路上的这些院落，即所谓的“皇家大道”，装载着历书的肩舆的队伍就像凯旋一样行进。与此同时，所有的大臣们分多排，等候在大道的左右两侧。他们身穿与他们的官阶等级相适应的、织绣着大量的金线的雍容华贵的朝服。

当到达最大的大殿的最后一道大门时，抬夫们把大小肩舆从肩膀上放下来，他们将肩舆和桌子按照先前的顺序，沿着“皇家大道”的两侧摆好。最大的那个承载着给皇帝的历书的肩舆，被放在了中央。最后，钦天监的官员从肩舆里取出给皇帝、皇后和妃子的历书，放在两张全部铺着黄色丝绸的桌子上，抬着桌子进入内宫的大门。行过三拜九叩的大礼之后，他们把历书呈递给朝廷的总管。总管也是按照严格的等级顺序，先将第一本历书敬献给皇帝本人，然后经过太监们的手，将其他的历书递给皇后和嫔妃们。

钦天监的官员们再返回那宽大的院落，向在那里等候着的六部九卿的众多官员们散发历书。所有皇族的亲王们都派遣他们的最精明的侍从到庄严的"皇家大道"，沿着中轴路跑到院落中央。在这里，他们每个人跪下领取发给他的主子，即某亲王个人的和亲王府所有官员们的历书（一个亲王府很可能需要1000本历书，但通常只给100多本）。另一方面，其他的高官显贵、六部的尚书们也都跪下，从钦天监的官员的手中领取到发给他们个人的历书。

当这一分发历书的仪式结束了，大臣官员们都赶忙回到各自按官阶确定的位置站好队，面向皇宫内殿，根据传令官的号令，屈膝下跪。在行罢三拜九叩大礼，以感谢皇帝所赐予的礼物，即他们拿到的新版历书之后，就返回各自的家。在这同一天，以在北京朝廷里的分发仪式为范例，在各个行省的省会城市的官员们，从总督手里按照他们的级别先后领取到他们的历书。[5]

关于献历盛典的详情，笔者所见到的中文史料里很少记载。《清文献通考》一书中作了一些记述，但其成书在乾隆五十一至五十二年（1786—1787年）。那是在南怀仁《欧洲天文学》的100年之后了。

南怀仁深刻地认识到历书在中国的重要性。他说："事实上，在中国人和在其邻国的君主中，历书就是具有这样的权威性！历书在指导国家事务的权威作用也是如此。当某个人接受了一个帝国的历书，就表示他已经臣服和从属于这个帝国了。因此，正像最近发生的事情那样，当汉人的反叛势力的首领（他们也称他为'皇帝'）从满人皇帝手中夺取了几个省份之后，就派使臣到交趾支那，劝其国王站到他这一边来，在所赠送的礼品中第一个且最重要的就是一本被他当作是自己的历书的旧式汉人的历书，要该国王尊重它。就是通过接受了这本历书的形式，这个国王公开地宣布与反叛者联手造反，反对满人统治。"而在民间"每一个家庭，即使很穷，也没有不买一本新版历书的"[6]。为此，为普通百姓预备的历书，每年每个行省都要印制一万多本，使新一年的历书到处都可以买到。

南怀仁在《欧洲天文学》的第十章中描述了北京发生日食或月食时的情况。他写道："当他们一看到太阳或是月亮表面的光芒开始暗淡下来时，他们就都抬起头来，焦虑不安地凝视着天空，在渐渐变弱的光线下跪倒双膝。按照祖先的传统，他们行叩头大礼，表示对太阳和月亮神圣的光芒的崇拜。

这时在所有的大街上，特别是在偶象崇拜的庙宇里，顿时锣鼓和其他乐器声大作，于是喧嚣的回声响彻全城。他们想以此来表达他们要帮助太阳或月亮摆脱灾难的愿望。”

这一描写，真实地再现了当时中国从皇帝、百官到平民百姓因不了解日食、月食的科学成因，而表现出的愚昧无知的举动。

四

在《欧洲天文学》的第十四章到第二十七章中，作者分别记述了众多门类欧洲科学与艺术（包括日晷测时术、弹道学、水文学、机械学、光学、反射光学、透视画法、静力学、流体静力学、水力学、气体动力学、音乐、钟表计时术和气象学）在中国宫廷内外的实际应用。

章节	标题	内容简介
第十四章	日晷测时术	介绍了传教士们献给皇帝和宫廷的各种各样的日晷
第十五章	弹道学	介绍了铸造的大炮及其效用
第十六章	水文学	介绍了万泉河地区引水灌溉皇庄田地的事
第十七章	机械学	介绍了滑轮组牵引巨石通过卢沟桥一事
第十八章	光学	介绍了类似潜望镜的光学仪器
第十九章	反射光学	介绍了万花筒、夜视镜等
第二十章	透视画法	介绍了以透视画法画成的美术作品
第二十一章	静力学	介绍了齿轮传动装置
第二十二章	流体静力学	介绍了在南堂花园里的兽力提水装置
第二十三章	水力学	介绍了水钟
第二十四章	气体动力学	介绍了蒸汽动力的车、船模型
第二十五章	音乐	介绍了徐日升制作的八音盒和他的记谱法
第二十六章	钟表计时术	介绍了徐日升设计制造的教堂大钟
第二十七章	气象学	介绍了能演示日食、月食的仪器和温度、湿度计

在这十四个章节中（作者确定的标题和内容对应得并不十分准确），南怀仁介绍了众多门类的西方科学知识在中国的介绍和应用情况。就其用途来分基本上分为三类：

1.与国计民生有关的：用于“平定三藩战争”的西洋大炮、万泉河引水工程、运用滑轮组运送巨石过桥等。无疑，西洋科学由于在上述领域解决了朝廷的难题而赢得了威望,站稳了脚跟。因为火炮的威力巨大,成为前方将领们争相讨要的新式武器,为统一战争立下大功。为此皇帝亲自造访天主教南堂,并御书"敬天"匾额赠予教会。南怀仁所设计的滑轮组成功地将巨石运送过卢沟桥之后,康熙皇帝将其狩猎捕获的两头鹿赠给了他,显示了皇帝赐予的"最高荣耀"。

2.建在教堂内的:教堂大钟、花园里的提水机、教堂内墙壁上的壁画等。尽管这些事发生在教堂围墙之内,但是对周边民众产生巨大影响。南怀仁特别描述了当教堂大钟奏响音乐时围观市民的强烈反响。他说:"因为钟声传扬得遥远和广阔,使得我们的教堂也在帝国都城里名声远播。争相前来目睹的百姓挤得水泄不通。无论如何,最令他们惊奇的是每到一个整点前钟楼所奏出的序曲音乐。""我实在是无法用言词来形容这一新奇精巧的设计是如何使前来观看的人们感到狂喜。甚至在我们教堂前广场之外的广大的街区里,都不能阻止这拥挤、失序的人潮,更不要说我们的教堂和教堂前的广场了。特别是在固定的公共节日里,每个小时都有不同的观光者潮水般地、络绎不绝地前来观看。"[7]

不仅如此,北京是帝国的首都,全国的官员和应试举子频繁进京,南怀仁说:"他们中的很多人受到欧洲物品的吸引,每天都聚集在我们的教堂和居住地,来一饱眼福。在我们居住地的图书馆、教堂和花园里,他们到处都感到惊奇。他们对我们的油画,对我们有意放在那里展出的欧洲其他物品,特别是对显示出超群技艺的那些西洋奇器,更是兴趣盎然,长久地驻足凝视,赞不绝口。"[8]

3.为了向皇帝和朝廷展示西洋科学和艺术,而送给皇帝和达官贵人的西洋时髦玩艺儿。但是这也不仅仅只是为了博得他们一笑。南怀仁指出:"上述这些科学不仅是提供了若干种日常让人们的感官得到消遣的艺术品,通常他们对这些科学发明的方法和原因的解释,以口头解释的方式,或用撰写文章出版书籍的方式,或至少谈及他们这些成果所体现的基本原理。"[9]这一切都使人们对西洋科学、西洋人(主要是传教士)充满了敬意。

还不仅如此,传教士用向官员们赠送西洋工艺礼品的方式将西方文明传播到全国各地。南怀仁说道:"把有关我们宗教的书籍和其他与'奇妙'科学相关联的物品一道赠给他们。用这一方法,我们还会见到一些原来对我们一无所知的以及用其他的方法不可能接触到我们的宗教的官员。当他们回到他们所在的省份,回到他们的故乡,他们就会将这些消息传播给那里的人民，或者在家里休闲时阅读这些书籍。这样，我们仅仅花一刻钟所得到的，就要比与他们在一起待好多天时间所得到的还要多。”[10]

五

在这部写给欧洲人的著作中，南怀仁特别介绍了康熙皇帝学习西方科学的一些生动细节。这些文字集中存在于《欧洲天文学》的第十二章。

南怀仁写道：“皇帝对欧洲天文学的热情持续大约有 4 年了。他几乎是让我整天待在他那里，没有别的事，就是在他繁忙公务的空暇时间里，和他一道研究有关数学方面，特别是有关天文学方面的问题。第一天，他把早前我们神父们用中文撰写的所有的天文学和数学的书籍都带了来，大概一共有 120 本，要求我一本一本地给他做出解释。”[11]“因此每天早晨天刚刚亮，我就进入宫廷。我经常是立即就被带入了皇帝的私人房间，直到下午，甚至在三四点钟之后才返回我的住所。我单独地和皇帝在一起，坐在同一张桌子跟前，我一面读这些书籍，一面做出解释。”南怀仁感叹道：“皇帝对天文学的事务抱有如此炽烈的热情！”他对一些科学仪器的使用和理解，“倾注了极大的热情，不管何时，只要他在繁忙公务中抽出一点空闲时间，就来研究这些仪器”[12]。

在中国几千年的王朝史中，像康熙这样如饥似渴地学习科学的，可以说是绝无仅有。南怀仁记述道：“当皇帝从我这儿听说欧几里得编纂的书籍是有关整个数学科学最主要的基础原理时，他就立刻要我将由利玛窦翻译成中文的前 6 卷欧几里得的书解释给他听。他以打破砂锅问到底的顽强精神和坚持不懈的意志，向我问询从第一个命题到最后一个命题的意义。尽管他对汉语很精通，尽管他能流畅地写出很好看的汉字书法，但他还是想叫人将中文的《几何原本》翻译成满文，以便进一步地学习和研究。”“在皇帝掌握了欧几里得几何学的原理之后，为了适当地和渐进地深入学习，我想给他讲解关于三角形(不仅是平面三角形，而且包括球面三角形)的数学分析。在他勇敢地面对了数学的陷阱和荆棘之后，转而更多地，甚至以极大的兴趣致力于实用几何学、测量学、地图绘图术以及在数学领域内其他门类的、魅力无穷的科学上。在学习这些科学的过程中，他获得了极大的愉悦。他学习从天上到地下所有与理论知识有联系的事情，包括如何应用这些知识，甚至连日食和月食方面的知识，他在开始时也学习研究了几年。他不仅要求将这所有的事情解释给他听，还要求在紫禁城宫墙内的一个宽敞的院子里，将其中的大部分事情示范和验证给他看。"

除了听课，康熙皇帝还动手解习题和亲自操作仪器解决实际问题。"他不仅经常长时间地练习使用各种不同的比例尺，还常常试着解难度更高的习题，比如求平方根和立方根的题，以及探索求算术级数和几何级数的奥秘。他更热衷于借用仪器的帮助来测量物体的高度、长度和绘制地图。当他得知他的计算非常接近于真实物体和两点之间的实际距离时（因为他对自己的计算缺少自信，他往往随后就用木杆和绳索[13]进行实际测量取证），他是最高兴的。从那以后，他的兴奋点又从大地测量转向对高度和天体的测量，他孜孜不倦地测量所有行星的大小，测量它们与地球的距离。此外，他还想借助各种各样的天文仪器和平面星图，搞清楚行星的运动轨道，它们的旋转规律，以及全部天文理论的证明。在他的心目中，整个恒星体系方方面面的知识，如恒星的名字、相互之间的位置等，都留下了深刻的印象。他花费了不少夜间时光用于这方面的学习。这样当他抬起头面向天空时，他可以用手指指出任何一颗恒星，立即正确地说出它的名字。"

不能排除南怀仁的这些文字或多或少有些夸张，但我们，至少是我对日理万机的大清王朝的最高统治者能够如此开明、如此勤奋，感到由衷地钦佩。然而，中国传统的儒家文化是鄙视"奇技淫巧"的，中国史书中绝少有此类的记载。这就更显示出南怀仁（以及其他西方传教士）文字的史料价值。的确，研究 17 世纪以降的中国，忽略了这些来华传教士的著作，其历史就不可能真实和完整。

六

南怀仁在前言、第十三章和末尾第二十八章里，专门论述了在中国的欧洲的天文学，以及其他科学与传教之间的密切关系。

他指出："正是由于汤若望神父和他所领导的钦天监的威望，我们的神父们才能分散地居住在不同的省份，开办教堂；并且一次又一次地将新来的传教士们带入中国内地。确实是这样的，在我到达中国那一年，我们一行 14 名，甚至更多的传教士，就是以天文学的借口同时进入中国的。也正是这一批传教士，支撑着整个中国的福传事业。"[14]

他以富于浪漫色彩的笔调这样写道："因为圣母玛丽亚是通过欧洲天文学而最早被介绍到中国的，她也曾随着欧洲天文学一道而遭遗弃，同时在多次被抛弃之后，她总是一次又一次地被召回，而且成功地由欧洲天文学恢复了她的尊严，所以天主教就被合乎逻辑地描绘成最具威严的女王，依靠着天文学的帮助公开地出现在中国大地上。而欧洲其他各种精密的科学，也紧紧地站在圣母玛丽亚一边，围绕着她，成为她最具魅力的同伴。甚至在今天，以所有站在她一边的科学为伴侣，她比以前容易得多地在中国各处漫游。”[15]

“在天文学以后，各个门类的欧洲科学像庄严的女王一样凯歌行进，地位大大提高了。她进入到中国人中间。由于她不断地被皇帝面带笑容地接受，这些科学也像她最好的伙伴天文学那样，逐渐地进入了帝国的宫廷。这些科学紧随天文学的脚步，用一切非凡和美丽的装饰物，如金子和宝石，来装饰自己，使她们在如此伟大的权威的眼睛里显得十分可爱。几何学、测地学、日晷测时术、透视法、静力学、水力学、音乐和各种机械科学，其中的每一门类都穿上了如此华贵和精致的服装，相互争奇斗艳。她们满腔热情所追求的，并不是想让皇帝的目光仅仅注意在她们身上，而是引导皇帝完全地转向天主教。这些门类众多的数学科学的分支，她们公开声称，她们的美丽与天主教相比，就像是一群小星星与太阳和月亮相比一样。”“我还要为我们的天文学添加几位最迷人的数学女神，作为她最美丽的侍女，以她们平和的表情和笑容将天文学严厉的面孔变得稍微柔和一点，也使天文学能够更加容易地接近皇帝和其他权贵。不仅如此，作为神圣宗教的女仆，她们还必须服从她的意志，因为她庄严的风度令异教者敬畏更胜于爱慕，所以当她打算要进入高贵的殿堂时，她们必须先走一步，为她打开入口的大门。”[16]

南怀仁之所以在百忙之中以拉丁文为他的欧洲同胞撰写《欧洲天文学》一书，就是要向他们宣示：“首先，我想让每个人清晰地看到这一点，即我们的修会付出了怎样巨大的努力去尝试着获得皇帝们和亲王们的仁慈心，以便使得我们的天主教在如此广袤的帝国里通行无阻，特别重要的是，因为正是他们的仁慈心（除天主之外）是我们传教事业平安和成功所依靠的基础。其次，我想以此来鼓励和告诉那些将在未来的岁月里继承我们事业的传教士们，千万要照顾、尊重和热爱这些最美丽的科学女神们。因为正是由于她们伟大的关爱，他们才能比较容易地获得皇帝和亲王们的接待，我们的天主教才因此能够得到保护。”[17]

“如果他们认识到，我们天文学的复兴对我们的宗教的复兴来说，既是它的开端，又是它除天主外的唯一动因，那么他们就会明白：天文学成为保持我们宗教在整个中国生存最为重要的根。本书中的内容将会非常清楚地证明上述的观点。”[18]

南怀仁还在该书的第十二章中强调指出:“我在这里十分详尽地介绍这些知识,是为了显示欧洲‘掌管天文的缪斯女神’是如何启示皇帝的内心;而且也为了提醒那些作为我的继承人不断来到这里的人们,不应该认为他们以全部的身心经常地致力于此类的数学学科就是降低了自己的尊严。正如星辰曾经启示东方三贤人去朝拜刚刚诞生的耶稣一样,有关星辰的知识也可能逐渐地引导远东的这些王子们,去认识统领星辰的天主,进而去信奉他!”当然,南怀仁企盼康熙皇帝成为朝拜耶稣的“东方三贤人”是他一厢情愿的奢望,但是他确实因此而得到远远优于其他外国使臣甚至中国王公大臣的待遇,并“得到一个有利的机会,在向皇帝讲解数学时,就理所当然地要插进去很多关于我们宗教的故事”,“如果没有这样的有利条件,我就永远没有可能向这些皇族们介绍和解释上述这些事情”。[19]

南怀仁希望通过此书,首先消除一些欧洲人特别是教会人士对来华耶稣会士的误解,即认为他们致力于与福音传播无关的事情;其次,希望欧洲教会学校在培训年轻的、即将来华的传教士时,必须加强他们的科学素质,而他认为这方面恰恰是十分薄弱的;最后,呼吁欧洲的当权者在支持和援助中国传教事业时,应特别关注于天文学和科学方面,如科学书籍和仪器等。

七

南怀仁的《欧洲天文学》在17—18世纪中西文化交流史上是一份里程碑式的历史文献,它标志着耶稣会的科学传教策略在古老、封闭、排外性极强的中国曾一度获得了成功,也标志着这一方法在西方天主教界也曾一度获得了认可。

作为将天主教传入中国两个车轮之一的学术传教策略(另一个车轮是“文化适应”策略),是欧洲天主教进入中国的最佳切入点。这是因为:

1.中国历来认为只有中国是文明礼仪之邦,中国以外的人都是野蛮、未开化的“蛮夷”而加以鄙视。以利玛窦为首的耶稣会传教士在中国文人面前展示出高度发达的西方文化,以破除中华文化独尊的偏见,乃是他们得以进入中国上层社会的前提。

2.以他们的先进科学技术帮助中国朝廷解决诸如“修正历法”“铸造火炮”“绘制地图”等关乎国家大计的难题,使皇帝和朝廷感到他们和他们的知识不可或缺,因而获得在华、在京的居住权,进而争取合法传教的许可。舍此,传教就根本无法谈及。

3.他们为皇室和达官贵人提供修造钟表、绘画、修造园林、施医治病等方面的服务，以在朝野人士中赢得好感，广交朋友，扩大影响，以便在遇到困难和麻烦时得到帮助和保护。

4.以精确、高超的西方科学知识征服中国文人，使这些社会精英人士产生"既然西方的科学是这样的高明，想必其宗教也是高明的"的逻辑推理，进而对天主教发生兴趣，甚至受洗入教。

然而，尽管这一策略在利玛窦时代就获得成功，但是在之后近一个世纪的漫长岁月里，并没有确立起不可动摇的地位。不论在中国一方还是欧洲天主教教会一方，都存在着争议。

明代末年，虽然旧式中国历法在每一次发生日食、月食的时候，都被证明其准确性不如西洋历法，但是从利玛窦1601年进京时提出修改历法的建议，到此建议付诸实施，即崇祯皇帝命徐光启创立"历局"，还是耗费了近30年的时间。不仅如此，经徐光启、李天经及西洋传教士的通力合作，5年之后，新历编纂完毕，却因朝廷中意见不一，迟迟不能颁布施行。直到1643年（崇祯十六年），又一次发生日食，再次证明新法的正确性，崇祯皇帝才痛下决心加以颁布，可惜此时明王朝气数已尽，新历最终还是胎死腹中。

清朝定鼎北京，摄政王多尔衮以新朝开创者的非凡魄力，将新历以"依西洋新法"颁行天下。但是，在随后不久的"历狱"案发时，"历法荒谬"仍是加在汤若望头上的几条罪名之一。然而在康熙亲政，"历狱"昭雪，特别是南怀仁主持钦天监之后，西洋的数学、历法就确立了其权威性，再也没有遭到有力的质疑。即使再保守、再排外的人也不得不承认西洋人"精于数学""通晓算法"[20]。雍正皇帝在严禁天主教的同时，还不忘下令地方督抚查明西洋人中"果系精通历数及有技能者送至京效用"[21]。

更令人意想不到的是，由于传教士和他们带来的欧洲文化的影响，竟在当时引起了一阵"欧洲时髦热"。南怀仁写道："在北京这个帝国的都城，有很多人当想要赞美一些事物，比如赞美一种以特殊技能制造出的出色作品时，就说这是从欧洲进口的，或者说这是欧洲人制造的，或者说这至少很像是欧洲的艺术品。这一习惯竟然是如此的普及，甚至波及到中下阶层的民众，诸如手工工匠和商人。特别是那些经营高档次和稀有商品的商人，为了多赚钱，把很多原产于中国的货物和从日本及周边国家进口的货物贴上虚假的欧洲商标。这里有一个实例，是关于中国玻璃的。他们熔制出中国玻璃，虽然这比不上欧洲的玻璃，但是非专业的人士是不能辨认的。工匠们常常巧妙地以这种玻璃装饰在白银戒指、象牙制品甚至是皮革制品上，就像是在欧洲生产的一样。这些商人用这种办法来欺骗顾客。为了使这些商品更具欺骗性，他们还用带有冒充欧洲字母的怪异字符的纸张来包装商品，就好像这些商品（如玻璃制品）真的是来自欧洲，或者是从欧洲人手里得来的。还有其他一些到处销售的类似的制成品，被他们贴上了伪造的欧洲商标，然后卖上较高的价钱。”这的确是在保守、封闭气氛笼罩下当时中国的一个例外。

同样，在来华传教士中、在欧洲教会一方，“科学传教策略”也长期存在争议。利玛窦去世后，他的接班人、新任的中国传教团首领龙华民，就对科学传教持有异议，而是直截了当地大肆传布福音，快速发展教徒，以至导致了1617年的“南京教案”。5年之后，传教士们先是借着“造炮御敌”，继而参与“译书修历”的由头，得以从地下转为公开，重新进入北京。沉痛的教训虽然使龙华民的态度转变了，但是安文思等人仍然对汤若望横加指责。只有经历了“历狱”之后，他才不得不承认，“除了上帝，传教事业赖以生存的只有数学”[22]。

经过了这一次又一次的挫折和反省，在华传教士统一了认识。南怀仁以其用拉丁文专门为欧洲的王室、教会当局和广大关心着中国传教事业的天主教人士撰写的《欧洲天文学》大声疾呼：“我希望我做的全部工作，可以使任何一个来到这个省（指耶稣会的负责中国事务的机构——译者注）的我的继承人，能够及时地认识到，什么是我们必须精通的首要课题，这样他就将承认天文学的光芒会清晰地反射在我们的宗教上。”[23]

南怀仁的《欧洲天文学》能够在罗马天主教当权者那里获得出版发行的准许，就说明教会方面认可了他的主张。

诚然，传教士们视科学仅仅是宗教的侍女，他们的终极目的不在于传播科学，而在于传播宗教。然而，历史专爱捉弄人，你本来想走进这间房子，却偏偏进入了另一间房子。与几个世纪中天主教在华步履维艰相对应的，却是欧洲的科学的全方位的传播。“西学东渐”对中国科学史（天文学、数学、地理学、地质学、测绘学、气象学、水利学、力学、物理学、光学、机械学、建筑学、化学、军事工程学、造纸印刷术、人体科学、西医药学、动植物学、酿酒业等）、艺术史（美术包括油画、铜版画和雕塑，音乐包括乐器、乐理、乐曲、园林艺术，还有玻璃、珐琅及鼻烟壶的制造工艺等）和人文学史（伦理学、哲学、语言学、心理学、逻辑学等），当然还有宗教史，都起到了里程碑式的重要作用，在有些领域甚至是从无到有的开创性作用。

如果利玛窦等来华传教士仅仅是单纯的福音传道士，那他们充其量只能影响不到百分之一的中国人；由于他们在传播西方科学与文化的贡献，则为“中华文化注入了新鲜血液”，进而影响了几乎每一个当代中国人。现今中国的小学生，从一入学时语文课上学习的汉语拼音开始，到算术课上学的竖式笔算法，自然课上的日食、月食的成因，地理课上的五大洲四大洋知识，到中学时学的平面几何、平面三角、对数函数，物理学的杠杆、滑轮等知识，无不来自那时的“西学东渐”文化交流。作为在中华文明发展史上贡献最大的外国人的利玛窦，是“科学传教”策略的开创者，而南怀仁则是这一策略的忠实继承人和集大成者。

八

接下来要说的是英译者高华士先生。

本书英文版的书名全名为：“The *Astronomia Europaea* of Ferdinand Verbiest S. J.(Dillingen, 1687) Text, Translation, Note and Commentaries.”翻译成中文即“耶稣会士南怀仁的《欧洲天文学》(迪林根，1687)，它的原文、译文、注释和评说”。而该书的作者为高华士先生(Noël Golvers)。也就是说，汇集了《南怀仁的〈欧洲天文学〉》的译文和篇幅三倍于它的注释和评说文字的英文版著作，既是南怀仁的著作，同时也是，或者说更主要是高华士先生的著作。

高华士先生，1950 年生人，古典哲学博士，现为比利时鲁汶大学高级研究员。自 20 世纪 80 年代以来，他从南怀仁的天文学著作入手，潜心研究有关清代早期来华传教士的拉丁语、葡萄牙语、意大利语的文献资料，先后著有《南怀仁的〈欧洲天文学〉》《南怀仁与中国的“天”》《南怀仁在君士坦丁堡的数学手稿》《清初耶稣会士鲁日满常熟账本及灵修笔记研究》等内容丰富的专著，对在这一时期耶稣会士在华的科学文化传播和传教活动，特别是有关欧洲与中国之间的通信方面，做了深入的研究，取得了引人瞩目的丰硕的学术成果。近年来，他正在编纂一部浩繁的丛书“西学与中国的图书馆：1650—1750 耶稣会传教过程中西方图书在中欧之间流通”，其中的第一卷(《图书的采购与流通》)和第二卷(《耶稣会士图书馆的形成》)已经出版，第三卷(《关于图书与读者》)正在准备之中。此外，他正在研究的课题还有：“1615—1617 耶稣会士邓玉函的西学与西塘图书馆的创立”“南怀仁通信集(增订版)”等。高华士以其严谨的治学态度、深厚的学术功底和硕果累累的学术成就,在国际学界多次获奖,享有很高的威望。

《南怀仁的〈欧洲天文学〉》可以说是高华士先生的早期著作。1988年起,高华士先生在南怀仁基金会和鲁汶大学中国—欧洲研究所的支持下,开始将南怀仁的《欧洲天文学》一书从拉丁文翻译成英文。他对原著进行了深入的研究,参考了大量的原始档案资料。这其中包括南怀仁的其他著作以及现存的他发往欧洲的全部书信,其他来华传教士如柏应理、殷铎泽、毕嘉、恩理格、鲁日满、安文思、汤若望、聂仲迁、闵明我、洪若翰、李明、白晋等人的著作与通信,以及那一时期耶稣会日本—中国省会的年信和档案,还有俄罗斯使臣斯帕法里的日记,等等。他从欧美各地的图书馆、档案馆中大海捞针似的将这些以拉丁文、意大利文、葡萄牙文、法文、德文写成的史料寻找出来,认真梳理、归纳,成为佐证、考订和补充南怀仁著作的丰富的资料。可以说,几乎囊括了当今现存的有关那段历史的以欧洲文字写成的全部史料。这些对中国的研究者来说,是最为宝贵的。中国的研究者一般不可能遍访那么多欧美的图书馆和档案馆,更鲜有能读懂那么多种文字的。他开列的参考文献目录,对中国学者来说,就是一份绝佳的学术路线图。

高华士先生不仅将原著艰深的拉丁文翻译成了英文,还加注了篇幅三倍于原著的注释。归纳起来,这些注释的功能有以下几点:

第一,正如高华士先生所指出的,南怀仁是在百忙之中挤出时间完成这本书的,对一些历史事件只是作了纲要式提及,读者难以获取翔实全面的信息。为此,英译者对原书中写得不够全面、不够清晰的内容加以补充和梳理。比如在第五章的注释28,29中,英译者就对南怀仁进行的三次测天活动作了系统的梳理。第十五章中,南怀仁讲述了他在铸造西洋火炮方面所作的工作,也是过于简略。高华士先生在该章节的题注中加了两页半的文字加以补充,系统总结了南怀仁几次参与的铸炮工作。

第二,高华士先生在南怀仁原文所涉及的某一类欧洲科学的章节的注释中,借题发挥,介绍了该种科学在中国传播的简略历史。如在第十七章"机械学"中,补充了南怀仁的先辈汤若望用滑轮吊起巨型大钟的事件;在第十九章"反射光学"的注释中,介绍了眼镜和望远镜传入中国的简况,在第二十章补充了"透视画法"在华流传的简况。他在第十二章的注释中补充的、从南怀仁其他书信中摘译的有关康熙皇帝如何热衷天文学学习的细节,也是中国学者特别感兴趣却难以看到的史料。

第三,对南怀仁原书中涉及的有关中国的情况在注释中作了介绍,以利于英文版的读者的理解。如在第一章中对中国儒、释、道三种宗教的介绍,对在北京的几座天主教堂建筑历史的介绍,第八章中对中国"黄历"的介绍,第九章中对清代官员官级服饰的介绍,等等。

当然,英译者还在注释中花了许多笔墨作了多方面的考证,显示了英译者扎实的学术功力,就不再举例细谈了。

在全部注释文字之前,英译者专门撰写了一篇称为"第一章至第六章介绍"的文字。南怀仁原书的第一章到第六章记述的是从 1688 年 12 月开始,到 1669 年 4 月的欧洲天文学回归的历史过程。由于上面提到的工作繁忙的原因,南怀仁的记述是十分简略的。英译者在这篇短文中列举了诸多可以用来补充原文过于简略的不足的原始资料,这包括当时传教士的书信、著作和耶稣会的档案。他为有志于进一步研究的同人开列出一份详细的参考文献目录,具有重要的学术价值。

当然,我还必须提及的是英译者在卷首撰写的了长篇"导言"。"导言"对该书的成书时间与过程、资料来源,该书的出版、流传和收藏作了详尽的介绍。高华士先生的这部力作在南怀仁诞辰 370 周年之际,于 1993 年由德国华裔学社出版。

当然任何人不可能没有短板,高华士先生尚不能直接阅读中文资料。但是他通过别人的帮助,也熟知了诸如《仪象志》《仪象图》《测验纪略》《不得已》《不得已辩》等中文史籍,他在研究中也频频引用这些著作中的内容(当然用英语)。这对中国读者来说,难免有一种隔靴搔痒的遗憾。这就是作为中译者的我的责任了。在征求了大象出版社的同意后,我将多方寻找来的《测验纪略》和《仪象图》作为附录附在本书的后面,并在注释中以"中译者注"的形式添加了有关的中文史料,以期为中文读者提供一些方便。

自从我决定将高华士先生的这本著作介绍给中国学者之日起,就和他建立了通信联系,并得到他的全力支持。2007 年,我与同事梁骏到欧洲访学,在鲁汶受到了高华士先生热情的接待,在他书房里,第一次见面的我们,如同老友一样促膝谈心,之后他又带领我们参观了大学校园、图书馆和南怀仁研究中心。2009 年 8 月中国社会科学院与比利时鲁汶大学南怀仁研究中心共同主办题为"基督教与近代中国"的国际学术研讨会,这是他第一次访问中国。我告诉他,我已经完成了译文的初稿,并提交给南怀仁基金会所委托的台湾学者古伟瀛进行审校(后改由林俊雄先生审校)。我还接待了包括他在内的参会者参观了滕公栅栏传教士墓地。

从那时至今,又有许多年的光阴逝过。每逢圣诞、新年互致问候的时候,他总是关心中译本出版之事。这次,我终于可以把比较确切的好消息告慰他了。

九

说到本书的翻译。

1999 年我随我校出访团第一次来到比利时的鲁汶大学南怀仁基金会并参观了南怀仁的出生地——皮滕小镇。对于来自南怀仁葬身的“栅栏墓地”所在地的北京行政学院代表团,基金会会长、圣母圣心会的韩德力神父热情地接待了我们。我们将当时出版不久的《历史遗痕》一书送给韩德力神父,他则回赠了有关南怀仁生平的两本著作,一本是 1988 年学术讨论会的论文集《传教士、科学家、工程师、外交家——南怀仁》,另一本就是高华士先生的英译本《南怀仁的〈欧洲天文学〉》。前一册不久就被译成中文出版了,但后一本虽然其中的部分内容已被中国学者多次引用,却长久没有中译本问世。

2003 年我的第一本译著(与本校同事石蓉女士合作翻译)美国邓恩的《从利玛窦到汤若望:晚明的耶稣会士》由上海古籍出版社出版,并获得业内人士的好评。台北光启书社向上海古籍出版社购买了中译本版权,以《巨人的一代》为题出版了繁体字版。当我踌躇满志地寻找另一本有分量的海外汉学名著,作为自己下一步翻译的目标时,北京外国语大学海外汉学中心主任张西平教授向我推荐了这部书。这时这本书在我手中已经闲置了 6 年。

2005 年,我着手精读这部书。如果这部书真是像它的书名所显示的含义,即是一本关于欧洲天文学理论的书,我就不得不放弃了。但细读之后,发现并不尽然。它其实重点介绍的是欧洲天文学及其他科学在中国的遭遇,并不涉及深奥的天文理论。我想,这是否就是该书长期没有被译成中文的原因:不谙天文学的译者望而却步,而深谙天文学的译者又觉得它并无多少有关本学科的科学价值。

于是我开始了翻译的历程。在本校国际交流部繁忙的送往迎来的间隙里,我以血液和脑浆为催化剂,将蝌蚪般的拉丁字母转换成中国的方块字。这就像一次珠穆朗玛峰的攀登,直到 2010 年才到达顶峰。所经历的艰辛如同每一位从事这类转换的同人,本没有任何特殊之处。所幸的是我得到了包括英译者高华士先生在内的众多朋友慷慨无私的帮助。北京古观象台台长萧军先生帮我审定了有关天文历法方面的专业内容,祝烨女士帮我修改了部分译文，高华士先生和意大利麦克雷教授（Prof. Michele Ferrero）帮我将原书注释中的拉丁文翻译成英文，台湾学者古伟瀛教授、林俊雄教授对本书作了认真的审读，提出不少宝贵的修正意见。此外，还得到TBC主任安东神父和北京外国语大学海外汉学研究中心连淑敏和王硕丰同学的不同形式的帮助。更不能忘记的是张西平教授始终在争取版权和本书的出版方面所给予的大力支持和帮助。毋庸置言，没有这些帮助，我是无力独立完成本书的翻译工作的。

但是令我百思不得其解的是，我始终得不到南怀仁基金会会长韩德力的认可和支持。按照常理，他应该对有关来华耶稣会士南怀仁的著作出版中译本抱积极支持的态度。然而恰恰相反，他却多次坚决反对我翻译此书，对我向他的求助也一概拒绝。后来我慢慢地理解了他的态度，这部书涵盖了多方面的科学知识，并涉及了多种文字，他也许是担心以我一己之力难以胜任翻译工作。好在我得到张西平教授的一贯支持，同时也深信目前学界能如我这样肯长期坐冷板凳，从事本书翻译的人并不多见；深信通过自己艰苦的劳动，定能成就一本令学界承认的中译本。就是凭着这样的信念，我才能持之以恒，将书稿坚持到最后，终于获得审读者的通过和好评。韩德力神父在本书的序言里向我祝贺，我当然十分欣慰，他如果之前能多给我一些支持和帮助，就更好了。

现在，凝聚了我多年心血的这部译著，终于能够与读者见面了。对我来说，一切辛劳、种种坎坷都得到了报偿。我也深知，由于自己的功力不足、才华有限，其中不免还存有不少的错误和遗憾。我真切地希望能得到业内同人的批评指正，使这部对几百年前的中西文化交流有着珍贵史料价值的著作的中译本日臻完善。

中译者：余三乐
2015年元旦，于晚松堂

注　释

[1]南怀仁著、高华士译，The *Astronomia Europaea* of Ferdinand Verbiest, S.J.（Dillingen, 1687），由德国华裔学社于1993年出版，“前言”第55页。本文引文凡引自此书者，只注明章节和页数。

[2]第一章，第58—59页。

[3]第二章，第60页。

[4]第三章,第 63 页。

[5]第九章,第 75—77 页。

[6]第十章,第 80 页。

[7]第二十六章,第 127—128 页。

[8]第二十八章,第 131 页。

[9]第二十八章,第 130 页。

[10]第二十八章,第 131 页。

[11]第十二章。

[12]第十二章。

[13]在他的测量活动中,木杆和绳子是普通常用的工具。

[14]前言,第 55 页。

[15]第二十八章,第 132 页。

[16]前言,第 57 页。

[17]第十三章,第 102 页。

[18]前言,第 55 页。

[19]第十二章,第 100—101 页。

[20]福建巡抚周学健:《密陈西洋邪教蛊惑悖逆之大端折》,载于《清中前期西洋天主教在华活动档案》,中华书局 2003 年版,第一册,第 88 页。

[21]礼部允祹:《饬禁愚民误入天主教折》,载于《清中前期西洋天主教在华活动档案》,第一册,第 57 页。

[22]魏特:《汤若望传》,1991 年补充版,第 269 页。

[23]前言,第 57 页。

英译者导言

一

由于关于南怀仁(1623—1688 年)生活的基本资料已经被广泛、充分地了解和认识了[1],所以我现在的介绍仅仅是一个简单扼要的回顾。在这里,我将侧重以概略但批判的眼光去审视那些主要的历史事件,以独特的视角去平视能够有助于对《欧洲天文学》一书的本质,更加深入地理解的那些表象。

南怀仁于 1623 年出生于皮滕(Pittem),比利时西佛兰德地区一个乡村贵族家庭。他在布卢日(Bruges)和科垂克(Kortrijk)接受了中等教育,然后在鲁汶大学的艺术系做了为期一年(1640—1641 年)的短期进修。1641 年至 1643 年,南怀仁在梅赫伦(Mechelen)成为天主教耶稣会佛兰德—比利时省的一名新成员,之后他又返回鲁汶,在当地的一所耶稣会学院中完成了他的哲学学业,最后于 1645 年获得学位证书[2]。在布鲁塞尔和科垂克几所耶稣会的学院里担任了一些年古典语言课程的教学之后,他又继续他的神学学习。首先于 1652 年到 1653 年在罗马学习了一年的神学课。

在著名的罗马学院,南怀仁结识了数学家、宇宙学家基歇尔以及他的助手斯考图斯(Gaspar Schottus)。几年后,南怀仁获得了神学博士学位(1655 年 4 月 13 日),并且与数学家阿劳斯(A. Araoz)结为好友。在数学的学习和训练方面异常勤奋的他,曾给基歇尔写过一封信,向基歇尔讨要他的著作[3]。

在学业完成的最后几年里,南怀仁多次向他的上级提出申请,请求批准他赴海外传教。他分别于 1645 年和 1646 年提出到南美洲传教的申请,因为他本人是说西班牙语的荷兰人[4]。于 1655 年 6 月 19 日和 26 日,他又申请去中国[5]。这几乎是必然的,用他的朋友在信中的话说,因为当时访问鲁汶大学[6]的耶稣会士卫匡国(M. Martini)潜移默化地影响了年轻的南怀仁,激起了他立志到中国去传教的热情。终于,在1655年下半年,南怀仁得到上级的正式批准,加入到卫匡国前往中国的行列。然而由于种种客观原因,他们一行人在葡萄牙滞留了一年。这期间,南怀仁一个人受命在科因布拉(Coimbra)教授数学课程[7]。这似乎显示出他已经成为一个真正的数学家了。然而生性谦逊的南怀仁自己却是这样说,“这一时期我所学到的数学知识要比我教授的多得多”。

在科因布拉,南怀仁仍保持着与在罗马的基歇尔的书信往来,请求他寄一些最近出版的著作来[8]。南怀仁一行后来于1657年4月4日启航离开欧洲,在经历了令人精疲力竭的航程之后,于1658年6月17日到达中华大帝国的门户——澳门。旅途中,南怀仁在他的老师卫匡国的指导下,继续他的天文学学习[9]。在澳门,南怀仁以儒家的“四书”作为学习中文的基本教材,获得了关于中文的最初的知识,而且于1659年2月16日发了他作为耶稣会士的第四个终身誓愿。

由于汤若望(A.Schall von Bell)在清廷中斡旋,一行14位年轻的传教士启程离开澳门,分赴中国的各个传教点,南怀仁到陕西省的西安府。尽管这时在掌握中国语言上还存在困难,但是充满激情的他还是努力承担了简单的传教工作。就像他以前在鲁汶大学和梅赫伦的同学鲁日满(François de Rougemont,1624—1676)在一封写于1661年6月27日的书信中所写到的那样:“当南怀仁神父生活在陕西的时候,那里有众多活跃的天主教社团,他与他们生活在一起,追求着传教事业的更大的成绩。”[10]大约十年以后,南怀仁在清廷内地位已经相当显赫,他还十分怀念在陕西的那段时光[11]。

1660年2月26日,汤若望得到顺治皇帝的批准,召南怀仁进北京。由于汤若望当时已是年近70岁的长者(他生于1592年5月1日),也由于他所担任的重要职务——负责制定帝国一年一度的历书的机构——钦天监的首脑,而这一职务在天主教在中国的传教事业上产生了重大作用,汤若望正在寻找一个能够胜任的继承人。在这之前,他的这种努力刚刚落空,也就是说,他所属意的白乃心(J. Grueber,1623—1680)刚刚离开中国,取道中亚,前往了欧洲。

汤若望之所以选择南怀仁,部分原因是考虑到他来自佛兰德地区。汤若望选择助手的一个主导思想是看他的国籍。但同时,南怀仁具有的数学家的声望也起到了重要的作用。在这之前,南怀仁的这一声望已经在中国流传开了。安文思(G.de Magalhâes)在一封从北京发出的、写于1660年5月

18日(即在南怀仁到达北京之前的一个月)的信件中证实了这一点。他说:"随着众所周知的,在道德和各方面的学问上,特别是在数学领域赫赫有名的南怀仁神父的抵达,我们充满了希望,他将给整个传教事业的每一项工作带来变革和进步。"[12]鲁日满也进一步证实了这一点。他指出了南怀仁的高超的数学能力是来自他的自学:"同时还值得注意的是,他在数学方面令人赞叹的学问,完全是依靠自学得来的。"[13]南怀仁数学的自学,起始于他在中学当老师的时期(1645—1647年,1648—1652年),也许是一位名叫达夸特(A. Tacqueto)的老教授激发了他对数学的兴趣。而他真正着手从事数学研究则是在罗马、塞维里亚,而主要是之后在科因布拉,正如上述印证的资料所表明的那样。

1660年1月9日,南怀仁到达北京后,被汤若望安排在西堂(中译者注:本书所说的"西堂"都是指现在的"南堂",以下不再注明)住下。在那里他开始为他日后担任钦天监首领的工作而做准备,首先是从编写历书入手。在1661年年初,南怀仁给他在罗马的耶稣会上司写了一篇有关他的监护人和历书的内容广泛的辩解书[14]。我们对南怀仁在华早期生活还有另外一些资料,即他除了从事历法主管机构——钦天监规定的工作之外,还在很多领域主动地做了很多事。在1661年至1662年,他协助汤若望做了一件很困难的事——用滑轮将一个巨大的钟悬挂到北京的钟楼上[15]。他用中文在一卷本的《仪象图》的介绍中谈到,他早在1664年就设计出了一系列的新式天文仪器(即以第谷的天文理论为指导的仪器)的草图[16]。

1664年,杨光先对清廷钦天监受到的西方影响进行猛烈的攻击,特别是反对从1644年以来实行的编写一年一度的历书必须"依西洋新法"的规定,也反对传播这些西学的耶稣会士。在多次攻击都遭到失败之后,杨光先利用顺治皇帝1661年去世,而反对西学的鳌拜担任辅政大臣的有利形势(1661年至1669年),抓住机会再次发难。结果是,合理的申诉均告无效,耶稣会士纷纷被捕入狱,被宣判有罪。

在这一段特别的受难时期,关于这段时期的情况,南怀仁、利类思(Buglio)和安文思都做了记载。这些记载成为毕嘉(Gabiani)1673年编辑的*Incrementa Ecclesiae Sinicae, 1667*(《1667年中国教会的发展》)一书的资料基础。南怀仁对他的老师——半身瘫痪的汤若望表现出极大的尊重,而且他不顾中国官员的阻挠,仍然在预测日食方面显示他出色的能力[17]。

在形势略微好转,由最初的被判死刑而改为软禁,以及25名耶稣会士被驱逐到广州之后，汤若望、南怀仁、利类思和安文思在被监视的情况下在东堂度过了自1665年到1669年的四年时光，其中汤若望于1666年8月15日去世。从仅有的记载这段沉默时期的资料中，我们知道，南怀仁曾致力于一些机械的制造，如齿轮组合装置（第二十一章注释2）、蒸汽发动的车和船（第二十四章注释6），以及测时日晷（第三章注释30）和气象现象的观测和说明（第二十七章注释6），还有其他众多类别的科学研究活动。

以上这一切预示了这位从1669年起为中国皇帝服务的、具有多方面才华同时又在众多领域受过数学和机械学良好训练的工程师和数学家，开始了他的"富有戏剧性的人生阶段"。而《欧洲天文学》一书的内容则涵盖了他这一"戏剧性"的人生旅途。

这还要感谢西方天文学连续两次在天文观测中所赢得的完全的成功：其中第一次是在1668年12月27日至29日的关于日影的测试，第二次是1669年2月1日和18日之间关于行星位置的计算和验证。从而使南怀仁得以重新恢复了制定历书的"欧洲方法"，与此同时，他也设法恢复了欧洲知识传播者的地位。

这一西学的归复，也使打破朝廷旧日的权力平衡成为可能。从1667年8月开始，生于1654年的年轻的康熙皇帝试图亲政，从他父亲临终前任命的辅政大臣鳌拜手中夺回权力。因为鳌拜等人明确地站在杨光先一边时，康熙皇帝看到，提升欧洲人的地位就意味着削弱鳌拜等人的影响[18]。从这一视角看，一种已经被欧洲人证实了的、明白无误地显示出其一贯正确性的天文学理论，对巩固他的皇权统治来说，是可以想象到的最为可靠而强有力的支持因素。

在刚才提到的测试之后，南怀仁被礼部任命为钦天监的长官，这一头衔伴随着他一直到他生命的终结，但是南怀仁始终没有接受与这一职位相应的官阶[19]。自从他得到了这个官方授予的职务之后，他就被各种纷繁的事务缠身，陷入了异常繁忙之中，而且还经常在一方是朝廷对他的憎恶[20]，而另一方是皇帝对他的变幻不定的同情[21]这两者之间走钢丝。

总体来看，依靠了皇帝的支持，在康熙时代中国的天主教传教事业才得以拯救，并一直继续生存了下来。作为对此的回报，南怀仁为皇帝、为中国的官员们，或者说为整个中国，兢兢业业、"不分职责内外"地工作，做出了非同一般的业绩。事实上，这也使他成为大清朝廷中不可缺少的一员。他的地位也迅速地提高，尽管他并不希望这样。1676年，他被授予了正二品的顶戴花翎[22]。此外他还是一位外交家,例如,他参与了中俄关于平息在黑龙江流域边境争端的谈判[23]。

南怀仁的很多这类的活动都被他自己用中文、满文、拉丁文或者葡萄牙文记载下来。这部分是为了中国的读者,部分是为了他的欧洲的支持者。这些著作同时也反映了他的传教活动,特别是其中的几部有关信仰的书籍。他的主要贡献就在于,通过出色地完成皇室和朝廷分配给他的各项任务,以此保持与皇帝之间的友谊,从而使中国其他各地的传教事业得到保护。

通过任命他的同胞、1684年抵达北京的比利时人安多(A.Thomas)作为他得力的继承人,同时也通过吸引法国耶稣会士于1685年来到北京,南怀仁确保了天主教传教事业在中国的生存。他于1688年1月28日的辞世,使他没有能够成为两起由他打下了基础的重大历史事件的见证人,其一是于1689年1月28日签署的、缔结了中俄两大国边境和平的《中俄尼布楚条约》;其二是康熙皇帝于1692年颁布的意义深远的“容教令”。

二

《欧洲天文学》(简称:*AE*,Dillingen,1687)是南怀仁献给欧洲公众的著作之一。它是一部浓缩和纵观自1668年12月到1669年4月初这一期间欧洲的天文学在中国归复的历史发展进程的著作,也概括了在那之后的十年里(即自1669年至1679年),北京的耶稣会士们在数学、机械学等14个不同的学科所取得的成就。

1.根据本书中所明确指出的,我们可以准确地限定在南怀仁心中的“欧洲公众”和他预期的读者范围,即一般地说,就是指西方的天主教社会。但是他还特别针对了两部分特殊的读者群:一方面是欧洲的诸侯王室的成员,以及教会的领袖们,他们长期的、始终一贯的和大量的慷慨捐助,是南怀仁所呼吁和诉求的(前言和第二十六章);另一方面是他的耶稣会的同伴[24],首先是那些可能受到吸引而投身于中国传教事业的年轻成员。

必须使上述这两部分人都深切地意识到,在中国转变人们信仰的过程中,精湛地研究和掌握数学科学将扮演无可替代的角色(前言及第十三章)。南怀仁如果设想他的著作能使人们熟知天文计算法(第八章),使人们对科学实验发生强烈的兴趣(第二十三章),他就必须特别注意要把书写得适合于后一部分人的胃口。南怀仁传播的数学兼顾了“纯数学”和“实用数学”两方面,注重将数学知识应用于测绘、计算、计量及民用和军用的建筑等。这些数学知识一直是民用和军用工程技术的实践中所急需的。中国的传教事业从数学中得到了好处。除此以外,南怀仁的数学也与耶稣会士的科学教育水平保持一致,即同时兼顾了亚里士多德的古典主义和培根的经验主义两种学术派别。

事实上,在《欧洲天文学》这本书里,南怀仁向欧洲的公众谈及了在中国的欧洲人在欧洲科学的领域中取得的成就,这也是为什么我们在书中找不到任何有关对中国相关科学的优点的讨论的原因所在。尽管这一题目的确是非常令人感兴趣的,但这些不是他的目的,这样做甚至有可能会产生反作用。有时候,作者在谈到中国的天文学(第十六章中他谈及在仪器中使用的西方六十进位制的优点)、水文学(第十六章)、机械学(第十七章)、气象学(第二十七章)时,表现出一种显而易见的西方优越感。在这方面,南怀仁总体上是接受了在华耶稣会士自利玛窦[25]以来形成的观点,即中国的科学是"劣等科学",或者更明确地说,中国的天文学是荒谬的。

除此以外,出于显而易见的原因,他接受了在北京的神父们的观点,即将科学置于整个的中国传教事业的基础位置之上。北京,事实上的确是《欧洲天文学》一书唯一的自然和物质的背景:包括了教堂、花园和图书馆的耶稣会士居住地——西堂(第一章注释5),包括了紫禁城内外的皇家园林中有着多种令人感兴趣的特点的皇家宫殿、观象台以及钦天监下属的其他几个部门,对城市其他部分,比如钟楼(第十一章注释6)、佛教寺庙(第五章)、城墙等,也有偶尔的一瞥。

因为耶稣会士只有在得到皇帝明确的批准之后才能离开北京城,所以只有很少的机会在城市周围作短期的旅行:我们看到,书中谈到作者曾到过城外郊区的皇家园林(第十五章注释36)、西山(第十五章注释13)、卢沟桥(第十七章注释4)和一些皇家庄园,以及被称作"万泉"的地方(第十六章),但是南怀仁之所以能到这些地方,都是在他承担了各种与皇帝的利益有着紧密关系任务的时候。

2.虽然书名表达得不太明确,《欧洲天文学》实际上包含了两个相互独立的部分。第一个部分,即从第一章到第十一章,写的是从1668年底到1669年初发生的恢复欧洲天文学名誉一事。其中第一章到第五章描述了那几次具有决定性意义的日影测试。第六章涉及朝廷最终决定授予南怀仁以钦天监实际领导人的职务。第七章说的是南怀仁改正1669年的历书一事。在第八章中,作者笔锋转而介绍钦天监及其下属的三个科。在第八、九、十章三个章节里,作者记述了"历科"的职责和有关中国历书的其他信息。在第十一章里介绍了钦天监另外两个科的情况。最后,南怀仁又回到他在第八章中没有说完的话题,描述了有关1674年到1678年《康熙永年历》的编写。这又自然地引出了康熙皇帝授予南怀仁"三代诰命"的荣誉和令人尊敬的头衔一事。皇帝希望以此作为对他的奖励。南怀仁在本书中附上了关于"三代诰命"荣誉证书的全部文字的拉丁译文。总而言之,这第一部分从1665年至1668年的耶稣会士被审讯和软禁开始,描述了从南怀仁和他的同伴得到平反昭雪,到官方对南怀仁的能力与成就的高度赞扬并达到顶峰的这一时期的故事。

第二部分是从第十二章之后开始的。这一部分记录了在1669年至1679年间在华的欧洲耶稣会士在数学、机械学等14个不同的学科领域的造诣。在这一部分中,每一章都有一个与此内容相联系的标题。第十三章是一个概括的介绍。第十四章到第二十七章分别举例说明了南怀仁在各个学科中取得的成就。第二十八章则是结论。在最后一章中南怀仁谈到,他所长期从事的"世俗"科学工作实际上是对其真实的目的,即在华天主教传教事业的一种投资。

虽然这两部分在叙述时是分开的,但是理所当然有着紧密的联系。正是天文学和其他数学学科(根据当时的分类法)提高了在华传教士的威望,因而促进了他们传教实践活动的成功。这两部分以其各自的方式表达了《欧洲天文学》一书的主要宗旨,即科学在中国的福音传播事业中所起到的至关重要的作用。在本书的前言中,关于这一点已经得到了寓言式的阐释(为了适应当时欧洲人的口味),耶稣会士们在向中国朝廷介绍天文学女神与她随行的侍女们(即其他的数学科学的缪斯们)的同时,将她们所支持的宗教女神也一同介绍给了中国朝廷。对数学等科学在中国的福传事业中所具有的特殊地位的强调和强调在中国取得了令人刮目的成功,所有这一切,势必让那些即将候选到中国传教的年轻传教士们相信,预先进行数学强化培训是何等的重要。当然,其主要原因是,在南怀仁看来,在欧洲的耶稣会学院中,数学受到重视的程度远不及其他科学门类;甚至为了招收到足够的年轻传教候选者以应付需要,就放松了对他们数学程度的要求[26]。

从第一部分和第二部分内部各自的完整性和这两部分密切的联系中,无疑使我认识到:这部著作是一个有机联系的统一体,而不是草率、随意而写的,也不是或多或少带偶然性地编辑而成的。

3.根据南怀仁为《欧洲天文学》所写的前言，这部书可以被理解为一部“历史纲要”，也就是说，是一部简要的历史评论。的确，它的前身之一就是*Compendium Historicum*(《历史纲要》)一书。该书这种简略的写作特点，在当时耶稣会士的文学传统中是很正常的，也明显地与南怀仁日常工作极端繁忙的情况相适应。除在钦天监内外的大量工作外，还得加上《欧洲天文学》(前言、第十四章至第二十七章)中所谈到的，皇帝临时性召他的当面晤谈以及会见一些官员等。当缩写和精简他的报告时，作者常常省略了一些有趣的细节和插曲故事，而这些内容我们可以从当时的其他有关史料中部分地找到。由于这种删节，他的记述有时就变得不那么清晰了，甚至出现了矛盾(第六章注释18)。还有，南怀仁在纵观耶稣会士科学成就时，正如他多次提醒的，那也只是精选了其中的一部分。

尽管进行了删节和简化，《欧洲天文学》还是以时间顺序向我们描述了欧洲天文学恢复名誉过程中所经历的各个阶段。这当然是与作者是一个好的报告者，甚至是一个有着古典主义背景的好的历史学家相联系的。此外，南怀仁也强调了他本人在这一问题上的特殊权威性，他既是这些事件的目击者，又是这些相关事件的主要参与者。

对我们来说感到遗憾的是，南怀仁几乎没有给出他在书中撰写不同阶段的历史时所使用的有关史料的明确的参考书目(关于这一点详见本导言的“三”和“四”)。理所当然，有各种各样的史料可用来作为他个人的回忆的佐证。在我对此进行研究的过程中，我偶然发现，有充分的理由可以假定，南怀仁事实上引用的是以下几方面的资料：

——首先，很显然，南怀仁在1665年到1669年被软禁期间坚持写了日记。而且可以推测，在他于1669年被平反昭雪以后，也没有中止写日记。据闵明我(F. Grimaldi)的报告说，他的这种习惯一直保持到17世纪80年代[27]。

——从闵明我的信件中，我们得知关于自17世纪70年代末以来北京耶稣会士居住地情况的*pontos*(“要点”)就是来自南怀仁的上述日记的。由于它们包含了大量的关于住在京城的耶稣会士在科学领域创建的成就方面的信息，南怀仁可能也引用了这一同样的信息资源，或者是它的原始形式，即他自己的日记；或者是经过加工的*pontos*副本，以此编纂成他在《欧洲天文学》一书第十四章至第二十七章的内容清单。

——在钦天监的图书馆中保存了有关在钦天监恢复西法以及之后的发

展变化等事件的官方信件和奏折，也许在耶稣会士住所的档案室中也存有此类的文献。值得注意的是，在《欧洲天文学》中有几处文字与奏折原文几乎完全相同，特别是在引述皇帝的话时，这可以表示出其来源是这些原始文献。

——在对一年一度的历书颁发仪式的描写上，《欧洲天文学》第九章与官方刻印的《大清会典》有着明显的类似之处，这可以解释为，他们使用了更早版本的同一段文字。[中译者注：《大清会典》，创修于康熙二十三年(1684年)，告成于二十九年(1690年)，由大学士伊桑阿、王熙任总裁。]

——《欧洲天文学》第十二章中所附的南怀仁于1676年得到的"三代诰命"的译文（或者称为"解释文字"）肯定是出于作者在圣旨原文基础上的个人理解。

如果这些假定是正确的，这些基本文献，加上南怀仁本人对这些有关事件的直接介入，《欧洲天文学》这部纲要性的著作将提升为在1669年至1679年这十年中的第一流的历史性资料。

三

夹在本书第一部分和第二部分内容之间的是第十二章，其标题为"Compendium（简介）介绍了我在 *Libri Observationum*（《观测志》）一书中的后八幅图片，以及 *Libri Organicus*（《仪象志》）一书中的前十二幅图片"。也就是说，这是将过去已经出版发行了的两部不同著作中的部分内容，略经编辑后，插入到本书中。这清楚地说明，这一章的内容是来自绝无仅有的几部珍本，比如我曾使用过的、现在藏于布鲁塞尔和荷兰皇家图书馆（V.H.31075 C/L.P）的藏书，和被列入"Catalogues"的北堂藏书[28]。根据这两方面的原因，我认为这一章正确的标题是："关于 *Libri Observationum* 一书中的前十二幅图片和 *Libri Organicus*（由南怀仁自己经手，以木板刻印的中文版本）一书中的后七幅图片的拉丁文纲要"。（中译者注：费赖之著冯承钧译《在华耶稣会士列传及书目》，中华书局1995年出版第355页以下中译者注中凡引自该书时记为费赖之书中文版称该书名为《对天文观测一书后附十二幅图片及综述一书前八幅图片的拉丁文简介》）此后我们简称该著作为 *C.L.*（《拉丁文简介》）。

*C.L.*一书，正如其书名所显示的，它的内容是关于 *Libri Observationum* 一书中12幅图片和 *Libri Organicus* 一书中的7幅（一说为8幅）图片的拉丁文说明。综观南怀仁的全部拉丁文著作，我们可知 *Liber Observationum* 就是12

幅较晚[29]的图片的汇集。这些图片已经在以前刻印的《测验纪略》一书中发表,他们是对1668年12月和1669年2月两次天文观测的记载。另一方面,*Libri Organicus*,南怀仁指的是1674年刻印的两卷本的、汇集了117幅图片(在105张页面上)的著作,其中文书名为《仪象图》。这 *Libri Observationum* 一书中12幅图片和 *Libri Organicus* 的7幅图(一说为8幅图),确实都见于 *C.L.*一书,被作为附图收录于正文之后。

1.描绘和解释 *Libri Observationum* 一书的12幅图片的拉丁文版本,其实就是中文的《测验纪略》的副本,在耶稣会士平反昭雪之后不久出版。它不是一个摘要,也不仅是中文著作的简单的拉丁译本,而是一个独立的创作。我们不知道这一拉丁文本成书的确切日期,但是在这篇拉丁文论文的最后一段中清楚地写道,在中国的天主教堂又重新开始活动了[30]。因此,该书的杀青之时不会早于1671年年初。

在南怀仁的著作中,这本篇幅不长的书(仅仅有6个对折页)似乎是《欧洲天文学》中,即在第五章唯一直接提及的一本。在文中,他同时指出了它与那本早于它的中文文本在时间上的关系:"因为在各种各样的观测方面我已经出版了一本中文的简介,后来就同样的内容撰写了一本非常扼要的拉丁文的文本,我将把这一拉丁文本附在本书之后。"文中没有标明拉丁文题目。根据《欧洲天文学》一书所引证的内容,以及之后不久出版的 *Compendium Libri Organici*(即《仪象志简介》,以下简称为 *C.L.Org.*),我们预见有一本与之相对应的 *Compendium Libri Observationum*(《观测志简介》,以下简称为 *C.L.Obs.*)。除此之外,我没有听说有任何地方提到这本书,无论是单纯文字的,还是带有对12幅图片的描述。

2.拉丁文本的 *Liber Organicus* 和中文本的《仪象图》所附的前7幅(或8幅)图片,显示了刚刚装备好新仪器的北京观象台。一共有6件新的天文仪器和一处登上这些仪器基座的台阶。该书冠以这样的标题:*Compendium Libri Organici*。它包括了11个对折页的正文,其中两页的内容是简介,5页半的内容是对附图的描述,3页半的内容被标以这样的副题(在页边的空白处)——皇帝热衷于数学的学习。人们可以认为,其核心的内容是关于每一幅图片的描述,外加一篇介绍和一篇精心描述的结论,事实上,这也是一篇有关康熙皇帝关于对天文学和数学兴趣的长长的插曲。

关于这篇论文的完成日期,我们有如下几条线索,既有中国国内的,也有国外的。将它们综合起来,就会得到一个相当准确的日期。

（1）在读到南怀仁的《满语语法》[31]时我们了解到，*Liber Organicus* 一定是南怀仁在《满语语法》编辑完成之后写的。而根据《满语语法》中所介绍的，该书编写于俄国使节斯帕法里（N. Spatharij）出使北京之后，也就是说，是在1676年的9月之后。

（2）*C.L.Org.*一书显然是写于32卷本的《康熙永年历法》杀青付印之后，我们从 *C.L.Obs.*的介绍中至少可以推断出这样的结论。因为在该书的介绍中，南怀仁说："这一年，我完成了包罗万象的天文表，其中含有关于七大行星运行规律和日食、月食发生时间的预测，这是我在皇帝的命令下，计算有关以后两千年甚至更长时期的天象表，我将其刻印为32卷，书名称作《康熙永年历法》。"我们知道，《康熙永年历法》的前16卷出版于1677年年中，官方发布的该书全部完成的时间是康熙十七年七月十一日，即1678年8月27日[32]。

（3）*C.L.Org.*的正文至少应该是完成于上述后一个时间，即1678年8月27日。因为有一本《康熙永年历法》的刻本，于1678年8月24日从北京寄到了澳门，收信人是菲利普·马里尼（F. Marini）。这一信息来自一封现今保存在马德里的原始信件[33]。这一段落的文字已对一本运到澳门的书籍做出了详细描述，为我们证明了 *C.L.Org.*的问世。这对研究南怀仁的著作来说，是特别重要的。这段对我们很重要的文字是这样写的："我寄出第一版的拉丁文图版。这一版本只由他来保存。我要求他不要给任何人看。在 *Liber Organicus* 的第一页上，我提到了，我在那里制造了132门大炮，或者说是一支炮兵。"这一简略的标题和第一页上以 *Liber Organicus* 开头的对132门大炮的描写无疑表明，这就是 *C.L.Org.*一书。

综合以上三点，可以得出如下结论，即 *C.L.Org.*一书写于1677年年底，或者更可能是，在1678年的年初至年中，在《康熙永年历法》刻印工作完成之后，但在该年度的8月24日之前，因此也在8月27日向皇帝面呈历书之前。这也可以解释为什么在介绍中没有提到这次进献，因为这一事件的确有着非凡的重要性。南怀仁不仅在《欧洲天文学》中，同时也在他的其他拉丁文著作中讲述这次进献，显然对这次进献非常重视。（中译者注：即是说，该书在此重要事件发生之前完成。）

将成书日期确定为1678年也符合正文本身中的两次提示：第一，编写的时间确定为在南怀仁担任康熙皇帝私人教师那一年的四年之后几个月中[34]。既然当皇帝的私人教师这段插曲肯定是发生在1675年的年中[35]，加上南怀仁计算时通常总是包括当年,这使我们将眼光聚焦于 1678 年的年中。第二,这同样也是很明显,在 *C.L.Org.*的最后段落中提到,南怀仁尝试着将欧洲哲学介绍给中国,可以看出这段文字与他写于 1678 年 8 月 15 日的一封信中的文字完全相同:“这时,我在介绍我们天文学的借口之下,致力于将辩证法和哲学也介绍给中国人,但实际上这是为了更进一步地证明,我们的宗教是真理。”(*Corr.*,p.228)

我们在这里提到的所有以年代为顺序的线索,不是出现在 *C.L.Org.*的介绍里,就是出现在该书后面偏离主题的插曲中,考虑到我在本要点(3.2)开头所揭示书的结构,以及人们所熟知在华耶稣会士的写作习惯,即不断地修订他们的著作,于是,我们看到很多在文字中有着细微的不同之处的文章却使用同一个标题的现象。一个“纯粹假设的”可能性是不能排除的,即正文的描述部分要早于介绍部分和附在后面的偏离主体的插叙部分,这就是我在 1988 年在海文利—鲁汶(Heverlee-Leuven)召开的“南怀仁国际会议”上提交的论文中所指出的[36]。的确,这个关于分两阶段成稿的假设,似乎是试图摆脱两个荒谬结论的矛盾的唯一可行的思路。

首先,通过对南怀仁在他本人的 1676 年的信件中进献给沙皇亚历克塞·米哈伊诺维奇(Tsar Alexei Mikhailovich)的天文学文本的彻底分析——直到最近,这段记载的俄文译文才公诸于世[37]——人们发现这段记载有力地说明了这些文字与 *C.L.Org.*的关系,同时在另一方面,以上简述的该书的介绍和末尾附加的部分则指出,这无疑是在 1678 年!

这一假设令人意外地得到了确认。因为在 1992 年 8 月,E.Nicolaidis 博士向南怀仁研究项目报告,在雅典发现了显然具有重要意义的四件关于南怀仁的未知拉丁文文献,其中就有南怀仁 1676 年写给沙皇亚历克塞·米哈伊诺维奇的拉丁文信件。还有两篇有关天文学的文字,其中之一冠以“Compendium historicum de astronomia apud Sinas restituta(…)”(简称 *C.H.*)的标题(中译者注:意为关于在中国的天文学写作的历史摘要);第二篇题目为“Astronomiae apud Sinas restitutae mechanica, centum etsex figures adumbraia(…)”(简称 *M.*。中译者注:意为在中文 106 幅图的著作中记述的天文仪器)。每一篇都清楚地显示作者为南怀仁。要感谢这一发现者的慷慨,我收到了这四件文献中若干页的复印件。从这些珍贵的文献片段,我清晰地知道,这些文献于 1693 年在莫斯科复制;除 1680 年的信件外,其他三件文献都是南怀仁于 1676 年 8 月 9 日委托在北京的尼古拉·斯帕法里(N.Spatharij)

转交给沙皇的信件原件的复制件[38]。这些文字包括有前面提到的原有的拉丁文的客套话。南怀仁在这些客套话中记述了他为沙皇所作的贡献[39]。后来,这些文字转而成为 *M*.中[40]和 *C.L.Org*.中描述《仪象图》中的 106 幅图画的拉丁文文稿。也就是说,*C.L.Org*.中的描述部分,完全是 *M*.中最初 8 幅图画的再现。因此证明这段文字最晚应写作于 1676 年。而书中的介绍和附加内容,正如上述表明的那样,是 1678 年后加上去的,或者说是更新的。

3.对 *C.L.Org*.的写作日期也提供了一个迹象,即将 *C.L.Obs*.和 *C.L.Org*.两部著作合二为一,并冠以 *Compendium Latinum*(*C.L.*)的标题一事,可能是发生在从 1678 年的年中,到将其插入《欧洲天文学》的 1679 年(至 1680 年上半年)之间(关于这一事件见以下第四节)。对我来说,1678 年年中似乎是个比较令人信服的时间,因为在这一时间段,有若干其他类似的合并现象同时发生,正如南怀仁在他的通信中所指出的,是在已经引证过的 F. Marini 信函中的那一段文字之后,这样写道:"我把同样的书,即我的两本关于天文仪器的书和一本关于天文观测的书,以同样的方法装订在一起,和 *Liber Organicus* 一道,寄给了葡萄牙国国王。"这段文字谈到,将 *Liber Observationum* 和 *Liber Organicus* 中的图片汇集起来,并且配以 *C.L.Org*.这本小册子的文字;二是,在 1678 年 8 月 15 日写给教宗英诺森十一世(Pope Innocentius XI)的信中提到了一件礼物,即被称作"三卷本的描述中国——鞑靼帝国皇帝的天文仪器"的书籍(*Corr.*,p.227),对此我们可以理解为,两卷本的《仪象图》,另一卷的内容或者是出于 *C.L.Org*.的拉丁文解释,或者是出于 *Liber Observationum* 的文字。

1678 年年中,南怀仁非常活跃,他撰写信件,将自己的论文寄往各处,比如,寄往所有欧洲人居住点的神父们的社交圈,用的是一种为传教事业乞求财务支持和新的传教士支援的不寻常的恳求的语气[41](*Corr.*,pp.230-253)。其中有在同一日期发出的三封信:一封发给视察员 S.d' Almeida 为中国籍的神职人员而恳求的(*Corr.*,pp.208-225),一封发给教宗英诺森十一世(Tsar Alexei Mikhailovich)的(*Corr.*,pp.226-230),一封于同一天发给欧洲捐助人的"典型书信"。在这些信中南怀仁以战略的眼光一再地强调了天文学在教会和福传事业中举足轻重的作用,信中还附有一组"天文表"(*Corr.*,pp.254-256)[42],最后,还有写于 9 月 7 日的给葡萄牙国王阿方索六世(Afonso VI)的信件(*Corr.*,pp.256-266)[43]。南怀仁在这种"爆发性"的活跃发生之前,却有一段通信上明显沉默的时期。造成这一沉默最大的原因是,"三藩战争”中断了北京与澳门的联系,从而也中断了与欧洲的联系[44],使北京城长时间处于孤立的状态。上面引述的几封信件中都直接提到了这一事件(*Corr.*,p.225,255,257)。

推测起来,在1677年期间,北京与南方、与澳门的联系还没有恢复(直到1678年1月向欧洲寄发邮件的问题还没有解决),情况趋于正常化是在1677年的年终甚至是在1678年[45]。那时与欧洲的联系得到了恢复,关于南怀仁的消息在欧洲得到强烈的反响。我认为,这似乎是提供了编辑*C.L.Org*.的适当条件,也是将它与加入了图片的*C.L.Obs*.合并,而成为*Compendium Latinum*的适当条件。

正如波斯曼(H. Bosmans)写到的那样[46],由于*C.L.*的成书日期是在1678年的上半年或年中,这使得南怀仁在1676年9月写给沙皇亚历克塞·米哈伊诺维奇的信件中不可能提到*Compendium Latinum*这部书。

4.只经过很少的改动,*Compendium Latinum*被作为第十二章插在了写于1679年或1680年年初的《欧洲天文学》中。这种做法对17世纪的编辑出版业来说是一点也不奇怪的。问题是,南怀仁还把其他两个内容相当丰富的章节,来自他于1678年所写的通信内容[47],和柏应理编辑的、后来以*Catalogus Patrum Societatis Jesu*(《耶稣会神父名录》)为书名出版的内容,也加进了他的《欧洲天文学》。对*C.L.*来说,从题目和主题类似这一点上看,我们可以推断这本书是合并而成的。*C.L.Obs*与《欧洲天文学》的第一章至第十一章(特别是从第一章到第五章)相关联,*C.L.Org*.与该书的第十三章到第二十八章相关联,再加上关于西方科学的成就和其在北京朝廷内威望的说明。这种编辑方法当然也是有缺点的,这就是很容易产生重复的现象。这样的毛病也确实存在(见以下的说明)。

显然,在着手编写《欧洲天文学》时,南怀仁就计划作这样的合并了。因为正文之中就预先提到了*C.L.*的内容,这一点证明了为什么某些内容在《欧洲天文学》被处理得如此简略。像这样在编写的过程中就将一部分内容进行筛选,并预先提及,而不是作为附录插在完成了的文章后面,就是完全可以理解的。

另一方面,存在这样的情况,即最初曾设想将这一内容加入书中的某一地方,而最后实际上却插入到另一个地方。得出这一结论至少有两个迹象可以作为依据。一点是将*C.L.Obs*加在第五章的结尾;另一点是在第十三章中提到的*C.L.Org*中的一段文字,加入到了这一版本中,但这段文字同时也出现在一个已经印刷了的版本的第十三章之前。

这两个迹象同时出现,决不是偶然的。我们可以做这样理解,即最初是打算把 *C.L.* 放在《欧洲天文学》的结尾,作为附录和补充的——因为这是最适当的地方。但是原先的计划后来被抛弃了。做出这一更改的决定是出自南怀仁,还是出自柏应理,我们尚不清楚;变化的原因也不清楚(是与后来附加了参考书目有关,还是为了避免附录中的内容太多)。最后,根据这一设想应该注意到,将 *C.L.* 从书的末尾移到中间是不正确的,这可以显示出柏应理应对这一变化负责。

在插入了 *C.L.* 之后,新文本上下文之间没有作进一步的融合处理。比较《欧洲天文学》的第三章到第五章,和 *C.L.*(即已经包括《欧洲天文学》的第十二章)的内容,我们看到了关于 1668 年 12 月和 1669 年 2 月事件的两个版本(部分是相互重叠的,部分是相互补充的)。尽管也作了一些表面的调整,如同我在第十二章的题解,和注释 8,12,58,61,63,70,76,79,84,85,86 中所表达的我的研究所得到的结论那样。

这些改编(包括了缩写、置换和修正)极有可能都是由南怀仁完成的。他自己计划了这一插入,因此显然也应该由他来为这一工作画上句号。总之,完成这种改编的工作必须是对《欧洲天文学》和作者自己最初构想的 *C.L.* 两本书都非常熟悉。来源于这一改编过程的不可避免的重复和其他一些错误,与南怀仁经常表现出的粗枝大叶是相符合的。

四

除 *C.L.Obs.* 和 *C.L.Org.* 外,一道被并入 *C.L.* 的与这一问题有关的其他拉丁文论文也是南怀仁在 17 世纪 70 年代撰写的。我在上文中提到的 *C.H.* 和 *M.*,最近在希腊被发现了。这两份文献肯定是写于 1676 年的八九月之前,南怀仁在北京将这些文件呈给了俄罗斯使臣斯帕法里。文献中的内容使我们比较精确地确定,*M.* 的成文时间在 1675 年 7 月到 1676 年 9 月之间。

我不得不回到这两本出版物的细节上来。主要是根据我们掌握的资料可以判断,*C.H.* 是《欧洲天文学》第一章到第十一章的蓝本,*M.* 是该书第十四章到第二十七章的蓝本。这似乎表明,《欧洲天文学》基本上由三篇关于 17 世纪 70 年代欧洲天文学在北京境况的论文组成,后来作者在 1679 年到 1680 年之间对它们修订、扩充和更新。

这引导出一个问题,即《欧洲天文学》的编写是在什么时候发生的。我们根据少数内部和外部的迹象,将它们综合起来,得出尽可能准确的时间表。

1.关于《欧洲天文学》文稿杀青的时间,我们唯一得到确认的线索是,它的文本在1685年11月之前已经到达欧洲,因为在这个月它获得了天主教会颁发的“准予印行令”(见以下第5点)。传统上人们是这样假定的,我也认同这一观点,即该手稿与其他很多文献都是由柏应理带回欧洲的。这种假定,可以由南怀仁的《关于辩解的答复》(*Responsum Apologeticum*)中的一个段落得到证实。他的这部著作尽管没有被明确提及,但显然是与《欧洲天文学》有关的。“关于此事的真相是[名为“在各种数学科学领域中灿烂和新奇的发现”主要是来自闵明我神父的],我们的打算去罗马的代理人神父,将报告详情。他评论说,在这些论文中,作者清楚明白地报告了在北京的几位神父在数学领域的发明。在这一文献中人们可以看到,柏应理神父证明给中国皇帝的这些发明,特别是在随后的那些年里发生的,以及皇帝接受这些发明物时,对这些神父的科学技能表现出来的高度的赞美和尊敬。”(*Corr.*, p. 341)

柏应理于1681年12月4日从澳门出发,这可以确定在北京手稿编写的完成日。完成手稿要至少比这个日子提早一个月,因为根据当时的情况,从北京寄往澳门的信件至少需要一个月时间。文中明显地暗示出,手稿完成的时间比上述日期要更早些。在这里我们遭遇到两处有重要意义的与可以确定日期的事件相关联的“沉默”:

第一,尽管作者以内容丰富的章节记述了“弹道学”(第十五章),但是他没有提到皇帝于1680年年底发出的关于铸造320门新一代大炮的命令一事[48]。这一忽略显然与南怀仁对他在弹道学方面成就的详细描述非常不协调,除非是当他接到这一命令时《欧洲天文学》的手稿已经完成了。换句话说,《欧洲天文学》的完成应早于1680年年底。

第二,作者对与这一领域(即弹道学领域)相关联的“平定三藩”战争,在1680年最初几个月份[49]形势的明确描述,是最明确的证据。无论如何,对迅速结束对抗的乐观预期(实际上没有实现)和得不到关于1680年秋天[50]在四川西南的帝国军队遭受意想不到的严重伤亡的消息,这两点使我们更加确认,《欧洲天文学》的手稿应该在这一年的年底之前[51],甚至是在这年的秋季之前就已经完成了。另一方面,没有任何迹象显示,《欧洲天文学》的杀青会晚于这个时间。

如果这一根据内在迹象所作的推论是正确的，那么，这个日子与另一个事件之间，即柏应理是在 1680 年 8 月[52]离开江南他的教区一事，在时间上是一致的。这就成为更加有力的证据了，这显示出，手稿应该完成于 1680 年年中，只有如此，在同年 8 月之前该手稿才能到达身居江南的柏应理手中，从那里该手稿与其他很多文献一起被带到了澳门，进而带到欧洲。

2.编写《欧洲天文学》的起始时间可以根据作者自己给出的时间表来推断，也就是说，他所描述的从欧洲天文学的恢复，到在北京的宫廷里[53]介绍欧洲数学科学之间的十年，即 1669 年年初到 1679 年。南怀仁认真地给出这一时间界限，从他以前所说的可以看出，他显然是不想涉及一项汤若望在静力学领域中所做的已经公认是成功的事，因为那是发生在规定时间之前的事情了。他说："我现在在这里省略了这个事例，因为它与我们机械学的滑轮相联系，而关于滑轮，我们在 10 年之前就已经用到了。"[54]

对于这特殊的十年中所取得成就的积极描述，逻辑上可以把它视为是这充满争论的十年的终结，或者正好就在这之后，即 1678 年年末或 1679 年。因此我认为，即作者撰写该书是对欧洲天文学在北京恢复名誉整整十年的一种庆祝。它是对天主教在华传播的第一个百年的回顾，在 1681 年在中国的所有天主教徒都庄严地庆祝了这个百年盛典[55]。

从以下两方面，我们的资料给出了一个"历史性的说明"，呈现出一幅画图："假如这整个的主题被描绘成一幅图画"，在南怀仁的序言里，以及在柏应理期望撰写的"耶稣会在中国的第一个时期的一种图画"（但是后来没有成功）[56]。

关注一下关于《欧洲天文学》的写作动机，正如在本书第十三章的开头所作的概括性说明那样，它显示出《欧洲天文学》与 1678 年南怀仁的多封信件内容之间的密切关系。在这一年八九月份他的信件中不仅表达了《欧洲天文学》中的主要宗旨，而且甚至行文文字间的联系都十分明显（第七章注释 1）。因此《欧洲天文学》一书可以看作是上述信件内容的延伸，同时，也可以将该书编写的起始时间提早到 1678 年年底或是 1679 年。

这里甚至可能与柏应理当选为 1679 年教会代理人一事有直接的联系。柏应理为此到罗马去，他不仅要募集新的财务捐助和新的传教士，而且带着特殊的为中国传教事业申辩的任务。因此，以我的看法，《欧洲天文学》也是有意帮助柏应理而写给特定的读者群的（本文二 1）。

3.综上所述，《欧洲天文学》显然是写于 1679 年至 1680 年年初，当它的前身《测验纪略》和拉丁文的 *C.L.Obs*.编辑结束后,通过对在 1676 年 8 月已经将 *M*.作了扩充的 *C.L.Obs*.基础上的扩展延伸而成。在 1678 年年中,作者将 *C.L.Obs*.和 *C.L.Org*.首次合并为 *C.L.*。除此之外,自 1676 年 8 月以后,至少已经存在着题目相关的两部论著,即 *C.H.*和 *M.*。在庆祝欧洲天文学在北京得到平反昭雪十周年之际,也就是说,在 1678 年至 1679 年间,作者将 *C.L.*、*C.H.*和 *M.*合并到一起成为一部新的著作,这就是《欧洲天文学》。

因为我迄今只看到这些文本的一些片段,因此不能详细说明 *C.H.*和 *M.*从 1676 年起到 1678 年至 1679 年间被修订的范围。关于这次修订的时间下限被确定在"平定三藩"战争的结束时,但是在这里作者显然是忽略了事实(中译者注:"平定三藩"战争结束于 1681 年),这超过了作者设定的时间线(即 1669 年至 1679 年)[57]。上述南怀仁的几篇有相似主题和有着传承关联的天文学论著关系,可以用以下页图解加以表示。

五

1681 年 12 月 4 日,在延迟了一年多的时间和与视察员毕嘉神父进行了最后的交谈之后,柏应理登上了从澳门开往欧洲的航船。除大量杂乱的行李外[58],正如在几封信中所提及的[59],他还携带了一批极其宝贵的信件和手稿。这其中包括:对纳瓦莱特(D.de Navarrete)的指控表示歉意的回答,以及几部重要的新老著作的手稿,如安文思《中国的十二个优点》(在欧洲被翻译成法文,书名为 *Nouvelle Relation de la Chine*)[60],这些都是研究《欧洲天文学》的至关重要的参考资料,还有柏应理自己的著作——《耶稣会神父著作目录》(此书后来与《欧洲天文学》合并为一本书出版)、《中国哲学家孔子》,以及南怀仁的《满文语法》[61]。就是从这里,开创了《欧洲天文学》在欧洲的历史。

一封由约翰—巴蒂斯特·马尔多纳多(J.-B. Maldonado,中译者注:此人为比利时人,1667 年到达澳门,后赴柬埔寨传教)于 1680 年 11 月 6 日撰写的信件[62]透露出,按照最初的想法,这些手稿至少要有几部在安特卫普由帕拉丁—莫雷特斯(Plantin-Moretus)出版社出版发行。事实上,这家出版机构自 17 世纪 70 年代初以来,一直与在中国的耶稣会传教事业保持着良好的关系,举例说,它当时被称为从中国到欧洲的信件的"分拣中心"。当信件到达"荷兰联合东印度公司"的荷兰港口时,就被转运到安特卫普,从那里通过各种联系网络到达欧洲各地。此外,莫雷特斯家族还是众多耶稣会士,如卫匡

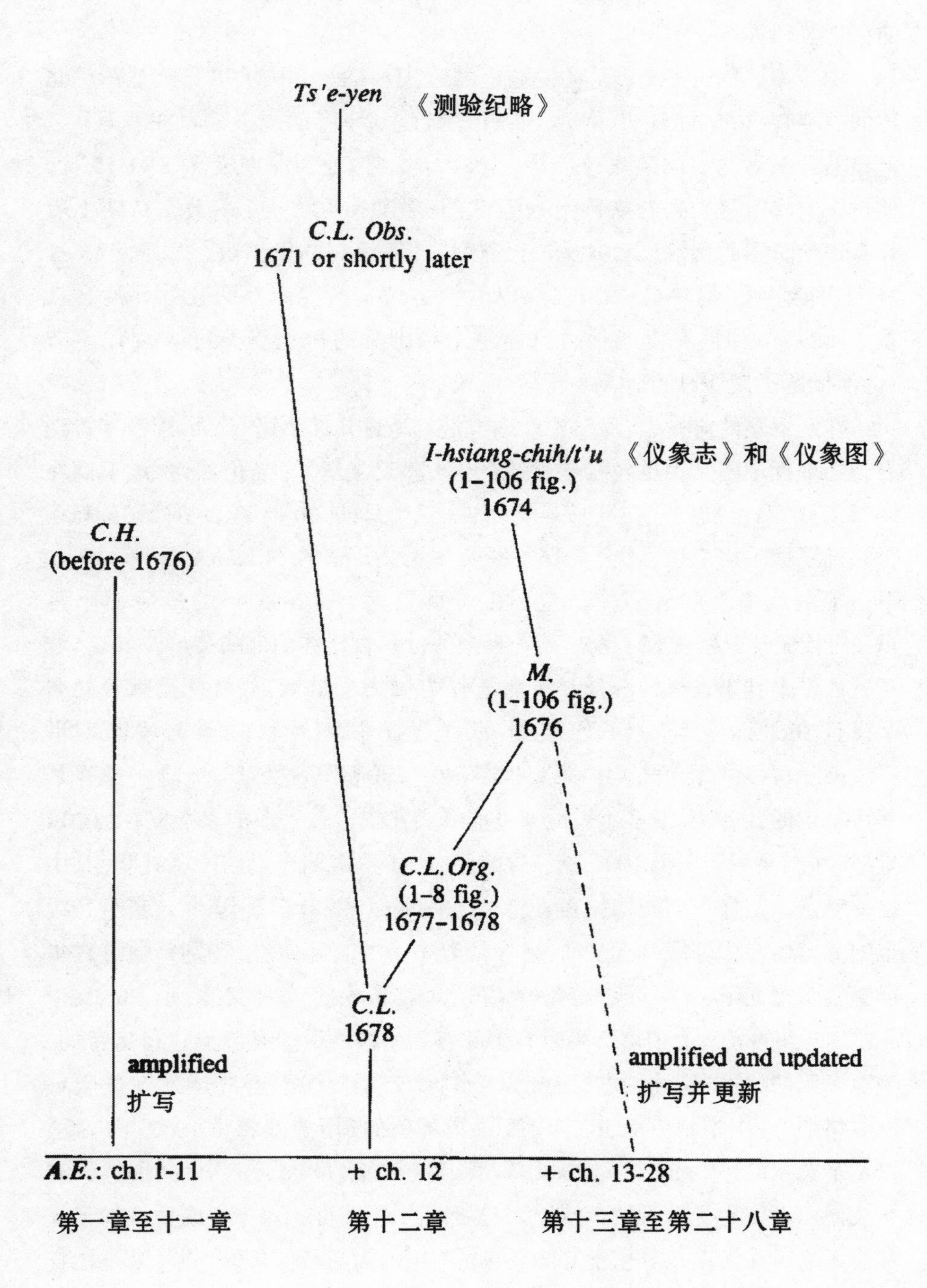
Ts'e-yen
《测验纪略》
C.L. Obs.
1671 or shortly later
I-hsiang-chih/t'u
《仪象志》和《仪象图》
(1–106 fig.)
1674
C.H.
(before 1676)
M.
(1-106 fig.)
1676
C.L. Org.
(1–8 fig.)
1677–1678
C.L.
1678
amplified
扩写
amplified and updated
扩写并更新
A.E.: ch. 1-11
+ ch. 12
+ ch. 13-28
第一章至十一章
第十二章
第十三章至第二十八章

国、约翰—巴蒂斯特·马尔多纳多、约翰—哈德茵、安多等传教士发往欧洲的信件收信人[63]。

柏应理在经历了充满危险的旅程之后,于1683年10月8日到达荷兰北部的因克森(Enkhuizen)。他取回自己的行李后,将四包书信发往罗马[64],但显然几部书的手稿还随身带着。1684年2月,他到南方旅行,2月15日,他对在安特卫普受到的款待十分满意,但是没有与帕拉丁—莫雷特斯出版社有任何具体的接触,最终也没有任何一部手稿在那里出版[65]。同年3月21日,他到达了梅赫伦[66]。在那以后他走访了荷兰南部的几处耶稣会教堂。1684年9月,在巴黎他受到路易十四国王的接见。于同年的12月7日,他抵达了最终目的地——罗马。

在赴罗马的旅途中,显然柏应理携带着上述几部手稿[67],尽管没有特别有力的证据证明其中也包括南怀仁的《欧洲天文学》。无论如何,该手稿在1685年11月之前已经在罗马了。因为在这个月的26号,修会的检察员和编辑阅读了该手稿之后,总会长查尔斯·德·诺耶勒斯(Charles de Noyelles)下达了出版该书的许可令。差不多与此同时,在1685年的最后一个月里[68],柏应理分别受到了教皇英若森十一世和教廷传信部的接见。

通常书刊审查机构选择一位名人作为书籍受献者,并将此受献者的名字设计在封面上[69]。因此,此部著作选择了奥地利的利奥波德一世(Leopold I)—— 自1658年以来的神圣罗马皇帝作为受献者。这一选择是无可争议的,因为在很多年里他都是耶稣会在华传教事业的坚强支柱,在17世纪中叶,他每年支援1000荷兰盾的经费,还不定期地捐助一些礼物,其中之一就是给南怀仁的安德·塔丘特(A. Tacquet)的数学著作[70]。甚至在维也纳的宫廷与中国耶稣会之间,还保持着书信的直接来往,特别是通过在华耶稣会士恩理格与利奥波德一世前教师兼私人告解神父米勒(Ph. Miller)[71]二人的联系为渠道。当时有多部有关中国的著作是献给这位皇帝的,如卫匡国的《中国新地图志》(1655年出版)、《中国先秦史》(1655年出版)、卜弥格的《中国植物》(1656年出版)、汤若望的《历史叙要》(1665年出版)以及基歇尔的《中国图志》(1667年出版)。关于《欧洲天文学》一书选择利奥波德一世作为受献人的直接原因,显然是维也纳在1683年成功抵御了土耳其人之后在天主教界里激起的狂热情绪。因为受通信条件局限,南怀仁直到1685年才得知这一重大胜利的喜讯[72],所以决定书籍的受献人不可能是出于他的意见,而必定是由柏应理经手的(他签署了这一决定)[73]。最后,可能还有更多的重大理由决定了这部书的受献人。在1684年利奥波德一世通过其个人的影响力,成功地在莫斯科创建了一个规模不大的耶稣会小团体。这是开创从欧洲经西伯利亚到达中国的陆路通道的重要一步。而开创这一通道,显然是南怀仁在1676年八九月份[74]在北京与俄国使臣斯帕法里会面后就萌生并精心设计的一个策略。

将利奥波德一世确定为《欧洲天文学》一书的受献人,可能还有另外一个原因,这就是书中生动地描述了在北京天主教教会的恢复情况。在这之前,南怀仁的一个老的版本(即 *C.L.Org*)被献给了莫斯科的沙皇,其中提出了建立沙皇与在京耶稣会士良好的相互关系的明确要求,借此得到沙皇开通欧洲经俄罗斯到达中国的通道保证。

得到了出版许可之后,1687年,这本小册子由在斯瓦比亚(Swabia,德国西南部的一个公爵领地)迪林根(Dillingen)的本卡德先生(C.Bencard)经手编印出版。这一选择十分引人注目,因为柏应理携带的其他绝大部分手稿都在巴黎出版。但是这也并不是完全出人意料。首先,迪林根是当时一所著名耶稣会大学的所在地[75]。在那里本卡德先生于1675年9月28日得到了国王批准的在德国出版和再版任何一部耶稣会士著作(比如《欧洲天文学》一书)的专许特权[76](该书的书名页)。一个存在可能性的解释是,因为柏应理在1655年11月25日得到《欧洲天文学》一书的出版许可后不久,他就离开了罗马,并于同年12月12日抵达巴黎。恰好我们发现在17世纪最后两个十年中,有很多法国传教士的著作是在迪林根出版的[77]。我们有理由猜测,柏应理当时携带着经过修订的手稿来到巴黎,在那里他将出版事宜委托给了本卡德[78]。

书名页上本卡德的名字下面,清楚地标明了约翰·费德里(Johannem Federle)的名字。在1681年至1688年之间他是经销商和出版与印刷部门的技术总监[79]。

在某一个时候,柏应理的《耶稣会神父名录》(*Catalogus Patrum Societatis Jesu*)被加在《欧洲天文学》一书中。这大概是发生在该书正文完稿的那一时刻。在书的目录页中似乎暗示了这一事实。在目录页上,紧接着第二十八章的是“终结”一词,而没有在目录中提及在章节之后有任何附录内容。《耶稣会神父名录》虽然与《欧洲天文学》合为一体出版于1687年,但它仍早于1686年在巴黎出版了单行本。前者——1687年的合印本中提到的最迟发生的事件是在1682年(即利类思于这一年的10月7日去世)。而1686年的版本是于1685年年中[80]修订的。这表明,柏应理到达欧洲之后,自己并没有对《耶稣会神父名录》一书的手稿,也包括合并在《欧洲天文学》中出版的该书的手稿[81]进行审核与修订。《欧洲天文学》的情况也如此。

本卡德公司的不知名的校对人员干了一件相当粗心的工作,以致该书从前言部分开始,就存在着大量的印刷错误。那些使原文产生歧义的错误,以及出于各种原因而造成的明显错误,我都在原文的出错处所加的注释中指出并改正了。在两个地方我基于《欧洲天文学》的内在逻辑改动了两处标点符号。这两处标点符号在*M.*关于这段文字的较早版本中是没有的。

《欧洲天文学》一书的书名页(在1687年的《欧洲天文学》)导致目录学方面的混淆,因为它实质上与前面提到的几册木板印刷图集的书名页相同,比如说*Compendium Latinum*(《拉丁文纲要》)的书名页。虽然我们不知道这一书名页首次印刷的时间,但是1671年年初撰写的*C.L.Obs.*的正文已经展示在卷首的第一折页上的标题上了:"Astronomia Europaea sub Imperatore Cam Hy ex umbra in lucem revocata"("欧洲天文学被康熙皇帝召回,从而告别黑暗,迎来光明")。或者这一标题就是后来精心设计的今天众所周知的书名页的原型,或者它自身已经是浓缩的书名页的版本。总而言之,当这一书名页被《欧洲天文学》一书用来作为其书名页时,仅仅作了非常微小的改动,比如,增加了迪林根出版社的名字,以及删除了1668年这个时间[82]。这或者是因为版面狭小,或者因为避免与实际的出版时间(即1687年)相矛盾。

这一版本收录了仅有的一幅插图,即显示了经过南怀仁在1669年至1674年间加以改建的北京观象台的插图(第十二章注释21)。在这幅刻有"从中国寄来的北京观星望远镜"标题的雕版画,是从1674年出版的《仪象志》中最初的插图拷贝的。该图或是从当地保存的《仪象志》中拷贝的,或是从柏应理带来的《仪象志》单行本中拷贝的。在插图上有梅尔基奥·哈夫那(Melchior Haffner)的签名,也就是梅尔基奥·哈夫那二世,德国南部城市乌尔姆(Ulm)的一名雕刻师,他专为出版商工作[83]。

我们不知道这部书当时印了多少册,因为现存的只有几部,有关该书的评论文章也所存无几。这给人们的印象是,当时的印数是很有限的。此外,我所查阅过的所有该书的文字都是同样的,因此很可能都是只印刷过一次。

六

《欧洲天文学》的流传与收藏。

1.一项对比利时图书馆的调查和一次对联邦德国、荷兰和法国图书馆的抽查表示,现存的《欧洲天文学》一书数量非常少。迄今为止,我仅在比利时找到了五册,这几本宝贵的珍本都有着它们自己有趣的故事。

(1)作为我现在翻译基本依据的这本《欧洲天文学》,收藏于布鲁塞尔荷兰皇家图书馆(书号为 V.H.8307 A/LP)。正如它的书号和藏书票所显示的,它来自以布鲁塞尔学院院长查尔斯·冯·胡特姆(Charles Van Hulthem / Gandensis)命名的图书馆[84]。根据院长本人亲手笔迹“购于 1812 年在纽伦堡穆尔物品公开拍卖会”可知,这部书是他在 1812 年于纽伦堡从天主教神学家戈特利布·冯·穆尔(Gottlieb von Murr,1733—1811 年)[85]那里购买的。因此可以说该书曾为著名的学者穆尔所有。穆尔曾与耶稣会士保持着良好的关系,并且是一位非常活跃的汉学家。他于 1802 年在纽伦堡-阿尔特多夫曾编辑出版了《中国康熙皇帝的公开信》(*Litterae Patentes Imperatoris Sinarum Kang-hi*)一书[86],以及在他自己的刊物《艺术史和普通文献》(*Journal zur Kunstgeschichte und zur Allgemeinen Litteratur*)发表的几篇关于中国文学和历史的研究论文(分别刊登在第 1、第 4、第 6、第 7、第 9 卷上)。他还编写了《在华耶稣会传教士撰写的数学家、物理学家和哲学家书籍书目》,书中收录了《欧洲天文学》的这一版本。因此可以推测,在布鲁塞尔收藏的这本《欧洲天文学》的目录页(而不是在书的正文里)上,保存的许多条手写的补充和修正的眉批,很有可能是他写下的。这些补充和修正当然更进一步提升了这本书的价值。

(2)根特大学的藏本(书号为 Sign. Acc. 13398)。这本书上有两点迹象能够显示它过去的所有者。这些迹象告诉我们它最初属于慕尼黑的耶稣会所(书名页上有手写的“慕尼黑耶稣会学院”的字样),在它转为根特大学藏书之前,曾为该大学一名才华横溢的解剖学教授 F.万德哈根(F. Vanderhaegen,1818—1858 年)所有(他的藏书票至今还在)[87]。

(3)科特莱特城市图书馆(Stadsbibliotheek of Kortrijk)藏本(书号为 G. V. 8170)来自企业家、藏书家 J.高思汉斯·沃奎色先生(J. Goethals-Vercruysse,1759—1838)[88]的私人藏书馆。根据他亲笔写的藏书目录,他获得这本书的时间在 1808 年到 1818 年之间。在这之前谁是这本书的主人,则无迹可寻了。

(4)根据一则手写的信息,这本藏于海文利——鲁汶耶稣会图书馆的《欧洲天文学》(书号:112 RK Verb.1687 年)来自纽伦堡的一名内科医师、天文学家G.费里德里希·考登布什博士(Georg Friedrich Kordenbusch,1731—1802年)[89]。这本书是一部包括了若干其他数学论文的合订本。因为在根特的历史学家C.菲利普·塞儒厄(Constant Philippe Serrure)[90]藏书丰富的图书馆的拍卖清单上,列入了一部与同样的数学论文合订成一本的《欧洲天文学》,所以我们几乎可以确定这就是同一部书,也可以追寻到这部书如下的流传轨迹:迪林根—纽伦堡—根特—海文利(也就是鲁汶)。

(5)在比利时的最后一本《欧洲天文学》藏于布鲁塞尔博兰德会(Bollandists)的图书馆,该书没有迹象说明它原本来自何处。

一份内容广泛的对原西德图书馆的调查函件指出,德国保存着12册《欧洲天文学》。一册在哥廷根(下萨克森州及其州立大学图书馆,Niedersächsische Staats-und Universitätsbibliothek,书号为8° Astron. I,4921 Rara,书上有手写的改正笔迹);一册存于科隆(大学图书馆,Universitätsbibliothek,书号为N 4 120,1730年来自耶稣会学院);一册在汉诺威州立图书馆(Niedersschsische Landesbibliothek,来自汉诺威地方图书馆);一册在迪林根研习图书馆(Studienbibliothek,书号为IX 1237,也是来自当地的耶稣会学院,该学院得到这部书是在1689年);一册在诺伊堡——多瑙州立图书馆(Staatliche Bibliothek,也是来自诺伊堡耶稣会学院,1689年);有几册藏在慕尼黑,其中一册在巴伐利亚州立图书馆(Bayerische Staatsbibliothek,书号为4 Astr.4- 152),两册在大学(Universitätsbibliothek,其一书号为8° WA 1114,来自因戈尔斯塔特的耶稣会学院,1688年获得;其二书号为4° Math. 516,来自以前的因戈尔斯塔特大学图书馆)。

还有一册存于德国国家博物馆的藏书目中;一册在奥格斯堡(Augsburg)州立大学(Staats-und Stadtbibliothek,书号为4° Math.599);另有两册保存在安贝克(Amberg)州立行省图书馆(Staatliche Provinzialbibliothek,其一书号为Astr.161,来自瓦尔德萨森(Waldsassen)的西多会修道院;其二书号为Astr. 22,来源之处不明)。最后的两册,其一存于符腾堡州立图书馆(Württembergische Landesbibliothek),另一册在柏林以前的普鲁士国家图书馆(Preussische Staatsbibliothek),这两册都在二战中遗失了[91]。

在荷兰的图书馆里,我设法查到了在阿姆斯特丹大学图书馆(Universiteits-bibliotheek)的一册和在莱顿大学(Rijksuniversiteit)的一册[直接从人文主义者和对华友好人士福西厄斯(Isaac Vossius)的图书馆获得][92]。

在法国的图书馆界的查询也是有收获的,巴黎的国家图书馆找到一册,另一册在香特利(Chantilly)。后者来自曾经是耶稣会学院的圣·吉纳维夫学校(Sainte-Genevieve)。

2.与《欧洲天文学》文字相似的最初迹象已经从柏应理自己的著作中找到。他的《关于中国传教事业的状况和性质的简报》(*Brevis Relatio de Sraiu et Qualitate Missionis Sinicae*)一书[93]明白无误地显示出,该书文字与《欧洲天文学》十分雷同。这在柏应理以往著作中是看不到的[94]。这种雷同并不值得惊讶,因为柏应理在罗马撰写这部书的时间是1685年的最后一个月,这正是《欧洲天文学》在那里得到出版许可的时候。

柏应理之后,第一个引用《欧洲天文学》的可能就是法国耶稣会士李明(L.Le Comte,1655—1728年)了。李明1692年从中国返回法国后,出版了《中国近事报道》(*Nouveaus Mémoires sur la Chine*)一书。书中对他亲自参观过的当时安装了南怀仁制造的新式天文仪器的北京观象台的描写,显然是参考了南怀仁自己所作的描述。尽管我们还不清楚他到底是利用了最初的*C.L.Org.*(或*C.L.*)的资料,还是引用了《欧洲天文学》中的文字。

更加令人振奋的是哲学家莱布尼茨(G.W.Leibniz,1646—1716年)在他的著作中所作出的回应。自从莱布尼茨于1689年在罗马会见了闵明我以后[95],就对耶稣会士在中国的传教事业发生特殊浓厚的兴趣。这反映在他的《中国近事》(*Novissima Sinica*,1697年第一版、1699年第二版)中。在这本书中,南怀仁的名字多次被充满崇敬之情地提起,同时也多次提及了《欧洲天文学》一书[96]。然而这些文字,与在该书1699年版的附录[97]"关于可尊敬的南怀仁神父所著中文、拉丁文著作的报告"(Relatio de Libro Sinico-Latino R.P.Verbiestii)的文字一样,显然只涉及《欧洲天文学》的第十二章。因此也可能参考了*Compendium Latinum*。关于这个问题,与莱布尼茨书中提供的另一信息——"据我考证,我们也注意到有关天文学的著作以拉丁文和中文同时出版"综合比较来看,说明莱布尼茨对《欧洲天文学》一书并不很熟悉,但可以肯定他对该书确有一定程度的了解。

被证实了在文字上与《欧洲天文学》直接相似的是值得一提的杜赫德(J.-B.du Halde,1674—1734年)的四卷本的《中华帝国志》(*Description de la Chine*,1735年第一版,1736年第二版)[98]一书。他在书中整段地将《欧洲天文学》中的文字译成法文,加入到他的文字中,而且常常对资料的出处只字不提。例如,《欧洲天文学》的第一章出现在《中华帝国志》第三卷的第349—358页;第九章出现在第三卷的第346—348页;第十章出现在第三卷的第342—343页；第十八章出现在第三卷的第332—333页；第十九章出现在第三卷的第333页；第二十章、第二十一章、第二十二章、第二十三章和第二十四章都出现在第三卷的第333—334页；第二十五章出现在第三卷的第329页；第二十六章出现在第三卷的第335页；第二十七章出现在第三卷的第335—336页。杜赫德的《中华帝国志》享有崇高的声望，在法国乃至欧洲各地都有着极高的影响力。因此，当杜赫德的著作出版以后，假如任何一部著作中出现与《欧洲天文学》相类似的文字，都难以断定它到底是参考了《欧洲天文学》，还是参考了杜赫德的《中华帝国志》。后来发生的一个值得注意的事例，是被称为“波兰皇家和萨克森选帝侯的天文学家及数学家”的金德曼（E. C. Kindermann）从杜赫德著作中引述的南怀仁的一段长长的引文。金德曼的这部写于1748年至1756年之间[99]的手写本著作题为《自然界的宏观原理》（*Physica Sacra Oder die Lehre der Gantzen Natur*，见该书第四卷，第14—15页）。

另一个不得不在这里提出的显著事实也是同样的情况，也就是一份现存在巴黎国家图书馆[100]匿名的《欧洲天文学》（不是全书，但涵盖了大部分内容）法文手写译本显示出，其大量经常出现的整段文字都与杜赫德的翻译文字相同。这两个文本其他显著的相似之处还有，在手写译本中不分章节，而杜赫德著作中也同样没有章节之分；二是在手写本中存在一个明显的拼写错误，即将Buglio（中译者注：即利类思的原名）误写成Bruglio（这一拼写错误曾出现在《欧洲天文学》第二十章的译文中），而在杜赫德著作同一章节中也出现了同样的拼写错误（《中华帝国志》第三卷第333页）！

在上述手写本的译文尚未被人发现的时候，对它与杜赫德的著作之间的关系做出明确判断是非常困难的。但是对这份文献存档历史的考察或许能为我们提供些线索。根据L. Auvray和H. Omont编制的目录，编号为no. 17.239的这份手稿，来自“Residu 214”，即“Residu Saint-Germain”的第214号。这一编号是对一系列不分类的手写稿按其书名顺序依次编排的，此类书籍是与相当数量的其他库存书籍一起，于1795年至1796年从以前的本笃会修道院转移到巴黎国家图书馆的。的确，这一手稿封面右上角的该修道院图书馆旧的书号至今依然清晰可见[101]。编号为“Residu-lots”的一类书号中包括了其他若干来自中国的文献，或者更准确地说，都出自在北京的法国耶稣会士［其中有殷弘绪（F. Dentrecolles）写的几篇文章和《中国书简集》（*Mélanges sur la Chine*）等］。这些手稿不是来自耶稣会“路易大帝学院”

(College Louis-le-Grand,1563—1762年),就是来自巴黎的耶稣会会所(Jesuit Maison de Professe)。我们知道,由于耶稣会1762年在法国被取缔,这两家图书馆的馆藏手稿都被移交给了本笃会的St-Germain-des-Prés修道院,直到1795年这些文献才转由巴黎国家图书馆收藏[102]。上述两家耶稣会图书馆保存了大量与法国耶稣会士在北京传教团相联系的手稿。这主要因为在北京的大多数法国耶稣会士最初都是来自"路易大帝学院"。在传教士到了中国之后,"路易大帝学院"也成了他们往家乡法国寄信的主要目的地。而且,"路易大帝学院"也正是杜赫德生活和工作的地方。正是在那里,杜赫德依靠与在中国的法国传教士们通信联系直接获取的信息[103],编写了他的《耶稣会士书简集》和《中华帝国志》。根据这一点,可以有力地证明手写本的法文译稿与杜赫德著作两者之间存在着密切关系,特别是考虑到它们有那么多类似之处,手稿与《中华帝国志》的确存在互相依赖的关系。然而我认为,手稿应该更早一些,而且存在另一种可能,即产生于柏应理神父在巴黎逗留(1683年9月和1686年春至1687年11月)期间,这是这份译稿可能产生的另一个时机[104]。但是无论哪一种情况都无法推断出翻译者是谁。

可以确定的是了解和熟悉《欧洲天文学》的人是拜尔(T. S. Bayer,1694—1738年)。他在他的《耶稣会士南怀仁的著作,特别他的中文地球仪》(*De F.Verbiestii S. J. Scriptis, Praecipue Vero de Ejus Globo Terrestri Sinico*)一书[105]的参考引用书目中,明确地列入了"《欧洲天文学》(1687)"。这说明,当时在圣彼得堡已经有了《欧洲天文学》一书,不是在拜尔的私人图书馆里,就是在帝国科学院的图书馆。

天文史学家魏德勒(J. F. Weidler,1691—1755年)已经对《欧洲天文学》的文字十分熟悉了。他在他1741年出版的《一本有关天文学起源和发展的特别著作》(*Historiae Astronomiae Sive de Ortu et Progressu Astronomiae*)一书中大量引用了该书的内容,特别是在著作的第252页到第259页里,引用了《欧洲天文学》第八章、第九章、第十一章和第十二章的内容。

德国汉学家冯·穆尔(Ch. G. von Murr)持有一本《欧洲天文学》。这本书现在藏于布鲁塞尔的图书馆(Koninklijke Bibliotheek)。从他写在书眉间的笔记和在参考引用书目中的记载,显示出他仅仅是对该书中的附录《耶稣会神父名录》感兴趣。与之相反的是法国学者达朗贝尔(M. Delambre)。他在1819年巴黎出版的《中世纪的天文学历史》(*Histoire de l' Astronomie du Moyen Age*)一书[106]中,如实地将《欧洲天文学》前十二章的内容翻译了出来。

最后,在19世纪,从喀通(C.Carton)开始,关于南怀仁的传记著作陆续问世。在这些传记著作中,论述了《欧洲天文学》的内容或者其中的部分章节(比如第十一章"帝国的外交家")。在这一领域做出主要贡献的有:1839年在比利时布鲁日(Bruges)出版的喀通的《南怀仁神父——中国传教士的生平概述》(*Notice Biographique sur le Pere Ferdinand Verbiest, Missionaire a la Chine*);1903年同样在布鲁日出版的拉伯瑞(E. Rabbaey)的《南怀仁神父,1623—1688年》(*Pater Ferdinand Verbiest, 1623-1688*,此书于1911年在皮滕出版了第二版,书名为《传教士、天文学家南怀仁》(*Ferdinand Verbiest. Zendeling en Sterrenkundige*);1912年出版的波斯曼斯(H. Bosmans)的《南怀仁——北京天文观象台台长,1623—1688年》(*F. Verbiest, Directeur de l' Observatoire de Peking, 1623-1688*);1970年在布鲁日—乌得勒支(Brugge-Utrecht)出版的布朗迪尤(R. A. Blondeau)撰写的《天文官员》(*Mandarijn en Astronoom*)。

七

《欧洲天文学》最初的版本和当代的版本。

和绝大多数来自17世纪中国传教团的著作一样,《欧洲天文学》也是用当时的拉丁文撰写的[107]。在该书着手编写的三年前,南怀仁在1676年的一封写给沙皇阿里克斯·米拉诺维奇的信中抱怨说,与"流放中的奥维德(Ovid)"[108]相比较,自己掌握拉丁文的能力退化了。这在他和罗马诗人奥维德之间,在奥维德流放在满是哥特野蛮人的图米(Tomi)地区和他居住的北京的满人和汉人之间的精彩类比,也许只是带有文学色彩的修辞方法[109],但是却反映了一个真实的情况,就是说曾经与拉丁文诗人塞卓尼斯·哈思尤斯(Sidronius Hosschius)[110]工作过一段时间的本书作者南怀仁,他的拉丁文写作能力正在降低。南怀仁在70年代晚期以及之后所写的信件,显示出他还继续使用拉丁文,在《欧洲天文学》中也使用拉丁文,虽然在遣词造句上他都做出了很大努力,但在行文中还是出现了一些粗心大意和含混不清的错误,不管真的是因为驾驭拉丁文的能力退化了,还是因为时间紧迫而造成的起草过于匆忙。无论如何,这都给后来的翻译者制造了第一道拦路石。

作者深厚的古典主义者背景不仅反映在语言上,分散于其行文中的若干经典诗人的引用语里,也反映在他的遣词用语之中。这样的例子分别出现在第一章、第四章、第十二章、第十六章、第二十六章等。对于这些,还有一系列的中国的头衔、衙门机构和其他用法的罗马化(即拉丁译法),他显然是承继了来华耶稣会士在拉丁文上的既定传统用法。当我们对汤若望、闵明我、鲁日满等人的著作和发自中国耶稣会士的信件做一个快速、简略的纵览,就可以清楚地看到,他们在行文中使用了一些相同的词语。

解析这些词语和类似的文献资料,以及有关事件发生背景的大量不明确的暗示,再加上在第十四章到第二十七章中关于数学、机械学方面的技术词汇(除古典主义和耶稣会士的传统外,没有第三个特殊的手段),这一切构成了摆在翻译家面前的主要工作。为了确保现代的译文能够尽可能恰当、清楚地反映出原作者的意图,我查阅了与此相关联的南怀仁的其他主要著作,特别是他的《机械学》《通信集》和中文著作,尤其是《测验纪略》《仪象志》和奏折,还有他同时代人的一些重要著作(详见参考书目)。

这些研究的成果反映在我的译文中,那些必要的说明则放在文后的注释中。某些需要给予详尽解释的特殊话题,不可能插在原书正文的译文中间,因为正文着重展现原文和对它的翻译。因此,类似有关南怀仁的拉丁术语学,中国传教团的科学传教方法的历史,对欧洲书籍、文物中有关传教士的研究,以及其他放在注释中的有关话题,我将随后重新撰写成单独的文章,以呈现给读者。另有一本包括南怀仁《机械学》的正文和注释的单行本将要出版。这样,南怀仁关于在北京朝廷里的耶稣会科学的全部拉丁文著作终于可以出版问世了[111]。

翻译《欧洲天文学》最初的尝试是在1988年鲁汶大学出版的题为《皇帝的天文学家——南怀仁和他的〈欧洲天文学〉》("Astronoom van de Keizer. Ferdinand Verbiest en zijn Europese Sterrenkunde")的论文。(对我的这篇论文,U. Libbrecht博士写了一篇相当长的介绍)后来,以圣母圣心会神父韩德力(Jeroom Heyndrickx C. I. C. M.)为首的南怀仁基金会和鲁汶大学中国—欧洲研究所共同给予我一个机会,从1988年起我作为一名兼职研究员继续从事我对中国传教团的研究。对上述两个机构,我谨表示我最诚挚的感谢。

我还要向比利时和其他地方的几家图书馆和档案馆的管理者表达我诚挚的谢意,他们给予我查阅和参考珍贵藏书的许可。它们是鲁汶大学图书馆、荷兰国家图书馆(Koninklijke Bibliotheek)和比利时国家档案馆(Algemeen Rijksarchief),还有布鲁塞尔的布兰迪勒姆(Bollandianum)博物馆,鲁汶—海文利的耶稣会会所图书馆、根特(Gent)大学图书馆、安特卫普的帕拉丁—莫瑞图斯(Plantin-Moretus)博物馆、纳穆尔(Namur)宗教研究文献中心、巴黎的法国国家图书馆、香提意(Chantilly)的拉方丹(Les Fontaines)文化中心图书馆、科隆的耶稣会北德国省档案馆、柏林的普鲁士国家图书馆、慕尼黑的巴伐利亚州立图书馆及大学图书馆、维也纳的奥地利国家图书馆、罗马的耶稣会总会档案馆和格里高利大学档案馆、里斯本的达阿尤达(da Ajuda)图书馆,以及马德里的国家历史档案馆和科学历史档案馆。

现在呈现给读者的这部译作,如果没有以下五位学者的诚挚无私的帮助是不可能完成的,他们是:

鲁汶大学的教授沃里博士(W. Vande Walle),他不仅允许我参考了他关于与南怀仁相联系的官方文献集《熙朝定案》的译稿,而且仔细地审读了我的全部译稿和注释,特别是有关汉学方面的内容。

迪塞尔(Peter Van Dessel)帮助润色了我的英文,并将我的"导言"翻译成英文。

Chan Mei-Yee,她在1990年夏季炎热的几个月中为处理译稿中的不同文字付出了艰辛的劳动。

美维斯(L.Meyvis)和天主教圣言会的神父梅莱克(Roman Malek S.V.D.)博士,他们对本书作了最后的编辑工作。

此外,我还要感谢其他诸多学者和朋友,首先是在南怀仁研究领域的人士。如U. Libbrecht博士,六年前他向我介绍了中国传教史,并在1986年帮我阅读了荷兰文的译稿;哈斯伯瑞克(Dra.Nicole Halsberghe),在有关天文学和其他科技方面的问题给予我大力帮助;穆盖特(Dra.Grete Moortgat),他向我提供了《测验纪略》的译稿,使我能够以此书与《欧洲天文学》的相关部分进行比较;赫尔曼(Bart Herman),他从1987年就开始了将《欧洲天文学》翻译成英文的工作。我还从塞克瑞(Dirk Sacre,UIA)教授、博士,意大利拿波里的德阿瑞丽(F.d'Arelli)博士,鲁汶的塔博(L. M. A. Talpe)和海文利—鲁汶的耶稣会士维沃神父(O.Van de Vyver S. J.)神父等人那里聆听了许多重要的建议和有价值的忠告。

除此之外,对我的工作给予最为有力的支持的是我的妻子Bernadette Rutgeerts。我谨以此书作为献给她的小小的但却是最诚挚的礼物。

高华士

1992年12月25日,写于鲁汶

注　释

[1]关于南怀仁的基本资料见费赖之书(中译者注:此为于1932—1934年在上海出版的法文版。在美译者注释中引用的费赖之书资料,皆出于此版本)I,pp.338-362,和J. DEHERGNE的*Répertoire*, pp. 288-290。一份常规的关于南怀仁的传记来自R. A. BLONDEAU,*Mandarijn en Astronoom*, Brngge ~ Utrecht, 1970; *id.*, *F. Verbiest. Als Oost en Wesl Elkaar Ontmoeten*,Tielt,1983。

[2]在鲁汶大学求学期间南怀仁的一名教授,是著名的数学家、耶稣会士安德鲁·塔丘特(André Tacquet,S. J.),他在1644年至1645年2月在该校任教。见*Catalogi 3ii Personarum Proyae Flandro-Beigicae*在布鲁塞尔的Koninklijke Bibliotheek图书馆,Ms. Nr. 4026(20209)。甚至在1678年8月15日南怀仁写给塔丘特的信中,还是称他为自己的"恩师"(*Corr.*,p.241)。关于这一时期的这位数学家,见H. BOSMANS,*Biographie Nationale*,vol.24,Briixelles,1926-1929,col.442,词条"André Tacquet,S.J."和O.VAN DE VIJVER,"Lécole des mathemathiques des jesuites de la province flandro-beige au XVIIe siècle",in:*A.H.S.I.*,49,1980,p.273。J. ROEGIERS在1988年召开的"鲁汶—海文利南怀仁学术会议"上提交了一篇题为"南怀仁时期的鲁汶大学学术环境"的论文,对17世纪40年代鲁汶大学学术氛围进行了深入的研究。(中译者注:由魏若望编辑的此次会议的论文集的中译本已于2001年由社会科学文献出版社出版,书名为《传教士、科学家、工程师、外交家南怀仁(1623—1688):鲁汶国际学术研讨会论文集》。上述论文被收入其中。)

[3]这封信保存在Arch. Pont. Univ. Greg.,567(=A. KIRCHER,Misc. Epist.,XIII),f°187。

[4]据G.BROM(*Archivalia in ltalië,belangrijk voor de geschiedenis van Nederland*,'s-Gravenhage,1914,Ill,p.635)称:1645年1月5日所写的第一封信现保存于罗马Archivio distato;被拒绝的回答可见*Corr.*,p.1。另一次要求可以在*Corr.*pp.2-3,即写于1646年11月26日的信中看到,并附有1647年2月23日的回答。(*Corr.*,p.4)

[5]详见G. Nickel(杰·尼克)在1655年7月10日给这些信件的回复中的具体内容。

[6]卫匡国(M. Martini)对鲁汶耶稣会学院的访问发生在1654年的6月或7月。有关他该次访问的第一手资料收集在H. Bosmans"A Dorville"中,p.336 ff.。一幅由卫匡国的中国同伴多明戈用汉字书写的呈十字架形状的汉字书法作品,被保存在布鲁塞尔Koninklijke Bibiotheek图书馆Ms. Nu. 3510。卫匡国的讲演以塔丘特(A.Tacquet,S.J.)所创造的独具魔力的方式,阐述了中国的传教事业。

[7]关于南怀仁这一时期的生活,所仅存的材料是他1656年12月18日写给基歇尔的一封信(Arch.Pont.Univ.Greg.,568[=A.KIRCHER,*Misc.Epist.*,XlV],f°71)。这件事发生在若望三世(Joao III)委托耶稣会士管理的"艺术学院"。在这里耶稣会的学生首创

了分科的教育形式,包括为中国传教团候选人而设的初等数学教育,不少来自外地的教授在这里授课[举例说,比利时人安多(A.Thomas),南怀仁未来的继承人,1678—1680年间也在此授课。参见 Y. DE THOMAZ DE BOSSIERRE,pp.7-14]。在这一场合,正如他自己坦陈的,南怀仁一定是在初等数学领域获得了一些新的、有用的经验。不幸的是,该城市的图书馆在这方面的藏书却是非常可怜。关于这方面 I. HARTOGHVELT 在 1655 年 5 月 23 日从科因布拉发出的信函中可为佐证。这一点,当时为了同一目的逗留在科因布拉学院的安多也给予了确认(见 *Far Eastern Catholic Missions*,II,p.151 and 157)。我在另一场合将提供一则关于南怀仁生活的更为深入的细节。关于 17 世纪葡萄牙的耶稣会士和数学,见 F. RODRIGUES,*Historia da Companhia de Jesus nà Assistência de Portugal*,III,1,p.195 ff.;F.GOMES TEIXEIRA,*Historia*,p.204 ff.;D. MAURICIO,"O ensino",pp.189-205。

[8]1657 年 4 月 4 日,当卫匡国从里斯本启航的时候,南怀仁是他的随行者之一,另一个随行者是吴尔铎(A. d' Orville)。后者为中国携带了 12 本基歇尔的书 *Musurgia*(见 Arch.Pont.Univ.Greg.,568[A.KIRCHER,*Misc.Epist.*,XIV],f' 73)。这可能就是对南怀仁要求的回答。南怀仁的两个要求被添加在从欧洲分发基歇尔著作的书目中。关于这一点,见 J. FLETCHER,Distribution,pp .108-117。

[9]见南怀仁 1656 年 2 月写的信函,*Corr.*,p.9。

[10]见 C.F.WALDACK,"Ph.Couplet",p.19 中所收录的鲁日满 1661 年 6 月 27 日的信件。

[11]见 *Corr.*,p.165。

[12]见 ARSI,JS 162,f°55;又参见 I.PIH,p.360.

[13]见 C.F.WALDACK,"Ph.Couplet",p.19 中所引用的鲁日满信件。

[14]见 *Corr.*,pp.41-103;以及 ARSI,FG 730,I,ff°48r.-49v.(May 12,1662),和 ib.,ff°50r.-sly.(May 20,1662)。

[15]见安文思 *N.R.*,p.152;南怀仁的 *Corr.*,pp.107-108。(见本书第二十一章注释 7、注释 9)。

[16]根据中国社会科学院历史研究所郝镇华写于 1984 年 10 月 24 日的信件,这本书的题目是"天文仪器图",现藏于北京柏林寺图书馆。

[17]见毕嘉的 *Incrementa Ecclesiae Sinicae*,*1667*,p.227 ff.(日食发生于 1665 年 1 月 16 日)。

[18]见本书第四章及第四章注释 17、注释 18。

[19]见本书第六章及第六章注释 20、注释 22。

[20]我们可以从第三章注释 26 中看到形势之一斑。

[21]南怀仁的敌人常常试图在皇帝面前诋毁他。这位皇帝的确对各种各样的意见都非常敏感。在南怀仁(或者其他耶稣会士)的信件中,不止一次地谈到皇帝接到了怀疑他们的报告。见 *Corr.*,p.437(1684)。

[22]关于南怀仁的晋升,见本书第六章注释 20 以及第十一章注释 16、注释 18、注释 21、注释 22。

[23]关于这些次谈判的最为真实的说明,可以从俄使斯帕法里(N. Gavrilovic Spatharij,1636—1708 年)的日记中看到。其译文收录在 J. F. ADDELEY,*Russia*,*Mongolia*,*China* 一书中。据我所知,在南怀仁的著作中提到此事的仅有收录在 *Corr.*[pp.90-194;532-535 的一封写给沙皇米哈诺维奇(Tsar Alexei Mikliailovich)和斯帕法里的信件],以及在 M. THEVENOT,*Relations*,vol.2.4,p.4 提到的他的《满文语法》(*Elementa Linguae Tarlaricae*)。最近在雅典发现了一封南怀仁于 1680 年 3 月 1 日写给斯帕法里的信件。

[24]这方面的反应达到了高度的一致,关于对耶稣会组织产生的影响,见 ST. J. HARRIS,*Jesuit Ideology*,p.53。[中译者注:原文中"阿穆尔"(Amur)即中国人通常说的黑龙江。俄罗斯人将此河称为阿穆尔河]

[25]关于这个题目,见德礼贤 F. D'ARELLI,"P. Matteo Ricci S. J.:le 'Cose Bsurde' dell' Astronomia Cinese. Genesi, Eredita ed Influsso di un Convincimento tra I Secoli XVI-XVII",此文发表在 I. IANNACCONE 和 A. TAMBURELLO 编辑的 *Dall' Europa alla Cina*:*Contributi per una Storia dell' Astronomia*,apoli,1990,pp.85-123。

[26]南怀仁的这些观点曾强烈地表达在他 1678 年 8 月 15 日的一封写给所有欧洲学院的神父们的信函中(见 *Corr.*,pp.230-253,特别是在 pp.235-238 和 pp.241-242 中;又参见吴尔铎 1677 年 7 月 16 日的信件,这封信存于 ARSI,JS 109,II,p.123)。这是在法国学院里教授和学习数学的热情如此缺乏的证明(见 F. DE DAINVILLE,*L' Éducation*,pp.324-325)。从中也可以看到,数学学科在耶稣会教育理论中的位置(见 G. COSENTINO,*Miscellanea Storica Ligure*,2,1970,pp.169-213)。强调数学传教战略效果的一个次要的动机,很可能就是回击来自外方传教会成员 F. Pallu 和 L. de la Motte 的强烈的批评。前者的批评是在 1644 年阿尤迪亚(Ayuthia,泰国境内的地名)的宗教会议上,后者的批评是在 1669 年罗马出版的名为 *Instructionec ad Munera Apostolica Rile Obeunda Perutiles Missionibus Chinae*,*Tunchini*,*Cochinchinae Atque Siami Accomodatae*,*a Missionaries S. Congregationis de Propaganda Fide*,*Iuthiae Regia Siami Congregatis a.I Di 1665 Concinnatae* 的书中。在北京的耶稣会士们一定是已经知道这些批评,或者是在 1644 年通过他们参加阿尤迪亚会议的同伴(J. Tissanier 和 F. Marini),或者是通过殷铎泽,他于 1670 年至 1671 年间逗留在罗马,而于 1674 年返回中国,毫无疑问地持有这种观点的种种消息当时正在罗马流行。然而至今,我还没有看到这本书对当时传教士策略影响的相关信息。

[27]见 ARSI,JS 163,f°104r.(Oct.1681)。

[28]见 H. CORDIER,*Bibl.Sin.2*,col.1451。整理、校勘南怀仁木刻版天文著作的工作是极端复杂困难的。因为很多种不同的扉页(至少有三种拉丁文版本的:*Astronomia Eu-*

ropaea…；*Liber Organicus…*；*Compendium Laiinum*。还有一些中文版本的)，不加选择地采用了不同的文字和图片。P. PELLIOT，在 *T.P.*，23，1924，p.357，n.5(其中还包含了一篇关于这一题目以往研究成果的综述)和 H. I WALRAVENS，“Bücherschatz”，A 348-A 350.也证实了这一点。这后一位作者考虑到藏于梵蒂冈图书馆的 C.L.的副本(Racc.Gen.Or.I，44)，产生了一种错误的印象，即该书仅仅包含 13 页对开页的文字和 7 幅图片，再加上一幅观象台的全图。然而 *C.L.*一开头的文字就证实，这本书的文字包含有两篇拉丁文的论文和与之相应的图片共 20 幅。就我所知，至少有三个版本是这样的：我所掌握的藏于布鲁塞尔 Koninklijke Bibliotheek 图书馆的一本，巴黎国家图书馆的一本(Res.V.710)和伦敦 Ph.Robinson 图书馆的一本，这一本最近(1988 年 11 月)提供给索斯比拍卖行进行拍卖，它曾为 Philipps 和 Meerman 的收藏品，而最初来自巴黎的克莱蒙特学院(见 *The Library of Ph.Robinson*.Part II，p.135，nr. 147)。这几种版本之所以不相同，或者是因为最早寄出时就是这样，或者是因为仅仅保存了部分的内容。

[29]所谓“较晚”的具体、确切的概念，我至今不很清楚，因为我所知道的所有的版本都只有这 12 幅图片。可能这是一位老者(纯粹是猜测)、俗人的回忆录，书中保存的 12 幅图片都是从 *C.L.Obs.*中复制来的。

[30]见本书第十二章。

[31]见本书第十二章，及该章注释 100。

[32]见本书第十一章注释 12—14。

[33]见马德里 Arch.Hist.Nac.，Jes.beg.270，n.87，以及 Ajuda，JA，49-V-17。

[34]见本书第十二章及该章注释 89。

[35]见本书第十二章的注释 89。

[36]英译者高华士提交的论文题目为“Ferdinand Verbiest on European Astronomy in China from the Compendia to the *Astronomia Europaea*(1687).A Hisiorical-Philological Analysis”，载于 J. W. WITEK(ed.)，*Ferdinand Verbiest*(1623-1688).*Jesuit Missionary*，*Scientist*，*Engineer and Diplomat*，Sankt Augustin-Nettetal，1993(Momimenta Serica Monograph Series，XXX)。(中译者注：该论文集中文译本于 1994 年由社会科学文献出版社出版，高华士的文章刊登在第 57—83 页)

[37]该文献的俄文译本在 *Corr.*，pp.190-194 中发表。据 N.NOVGORODSKAYA 于 1993 年 2 月 18 日的通信，这份文献至今仍保存在莫斯科的档案馆(Central’nyj Gosudarstvennyj Archiv Drevnich Aktov in Moscow，Fund 62，pp.453-458)。

[38]关于转交这些信件的情况被清楚地描述在斯帕法里的日记中。参见 J. F. BADDELEY，*Russia*，*Mongolia*，*China*，vol. II，p.394，以及郝镇华的更正，pp.124-125。

[39]信件的拉丁文原文的意思是这样的：“我最近用中文编写了几本书，进献给了中国的皇帝。我谦恭地请求他的关心和照顾。在这些书籍中，我简略地叙述了自从我重

建了中国天文学之后的简明扼要的情况，其中的插图来自我的《机械学》一书。现在，这些中文书籍已经翻译成了拉丁文。我将这些书籍奉献给尊贵的沙皇陛下，并谦恭地请求您收下它们。”

[40]插图中的那个注明是“机械学”的机械装置，的确是1674年出版于北京的那部著名的《仪象图》中的装置，被标明的数字是1-106，而不是分离的和标明中国数字的1-117。唯一的不同点是，1-106表示的是一个由驴带动的提水装置（本书第二十二章），这是我所知道的所有版本中都没有的。

[41]见 H.CORDIER，*Bibl.Sin.*2，col.831，3683；R.STREIT，*Bibliotheca Missionum*，V，nr.2454. 这些木板刻印的项目被收录在 P.PELLIOT，in *T.P.*，23，1924，p.358，n.5，以及 C.R. BOXER，“Xylographic Works”，p.203。其拉丁文文本于1681年前后在巴黎出版（见R.STREIT，*Bibliotheca Missionum*，V，nr.2490）。第一部法文译本的书名为 *Le Progrbz de la Religion Catholique dans la Chine*（…），1681年出版于法国的图卢兹（Toulouse）。第二部书名为 *Lettre ecrite de la Chine ou I'on voit l'etat prdsent du christianisme de cet Empire et les biens qu'on y peutfairepour le salut des ames*，1692年在巴黎出版，将南怀仁的信件与其他有关中国传教事业的信函一起发表。见 *Journal des Sçavans*，10，1682（Aug.3），pp.291-292。该法文文本在1681年9月的 *Mercure Galant* pp.194-211中再次发表。

[42]这种印刷模式的信件清楚地表明，在这一时期南怀仁与欧洲的通信数量的增长，或者至少是表明有增长的意图。其中的一本曾保存在伦敦的 *Robinson-collection*，于1988年被售出。有关这方面的描述和图片见 *The Library of Ph.Robinson*.Part Ⅱ，p.137（nr.149）。一封完整的信件曾与一本 *Liber Organicus* 一道寄给了巴伐利亚的 Elector Ferdinand Maria。这两件珍品保存在慕尼黑的州立图书馆，该信件的编号为 Clm 27.323，ff°14r.-15r.。这封信至少展出了两次，见 *Das Buch im Orient*，p.305，*Thesaurus Libroram*，pp.422-423（nr.196）。另见 G.REISMUELLER，p.332。

[43]这封信件另外的副本保存于 Ajuda，JA，49-V-17，nrs.104，143，以及里斯本的一个私人收藏家（见 Joao Cordeiro Pereira 1985年3月5日的信件。这一副本显然有一些有趣的不同点）。据柏应理于1686年6月3日和同年8月20日写给 D. Papebrochius 的十分有趣的信件称，上述信件于1686年在安特卫普付印了（柏应理的信件现存于布鲁塞尔 Mus.Bolland.，Ms.64，f°202和f°208）。

[44]这一点在 *Corr.*，pp.XIII-XIV.中已经注明了。我们特别注意到恩理格于1680年1月6日撰写的1677—1680的 *L.A.*中的一些段落对此作了介绍（见 ARSI，JS 116，f°214r-v.）。

[45]见 *Corr.*，p.225（Aug.15，1678）和 p.257（Sept.7，1678）。另外两封南怀仁于1678年年初写给澳门 S.d'Almeida 的信似乎证实，北京与澳门的通信于1677年年底已经恢复了（见 *Corr.*，pp.197-208，分别写于1678年1月7日和2月8日的信件，以及特别是

在 *Corr.*,p.197 中提及的 F.Pacheco 的信件)。

[46]见 H. BOSMANS,"Le problème",p.201,n.4,和 n.37-39。

[47]比较 *Corr.*,pp.244-245 与本书第七章,比较 *Corr.*,p.248 a 和本书第二十八章。

[48]见本书第十五章注释 1 中的第 2 点。

[49]见本书第九章注释 26。

[50]见 TSAO KAI-FU,p.138。

[51]本书第九章中曾明确无误地指出这一年是 1680 年。

[52]这一时间是由毕嘉于 1681 年 12 月 20 日在澳门写的信件中提供的。见 ARSI,JS 163,f° 165r。另有一则中文的史料证明这一时间,提供者为 A. CHAN,在 J. HEYNDRICKX(ed.),p.75 n.23,和 K.LUNDBAEK,*Chinese Script*,p.45。

[53]见本书第十三章。

[54]见本书第二十一章的注释 10。这样,本书从时间上说是继续了殷铎泽的 *Compendiosa Narratione dello Slato della Missione Cinese, Cominciando Dall' anno 1581 Fino al 1669*。显然,当南怀仁起草本书时,他手中有殷铎泽的这本书。见本书"前言"注释 3。

[55]见柏应理的 *Brevis Relatio*[in f°lr Arch.Hist.Nac.Madrid,Jes.,beg.272,nr.43(1685)]。

[56]我惊讶地感觉到,这简直是在耶稣会佛兰德—比利时省于 1640 年纪念耶稣会成立 100 周年而出版的印刷精美的 *Imago Primi Saeculi Societatis Jesu a Provincia Flandro-Beigica Eiusdem Societatis Repraesentata* 一书这件事的重演。这本书是 1640 年在安特卫普出版的。正是在这年,柏应理加入了耶稣会,仅仅一年之后南怀仁也加入了耶稣会。

[57]本书中可见到有关中国行政区划的变更的若干事例:关于陕西省,见本书第一章注释 19;关于全国性省的数目,见第十章注释 3;关于湖广省,见第十五章注释 35。如果可能将作者的原稿(如果能找到完整的版本)与本书作一全面系统的比较的话,将会出现更多这样的例子。

[58]特别是毕嘉,他当时非常兴奋,在他 1681 年 12 月 20 日的信件的若干段落中,提供了证明。见 ref.in n.52,ff°165v.-166r。

[59]见柏应理一封注明写于 1681 年 4 月 24 日的信件所提供的事例(ARSI,JS 163,f° 120r.),和毕嘉在 1681 年 12 月 11 日所写的信件(ARSI,JS 163,f° 161r.和 ARSI,JS 199 I,f°40r.-41r.)。另见 J. B. MALDONADO,quoted infra n.62。

[60]关于这本书,见 D. E. MUNGELLO,*Curious Land*,pp.91-96。

[61]见本书第十二章注释 100。在同一个返航的船队,虽然不是在柏应理的行李中,一些其他重要的手稿也同样到达了欧洲,比如卫匡国的《中文语法手稿》(见 E. KRAFT,"Chinesische Studien",p.116)和卜弥格(M.BOYM)的 *Clavis Medica*(见 E. KRAFT,"Chinesische Medizin",p.169 ff.)。

[62]这封信发表在 H. BOSMANS,“Maldonado”,pp.83-84。[中译者注:Plantin-Moretus 即帕拉丁—莫雷特斯出版社原是文艺复兴和巴洛克时期的印刷厂和出版社。它坐落在安特卫普市,是当时与巴黎和威尼斯齐名的三大印刷中心之一,与凸版印刷术的发明和传播密切相关,由16世纪后半叶比利时有名的印刷师帕拉丁(Plantin)创建,17、18世纪,摩雷特斯(Moretus)家族将其规模扩大]

[63]见 C.WESSELS,p.229;Y. DE THOMAZ DE BOSSIERRE,p.31。一个典型的事例是一份列有15封信件的清单,这批信件于1684年12月15日从澳门发出,于1685年9月5日到达安特卫普,目的地分别是罗马、巴黎、杜埃、图米和里斯本(见 Sign.M30;J. DENUCE,*Museum Plantin-Moretus. Catalogus der Handechriften*, Antwepen, 1927, nr. 323)。一个更为有利的证据是 *M*.200,这是一捆表明时间为从1669年到1679年的十年间的11封信件。17世纪的安特卫普与中国传教事业的关系需要加以系统的研究。我希望在另一个场合对此作一专门的报告。

[64]见柏应理写于1683年12月29日的信函。这封信保存于罗马 Sacra Congregatio de Propaganda Fide 档案馆,SOCP(1679-1683),f°446。关于柏应理的欧洲之行,见 F. BONTINCK,p.197 ff.,和 TH.N.FOSS,in J.HEYNDRICKX(ed.),pp.121-140。

[65]关于柏应理在安特卫普耶稣会社团所受到的接待,现存于布鲁塞尔 Algemeen Rijksarehief,F.Jez.,Prov.FI.-Beig.,nr.973,f°142r;f°143r.当时的报告。另一方面,由安特卫普帕拉丁-莫雷特斯(Plantin-Moretus)博物馆馆长 Dr.F.De Nave 的一封写于1990年10月20日的信件确认,该博物馆档案中没有有关柏应理在那些日子里与莫雷特斯直接接触的文献。最初的设想之所以未能实现的原因是,帕拉丁—莫雷特斯出版社在那一时期显然仅仅对出版有关做礼拜的书籍感兴趣。

[66]关于柏应理访问他的出生地梅赫伦一事,参见 *Supplementum Historiae Collegii et Domus Probationis Soctis Jesu a°1684 Mechliniensis*,该手稿藏于布鲁塞尔 Algemeen Rijksarchief,F. Jez.,Prov.FI.-Belg.,nr.986,f° 168r.-168v.。

[67]能够证明柏应理携带了这些手稿,或者至少是携带了部分手稿的证据有:

①据 F.BONTINCK,p.203,app.中提到的 ARSI,JS 124,f°195r.,柏应理在二三月份到达安特卫普时,与 D.Papebrochius,Bollandist 讨论过这些手稿的问题。

②柏应理在9月向法国国王的图书馆进献了68部中文书籍。参见 H.OMONT, *Missions Archéologiques*, p.806 n.1,然而这与 E.FOURMONT,*Linguae Sinarum Mandarinicae Hieroglyphicae Grammalica Duple-x*, p.347 发生了矛盾。另一方面,在经过对关于孔子一书的手稿及其寄往欧洲的译文的特别研究之后,我确信,这部于1687年在巴黎出版的题为《中国哲学家孔子》(*Confucius Sinarum Philosophus*)的手稿,在柏应理此次到达罗马之前,在那里已经放了十年左右的时间了。

[68]关于这一时期的描述,见 F.BONTINCK,p.214 ff.。关于柏应理当时的著作 *Brevis Relatio* 中对本书中一些文字的回忆,见以下的注释94。

[69]有关耶稣会士著作的审查制度,参见在慕尼黑 K.TH.HEIGEL 的著作,pp.162-167,sub II.3;另参见 A.PONCELET,*Histoire*,vol.2,pp.484-485 。

[70]见 *Corr.*,p.241(Aug.15,1678)。

(中译者注:安德·塔丘特,1612—1660 年,著名的比利时数学家,生于安特卫普,1629 年加入耶稣会,在鲁汶从事数学、物理学、逻辑学研究,为后来牛顿、莱布尼茨创建微积分学打下了基础。)

[71]关于米勒(Ph. Miller),见 *Biographisches Lexikon des Kaiserthums Oesterreich*,Bd.18,pp.328-329(nr.14)。关于此种接触,除了本章注释 63 所提及的,还有:

1.在 1659 年恩理格从维也纳宫廷里听到了一些传言,并转告给纳瓦莱特(D.de Navarrete)(p.168 Cummins,及注释 2)。

2.恩理格撰写给米勒的未署名且未注明日期的关于 1665 年被拘禁情况的长达 20 页的报告,这份报告现存于维也纳奥地利国家图书馆 Cod.10.144 *(= rec.978)。

3. 1668 年 12 月 4 日康熙皇帝给利奥波德一世写了一封信,这封信因为翻译的原因曾通过米勒之手(见 *China und Europa*,p.24)。

4.恩理格于 1670 年 11 月 23 日写给米勒的一封长信。这封信的副本现存于科隆(见"第一章至第六章介绍"nr.5)。

5. 1676 年恩理格将利奥波德一世(Leopold I)所赠的望远镜赠予山西总督,从而得到该总督的优待。恩理格为此对利奥波德一世表示感谢(见 HERDTRICH,ARSI,JS,117,f°194v.)。

6.最后,特别重要的是南怀仁于 1684 年 10 月 25 日写的一封信(*Corr.*,pp.474-481,passim)。除上面提到的 1665 年被拘禁时期的信件外,在奥地利国家图书馆(手稿部)再也没有查到恩理格写给维也纳宫廷的信件。

[72]见南怀仁 1685 年 11 月 17 日的信件(*Corr.*,p.521)。

[73]柏应理对利奥波德一世皇帝的敬仰还可以从别的地方看到,比如他的 *Historia Nobilis Feminae* 一书的西班牙译本 *Historia de una Gran Senora Christiana de la China*,马德里,1691,§324。

[74]见本书的"前言"。我无法用足够的证据来论证这一观点,在这里提供有关的权威著作就够了。这就是 A.FLOROVSKY,p.105 和 J.SEBES,*The Jesuits and the Sino-Russian Treaty of Nerchinsk*,pp.94-96(中译者注:Sino-Russian Treaty of Nerchinsk 即中国人习惯称作的《中俄尼布楚条约》)。

[75]关于迪林根大学的历史,见 TH. SPECHT,*Geschichte der Ehemaligen Universitdt Dillingen*(1549 - 1804)*und der mit ihr Verbundenen Lehr- und Erziehungsanstalten*,Freiburg/Br.,1902。关于耶稣会士们在该大学中所起的作用,见 K.BOSL 的论文"Stellung und Fuiiktionen der Jesuiten in den UniversitAtsstAdten Wilrzburg,Ingolstadt und Dillingen",该文发表在 F. PETRI 编辑的,*Bischof- und Kathedralstädte des Mittel-*

alters und der Frühen Neuzeit,科隆,1976,pp.163-177。

[76]关于这位出版家,见 TH.SPECHT,"Zur Geschichte der Dillinger Dnickerei im 17.und 18.Jalirh.",pp.43-44;F.ZOEPFL,in *Neue Deutsche Biographie*,Bd.2,pp.34-35;I.HEITJAN,"Die Buchhandler",col.613 ff.;J.BENZING,*Die Buchdracker des 16.und 17. Jahrhunderts im Deulschen Sprachgebiet*,Wiesbaden,1982,pp.85-86。

[77]见 I.HEITJAN,"Die Buchhandler",cols.766-767。

[78]在 1686 年至 1687 年间柏应理神父携带的通信中,我找到了一封提及《欧洲天文学》一书编辑过程的信件。该信件很奇怪地说,《欧洲天文学》一书的编辑地点不是在迪林根,而是在慕尼黑。这一信息是在一封写给 Chr.Mentzel 的信中发现的。这封信现存于柏林 Preuss.Kulturbesitz,Ms.Germ.1479,f°31,是出自英国格拉斯各大学图书馆特别收藏部 T.S.Bayer 之手的一份不太完美的副本 Ms.Hunter 299,U.6.17,f°2。该信注明的日期是 1687 年 4 月 26 日。《欧洲天文学》一书的确是参加了 1687 年的书展,当年书展的书目可以证明。见 I. HEITJAN,"Die Buchhandler",col.872(nr.379)。

[79]见 TH.SPECHT,"Zur Geschichte der Dillinger Druckerei im 17.und 18.Jahrh.",p.43,和 I. HEITJAN,"Die Buchhandler",col.658。

[80]书中提到的最迟的史实是发生在 1682 年 10 月 7 日的利类思的去世。柏应理得到这一消息是在他被迫逗留于巴塔维亚(Batavia)期间,即 1683 年 3 月之前。在那里,他与中国大陆一直保持着联系。这方面的证据,例如由一份从巴塔维亚寄往在澳门的耶稣会副省的信件[该信件保存在 Ajuda,JA,49-IV-63,f°37r.-v.相同的是此信谈到了王若翰(G. Brando)于 1681 年 12 月 13 日在澳门去世]。这仅仅是柏应理从澳门出发前往欧洲之后数日。柏应理在他的《耶稣会神父名录》一书 p.119,nr.LXIII 中记下了此事(他错误地写成了 1682 年)。

(中译者注:据费赖之著、冯承钧译,中华书局 1995 年出版的《在华耶稣会士列传及书目》第 313 页载,柏应理离开澳门的时间是 1681 年 12 月 5 日。)

[81]在该书的第 45 页"闵明我"条目中提到了闵明我前往澳门迎接安多一事;在第 46 页"徐日升"条目中提到了徐日升的鞑靼之行。这两件事差不多都发生在 1685 年年中。我们可以猜测,这两件事被记录在 1685 年下半年的一封信中(可能就是南怀仁写于这年 8 月 1 日的信。见 Corr.,pp.496-504,特别是 p.503)。这封信从澳门搭 V.O.C.号船于 1686 年抵达荷兰,又从安特卫普转运到巴黎。在那里,这些信息在《耶稣会神父名录》一书尚未付印之前被加入到该书手稿之中。有关《耶稣会神父名录》一书编辑历史的其他故事,我们将在另外机会奉献给读者。

[82]这一附在长长书名之后的日期,引发了很多误解。因为,多种不同版本的书籍在书名页上都标上了这个日期,如 *Liber Organicus*,*Compendium Anlinum* 等等。实际上,这个日期是整个书名的一部分,就是说完整的书名为 *The European Astronomy Restored*

in 1668,即《1668 年欧洲天文学在中国的回归》。确实,这一回归的进程是从 1668 年圣诞节那天开始的。

[83]见 *Allgemeines Lexiton der Bildenden KDnstler von der Antike bis zur Gegenwart*,Bd.15,p.449。

[84]关于这一特别的人物和他的图书馆,见 AA.VV.,*Karel Van Hulthem,1764-1832*,Brussel,1964(在该书注释 49、注释 50 有两条与南怀仁有关的条目)。

[85]关于穆尔先生的生平传记,见 MUMMENHOFF 载于 *Allgemeine Deutsche Biographie*,Bd.23,pp.76-80 的文章。

[86]关于《中国康熙皇帝的公开信》(*Litterae Patentes Imperatoris Sinarum Kang-hi*,Nurnberg-Altdorf,1802)一书,见 H. WALRAVENS,*China Illustrata*,p .201。

[87]见 L. FREDERICQ,*Biographie Nationale*,vol.26,col.338。

[88]E. VARENBERGH,见 *Biographie Nationale*,vol.8,col.74-77。

[89](S.)GUENTHER,见 *Allgemeine Deuische Biographie*,Bd.16,p.702。

[90]见 *Catalogue de la Bibliothèque de M.CP.Serrure*,*Première Parlie*,nr.2318。关于此人,见 A.DE CEULENEER,*Biographie Nationale*,vol.22,col.251-263,以及 G. DE KEULENEER,*Nationaal Biografisch Woordenboek*,vol.2,col.788-790。正是此人 1728 年编辑了 R. P. Petrns van Hamme 的传记,书名为 *Het Leven van Pater Petras-Thomas van Hamme*,*Missionaris in Mexico en in China*(1651- 1727),Gent,1871。

[91]除此之外,在巴伐利亚的天主教会引人注意地收集了不少此类书籍。这里对耶稣会士在中国的传教活动有着特别强烈的兴趣,众多有关中国的书籍分散在巴伐利亚境内各地的图书馆里。见 G. REISMUELLER,p.332,此外还有 O. MUENSTERBERG,"Bayern und Asien im XVI. XVll. und XVlll. Jalirhundert",发表在 *Zeitschrift des Münchener Alterthums-Vereins*,6,1894,pp.12-37,以及 G.LEIDINGER,"Herzog Wilhelm V.von Bayern und die Jesuitenmissionen in China",发表在 *Forschungen zur Geschichte Bayerns*,12,1904,pp.171-175。关于在慕尼黑的有关中国的情况,见 J. HWANG,"The Early Jesuit-Printings in China in the Bavarian State Library and the University of Munich",发表在 *International Symposium on Chinese-Western Cultural Interchange in Commemoration of the 400th Anniversary of the Arrival of M.Ricci,S.J.in China*,Taipei,1983,pp.281-293。关于在慕尼黑的有关中国的耶稣会士,见 B. H. WILLEKE,"Die Missionshandschriften im Bayerischen Hauptstaats Archiv zu Munchen",发表在 *Euntes Docete*,21,1968,pp.335-342。

[92]福西厄斯(Isaac Vossius,1618-1689)是勾利斯(Golius)和萨尔马修斯(Salmasius)的学生,后来做了瑞典克里斯蒂娜图书馆的馆员。他对中国研究情有独钟。他的 *Dissertatio de Aetate Mundi*(1685)第 11 章和 *Variarum Observationum Liber*(1685)第 13—14 章便可作证。另见 V.PINOT,pp.202-207,和 J.J.L.DUYVENDAK,pp.340-344(这

本《欧洲天文学》就曾经属于馆藏浩瀚的福西厄斯图书馆。见 ib.,p.343)。

[中译者注:勾利斯(Golius),1596—1667 年,是荷兰的一位著名东方学家,莱顿大学的古典语文、数学和哲学教授;萨尔马修斯(Salmasius),1588—1653 年,法国古典学者,以他的学问和见识成为当时很有影响的人物。]

[93]见藏于马德里历史档案馆 Madrid,Arch.Hist.Nac.,Jes.,Leg.272,nr.43 的手稿副本。

[94]在 f°3r.-v.中有两个段落逐字逐句地重复了《欧洲天文学》前言部分结尾的文字。

[95]关于莱布尼茨与中国传教事业的关系,见 O.FRANKE,"Leibniz und China",pp.97-109,和 F.R.MERKEL,*G.W von Leibniz und die China-Mission*,*Leipzig*,1920。他与闵明我及其他来华传教士之间的通信,已由 R.WIDMAIER 出版,书名为 *Leibniz Korrespondiert mit China: Der Briefoechsel mit den Jesuitenmissionaren*(1689—1714),法兰克福 a.M .,1990。

[96]见 P.BORNET,"La Préface des Novissinia Sinica",in: *M.S.*,15,1956,pp.328-343;和 DI.LACH,*The Preface to Leibniz' Novissima Sinica. Commentary*,Translation,Text,Honolulu,1957;以及 H.G.NESSELRATH - H.REINBOTHE 编辑的注释本 *G.W Leibniz. Das Neueste von China*(1697).*Novissinuz Sinica*,科隆,1979。

[97]这份手稿保存在汉诺维 Niedersdchsische Landechibliothek,LeibniZ-Archiv,L.Br.306,ff° 18r.- 19r。

[98]我们所提到的《中华帝国志》都是指 1736 年的第二版。关于这方面的描述,见 C.SOMMERVOGEL,*Bibliotheque*,vol.4,col.35 ff.;Y.T.LIN,*Essai sur le P.Du Halde et sa Description de la Chine*,Ph.D.Diss.,Fribourg,1937;H. HARTMANN,*Die Erweiterung der Europdischen China-kenntnis Durch die "Description de la Chine" des Jesuitenpaiers Du Halde*,Ph.D.Diss.,Göttingen,1949,TH.N.FOSS,"Reflections on a Jesuit Encyclopaedia",发表在 *Actes du llle Colloque International de Yinologie*,Paris,1980,pp.67-77。

[99]该手稿现存于柏林普鲁士国家图书馆。参见 H.DEGERING,*Kurzes Verzeichnis der Germanischen Handschriften der Preussischen Staatsbibliothek*,I,nr.132-135。论及此事的段落在 1756 年出版的该书的第 4 卷,f° 14-15,它回应了本书第二章和第三章。

[100]见 Ms.Frangais,nr.17.239,ff° 1-34;参见 H.OMONT & L.AUVRAY 的 *Catalogue Général des Manuscrits Français. Ancien Saint-Germain Français*,*ad.loc.*,*Sources de l' Histoire de l' Asie et de l' Océanie dans les Archives et Bibliothèques Françaises*,*H. Bibliothèque Nationale*,nr.202,论文题目为"F.Verbiest.Histoire des Progres de I' Astronomie en Chine"。该手稿的笔迹至少经过两个人,很可能是经了三个人之手。(A:ff°2r.-20v.,23r-34v.,B: ff°21r.-22r.;C: ff°1r.-ly.[?]);A,即第一人的笔迹中断于关于南怀仁得到荣誉证书的部分;B,即第二人继续了 A 的工作,但也很快就中止了。该法文译稿既没有将 *Compendium Latinum* 译完,也没将本书的第十三章到第十七章译完,而第二十八章则是包括在内的。从该译稿中所存在的错误可以

判断,它只是重抄了我们掌握的最初的法文译稿。另一方面,译稿中间补充的一些解释性文字和插入语,显示出原译稿通过译者的处理其篇幅要大于拉丁文本,同时他在技术领域比较精通。至少,在同一卷中包含了一些未署名的文字,以"Des Observatoires de la Chine"为题目。这些文字不是来自《欧洲天文学》,就是来自 *C.L.Org.*。

[101]即 Pag.23 l/Num.4/Art.l G。关于这段话的意思,见 L.V.DELISLE,*Inventaire Général et Méthodique des Manuscrits Français de la Bibliothèque Nationale*, J, Paris, 1876 (1975), pp.CXLlll- CXLVll(esp.n.cxtvn)。

[102]关于来自 St-Germain-des-Prés 修道院的手稿,见 L.V.DELISLE(cf.n.101),以及 A. FRANKLIN,*Les Anciennes Bibliotheques de Paris*,II,Paris,1870,p.259。关于原巴黎的耶稣会图书馆书籍的流散状况,见 J.BRUCKER,"Episode d' une Confiscation de biens Congreganistes(1762).Les Manuscrits de Paris",发表在 *Etudes*,88(38),1901, pp.497-519,以及 W.KANE;"The End of a Jesuit Library"发表在 *Mid-America Hislorical Review*,23,1941,pp.190-213。关于在巴黎的耶稣会档案,见 J.DEHERGNE."Les Archives des Jesuites de Paris et 1' Histoire des Missions anx XVlle et XVllle siècles",发表在 *Euntes Docete*,21,1968,pp.191 -192。

[103]这里存在两种意见:或是指"路易大帝学院"(Collège Louis-le-Grand,如 G.DUPONT FERRIER 在他的 *Du Collège de Oermont au Lycée Louis-le-Grand,1563-1920*, I,p.124,pp.150-151 中所称),或者在巴黎的耶稣会会所(Maison de Professe)。(据 TH.N.FOSS 在他的 *Actes du llle Colloque International de Sinologie*,p.74 所言。关于后一观点的可靠性问题,见 *Les Établissements des Jésuites en France Depuis 4 Siècles*,t. III,Paris,1955,col.1272,1273。

[104]根据这一推断,在法文翻译手稿与《欧洲天文学》存在的值得注意的矛盾,可以归结于在柏应理逗留巴黎期间,那位不知名的翻译者与原始手稿的接触。在这方面最为明显的例子是,在法文译稿中南怀仁得到的荣誉证书这一情节,被分割开而置于第十二章,但是在逻辑关系上似乎更应该放在第十一章,正如印刷出版的版本那样。这一笨拙做法造成了事件发展过程的时间割裂。(见本书第十一章注释 18)

[105]这本著作想必是在 1736—1737 年编写的,而出版问世于他死后,发表在 *Miscellanea Beroliniensia ad Incrementum Scientiarum es Scriptis Societatis Regiae Scientiarum*, 6, 1740,pp.180-192;有关观测的文字,见 K.LUNDBAEK,*T.S.Bayer*,pp.166-167 和 pp. 186-187。

[106]特别是在 pp.213-223。

[107]关于这种以古典主义为基础教育的最初证明,是在比利时柯翠耶克(Kortrijk)出版的一本篇幅不大的诗歌集。作者南怀仁当时还是一个 17 岁的男孩。我们最近才重新发现了这本诗集的文字(见 N.GOLVERS,"The Latin Youth Poetry of F.Vethiest,

S. J. [1623-1688] Rediscovered",发表在 *Humanistica Lovaniensia*,41,1992,pp.296-322)。他后来几乎所有的著作都注定是奉献欧洲的读者,他的信件和书稿都是用拉丁文撰写的。这些17世纪耶稣会士有关科学的出版物保存了这种最为重要的语言——拉丁文。直到17世纪以后它才失去活力(有关这方面的资料见 ST. J. HARRIS,*Jesuit Ideology*,p.149 ff.)。

[108]参见本章注释37、注释39。该信件的拉丁文原稿,见 Ov.,*Tristia*,V.12(13).58。

[中译者注:奥维德(Ovid,公元前43—18年),古罗马著名诗人。]

[109]关于罗马诗人奥维德的拉丁文诗作,见 K.SMOLAK 的论文"Der Verbannte Dichter. Identifizierungen mit Ovid in Mittelalter und Neuzeit",发表在 *Wiener Studien*. NF 14,1980,pp.158-191;以及 E.DOBLHOFER 的论文"Die Sprachnot des Verbannten am Beispiel Ovids",发表在 *Lateinische Poesie von Naevius bis Baudelaire Fr. Munari zum 65. Geburtstag*,*Hildesheim*,1986,pp.100-116。南怀仁在其他场合对奥维德文字的引用,或者出于对过去所读过的内容强烈的记忆(见南怀仁1688年的信件,*Corr.*,p.127),或者在他1681年写的 *Responsum Apologeiicum*(*Corr.*,p.333)中反映出来的,来自近期重读时的感受。尽管没有出现在北堂的书目(*Peit' ang Catalogue* [nrs.2360-2362])中,但一些版本的奥维德作品在北京耶稣会会院中很可能就能找到。

[110]我们感谢布鲁塞尔 Koninklijke Bibliotheek 图书馆 *Catalogi 3ii Personarum Prov. ae Flandro-Beigicae*[Ms.4026(20209)]提供的这一信息。

[111]当然,这只能提供关于在中国的耶稣会士的部分情况。为弥补此不足,我们将要在今后几年里出版南怀仁发出和收到的信件共60封,以及一些有关耶稣会中国副省事务的插图,还有鲁日满的私人账簿。这些资料将反映出他们在内地的物质生活和精神生活,将粗略地涵盖17世纪70年代,即与《欧洲天文学》相同的时代。

第一章至第六章介绍

《欧洲天文学》的第一章至第六章,对从1668年12月25日始,至1669年4月1日朝廷宣布取消那个闰月,或者说接受欧洲历法为止的欧洲天文学回归的整个过程,作出了持续完整的说明。南怀仁在本书前言中所强调的他的意图,是对此过程所有不同的发展阶段作一完整的纵览。尽管我们希望它是一份更为详尽的报告,但事实上他的这一纵览仅仅是个简略的提纲,只是对一系列纷繁复杂事件的简要处理。这些文字如此简略,当然归因于南怀仁长期过于繁忙,缺少时间。

为了满足我们的好奇心,也为了澄清一些在《欧洲天文学》一书自身文字中不够清楚的地方,我们可以参考一些珍贵的、比较详细的相关史料,例如一些当事的欧洲人从北京发回的报告,他们的继承人们从广州和澳门的耶稣会住院寄来的所有的信件以及一些中文的文献。

一、对第一阶段(1668年12月25日至31日)过程的阐述,是安文思1669年1月2日信函的主题。这在"前言"的注释2中已经讨论过了。这封信与之后的聂仲迁、恩理格、殷铎泽等人的一些重要的法文、拉丁文和意大利文信件和著作一起,成为这一阶段的重要史料。

二、南怀仁1669年(?)的著作《测验纪略》同样描述了这一主题。这是有关从1668年12月末进行的日影测验始,一直到康熙八年二月的圣旨颁布止的这段时间所发生事件的中文说明。这一重要的论著至今还没有得到充分的研究。然而我有机会利用由莫盖特夫人(Mrs. Grete Moortgat)于1990年春翻译的这部书的译稿。这部被称为"关于中国天文观测唯一的一份提纲"的书稿可能是南怀仁在事件发生后不久撰写的,因此意味着南怀仁当时对该事件记忆犹新。此书稿也引用了许多官方的记录资料。

三、南怀仁的 *Compendium Libri Observationum* 一书,这是写于1671年上述中文著作的拉丁文版本,也是后来《欧洲天文学》的一个组成部分(本书的"英译者导言"和第十二章)。

四、1671年在巴黎出版的聂仲迁的《中国历史》(*Histoire de la Chine*)一书(中译者注:在费赖之中文版书中记为《一六五一至一六六九年间鞑靼统治时代之中国历史》,见该书302页)。这部书包括三个不同的附件。

1.一封注明为1669年11月10日的法文未署名信件。此信由H.BOSMANS发表在他的*Documents*,pp.23-61。他令人信服地将信的作者确定为法国耶稣会士聂仲迁[A.Gre(s)lon]。这封现存于布鲁塞尔Algemeen Rijksarchief(F.Jez.,Prov.Fl.-Belg.,nr.1427,ff°173-193)的信件副本包含两个部分:第一部分(第23—44页)论述了从南怀仁评价两种1669年的历书开始,至1669年4月14日这段时间发生的事情(见《欧洲天文学》第十二章)。第二部分(第45—61页),以"Extrait des Lettres de nos Peres de Pekim, Dattées (sic) du 17 Juin 1669"为题报告了在那之后发生的情况(在《欧洲天文学》中没有相类似的章节)。这部分文字是以从北京寄出的耶稣会士的信件和自6月17日之后成为唯一史料的中国朝廷的官方邸报为基础而撰写的。

2.由聂仲迁于1670年10月20日撰写的耶稣会1669—1670年的年信。这份年信保存在ARSI,F.G.722/3,4(其另一份保存在ARSI,JS 122,ff°326r.-363r.,副本正是我所参考的)。这可能也就是鲁日满在1670年11月5日从广州寄出的报告中所提到的那份年信。

3.一份十分珍贵的出自不知名作者的题为*Suite de l' Histoire de la Chine*的文献。但可以肯定,其作者不是聂仲迁。这份文献中包括了1670年11月23日之后的一些信息。

五、日期注明为1670年11月23日由恩理格寄给维也纳Ph. Miller的一封长信。据我所知,这封信没有其他副本。此信保存在科隆的耶稣会北德国省档案馆(Archiv der Norddeutschen Provinz S.J.Stolzestrasse),La Presently Abt.O,nr.11 12,2。其一份未注明译者的德文文本发表在*Die Katholischen Missionen*,30,1901-1902,pp.25-31,53-55,105-107;ib.,33,1904-1905,pp.4-7,56-62中。这封长信中不仅包括了安文思信件的拉丁文译文(f°1v-4),而且报告了在北京发生的后续事件,直到葡萄牙使臣曼努埃尔·达·萨达尼亚(Manuel de Saldanha,于1670年6月30日至8月21日)来访的详情(ff°5r.-16r.)。与《欧洲天文学》第一章至第六章相对应的内容被置于f°1v-6v,不幸的是其中ff°3-4数页遗失了。这封长信曾被柏应理在其于1670年11月23日写给安特卫普G.Henschenius的信(发表在P.VISSCHERS,pp.6-8)中提到过。从中我们还了解到,恩理格的信函是搭乘了V.O.C号航船到达欧洲的,其中的一份副本从安特卫普寄到了巴黎,之后就遗失了。信中的

内容则被收录在 *Suite de l' Histoire de la Chine*(pp.56-63)中;另一个副本(也可能是原件)显然保存在德国科隆。

在聂仲迁的报告和恩理格信函之间,存在着显著的相同之处:二者都记述了同样的事件,都是在广州耶稣会这一小社团中撰写的;最后但不是最不重要的一点是,它们都基于同样的史料,即耶稣会士从北京发出的信件和中国朝廷的官方邸报。

阅读和比较这些文字,我们可以得到这样的印象,拉丁文的 1667—1670 年耶稣会年信可能就是 Nr.4,A 中提到的布鲁塞尔法文文献和上述五中提到的恩理格信件的最直接的史料来源。前者似乎就是一份法文的译文,而后者似乎是一份解释和说明。

六、一些篇幅较短的信息来源于同样原始资料的信件:

1.一封出自鲁日满之手的,注明日期为 1669 年 1 月 25 日寄自广州的信件(其中包含一张 2 月 7 日的重要的便条)。此信的收信人是马斯特利赫特(Maastricht)的 A. de Rougemont。这封信现存于' S-Gravenhage(Algemeen Rijksarchief;Kol.Archief,1162 [now V.O.C.1272],f°1225 ff.),发表于 J.BARTEN,p.116-119。

2.几封由 J.DE HAYNIN 于1669 年3 月5 日在澳门所写的寄往布鲁塞尔耶稣会住院的 W.Vander Beke 的信件。这封信被有选择地翻译成荷兰文,发表在 C.HAZART 的 *Kerckelycke Historie*,4,pp.116-119。另一份西班牙文译文保存于马德里 Bibl.Nac.,ms.V,196,f°120-121。该文发表于 1875 年布鲁塞尔出版的 M .GACHARD 的 *Les Bibliotheques de Madrid et de l' Escurial*,pp.531-533。

3.另一封出于同一人之手的但收信人不明日期注明为 1669 年 10 月 20 日的信件。此信保存在 Rijksarchief Gent(Jezuiëten,fardel nr,6),发表于 H. BOSMANS 的 *La Correspondance Inédite*,pp.17-19。

七、除欧洲的史料外,当然还有一些纯粹是中文的原始资料,例如官方的记录和南怀仁上奏的奏折,其中有不少涉及了南怀仁生活中的有趣的故事。因为 W. VANDE WALLE 教授对此作了初步的翻译,所以我才能在一些地方引用了这类信息。

由于最近在雅典发现了南怀仁的手稿,我们得知,南怀仁起草 *Compendium Historicum* 最初版本的时间是在 1676 年的上半年(即在 8 月 9 日之前)。当这份报告起草完毕,事件过了六年之后,南怀仁除根据他自己和利类思回忆外,还利用了上述一、二、三、七所提及的另外几方面的文字资料。这些资料有:又转回北京的殷铎泽所译的安文思信件的意大利文本。关于这点,南怀仁已经在本书的一开头就谈到了("前言"注释2);二中所说的木刻版本的*Compendium Libri Observationum*很可能是在1678年8月被用到的("前言"3.3);同样可以假定,也引用了《测验纪略》的内容;最后,他肯定在钦天监的档案室里保存了关于欧洲天文学回归事件所上呈的奏折(见安多保留在ARSI,JS II,70d3的文字和有关汤若望的奏折,又见南怀仁信件*Corr.*,p.324)。另一方面,如四、五、六中提到的,是写于广州或澳门的信件,虽然一些文献的副本一直保存在澳门的档案馆里,但是毫无疑问,南怀仁从未见过其中的任何一件。他事实上是否利用了上述这些史料,是难以确定的,因为所有的证据都模棱两可。首先,《欧洲天文学》与几乎所有的相关史料都存在明显的分歧:安文思的信件强调了发生在12月25日和26日的事件,但是对12月27日、28日、29日进行的三次日影观测都没有涉及具体数字的描述;*C.L.Obs*在第三次观测的数据上有出入;而《测验纪略》在记述第一天发生的事件时存在时间上的偏差。而另外一方面,在《欧洲天文学》和其他资料中,有关皇帝话语的描述中却是惊人的相似(有时是逐字逐句的一致),这不可能是偶然的巧合。对于这其中的矛盾,我们有两种可能的解释:第一,当南怀仁在起草关于欧洲天文学回归的报告时,他对可能收集到的资料都作了整理和校勘,也包括他自己的文字;第二,他主要是依靠自己的记忆(可能利用自己的日记),只是偶然地引用一条或几条上面提到的其他资料加以补充和修正。但是一些新发现的当时的证据(来自阿加达Ajuda)(中译者注:阿加达系葡萄牙一城市),将有可能修正目前得出的这一结论。

前言[1]

虽然安文思神父(Father Gabriel de Magalhâes)[2]在给被驱逐到广州的我们的神父伙伴们[3]的一封信中(这封信是葡萄牙文翻译成意大利文[4]。殷铎泽神父[5]是该信的翻译者,并将该信寄到了罗马。他当时担任教会代理人职务[6]),曾经描述了欧洲天文学在北京得到恢复的初期情况,虽然后来又有其他谈到此事的信件从不同的路径[7]寄到了欧洲,但是没有一个人能够从总体上涵盖这一事件的全部发展进程,能够按照事件本身发生的时间顺序,原原本本地将它描述清楚,也没有任何一个人能够有序地描述出在恢复名誉后,在中国受到了怎样的尊重和喜爱[8],也没有人能说清楚钦天监有几个科,每个科的职能是什么,以及与此相关的诸多问题。

因为这一缘故,我认为将这一事件从总体上描述清楚是有价值的。最起码以一个生动的历史概要[9]的形式,使后代人[10]从中得到教益,以便使他们在以后发生类似的事件时知道应该怎样去做[11]。除此之外,得益于天文观测和数学仪器的所谓“天文学革命”,是无法由一个对天文学和数学不熟悉的人来讲述的。也就是因为这一缘故,我认为只有我才有资格做这件事。我制造了这些仪器,我亲手操纵这些仪器进行了多次天文观测,我不仅是一个旁观者,而且是这出戏的主角,我也始终生活在北京[12]——这出戏剧的舞台上,扮演着钦天监领导者[13]的官方角色。

如果我有时间提笔,并且有机会寄出我的手稿[14]的话,我希望能够尽快地将这些事件转告欧洲[15]。而且,中国与欧洲之间如此遥远的路途,将不可避免大大增加邮寄的时间[16]!无论如何,现在我已经准备好再次扮演这一角色。如果我打算从总体上表述这一事件,就不得不简要地回顾一些事情的细节,尽管这些事情在前几年已经报道过了;如果我省略了这出戏剧的序幕和幕间的插曲,那么就好像仅是交代了戏剧的尾声[17]。另外,如此热诚地盼望着圣教能在中国得到恢复的欧洲的天主教国家王子[18]和所有的欧洲人,如果他们认识到,在中国的天文学复兴对我们的宗教复兴来说,既是它的开端,同时又是它除天主外的唯一动因时,或许将会更加满怀同情、津津乐道地观看《欧洲天文学》中这些生动的场面。那么他们就会明白,天文学成为保持我们宗教在整个中国生存最为重要的根。本书中的内容将会非常清楚地证明上述观点。

当动机不纯的造谣中伤者和魔鬼的仆从,也就是我们的敌人杨光先[19],开始发动旨在从中国彻底根除天主教的攻击时,他同时也使出了全部力量来根除我们的天文学。当然从中国铲除我们的宗教并不困难,但是要铲除我们的天文学却是非常困难的。因为先皇[20]曾庄严郑重地介绍了它,而它在整个中华帝国已经被接受了20年甚至更长的时间[21]。除此之外,多少年的经验已经证明,当中国的天文学明显地与实际发生的天象相背离时,而它则是如此精确地与天象相符合。虽然我们的敌人也清楚地知道这一事实,但还是将扔出的每一块石头都砸向欧洲天文学,以达到最终将它逐出中国的目的。的确,在杨光先所撰写的反对我们宗教的书中[22],他公开宣示说,欧洲的天文学是在中国滋生天主教的根。他控告汤若望神父[23](即当时的钦天监的领导人)是中国天主教的煽动者和总头目[24],即使汤神父是如此全神贯注地投身于钦天监的事务中,以致他被迫将照顾教友的整个工作都交给了他的神父伙伴们。汤若望被控告是在天文学的掩护下将神父们引入中国[25],并且在这一借口下在帝国到处建设教堂。就是为了这个原因,后来汤若望神父被以“在中国传布天主教的煽动者和罪魁祸首”[26]的特别罪名,公开判处了死刑。作为汤神父伙伴的我们,虽然也传播了我们的宗教,仅被判处了鞭笞和放逐到鞑靼地区[27]。事实上,杨光先的指控是对的,正是由于汤若望神父和他所领导的钦天监的威望,我们的神父们才能分散地居住在不同省份,开办教堂,并且一次又一次地将新来的传教士带入中国内地。确实是这样的,在我到达中国那一年[28],我们一行14名,甚至更多的传教士,就是以天文学的借口[29]同时进入中国的[30]。也正是这一批传教士,至今仍支撑着整个中国的福传事业[31]。

在过去,当利类思神父[32]和安文思神父[33]在中国西南省份四川时[34],有一千多名佛教僧侣合谋,企图将天主教赶出四川。当那个负责处理这个案子的地方官[35]打算惩办传教士神父们的时候[36],他的朋友[37]劝告他不要这样做,其唯一的理由就是,“这些居住在我们省的欧洲人[38],是在北京城里[39]担任钦天监掌印官的汤若望的同伴”。就因为这个理由,法官克制了他自己[40],平息了一场风暴。

就是因为提到了这个名字,副省会长阳玛诺(Fr. Manuel Diaz)[41]神父,从众多麻烦中解脱出来[42]，李方西(Francesco de Ferrariis)[43]神父在鞭笞和驱逐的惩罚将要来临时得到拯救[44]，安文思神父也曾在死神就要降临时化险为夷。这些事例以及其他相关的事例，都可以在1665年于维也纳出版的《中国传教史》(*Historia Missionis Sinicae*)一书的第十三章中查到[45]。

但是如果我们手中就有现成的最近发生的事情，为什么还要去回顾过去的例子呢？在我们的天文学得到平反昭雪之后的第二年[46]，住在中华帝国都城北京的我们，给皇帝上了一份奏折[47]，使因为天主教而被驱逐到广州的24名传教士[48](其中包括3名道明会士和1名方济会士)全部被召回[49]。我们在奏折中陈述的理由之一就是天文学。就是这样，我们的愿望实现了，他们回到了原来的住地，恢复了教堂和他们的尊严。在这之后不久，当山西和陕西两个省份缺少管理教民的神父时，我们在两个不同的时机向皇帝上奏，从而使毕嘉神父[50]和恩理格神父[51]先后安全地到达了陕西和山西。

因为每一个月都有很多新的官员从帝国首都北京被派往地方各个省份——一份长长的名单在公共场合公布，我们在钦天监供职的神父们就会带着一名传教士或者几名教徒赶紧去作私人的拜访。他首先向官员们获得了新的官职表示祝贺，献上一些小礼品，以及关于天主教教义的书籍，然后向他们强烈推荐住在他们即将任职的地方的传教士神父和教徒们[52]。如此我们的圣教就像一位非常美丽的女王一样，依靠着天文学的帮助，正式合法地进入该地方，并且很容易地就吸引了异教徒的注意。更进一步说，穿上一件缀满星星的长裙，她就能轻易地获得各省的总督和官员们青睐，而受到异常亲切的接待，依靠这些官员的同情心，她就能够保护她的教会和神父们的安全。因此当我以这本简略的著作展示了欧洲天文学在中国的复兴时，也就同时展示了我们宗教的复兴[53]。

不仅如此，本书似乎也恰当地展示了在那个特殊的“培训学校”[54]，即整个钦天监——也包括它下属的不同的科别——的详细职责[55]，它们出现在公共场合时所伴随着的盛大的仪式[56]，它们观测行星的位置、日食和月食，以及其他任何一种天文现象时所遵循的严格规定。在这一切活动中，上天是他们的目击证人，也是帝国的监管人[57]。

我希望我做的全部工作可以使任何一个来到这个省[58]的我的继承人，能够及时地认识到，什么是我们必须精通的首要课题，这样他就将承认天文学的光芒会清晰地反射在我们的宗教上。事实上，在为讨论从广州的流放地召回我们的神父而举行的王公贝勒九卿科道会议上,一位满族大员曾公开说:"既然南怀仁的天文学能够如此精确地与天象相吻合,正如我们都亲眼看到的那样,为什么还要怀疑他的宗教呢?"[59]

最后,我还要为我们的天文学添加几位最迷人的数学女神,作为她最美丽的侍女[60],以便以她们平和的表情和笑容将天文学严厉的面孔变得稍微柔和一点,也使天文学能够更加容易地接近皇帝和其他权贵。不仅如此,作为神圣宗教的女仆,她们还必须服从她的意志,因为她庄严的风度令异教者敬畏更胜于爱慕,所以当她打算要进入高贵的殿堂时,她们必须先走一步,为她打开入口的大门。

依靠从耶稣会佛兰德—比利时省来的神父、北京城里的天文学官员——南怀仁的努力,欧洲天文学被中国的康熙皇帝召唤回身边,从此告别黑暗,重见光明。

注 释

[1]在这篇前言中,南怀仁解释了他为什么决定要出版《欧洲天文学》这部对欧洲天文学在中国复兴作出最详尽的说明的第一本著作,他还强调自己是撰写这部书的最具权威的人士。不仅如此,他提出这一观点,即天文学的复兴是天主教在中国复兴的唯一的和最直接的原因。南怀仁以过去发生的和他亲身经历的众多事例证明了这一因果关系。其次,《欧洲天文学》尽力为欧洲的读者们描绘了一幅中国钦天监的图画,它的机构、职能及典礼仪式。最后,《欧洲天文学》描述了欧洲的数学在北京宫廷里存在的详情。这三方面的主题反映在《欧洲天文学》的整个结构中,依次为第一章至第七章、第八章至第十一章和第十三章至第二十八章。

与当时人们的习惯相一致,这篇前言以经过作者深思熟虑的文体写成,清晰地分为两个开放的周期,运用了比喻和寓言式的笔法。将宗教、天文学和数学科学比喻成缪斯女神的写作手法,发展了16世纪至17世纪流行的、伴随有很多戏剧性画图和文学修辞方法的寓言式笔法的经典传统。这种寓言式的写作风格是从巴洛克时代获得的灵感,用来描写在北京宫廷里的耶稣会士的故事,特别是描写了从南怀仁1660年到达中国,到1668年与1669年之间欧洲天文学在古典主义的悲喜剧中得到恢复的这一时期的故事。

尽管作者用了生动的寓言式的笔法,《欧洲天文学》显然还是被构思成一部依靠文献资料的具有"历史意义"的著作。作者在前言中称其为"历史纲要",这表示这是一部经过删节的纲要式的,同时也表示它所反映的都是历史事实。参见鲁日满在 *Innocentia Victrix* 一书中的写于1671年3月11日的信件(A.HE.B.,39,1913,p.51)。

显然与作者刻意追求文学性的写作方法恰恰相反,该书中存在排字印刷方面明显粗枝大叶的不足,出现了不少错误。这显然不是作者的责任,而应归咎于糟糕的编辑(卷首的"英译者导言")。

[2]安文思神父(Father Gabriel de Magalhâes),葡萄牙耶稣会士,生于1609年,1640年到达中国的杭州,从1642年开始,他跟随利类思进入四川,于1677年5月6日去世。关于他的基本资料见:费赖之书I,pp.251-255;J.DEHERGNE,*Répertoire*,pp.161-162;I.PIH,*Le Pbre G.de Magalhaes.Un Jésuite Portugais en Chine au XVIIe Siècle*(*Cultura Medieval e Moderna*,XIV),Paris,1979。安文思的一部著作名为*Doze Excellencias da China*(《中国的十二个优点》),反映了那个时代耶稣会士们对中国人民、中国文化和国家政权机构等方面的认识和看法。这部著作是研究《欧洲天文学》从头到尾有关章节历史背景的重要的参考资料。在书中安文思称自己是"铁匠和金属工人"(ARSI,JS 162,f° 194;quoted in I.PIH,p.367)。的确,他最让中国高官显贵们欣赏的是他制作的几件珍贵的机械玩具(见《欧洲天文学》的p.8,10,92,第二十六章的注释10)。

[3]这里提到的是写于1669年1月2日唯一一封由安文思、利类思和南怀仁共同签署的葡萄牙文的信件(*Corr.*,pp.130-153)。

这封信的中心部分以一个目击者的身份非常详细地报道了从1668年圣诞节到这年年底之间所发生的事件,包括对耶稣会士在北京的事业具有决定性意义的南怀仁在12月27日、28日和29日的三次测定日影活动。因为这封信件是结束测定日影活动后立即完成的,即1669年1月2日,他的记忆当然是最清楚的,但也比较匆忙,因此在语法和格式上也存在一些错误。这一情况使得这封信成为阅读和评价《欧洲天文学》第一章至第三章的一份重要的资料。这封信的地址写的是:寄给耶稣会日本中国省和副省的视察员、澳门和广州的耶稣会神父。它显然是于1669年2月5日首先到达广州的(见鲁日满写于1669年1月25日的信件,由J.BARTEN编辑,p.118),这准确地表明从北京发出到达第一站广州用了34天,差不多与清朝廷官方法定的这一距离耗时32天的要求完全符合(见J.K.FAIRBANK和S.Y.TENG,*Transmission*,p.24),尽管当时仍在被软禁之下的耶稣会士们很可能借助的是私人的邮递服务方式。该信件在广州做了副本后,原手稿于3月5日到达澳门(这时,J.de Haynin从澳门向在布鲁塞尔学院的E.Vander Beke报告了于12月27日至29日在北京发生的事情。见C.HAZART,*Kerckelijcke Historie*,4,pp.388-389)。在澳门,又做了一份副本,并于3月8日经过当时的视察员甘类思(L.da Gama)审定。同时该手稿被归入耶稣会学院的档案馆(18世纪中期在那里做了一份副本现存于阿加达Ajuda,JA,49-IV-62),一份经过批准的副本可能是由船队于1669年12月至1670年1月间送往里斯本,再从那里寄到在罗马学院。在那里新到达的殷铎泽神父对其进行了研究,连同一份意大利文的译文,发表在1672年1月30日在罗马出版的意大利文的*Compendiosa Narratione dello Stato della Missione Cinese,Cominciando Daill' Anno 1581 Fino al 1669*一书上。这份文献一直保存在 ARSI,JS 162,ff°269(关于它后来的故事见注释4)。当南怀仁说到这封安文思的信件时,他并没有查阅到原件(原件存于澳门),也没有看到副本(在北京可能根本就没有副本),但是看到了发表在殷铎泽的 *Compendiosa Narratione*,pp.77-114 的意大利文译文。这本书作为一件私人的礼物,当时已经从欧洲到达了北京。这本书作为耶稣会中国副省神父南怀仁的捐赠物,后来一直保存在北堂图书馆(H.VERHAEREN,*Catalogue*,nr.3316)。南怀仁至少有一次直接引用了这本书,也就是在他写于 1681 年的通信中(*Corr.*,p.322)。南怀仁对意大利文的掌握程度可以反映在他对安文思信件的意大利文译文的理解上(他的理解是似是而非的),这一点也在他 1684 年 1 月 25 日的信件中得到证实。

[4]殷铎泽神父到达罗马,他于 1671 年 4 月 14 日将他的报告的手稿 *Compendiosa Narratione* 呈给了教廷传信部。当该书于 1672 年付印时,包含有三条附录,其中之一就是 1669 年由殷铎泽翻译成意大利文的,经利类思、南怀仁和安文思三人署名的信件。他可能并没有看到在广州和澳门的该信件的原文和副本,因为当殷铎泽离开那里回欧洲时(见注释6),那封信件还没有到达那里。因此,他看到的一定是大约在 1672 年 4 月寄到罗马学院的那个副本(见注释 3)。在 1700 年左右,TH.I.DUNYN-SZPOTZ 在罗马编辑他的 *Collectanea Historiae Sinensis ab Anno 1641 ad Annum1700(etc.)* 一书时,就是以从中国源源不断寄来的耶稣会士信件和其他文献为基础的,特别是在他报告有关"欧洲的数学科学得到恢复"时,他引用了由殷铎泽编辑的著作中安文思信件的意大利文译文。第二份该信件的意大利文译文,比较忠实于原文,现在作为一份匿名手稿保存于布鲁塞尔(Algemeen Rijksarehief,F.Jez.,Prov.FI.-Beig.,cah.nr.872-915,ff° 105-112)。这份手稿大约在 1773 年从一处不知名的比利时耶稣会士居住地被转移到图书馆。一份匿名的法文译文保存在 B.N.P.,Ms.Franç.14.688.。

[5]意大利耶稣会士殷铎泽,1659 年到达北京,1665 年至 1667 年之间被驱逐到广州。在广州他被选为教会的代理人,离开中国赴罗马,又于 1674 年返回中国,最后于 1669 年在杭州去世。见费赖之书 I,pp.321-325;J.DEHERGNE,*Rdpertoire*,pp.129-130(nr.414),等等。关于他的欧洲之旅,见 F.BONTINCK,p.127 f.。

[6]当时每隔三年,在耶稣会的省和副省都要选举一次教会代理人,并且被派往罗马,向各代理人的中心大会去报告本省或本副省的情况。殷铎泽神父于 1666 年 10 月当选,从 1668 年 9 月 3 日起至 1669 年 1 月 21 日止在澳门任职(ARSI,JS 162,f°277v:见 F.BONTINCK,p.127 ff.)。他经里斯本到达罗马是在 1671 年 4 月的上半月。

[7]的确,很多发自广州和澳门的信件,都谈及发生在 1668 年年底到 1669 年年初的那些事件。这些信件所依赖的完全是在北京的神父们的信件(例如安文思神父的信函)或是官方邸报中提供的信息(第一章和卷首的"英译者导言")。

[8]当然这里指的是《欧洲天文学》。在《欧洲天文学》一书中,"天文学"一词有多种不同的含义:第一,是一个普通的名词;第二,是一个被赋予了人格化的神;第三,是天文学

科学(Academia / Tribunal astronomiae)的缩写。关于天文学和占星术(astronomia/ astrologia)这两个词,见本书第十章注释 2。

[9]类似的观点在殷铎泽的 *Compendium Historicum Persecutionis Nostrae* 一书中也谈到了。见本书第十三章和“英译者导言” 4.2。

[10]根据 *C.L.Org.*,fig.8 和《欧洲天文学》的前言,作者心目中显然已经有了关于中国传教团领导者继承人的潜在人选。

[11]南怀仁心里很清楚,脆弱的中国传教事业完全是依赖于皇帝对数学科学的尊重,而这种尊重还是多变和不稳定的。举例说,作者在 1684 年 1 月 25 日的信中就指出了这一点(*Corr.*,pp.446-447)。

[12]与巴洛克时代的文学风气相符,南怀仁在《欧洲天文学》一书和其他著作者都喜欢使用比喻的修辞方法,早在 1667 年,他就开始使用 comoedia(喜剧)和 tragoedia(悲喜剧)来形容 17 世纪 60 年代耶稣会士在北京的发展(见他 1667 年 9 月 3 日的信件,*Corr.*,p.117)。关于作为这一比喻的背景的“耶稣会士剧院”,见 W.H.McCABE 1983 年出版的 *An Introduction to the Jesuit Theatre*,St.Louis,1983。

[13]这里的“Praesertim”是一个很显然的印刷错误(有关类似的错误我在这篇前言中已经列举了多处),正确的用词应该是“praefectum”。

[14]对没有时间写信的抱怨在南怀仁的信函中几乎处处可见(比如在他写于 1670 年 1 月 23 日的信,同年 8 月 20 日的信,1678 年 8 月 15 日的信,等等。见 *Corr.*,p.160;p.167;p.225)。也可见闵明我 1681 年 1 月 24 日的信,这封信的原文发表在 *The Far Eastern Catholic Missions*,vol.I,p.205;也可见他保存在 ARSI,JS 163,f°109v.的文献。当然南怀仁缺少时间的原因,无疑是他担任了太多的官方职务,包括在钦天监之内和在钦天监以外的职务,以及皇帝经常交给他的机械学方面的职责之外的众多任务(第十三章至第二十七章)。

[15]正如被保存至今的南怀仁的书信和其他来华耶稣会士的书信所证明的那样,在中国与欧洲之间存在着一种由在华耶稣会士们建立的经常性的通信交流(除从 1674 年至 1677 年因为“平定三藩”战争所造成的通信中断外)。南怀仁可能在这里想起了他的题名为“编年史摘要”的手稿,因为这部手稿很独特,而且篇幅过长,所以无法委托普通的邮政服务机构邮递,只能等待机会交给由从中国返回欧洲的传教士们携带。当刚才所说的“平定三藩”结束之后,即 1680 年,南怀仁就及时地将《欧洲天文学》的手稿交给即将离开中国的柏应理(本书卷首“英译者导言”五)。

[16]作者清楚地表明:在他的手稿最终得到出版之前,由于漫长的跨洋旅途所致已经很长的通信间隔时间将耽搁得更长。耶稣会士常常将从欧洲到中国的距离说成为九万里(见南怀仁著《御览西方要纪》,德礼贤著 *Fonti Ricciane*,*II*,p.568,n.4,等等),经由里斯本的两地之间的往来信件一般要走上一年半到两年的时间,尽管也有一条稍短一点的经由印度尼西亚首都雅加达的路。在这漫长和高风险的旅途上,乘客、行

李(包括书籍和信件)受到损失的危险性都是极高的,这一点在南怀仁的《御览西方要纪》一书和他的信件(*Corr.*,pp.250-251)中都有所描写。还可以从刘迪我(E.LE FAVRE,1613—1675年)的中文著作中读到(关于这部著作,我们只知道它的拉丁文书名:*Tractatus de Viae Maritimae ex Europa in Sinas laboribus et Periculis*)。柏应理在*Catalogus*,p.24中引用了他的资料。又见H.BERNARD,*Les Adaptations*,p.358,注释336:杜奥丁(Tudeschini,1658—1643年)著《渡海苦绩纪》;T.BENTLEY DUNCAN所著的*Navigation Between Portugal and Asia in the Sixteenth and Seventeenth Centuries*,pp.3-25提供了经海道远航所遭受的重大损失的重要资料。据他计算,在1544年到1750年之间,从欧洲到达印度的耶稣会士的平均死亡率为6.8%。而柏应理的计算结果却是接近83%(见PH.AVRIL,*Voyage en Divers États d' Europe et d' Asie*,Paris,1692,p.3)。

[17]在当时耶稣会士的剧院里,序曲、主曲和尾声是一出戏剧通常包括的三个部分(见L.VAN DEN BOOGERD论文的注释11)。

[18]关于17世纪早期欧洲统治者的名字,见第二十六章注释3。对中国传教事业贡献较大的值得注意的人有:奥地利的利奥波德(Leopold,即《欧洲天文学》中所提到的)、巴伐利亚的费迪南德(Ferdinand Maria,见一封寄给南怀仁的注明日期为1678年9月1日的信函,现存慕尼黑Bayerische Staatsbibliothek,Clm,27.323,f 14r-15r),以及葡萄牙国王阿方索六世(Afonso Ⅵ,见*Corr.*,pp.256-266)。阿维热公爵夫人(Duchess of Aveiro)对中国福传事业感兴趣是从1678年、1679年开始的,当时卫匡国正准备离开欧洲。因此当南怀仁于1679年和1680年撰写这段文字的时候,是不可能想到她的(1686年9月1日南怀仁写了一封信给她,该信件刊登在*Corr.*,pp.522-523)。他们的关注和慷慨捐助对中国的传教事业是至关重要的。

[19]在《欧洲天文学》中,南怀仁在多处介绍了那位性格异常暴躁的杨光先(1597—1669年),即17世纪60年代在华耶稣会士最主要的对手。作者认为,杨光先是"不知羞耻的、卑鄙的、鲁莽的、惯于欺诈的"人。在南怀仁、安文思、纳瓦莱特(D.de Navarrete)、聂仲迁和恩理格的笔下,杨光先被描写成"我们的死敌"。在殷铎泽的*Compendiosa Narratione*,p.13中,他给人以"恶魔头子"的印象。关于他的基本生平资料见FANG CHAO-YING,in:A.W.HUMMEL(ed.),pp.889-892。J.D.YOUNG发表在《香港中文大学学报》(1975年第3期p.167 ff.)上的"An Early Confucian Attack on Christianity:Yang Kuang-hsien and His Pu-te I"一文试图描述杨光先反天主教的文化和宗教背景,以期对他给予比较公正的评价。

[中译者注:纳瓦莱特(D.de Navarrete),西班牙道明会士,曾有中文名字"闵明我",1669年他从广州的拘禁地逃离。另一意大利耶稣会士Philippe-Marie Grimaldr趁机进入拘禁地以"闵明我"之名顶替了他,此后"闵明我"得到康熙皇帝的信任,而任钦天监监正之职。]

[20]这里说的先皇就是福临,即康熙皇帝的父亲。他在位的时期称为“顺治”时期(1644—1661年)。他在位期间,他对汤若望的宠信大大提高了天主教在中国的威望。康熙皇帝继承了他的做法,而在1669年至1688年间将同样的宠信施与了南怀仁。关于这方面的基本资料见FANG CHAO-YING文,该文收于A.W.HUMMEL(ed.)pp.255-259。

[21]从1644年10月19日汤若望的方法被新王朝接纳(见I,p.4,和汤若望的*Historica Relatio*,f°213r-214v)至1644年9月15日杨光先关键性的反天主教控告,几乎有21年了。

[22]虽然杨光先早在1659年就出版了他猛烈攻击天主教多方面教理的《辟邪论》,但是南怀仁在这里所说的则是1665年出版的、收集了杨本人所有反天主教文章的文集——《不得已》。当时关于此书的描述见聂仲迁的*Histoire*,pp.40-46,特别是pp.88-93。对《不得已》一书的分析见J.D.YOUNG,pp.172-185。

[23]汤若望(Johann Adam Schall von Bell),这位1592年生于科隆、1666年死于北京的德国耶稣会士,于1619年抵达澳门,1630年进入北京,投身于在中国编译西方天文学的工作(第六章注释14)。1644年他呈上了经过修订的历书(当时称作大清朝的《时宪历》),修建了称作“西堂”的教堂(中译者注:即通常称作的“南堂”),被授予诸多荣誉称号。当他渐渐衰老之后,就于1660年年初将南怀仁邀请进京。1666年8月15日汤若望被控有罪,后被软禁于“东堂”(第一章注释5)。有关他的基本史料见费赖之书I,pp.162-182和J.DEHERGNE,*Répertoire*,pp.241-242。关于他生平的最重要的专著是1933年在科隆出版的A.VÄTH著*Johann Adam Schall von Bell,S.J,Missionar in China,Kaiserlicher Astronom und Ratgeber am Hofe von Peking,1592-1666*一书。这本书的新版本是1991年St.Augustin-Nettetal出版的华裔学社系列丛书第二十五(Monumenta Serica Monograph Series XXV)。

[24]《不得已》:“这阴谋的罪魁祸首是汤若望。”

[25]杨光先认为,这些教堂是秘密准备的侵略中国的接头点。《不得已》:“他们扩展到了帝国的各个角落。”据毕嘉*Incrementa*,p.100,1664年在天主教遭受迫害之前,在华耶稣会士们自己统计的耶稣会教堂的数目是165所,再加上21所道明会和3所方济会教堂。关于汤若望的传教活动,见A.VÄTH书pp.118-134。

[26]关于这次审讯的过程,见A.VÄTH一书p.299-315(主要依据毕嘉*Incrementa* p.111 ff.)。最后的判决(在1665年4月中旬)对汤若望作了稍稍的减刑(康熙四年三月十六日,即1665年4月30日。LO-SHU FU,I,pp.37-38),最后他得到了宽恕(康熙四年四月三日,LO-SHU FU I,pp.38,即1665年5月17日)。

[27]这里有一点小小的时间上的差异。因为南怀仁于1665年1月15日被宣判鞭笞40下(或100下),后来法院于4月中旬改判为流放到满洲。见毕嘉*Incrementa*,p.225和p.312,又见南怀仁*Corr.*,p.119。在经过多次变更之后,4月中旬的判决在同年9

月 10 日做出了以下改判：汤若望、利类思、安文思和南怀仁留在北京，其他 25 名耶稣会士流放到广州（见毕嘉在 *Incrementa*，p.489 ff.和 DE NAVARRETE，p.224 ff.*Cummins* 中对这次行程的描述）。这 25 人于 1666 年 3 月 25 日到达广州（见 *Incrementa*，p.539）。

[28]南怀仁于 1658 年 7 月 17 日抵达澳门，他与他的伙伴们进入中国内地是在 1659 年 3 月 5 日（这一日期见汤若望 *Historica Relatio*，p.400）。

[29]关于这一点，见 *Incrementa*，p.117。除南怀仁外，我们只知道其中 11 人的姓名，他们是柏应理（Ph. Couplet）、苏纳（B.Diestel）、吴尔铎（A.d，Orville）、郎安德（A.Ferran）、毕嘉（G.Gabiani）、白乃心（J.Grueber）、殷铎泽（Pr.Intoreetta）、陆泰然（A.Lubelli）、鲁日满（F.de Rougemont）、瞿笃德（St.Torrente）、甘类思（L.da Gama）。

[30]见汤若望 *Historica Relatio*，p.399。在最后一句中，汤若望谈到了于 1659 年 8 月 2 日到达北京的白乃心和苏纳。

[31]这时已是在他们到达中国 20 年之后了，这句话不仅充满了自豪之情，也不乏伤感，我们在读到南怀仁写于 1678 年 8 月 15 日（即他在起草《欧洲天文学》的一年到一年半之前）的信件时，也有同样的感受（*Corr.*，p.232-233）。在这期间去世的和离开中国的有苏纳、吴尔铎、郎安德、鲁日满、甘类思。

[32]利类思（L.Buglio，1606—1682 年），来自西西里的耶稣会士，于 1639 年进入中国，在经历了一个混乱时期之后，作为俘虏的他于 1651 年被带进北京城。1655 年他主持建造了东堂耶稣会住所，1662 年又建了教堂。他的主要贡献是翻译文献和书籍（本书第三章注释 16）。基本资料来自费赖之书 I，pp.230-243。

[33]利类思到达四川成都是在 1640 年。

[34]葡萄牙人借用一个日语词语 bozu 或者 bonso 来表示日本和中国佛教僧侣，中文里称为“梵僧”或“和尚”。在 1668 年至 1669 年间，中国全国有 350000 名和尚（据安文思 N.R.p.57）。关于南怀仁对佛教和尚的态度，见 *Corr.* p.238，286，307。有 1000 名和尚（据费赖之书称，是 4000 名）参与了驱逐两名耶稣会士的活动，因为这两人在传布天主教教义方面取得了很大的成功。

[35]在清代，以汉字“官”这个通用的词来称呼所有级别的官员。这个词被葡萄牙人翻译成“kuan”，于 1514 年之前介绍到欧洲。

[36]省级的司法官员称为“提刑按察使”。

[37]此人名叫吴继善，他从北京来四川，目睹了汤若望于明代末年时在首都北京的影响力（见费赖之书 I，p.231）。

[38]见第二十八章注释 3。

[39]南怀仁这里指的是北京的“内城”，也就是北京满人居住区，钦天监也位于内城之中。

[40]南怀仁没有谈及一个重要情节，即一名中国皈依者 Thomas Jen-tu 制止了一次由佛

教僧人挑起的争端。

[41]阳玛诺(1574—1659年),西班牙耶稣会士,于1610年进入中国,任1623—1635年和1650—1654年的耶稣会中国副省神父。关于他的基本史料见费赖之书I,pp.106-111;J.DEHERGNE,*Répertoire*,pp.76-77。在汤若望自己的著作中也记述了同样的事例,即只要简单地提及他的名字,就能从绝望的境地奇迹般地解救出来(*Historica Relatio*,f°222v.= p.193)。

[42]显然这里指的是在1650年阳玛诺的仆人在延平耶稣会士住所发生的事情(见A.VÄTH,p.170和汤若望*Historica Relatio*,f°222r.= p.195)。

[43]李方西(1609—1671年),意大利耶稣会士,据费赖之I,pp.249-251(nr.87)和J.DEHERGNE,*Répertoire*,p.71,n.237.,他于1640年进入中国。汤若望*Historica Relatio*,f°222r.= p.195也记述了有关他在1653年的故事(A.VÄTH,p.221),又见鲁日满*Historia*,p.129 。

[44]此事见费赖之书I,p.252和汤若望*Historica Relatio*,f°222 = p.195。

[45]南怀仁引用了汤若望*Historica Narratio de Initio et Progressu Societatis Jesu apud Sinenses*一书,这本书现存有两个版本的手稿。第一部写于1658年,由卫匡国返欧时带到欧洲(这一版本的副本原出自澳门,现在藏于里斯本阿儒达皇家图书馆JA,49-V-14,ff°376-436)。第二部写于1660年至1661年间,由J.Grueber带到罗马(保存在ARSI,JS 193)。1665年,第一版本由J.FORESI,S.J.在维也纳印刷,他以1658年的手稿为基础,仅在体例上作了一些修改。20年以后,很显然在北京已经找不到这本书的原始手稿了。南怀仁在这里引用的这一版本书中的文字,一定是在1665年至1679年间维也纳出版的这本书又被运回到了北京,他引用该书时只交代了简称的书名,即*Historia Missionis Sinicae*。我无法看到和参考该书的第一版本,但是参考了南怀仁在该书第13章写的关于阳玛诺、李方西(F.de Ferrariis)和安文思案例的1672年的第二版本的引文。

[46]这是一个基本的时间参考点,即1669年年初,南怀仁在这里所说的“在这之后的第二年”一定是指1671年。

[47]第一次递交奏折的尝试是不成功的,这份奏折的日期是康熙八年五月五日(即1669年6月3日)。这份奏折的中文文本见*Innocentia Victrix*,f°3r.-6r.;其拉丁文文本见*Corr.*,pp.155-159;以及恩理格写于1670年11月23日的信件,f°10 r.。这份奏折在1669年8月14日召开的亲王贝勒九卿科道会议之后,令人失望地被朝廷驳回。神父们的要求没有得到皇帝的认可(见恩理格,l.c.,f°12r.-12v.,聂仲迁,*Suite*,pp.42-43)。第二次尝试是在一份写于康熙九年十一月二十日(即1670年12月31日)的奏折中。这份奏折的中文文本见*Innocentia Victrix*,ff°30v.-32r.;其拉丁文文本见*Corr.*,pp.184-178。皇帝签署的最后答复是在康熙九年十二月二十一日(即1671年1月31日)。此项圣旨的中文文本见*Innocentia Victrix*,ff°39v.-40r.;其拉丁文文本

见 *ib.*,f°40r.-40v.。(中译者注:《正教奉褒》载:康熙九年十二月,部议准奏,康熙四年间,杨先生诬陷案内遣送广东之西士栗安当、潘国光竟大理国人,刘迪我法兰西国人,鲁日满比利士国人等二十余人,内有通晓历法者起送来京,其余令归各省居住。随由部移咨各省督抚遵照办理。见韩琦、吴旻校注《熙朝崇正集熙朝定案(外三种)》中华书局2006年出版第324页。文中别处简称《熙朝定案》。)

所谓的"奏折"是政府各机构以及在京城的官员和各省的地方官员与皇帝交流意见的最普通的方式。各种形式的奏折中,在南怀仁所处的时代,"本章"(pen-chang)或称"常规型的奏折"经常被用来陈述官方的事务(称为"题本")和私人的事务(称为"求本")。关于清代的这两种形式的奏章,见 J.K.FAIRBANK 和 S.Y.TENG,*Types*,pp.1-71,以及 S.H.-L.WU,*Memorial Systems*,pp.7-75;关于本章的形式,见 *ib.*,p.11 ff.。南怀仁担任"治理历法"一职和钦天监的实际负责人,就与皇帝有了官方的经常性的接触,这也暗示着他遭到了不少诬蔑和中伤,正如在本书和他的通信中,以及在现存的奏章汇编中多次提到的那样。第一部对此具有相当研究水平的论文是 W.VANDE WALLE 的"Stratification in Verbiest's Works: the Astronomia Europaea and the Memorials"。这篇论文发表在台北1987年出版的 *International Conference in Honor of F.Verbiest.Commemoration of the 300th Anniversary of His Death* [*1688-1988*]论文集 pp.241-251。根据通常的情况,钦天监监正可以在任何一天将他的奏折递交给太监,进入文件的例行程序(交给大学士—皇帝本人—六部尚书)。可参见汤若望当时在 *Historica Relatio*,f°231 r.= pp.245-247 的叙述。

然而汤若望本人是不受这种程序限制的,他是顺治皇帝最为亲信的人,他通常是将奏折直接递交给皇帝。南怀仁也谈到过同样的话,他说:"在17世纪上半叶,汤若望几乎毫无例外地将他个人的奏折和口头的请求直接上达给皇帝。"(见 W.VANDE WALLE,*Bureaucracy*,p.13)我们在来华耶稣会士的通信中也可以找到同样的证据,比如说恩理格在写于1670年11月23日的信中,描述了南怀仁于1669年7月24日上朝递交奏折的情形。南怀仁所得到的特殊宠信可能是援引了他的前辈汤若望的先例,因为汤若望是南怀仁的样板,而且是南怀仁在官僚生涯很多其他方面加以自我辩解的依据。关于南怀仁的奏折,也可参考第六章注释23。

[48]在这里做一点小小的更正:在最后一次判决之后,当他们于1665年9月13日离开北京时,他们是25人(这一数字见 *Corr.*,p.142;毕嘉,*Incrementa*,p.498,500,513,etc.;D.DE NAVARRETE p.224;以及 *Innocentia Victrix*,f°41v.),但是,在他们到达广州后(1666年3月25日)不久,即1666年5月11日安德雷·达·克斯塔(Inacio da Costa)死了。因此,柏应理在后来一封写于1666年11月10日的信中说,在广东的传教士是24人。其中的方济会士有利安当(Antonio de Santa Maria);3名道明会士是 D.M.Sarpetri,F.Leonardo,D.de Navarrete。从北京出发来到广州的21名耶稣会士是汪儒旺(J.Valat)、金弥阁(M.Trigault)、恩理格(Chr.Herdtrich)、张玛诺(E.Jorge)、

鲁日满、毕嘉、潘国光(F.Brancati)、刘迪我(J.Le Faure)、成际理(F.Pacheco)、柏应理、穆迪我(J.Motel)、聂伯多(P.Canevari)、聂仲迁(A.Grelon)、殷铎泽、洪度贞(H.Augeri)、何大化(A.de Gouvea)、安德雷·达·克斯塔(I.da Costa)、李方西(G.-F.de Ferrariis)、穆格我(CI.Motel)、瞿笃德、陆安德(A.Lubelli),还可以参见 A.CHAN 提供的信息(发表在 J, HEYNDRICKX 编辑的著作 pp.60-61)。关于他们在广东期间(1665—1671 年)生活状况的资料,见 DE NAVARRETE, p.230 *Cummins*,毕嘉的 *Incrementa*, p.579,和由 J.BARTEN 出版的柏应理写于 1668 年的书信 p.109。

[49]在皇帝的圣旨最终到达广州的两个半月之后(见 *Innocentia Victrix*, f°40v.),耶稣会士们于 1671 年 9 月 8 日离开广州(其中安德雷·达·克斯塔、金弥阁、潘国光三人在流放期间死亡)。他们分乘 5 条小船:恩理格和闵明我结伴回到北京,汪儒旺到山东,张玛诺、鲁日满、刘迪我、成际理、毕嘉和柏应理返回江南省(即现在的江苏、安徽),穆迪我到了湖广(第十五章注释 35),聂伯多和聂仲迁到了江西,瞿笃德留在广东,李方西到了陕西,穆格我到四川。至于陆安德,见费赖之书 I, p.331;而殷铎泽则于 1668 年离开广州返回欧洲了。

(中译者注:据费赖之书中文版,陆安德 1673 年被推为中国日本视察员,曾在直隶、陕西、山西、湖广、两江做两次巡历;留居北京若干时,而后返回澳门,被任命为日本教区区长,1683 年殁于澳门。见第 334 页。)

[50]李方西(J.-F.de Ferrariis)神父在返回陕西的途中于南京去世,毕嘉将他的尸体护送到了西安府,并安葬在那里。同时他给南怀仁写了一封信,要求争取得到皇帝的批准而让他留在陕西,这样那里的天主教社团就不会没有神父管理。南怀仁在他写于康熙十二年八月二日(即 1673 年 9 月 12 日)的奏折中,以中国人十分看重的同胞之情向皇帝请求,使得皇帝批准了他的奏折,允许毕嘉留在陕西(见柏应理的 *Histoire d'une Dame*, pp.87-88 和 DUNYN-SZPOT, ARSI, JS 104, f°253v.)。

(中译者注:南怀仁奏折写道:"康熙十一年内,伊(即李方西)同毕嘉等复奉谕旨,各归本堂焚修。此皆出自圣恩浩荡,臣等虽捐糜莫报者也。不幸李方西自粤返秦,中途病故,毕嘉护丧已至陕省,但念李方西孤坟无主,毕嘉远旅靡依,伏乞皇上俯谕,毕嘉即居陕堂焚修,以便看守坟墓,庶生者死者咸沐圣德于无穷矣!"礼部原定毕嘉仍回扬州,见南怀仁奏折后,题请:"着毕嘉看守李方西坟墓,居住陕西堂可也。"九月初二日,康熙皇帝御批"依议"。见韩琦等校注《熙朝定案》中华书局 2006 年版,第 117—118 页。)

[51]恩理格(Chr.Herdtrich, 1625—1684 年),奥地利耶稣会士,1660 年进入中国。1667 年金弥阁(M.Trigault)于广州去世,恩理格又被召入北京,1672 年 2 月抵达。在这之后,山西的天主教社团就失去了管理神父。于是,南怀仁应恩理格的要求,上奏皇上,并成功地使他获准暂时返回山西,以便"收集天文书籍和天文仪器"(见 DUNYN-SZPOT, ARSI, JS 104, f°251r.)。在完成了大部分紧迫的教会事务之后,恩理格于

1673 年 6 月回到北京,经南怀仁的再次请求,他成为之后一些年南怀仁在钦天监的合作者之一。关于恩理格在山西的事迹,见 F. MARGIOTTI, *Il Cattolicismo Nello Shansi*, p.143 ff.。

[52]南怀仁和其他传教士在很多场合都强调了这种"打招呼"的重要性。在 1678—1679 年的 *L.A.*(ARSI, JS 117, f°188r.)中,南怀仁就写到了这一点。据 DUNYN-SZPOT, ARSI, JS 104, f°255v.南怀仁不仅从公开的名单中,而且还可以从官方的邸报得到相关的信息。南怀仁在 1638 年 3 月 7 日的信件(Ajuda, JA 49-IV-63, f° 13v.)中说到此事。

[53]这一情景,即以精心设计的十分富于寓言色彩的笔法,对神圣宗教在天文学的保护和众多科学女神的拱卫下的出于古典主义灵感的描写,也可以在南怀仁 1675 年 8 月 15 日的信函(*Corr.*, p.227, 237)和本书第二十八章中找到。

[54]"Palaestra" 在 17 世纪古典作家的文学语言中是对"学校""学习"和"学习书籍"的经常使用的表达法。

[55]见本书第八章和第十一章。

[56]见本书第九章。

[57]见本书第十章。

[58]在此处和本书其他地方出现的所谓"省"的概念,指的是 1623 年成立的耶稣会管理系统中的"中国省"或者"中国副省"(见费赖之书 I, p.107)。因为这实际上是对天主在中国的葡萄园里的熟练工作者的最大的要求,这里所说的"可能的继承人"就在本书最重要的目标群体之中(见南怀仁 1678 年 8 月 15 日的信件, *Corr.*, pp.230-253)。

[59]这一论断,在本书的最后结尾时被再次强调的是在 1669 年 8 月 10 日(康熙八年七月十四日)的王公贝勒九卿科道会议上提出的(见恩理格 1670 年 11 月 23 日的信件和聂仲迁, *Suite*, p.37)。

[60]通过这一寓言,南怀仁引出了本书的第二部分(第十三章至第二十八章),即涉及耶稣会士们在数学和机械学的众多科学领域里的成就的论述。

第一章

向皇上禀报中国历书中的错误

1664年[1],北京的天主教和我们一起被多次[2]送上法庭,她被锁了9条锁链[3]。虽然6个月后[4]这些惩罚减轻了些,但我们仍然在居住地[5]被软禁了4年。这样教堂就立刻变成了一座监狱。有一个严厉的卫兵[6]看守着大门,以防止她越雷池半步。

沉重的铁索套在了她的脖子上,给洁白无瑕的颈项留下许多深深的伤痕。但是这丝毫没有损害她那美丽的容貌,却使她更加光彩动人,就好像她的脖子上戴了一串珍贵稀有的红宝石项链。

在漆黑的夜晚笼罩下,就在这同一间牢房里,我们的欧洲天文学与我们同在。但是夜色越是黑暗,天空的星星就显得越加璀璨明亮[7]。这星光甚至照进了皇帝居住的紫禁城内,使得在我们遭受迫害的第四年之后[8],年纪很轻的满族的中国皇帝——康熙[9]得知[10]在北京这个帝国的都城里[11],住着一些精通天文学的欧洲人(在这之前,康熙皇帝对我们的遭遇一无所知)[12]。他立即[13]派了被称作"阁老"[14]的四名官员(当时朝廷中最高层级的官员)[15]来到我们的住所[16],询问中国现在正在使用的历书,以及来年将要使用的历书[17]是否存在错误。这一历书是根据中国自己的天文学理论[18]计算出来的。

我是被现在的康熙皇帝的父亲从中国西部省份[19]召进北京朝廷的,目的是做汤若望神父的继任人,负责欧洲天文学。那时候欧洲天文学已经被介绍到了中国。针对阁老们的提问,我立即回答[20]说:"这部历书的确有很多错误[21],其中最大的错误就是在明年(即康熙八年)的历书里设置了13个月。"当时来年的历书已经印制完毕,并颁布到帝国的各个省份了。可是根据天文学规律,只应该有12个月,不应该在中间添加一个闰月。(中国人的日历是根据月亮的圆缺周期来确定月份的,即"月亮—月份"法则。他们把黄道十二宫的每一个宫与一个月份相对应。如果太阳在既定的月份中没有进入那个月对应的宫的位置,他们就增加一个被称之为闰月的月份,由此这一年设定为13个月)[22]

当那些大臣们听说历书中存在的这个天大错误,而且是近百年来他们所耳闻的最大的错误之后,认为这是一件十分重要的事情。因此他们立即向皇上做了全面的呈奏,包括我在他们面前列举的历书中的一些其他错误。

没过多久,这些大臣们又来到我们的住所,并且带来了皇帝的圣旨,命我们第二天早晨到紫禁城去[23]。在长达4年的处于卫兵严密监视之下的软禁日子里,来自科隆的汤若望由于年老多病已经去世了[24],现在这里只剩下利类思神父(西西里人)、安文思神父(葡萄牙人)和我(比利时的佛兰芒人)[25]。

第二天,我们一起进入紫禁城宫墙之内,走进一个宽敞的大殿[26]。在大殿里还有许多钦天监的官员们,他们是奉皇帝之命[27],在这里等候我们。此外,大殿内还有两位阁老(一位是满人,一位是汉人,他是我们的反对派)[28],以及其他一些官位相近的大臣们[29]。经过辩论,我们的对手所编著的历法中的许多错误越来越清楚明显了[30]。最后,那些撒谎的人开始哑口无言,无法为自己辩解,尤其是为所有这些错误负责的那两个人:第一个是罪恶之极的杨光先,4 年来他一直坚持排斥我们的宗教和天文学。第二个是傲慢专横、不知廉耻的穆斯林吴明烜[31],他曾因为诬告汤若望神父而入狱被判死刑,但不久就由于赶上国家大赦,而与其他罪犯一同获释[32]。

注 释

[1]1664 年 11 月 12 日,在北京的 4 名耶稣会士被捕入狱,另外 21 名传教士也被押解到北京,被宣判为有罪。记载这一时期传教士被关押和审讯的最好的资料,据我所知,是毕嘉神父所著的 *Incrementa Sinicae Ecclesiae*,维也纳 1673 年出版(esp. part II p.111ff.)。该书是以南怀仁、利类思和安文思在那一时期的日记为资料来源而写的。南怀仁等人是那些事件的亲历者,他们在那个时期都坚持了撰写日记。

[2]见 *Corr.*,p.120。

[3]正如几种相关的资料所显示的,这应该做人文地理解。参见毕嘉 *Incrementa*,p.194。

[4]即从 1664 年 11 月被捕到 1665 年 5 月 18 日汤若望得到释放为止。

[5]中文里的"堂"一般是表示文人聚会以讨论文学和道德问题的地方,但是从 1611 年起,这个字被用来表示耶稣会士们在北京的住所。在《欧洲天文学》所记载的那些故事发生的时代,耶稣会士在北京有两处附设有教堂的住所:第一处是利玛窦生前的住地,中文叫作"天主堂",位于宣武门附近。后来于 1650 年至 1652 年扩建为欧洲巴洛克风格的教堂。当 1655 年第二座教堂建成后,它就被称为"西堂",汤若望和南怀仁都住在这里,直到 1664 年 11 月 12 日被捕为止。第二处居住地位于北京城的东部,是皇帝于 1655 年分配给利类思和安文思的,被称为"东堂"。

当 1665 年 5 月 17 日耶稣会士们最终得到赦免之后,5 月 23 日,汤若望回到了西堂,而南怀仁与利类思、安文思一起住进了东堂。其他耶稣会士们(除了汤若望)在 1665 年的 6 月也都住进了东堂,大约有 60 人,物质条件极为艰难。同年的 9 月 13 日,当其他被驱逐到广州的耶稣会士们离开北京之后,就只剩下四名神父维持着他们的居住地了。汤若望被迫交出了西堂,和南怀仁、利类思、安文思一起住进了东堂。

然后他们在那里度过了自1665年至1668或1669年的被拘禁的四年时光。因此,《欧洲天文学》第一章至第六章所记载的事件也都发生在那里。那一时期,四名耶稣会士住在居住地内,但并不是在它的教堂里。当时教堂显然是被拆毁了。《欧洲天文学》中所提及的教堂,应该是指西堂的教堂。

1669年4月1日,当南怀仁被任命为钦天监的监副之后,西堂就立即被归还了(尽管当杨光先离开后有些官员还在那里耽搁了些时日)。耶稣会士们付出了高昂的代价重修了住所和教堂,将东堂的一些建筑材料也用上了。不久,利类思和安文思也搬到西堂,和南怀仁一起住。而将东堂交给一些可信赖的满族人管理。几年以后,东堂也恢复了使用,正如俄国使臣斯帕法里在他1676年的出使日记中所写道:"在都城北京,有两座装潢得很高档的教堂。"最早的关于重修教堂的要求是由鲁日满于1670年的书信中表达出来的。

关于西堂的修复的记载,出现在《欧洲天文学》一书的第七章至第二十八章。书中谈道:1675年7月12日,康熙皇帝私人造访了西堂(见《欧洲天文学》第十五章),又谈道,从西堂到观象台,南怀仁每天要走8里路去上班,而到紫禁城则要走10里路。关于徐日升主持修建西堂两边的钟塔,可见《欧洲天文学》的第二十六章。当时耶稣会士为了应付大量拥入的参观者,不得不开设了两个入口。洪若翰在1703年的书信中提到,在经历了1679年9月2日的地震而遭到严重破坏之后,直到18世纪初,西堂一直为公众所使用着。后来法国传教士建造了自己的教堂(该教堂于1702年12月9日开始使用),直到南怀仁去世之后,以往被称作"西堂"的教堂才改称为"南堂",而新建的教堂则称为"北堂"。就我所了解,对"东堂"的存在,既没有相关的图片也没有文字描述。而关于"西堂"我们可以查阅到汤若望在*Historica Relatio*一书中对它的描述。在这之后,在巴黎的一幅画有教堂的中国画是否表现的是西堂,不能确定,而另一种认为这是北堂的观点,似乎更令人信服。1694年,E.Y.IDES作为目击者,在他的*Driejaarige Reize Naar China*一书中对西堂做了简短的描写。所有与南堂、东堂有关的资料,都由P.BORNET收集在他的题为*Les Anciennes Eglises*的书中。

[6]一位礼部的官员。见南怀仁*Corr.*,p.295。这里提到的情形是从1667年6月初开始的。根据*Corr.*,p.121的记载,官方对传教士的监视更加紧了。在这之前,根据毕嘉神父题为*Incrementa*,p.600的报告,看管得还不太严厉。该书完成于1667年11月30日。书中描述1666年的情况。

[7]一个类似隐喻,经常用于天文领域,来表现明亮与黑暗的对比(特别有巴洛克时代的效果)的名句,是由Innocentia Victrix发明的。欧洲天文学在这4年中,没有因懒惰而虚度了光阴,也没有被完全隔绝。我们确实可以搜寻到一些零星的有关耶稣会士被拘禁期间的活动的史料。比如,安文思在钟表制作方面的非凡业绩(见他写于1667年10月12日的书信,ARSI,JS 162,f°194ff.= I.PIH,p.367ff.),以及他在1668至1669年编撰《中国的十二优点》的手稿,该手稿后来被翻译成中文并以《中国新志》为书名

出版;还有利类思的一些画作;南怀仁制作的机械仪器(见本书的第二十一章)和他完成的若干有关日影的测试(见本书的第三章)。1666 年神父们回答过一些中国高官显贵们,例如苏克萨哈有关钟表收藏方面的咨询。甚至在 1667 年 6 月以后,举例说,1668 年 4 月南怀仁向中国人提供有关天象的信息(见本书第二十七章)。他们不仅了解了关于朝廷内政治斗争动向的信息,并从中获得了勇气,而且还将这些传递到广州。这些都从保存下来的书信中得到了证实。其中有南怀仁的信(*Corr.*,pp.112-130);安文思 1666 年 10 月 11 日的信(现保存在马德里历史档案馆)和 1667 年 4 月的信(ARSI,JS 162,ff° 169-174v);柏应理的信(J.BARTEN,p.111)。从 1668 年 12 月 17 日,神父们还被召集起来翻译了一些从荷兰寄给中国政府的、以求获得通商允许的信件(见 *Corr.*,p.152)。

[8]也就是从 1664 年 11 月 12 日到 1668 年年底。

[9]清朝的第二个皇帝,满族人,出生于 1654 年 5 月 4 日,名:玄烨。在他的父亲福临(通常称为顺治皇帝)于 1661 年过早地去世后,他登基称帝,自 1661 年至 1669 年,由四名大臣(后为两名大臣)辅政。然而渐渐地,年轻的皇帝产生亲掌大权的打算。第一次是在 1667 年的 4 月,他发布了第一道圣旨,继而在 1667 年 8 月 25 日。当有关欧洲天文学的故事开始的时候,康熙皇帝只有 14 岁,不久他就形成了其作为君主的坚强性格和高超的外交手腕,成为中国历史上公认的最伟大的帝王之一。关于耶稣会士们对他的看法,见本书的第十二章。

在欧洲,从中世纪以来就接受了一个起源于土耳其语的名词“Tatar”(鞑靼),其意思是土耳其人和西南部的俄国人。不久又受到古典的影响而罗马化为“Tartari”。这一名字后来转而用来称呼 13 世纪崛起的成吉思汗的蒙古人,成为对土耳其人、蒙古人和通古斯人的统称。因为满族原是他们后代的一部分,在特定的场合里,“鞑靼”也被用来称呼满族人,或者将满族人称为东方鞑靼人。

[10]这要感谢一位最高等级的满族大员,可能就是摄政大臣之一的索额图(Songgotu)。(中译者注:英译者在此处似乎有误。其实当时的四位摄政大臣为索尼、苏克萨哈、遏必隆、鳌拜四人,并无索尼之子索额图。)

[11]即北京的满人城。(中译者注:当时北京城分为内城和外城,清朝定鼎北京后将汉人逐至外城居住,让满人独占内城。因此内城又称满人城。)

[12]最初时候,杨光先隐瞒了他们的存在,虽然朝廷急迫地需求新的精通天文学的人才(见本书所载皇帝于 12 月 26 日对杨光先的申斥)。此外,在京的耶稣会士得到他们在朝廷里的“朋友们”的警告,劝他们不要试图让皇帝知道他们,他们担心如果不听取劝告的话会失去最后的希望。见毕嘉 *Incrementa*,p.600。当耶稣会士们在东堂听说皇帝最终还是得知了他们的名字,他们的反应很热烈,也感到很放心,因为他们对皇帝寄予很高的期待。安文思曾在其著作中引述了当时东堂的负责人利类思有关这方面的话。

[13]也就是在1668年的圣诞节的早晨。奇怪的是,南怀仁没有像他给人以深刻印象地着重记载了天主教历法的被恢复的那个重要的日子那样详细地记述这件事。而且,这完美地符合了那个比喻性的表达法:作者对欧洲天文学的重新被认可而感到的欣喜,就好像从黑暗中回到光明一样。欧洲天文学在引导东方的皇帝认识天主中所发挥的作用,与引导东方三博士朝见天主的伯利恒的星辰特别相似。

[14]自从利玛窦和金尼阁以来,在欧洲史料中通常使用拉丁词汇 Colaus 来表达中文的"阁老",即表示"皇家阁楼里的老者"的非官方用词,特别是在明朝。在清朝通常改用"大学士"的称呼。在清朝,官拜一品的两名满人和两名汉人的大学士构成了朝廷最高等级的"内阁"。

[15]根据《测验纪略》一书的记载,这四名官员名为:多诺、吴格塞、卓令安、范承谟。

[16]即东堂。

[17]即康熙七年(自1668年2月12日至1669年1月31日)和康熙八年(自1669年2月1日至1670年1月20日)的历书。有证据表明很可能仅仅是康熙八年的日历。南怀仁的《测验纪略》证实说:"他们问我是否看到了刚刚发布的每一种历书。"晚一些的资料进一步明确了其中一个版本是《民历》,另一个版本是《行星历》,都是由吴明烜印制的。造成这些历书中错误的责任人是天主教的敌人,就是常常提到的杨光先。

[18]1665年4月,尽管杨光先本人提出异议,他还是被任命为钦天监的监正。这再清楚不过地表明,中国的和穆斯林的天文计算方法的回归。康熙八年的历书就是根据穆斯林的方法计算的。

[19]也就是陕西省。南怀仁和他的14名同伴神父于1659年3月5日离开澳门。他到达陕西西安府的传教点,是在1659年的6月。他以极大的热情投身到他的工作中。这一点可以由他的上级鲁日满神父在1661年7月27日的一封信所证明。十年以后,虽然他已成为当时中国朝廷里"一颗升起的星",但他对放下了在外省的传教工作,到达北京,而感到由衷的遗憾(*Corr.*,p.165)。他是在1660年2月26日收到一封信之后,被汤若望召进北京的(*Corr.*,p.38)。南怀仁在1660年7月5日他写给柏应理的一封信中对他从西安府到北京的旅行做了描述(*Corr.*,pp.39–41)。南怀仁于5月9日启程,6月9日抵京(*Corr.*,p.41)。据卫匡国计算,其全程2390里,花了32天。也就是说,一天大约走79里路。大约350年之前,马可·波罗走这同样的路程花了29天。马可·波罗和南怀仁都是走官道,途经潼关、平阳、太原、获鹿、真定(或正定)、保定,而进入北京的。

[20]这一史料可以在当时同代人所写的报告中找到,例如在《测验纪略》中南怀仁写道:"我马上就指出了在这两种历书中存在的错误。"还可以在安文思(见*Corr.*,p.137)和恩理格1670年11月23日的信中看到类似的记载。这可能是南怀仁高超的天文学技巧和丰富的经验所致。另一方面,他可能在这些官员出人意料地于圣诞节之日

到访南堂之前,就已经做了一些预备工作。根据明朝和清朝通行的规则,康熙八年的历书已经在康熙七年的十月一日(即1668年11月4日),也就是说,在上述事件发生的一个半月之前,就向全国公布了(见第九章)。另一方面,极有可能的是,南怀仁由于他在朝廷中的朋友的帮助,也已经拿到了这历书的副本了。

[21]柏应理提到的历书中的错误是相当的严重,除了错误地设置了闰月,另一个明显的错误是设置了两个春分日和两个秋分日。见《测验纪略》和安文思的信件(*Corr.*,p. 137)。

[22]中国的历法是以月相为基础的,每年包括12个月,平均每月29.5306天。这样,加起来每年354天。为了与太阳年和四季相协调,便按照一定的规律,在特定的年头插入一个闰月,但是不应该在康熙八年(1669年)。杨光先和吴明烜不仅做出了错误的计算,造成了严重的恶劣的结果,而且违反了他们声言要恢复的中国历法自己的计算规律(见本书第七章)。

[23]根据《测验纪略》的记载这一天是康熙七年十一月二十二日(1668年12月25日),但是其他史料都记载为12月26日。当南怀仁在本书中使用“palatium”这个词时,就是指“紫禁城”,或者“皇宫”。在第二章中,作者是指皇帝私人的住处。他们被召唤到“东华门”——紫禁城的东面入口,也就是离他们的出发地——东堂最近的一个门。东华门的附近就是文华殿,即“候厅”,他们可能就是在这里等候进入内阁。

根据D.DE NAVARRETE于1665年提供的信息,汤若望是被允许在任何时候进入文华殿的唯一的耶稣会士。以此推断,这时利类思、安文思和南怀仁则是有生以来第一次进入文华殿。

[24]汤若望逝世于1666年8月15日(A.VÄTH书中第320页提供了证据)。可参见由南怀仁在9月1日,即汤若望下葬13天之后撰写的关于汤若望最后一周情况的报告(*Corr.*,pp.112-116)。

[25]在17世纪时候,Flandro-Belga还没有语言学和政治的含义。它是从19世纪以后才有的。因此在南怀仁身上没有任何荷兰—佛兰芒情感。他这里谈及的是耶稣会的成立于1612年的Flandro-Belgian省。

[26]根据安文思的说法(*Corr.*,p.137),这里称“内院”,从1658年起,称为“内阁”。

[27]他们中间有当时钦天监的负责人,马祜和杨光先分别是满人和汉人的监正;胡振钺和李光显是左、右监副。

[28]安文思和恩理格都只提到汉人阁老,《测验纪略》提到一名阁老,也就是大学士,姓李(中译者注:即李霨)。至于他对耶稣会士的敌对态度,安文思在书信中给予了确认(*Corr.*,p.139)。钦天监设满、汉两位监正一事,是清王朝在高层行政机构中实行种族二元化的典型表现。

[29]他们中间有四位学士。

[30]经过公开论证之后,南怀仁所作的解释由李姓大学士和其他四位学士报告给了皇

帝。他们返回时，带回来皇帝的命令，要求他们比较两种方法，并选择最好的一种。南怀仁在本书中没有提及这段情节，尽管这在整个事件的发展过程中不是不重要的一个环节。在《测验纪略》中，南怀仁记述了康熙皇帝的话："关于制定历书的方法是国家一项最为重要的事务，你们之间不应互抱有成见，固执己见，不应坚持认为自己是正确的，而别人是错误的，双方之间互相竞争。正确的意见应该坚持，错误的就应该改正。我们必须非常仔细。我们必须确定观天制历的正确方法，以采用尽可能完备的方法。"安文思记述道，两种对立的观点第一次交锋历时差不多整整一天（*Corr.*，pp.137－140），但是南怀仁仅仅简要地写了 6 行字。（中译者注：上述圣旨原文为："天文最为精微，历法关系国家要务。尔等勿怀夙仇，各执己见，以己为是，以彼为非，互相争竞。孰者为是，即当遵行；非者更改，务须实心将天文历法详定，以成至善之法。"见韩琦等校注《熙朝定案》中华书局 2006 年出版，第 49 页。）

[31]通常说在中国有三种宗教——儒教（孔子的学说）、释教（佛教）和道教，此外还有中国人称的"回回教"，被南怀仁改称为"伊斯兰教"。1271 年，主要是来自伊朗和中亚的穆斯林天文学家被允许建立一个天文机构，称为"回回科"。从 1368 年起，由明代的第一个皇帝将它制度化了。1370 年起，回回科成为钦天监管辖下的一个分部，一些穆斯林天文学家从事翻译阿拉伯天文历法书籍，每年制定出一部阿拉伯的历书，即"回回历"。尽管这种历书从来没有被官方采用过，但是被允许与中国历书共存。吴明烜也成为钦天监的一名官员，在历科任秋官正（见汤若望著 *Historica Relatio*，p. 381Born.）。1657 年，由于吴明烜攻击汤若望而引发了一场官司，结果回回科被取消，并入历科，吴明烜本人也被开除出钦天监并受到惩处。1666 年，新任命的钦天监监正杨光先写了一封信，承认自己并不精通历法问题。在这之后，吴明烜又回到钦天监，以在制定历书方面支持杨光先。由于南怀仁直到 1669 年仍说钦天监设有四科，显然杨光先又将回回科恢复了。总之，吴明烜当时已成为钦天监的高级官员，担任监副之职。1669 年 2 月，由于事实证明他无能，而遭到刑部的审讯。但后来皇帝赦免了他，在两名摄政大臣的庇护下而留在观象台。然而过后不久刑部判处责打 40 杖，放逐宁古塔。康熙八年七月二十九日，皇帝再次赦免了他。

[32]有关这方面的全部的故事，汤若望在 *Historica Relatio*，p.381ff. 中都讲述了。吴明烜在比较了他自己的和汤若望的 1657 年的历书之后，发现在关于水星的出现上双方存在重大的差异，于是将此事报告了皇帝，致使皇帝对历书产生怀疑。然而在 1657 年 11 月 1 日和 11 日的两次观测的结果显示，汤若望是正确的。结果吴明烜因其错误地预报了水星的出现而被处以死刑。但是后来，显然是因为赶上皇太后患天花后健康痊愈而实行的大赦，得到了赦免（见汤若望 *Historica Relatio*，f°289＝p.393）。

第二章

皇上隆重地召见南怀仁和他的神父同伴，而对他们的反对派不屑一顾。皇帝下令观测天象

可耻的无知被戳穿。

在那两个反对者的眼前,我指出了历书中的许多错误。我猛烈地当面抨击他们,迫使他们因羞耻而沉默不语[1]。简而言之,就在那同一天[2],在皇帝仔细地了解了我们争端的产生过程和结论(对其中的每一个问题,那些阁老[3]和官员都立即向皇上做了禀报)之后,他令我们进入紫禁城里一间大殿[4],走到他的眼前。事实上,此前康熙皇帝从没有接见过欧洲人[5]。钦天监的高级官员们,包括满人和汉人,他们在第一排。他们按照中国传统礼仪[6],在皇帝的面前行跪拜礼。我们在第二排,我作为我们中间最年轻的一个,站在后面,就好像是藏在其他人的后面一样。但是由于皇帝此前曾对我非常了解[7],特命我走上前去,进入他的视线,站在第一排的首席位置,位于其他所有人的前面。

他面带十分慈善的表情,问了我一些问题[8]。他问道:"是否能有一种明显的迹象,可以直观地向我们证明[9],现有历法的计算方法与天体的运行规律相符,或者不符?"我迅速回答道:"这一点很容易证明,因为我们用天文仪器已经验证了多少次了[10],也可以在北京的观象台上再次验证。只是那些忙于帝国重大公务的人没有时间去了解天文学,去清楚地观察现有的历法计算是否与天体的运行相符合。"

我还说:"因为太阳是人们可以观察得最清楚的天体,所以我准备在高贵的大皇帝——陛下您的面前通过计算来做一预测。只要做简单的准备,即将任意一根标杆(或桌子、椅子[11])立在院子中央,阳光照射在标杆(或桌子、椅子)上,就会产生阴影。标杆阴影的长度是由太阳的高度决定的,因此每一天阴影的长度是不同的,但却是可以准确推算出的。高贵的大皇帝您确定一个日子、一个时间,我就可以准确地预测投影的长度,并且根据特定时间上太阳的高度,清楚地了解太阳在黄道带中的位置。因此判断历法的计算是否与天体的运行相一致。"

我的回答令皇帝龙颜大悦[12],但对我的对手来说却是悲哀的,而且是致命一击。当皇帝问他们[13]是否懂得这种(欧洲的)日影计算术时,那个轻率而又鲁莽的穆斯林人回答说,他懂。他说,这是一个非常可靠的明辨是非的方法。当皇帝再次问他们,是否赞成欧洲天文学时,最厚颜无耻的杨光先立即回答说:"皇上求助于欧洲科学以及欧洲科学家的行为与我们大清帝国的好运一点也不相符。"随后,从他那亵渎神灵的嘴巴里喷涌出了许多侮辱天主教的话[14]。

这时,皇上勃然色变,令他住嘴,并厉声喝道[15]:“在今天这个特别的日子里,你奉诏来研究商讨天文学规律,举荐最为精确的历法,本应完全抛弃以往的成见。而你竟敢说出这些话来,甚至还当着我的面!”停了一会儿,他继续说:“你经常上奏折给我,要求在全国范围内招募精通天文历法之人。可是历时四年了,你却一无所获[16]。现在尽管南怀仁[17]——一位具有极高才华的天文学家——就住在北京城里,你却隐瞒他的名字,不向我禀报。显然,你是个不诚实的、内心充满嫉妒和阴谋诡计的卑劣小人[18]!”皇帝的这些话[19],深深地刺痛了坐在皇帝面前[20]的两位帝国的辅政大臣[21]。他们一直是我们反对者的后台。这时他们仍然大权在握[22]。说完上述那些话[23],皇帝转而和善地向我询问了很多有关天文学方面的问题。在他退朝返回内宫之前,他下旨给一直跪在下面的“阁老”和其他大臣们,命在紫禁城墙之内,安排一次测验日影的活动[24]。那个厚颜无耻的穆斯林[25]确信这是根本无法做到的,因此他公开表示,他不懂这种计算日影的技术[26]。

这一情况立即被报告到皇帝那里[27]。皇帝对这个人如此不知羞耻和善于说谎而非常愤怒。他要把他重新送回监狱里去。皇帝认为,他不能再拖延这桩公案了,天体的运行的本身已经清楚地揭示出历书中的所有的错误,并对它的起草者做出了宣判;对那些不顾一切地顽固支持杨光先等人,甚至违反自己意愿地包容他们,因此也犯有相同罪行的朝廷中的摄政大臣们,也已经到了应该让他们得到应有惩罚的时候了。这样,在决定了进行日影测验之后,皇帝命令我单独[28]预测出日影长度,下令第二天中午[29]阁老们和其他官员们到北京的观象台,去进行实地观测。

注 释

[1]在这几行文字中,南怀仁从第一章结尾的离题发挥又回到了他的故事的主线。这是有关事件的第二个概述。皇帝初次召见的最终结果是,根据安文思(见 *Corr.*,p.140)的话说,杨光先和吴明烜尽管非常不情愿,但是也同意了欧洲天文学的方法。

[2]即在 1668 年 12 月 26 日。

[3]参与这件案子的,是汉人的阁老和四名官员(见 *Corr.*,p.140)。

[4]有资料表明(见 *Corr.*,p.140),这是皇帝的一次普通、例行的召见,中文称作“早朝”。因此是在“太和殿”举行。“太和殿”为紫禁城外三殿最重要的宫殿。

[5]这一说法是不正确的。因为根据白晋(J.BOUVET)*Portrait Historique* 一书,康熙皇帝在此前曾经接见过荷兰使节 Pieter van Hoorn。见 J.E.WILLS jr.,*Embassies and Illusions*,p.69,(25.8.1667)。

[6]安文思称,大清朝廷的宫廷礼节是极其严格的,甚至最高级别的高僧和亲王也不能例外(见 *Corr.*,p.140)。

[7]这与本书前面谈到的并不矛盾。一定与之前那天四位官员从教堂返回后向皇帝报告情况有关。但尽管如此,他与神父们还没有私人的交往。因为安文思称皇帝曾问他们中间有没有数学家。(见 *Corr.*,p.140)

[8]《测验纪略》一书称,在皇帝问了几个有关数学的一般常识性问题之后,这是他提出的最后一个,也是最重要的问题。

[9]那些对有关天文方面的事务外行的人,更愿意在有重大意义的争论中做出自己的判断。

[10]在《测验纪略》一书中,南怀仁记下的他本人的回答是这样的:如果有人提出,需要查证一种制定历书的方法是否与天象符合,那么自古代以来,所有的科学家都会考虑用实地观测的方法去寻找可靠的证据。

[11]毕嘉也曾将"sedile"(椅子)这个词用于记述天文观测的环境中。见 *Incrementa*, p. 295。

[12]见安文思 *Corr.*,p.141。

[13]安文思称,皇帝这时说的是满文,命马祜翻译成中文。

[14]根据在耶稣会档案日本—中国卷(ARSI,JS 122,f°330v.)所保存的安文思、恩理格、聂仲迁等人写自1669—1670年的信件提供的,最初来自在北京神父的信息,杨光先在他的污蔑性的回答中揭露了所谓耶稣会士和在澳门的外国人企图动摇甚至入侵中国的阴谋。这一说法已经在1659年出版的《辟邪论》一书和他在1665年9月15日的奏折中谈到了。

[15]皇帝没有直接地对杨光先讲这番话。当他想对杨光先鲁莽的言辞表示他的极大的愤怒时,他巧妙地用满文,通过翻译说了这番话。

[16]在北京,出色的天文学家奇缺,这恰恰是中国天文学衰落的一个征兆。这一衰落肇端于晚明时期(见何丙郁《明代的钦天监》pp.148-150)。1611年,皇帝颁旨,在全国范围内招募历法专家。在耶稣会士的报告中也有时提到此事。殷铎泽说,在1665或者1666年,南京接到过类似的圣旨(见 *Compendiosa Narratione*, pp.24-25);聂仲迁在他1669年11月10日的信件中提到,1667年,这样的命令下达到了陕西。寻找有才华的人,将他们延揽进钦天监的困难,还有报酬太低的问题。这反映出公众对这类能够参与观测天象和制定历法的人才缺少应有的尊重。南怀仁在他的1671年8月27日的奏折里,也说过:"我想,主管历书的编写和节气的确定的机构,在尧、舜的时代享受着极高的官方待遇。但是到了晚明时代,人们对历法科学很不尊重,十分轻视相关的机构。其结果是,在这样的机构中,有才华的人非常稀缺,这方面的技术水平也越来越落后。"

[17]南怀仁,第一个字"南"是他原来名字 Ferdinand 发音的缩减,后面"怀仁"是一个有关道德的词汇,形容"热诚的"和"富有同情心"的性格。

[18]根据《测验纪略》,皇帝经常使用“小人”这一儒家术语,意思是“不能遵循中庸之道的人”。南怀仁在《欧洲天文学》一书中常用这个词汇,从他的《测验纪略》一书的最初的版本看,显得非常生动。我们还可以在安文思 1669 年 1 月 2 日的信件中,找到类似的夸张用词。

[19]在本书中记载的皇帝巧妙应对的措辞也同样出现在《测验纪略》一书和安文思的书信中(见 *Corr.*,pp.141-142)。

[20]见前面注释 6。

[21]在顺治皇帝于 1661 年 2 月 5 日逝世之前,他任命了四名摄政大臣,为了暂时性地协助当时只有 8 岁的他的继承人。1667 年 8 月 12 日,索尼病逝;1667 年(中译者注:在 7 月)苏克萨哈被处死。因此故事发生时仅存有两名摄政大臣:鳌拜和遏必隆。

[22]当时康熙皇帝想避免与摄政大臣发生公开的冲突。这一点是唯一能使杨光先不致立即被治罪的原因(见聂仲迁信件 ARSI,JS 122,ff°330v.-331r)。

[23]事实上,皇帝已经将召见的这些人都遣散了。但是不到十分钟,他又将三位神父单独召回(见安文思信件 *Corr.*,p.142 和聂仲迁信件 ARSI,JS 122,f″331r.)。这些详情被南怀仁的记载忽略了。康熙皇帝的私人住处在紫禁城内,即乾清宫。南怀仁在本书中经常提及。乾清宫的入口称为乾清门,本书第九章记述的新历书进呈给皇帝的仪式就发生在这里。

[24]在一些同时代的相关史料中,如《测验纪略》、安文思的信件(*Corr.*,p.143)、聂仲迁的信件(ARSI,JS 122,f°331r),所记载的包括皇帝的命令和对欧洲天文学陌生的杨光先和吴明炬的供词,都说这次天文测验安排在第二天的早上,即 12 月 27 日。在本书中,显然南怀仁由于记忆衰退或编辑过程中的粗心,在时间顺序上搞错了。这一微小的调整,即将 12 月 27 日改为 12 月 26 日,在本书的第二章和第三章都做了解释,其中谈到了第二天预测日影的活动,安排在第二天的中午。《测验纪略》一书称在同一天。

[25]关于吴明炬,见第一章注释 31。

[26]在回答皇帝再三提出的问题时,吴明炬是如此的顽固。因此刑部提议,由于吴明炬在奏折中的所有的错误,根据法律应杖 100,流放 3 年。

[27]也就是在 1668 年 12 月 29 日,康熙七年十一月二十六日(见《测验纪略》)。在另一史料(即 *L.A.* of 1669/1670 in ARSI,JS 122,f°322v)中详细地记述了这样的故事,有的官员提醒南怀仁说观象台的测影标杆已经坏得不能用了,有的建议他找几个卫兵到观象台站岗,以防在标杆经过测试和校正了之后,而被杨光先和吴明炬偷走,或被其他人移动。

[28]《测验纪略》证实:杨光先和吴明炬再三表明,他们不能做这一预测。因此南怀仁受命单独做此项观测和检验。

[29]见注释 24。

第三章

在北京观象台进行的三次日影观测

第一次观测

北京观象台[1]位于城市的东部。它立有一根青铜的四方形柱子[2]，8英尺3英寸高，立在一方18英尺长、2英尺宽、1英寸厚的，也是由青铜铸造的水平平台上。平台上刻有尺、寸和十分之一寸的度量刻度。在青铜平台的四周，刻着一圈半英寸宽、半英寸深的小沟，里面充满了水，以保证平台处于水平状态。那根柱子，或称作标杆，树立在那里已经有很多年了[3]，为每日测量日影之用。由于多年的风吹雨打，柱子已经有点倾斜了[4]，它与水平平台之间的角度也不正确了。

于是，我受命以一根8.49英尺的标杆来测日影。在刚才说到的柱子的顶端，我还固定了一个木制十字架[5]，其横向的一根，固定在预制的高度上，并且严格地保持了水平。我设置了一根垂线，从柱子的顶端下垂到水平平台。我确定了一个点，从该点开始度量标杆的长度。我画了一道横线，表示第二天中午[6]日影应达到但又不能超越的极限。可以在我的《天文观测》一书的第一幅图中看到这一装置。那时太阳正在接近"冬至"日[7]，会给物体投下很长的阴影。运用三角法[8]，我计算得出上述标杆的影长应该是16.665英尺[9]。

第二天，皇帝在圣旨中要求参与观测的官员们一齐聚集到观象台，等待那个时刻的到来。当太阳达到中午的最高点时，那根标杆的影子正好达到我前一天在青铜水平平台上画下的那条线上。这一精确的预测引起在场的人发出一片惊讶的赞叹。

第二次观测

当首次观测的结果报告给皇帝之后，他很高兴，并下令第二天再进行一次观测[10]。这次要在紫禁城内的一个大院子里进行[11]。这次标杆的高度由阁老决定。他们确定标杆的高度，用我随身携带的1英尺的标准尺子[12]来度量，为2.2英尺。

在这一次和之后的第三次观测中，我的两位神父同伴也来陪伴我。他们是西西里人利类思神父和葡萄牙人安文思神父。这样做是依据了皇帝的命令。皇帝推测他们两人也熟悉天文学。但是他们回答道，他们已经太老了[13]，虽然他们在学哲学的时候也知道一些天文学的理论[14]，但是从来没有详尽、透彻地研究过这门学问。许多年来，利类思除了肩负着管理天主教教徒社团的重任[15],还全神贯注于将一些书籍从欧洲文字翻译成中文[16]。除了一些其他的书[17],他的一个极其辉煌的成就是花了几十年的时间将圣·托马斯(St.Thomas)的《神学纲要》翻译成了中文[18]。安文思神父,在另一方面,作为一名助理神父,经受了30多年的艰难困苦[19],将《复活论》翻译为中文[20]。除此之外,他还经常忙于制作一些精巧的机械仪器和玩具[21]。这就是为什么他能够博得皇帝和整个朝廷的高官显贵们欢心的原因。

当得到了阁老给出的测验标杆的高度之后,我回到我们的住所,和两位神父同伴一起,立即开始运用三角法则计算相应的日影长度。这天晚上,我锯了一块厚木板,根据所需要的长度,做了一个水平平台[22]。在这之上,我竖立了一根垂直于平台的、长度与阁老要求的高度相符的标杆。在水平平台上刻画了尺、寸的刻度。我还在平台的下面安了三个螺丝,以便使我能够容易地调节平台,使之保持水平。

第二天[23],我在两位神父的陪同下进入紫禁城,到达指定地点——一个十分宽敞的大院子的中央。我安装好我的水平平台和垂直测影标杆,使之正对着太阳。在这之前,我根据计算,在正午标杆日影应达到的位置上,即4.345英尺处,画了一道横线作为标志。前一天出席观看观象台日影测验的阁老和大臣们都来了,以我的测影标杆为中心站了一圈。

当太阳接近正午的位置时,标杆的影子还没有落在院子里我调整好水平位置没多久的木板上。换句话说,当日影似乎要偏离院子里我设置的平台,要超越平台上我预先刻画的横线的时候,那位汉人阁老[24]和我们的对手就认为,我的计算是错误的。于是,他们开始窃窃私语,发出讥讽的嘲笑声。但是,当太阳越来越接近它在正午的那一点位置时,标杆的影子就爬上了我的平台,突然缩小偏离,走向我预制的那条横线。最后,太阳达到了它在正午的位置,日影严丝合缝地落到我画在平台上的横线上。一位曾带头反对我们的满人官员,出人意料地大喊:"真正的大师在这里!千真万确啊!"[25]在院子里,这时候我的对手们脸色灰白,面面相觑,心中充满了嫉妒。即使在这之后,他们想要迫害我的打算也没有停止,就像影子永远伴随着标杆一样[26]。这一观测的结果立即就上奏给了皇帝,甚至测日影用的标杆和标有预先画出日影长度的横线的水平平台也被送到皇帝那里。要感谢安文思神父灵巧的双手,这套装置仅仅用了一个晚上就做成功了。皇上带着经常表现出来的仁慈表情,聆听了这全部的故事[27]。

第三次观测

为了避免有过于草率、随便就做出一项有关中国人生活的重大决定的嫌疑,皇帝下令在接下去的一天里,在观象台再做一次日影长度的观测,并决定了这次用于观测的标杆的长度。我于是将一条新的木制水平横条,根据新规定的8.055英尺的测影标杆的高度[28],固定在我在记述第一次观测时描述过的青铜柱子上。我运用三角法则计算出,这一次日影相应的长度应该是15.83英尺[29]。就像在前一次阁老和大臣们聚集到观象台亲自观看测验时我所做的那样,我在青铜的水平平台的这一点上,画了一条横线。当太阳到达正午的位置时,日影的顶端正好接触到我预先画的那条线上。这样即使是对我充满嫉妒的对手们——在皇帝的命令下,目睹了全部三次观测——也对我们的高超技术交口称赞起来!

我必须公正地说,我经常在我们住所的院子里研究日影问题[30],尤其是几个不同长度的标杆的影长,我常常会观察到我所计算的结果与实际日影发生误差,有时是算少了,有时则是算多了。我推测这些误差是我的设备的不精确而造成的。在眼下这种重要场合,如果我的预测发生错误,天主和我们的宗教的荣誉显然就要面临危险。引导万事走向其应有归宿的天主的仁慈圣意,指导我的双手在上面提到的几次观测中获得成功,也同样保佑我在经受日后的考验时一路顺风。人们认为这简直是奇迹。事实上,这确实是完全超越了我自己的刻苦与勤奋!

注　释

[1]“Specula astroptica”(天文观测台)是南怀仁经常用来称呼北京观象台的词语。在其他人,如毕嘉、鲁日满的笔下,称之为“Specula mathematica”(数学观测台)。“北京观象台”在中文上是由这样几个意思组成的:位于北京城区的、观察星象的平台或高塔。观象台位于北京的满人城(内城)之内。

[2]根据南怀仁 *C.L.Org.*第一幅图,这一测影仪安置在观象台脚下的一所房子里。这所房子的房顶上一定有一个洞,阳光才能照到屋内。李约瑟(J.NEEDHAM)曾对标杆做了类似的描写:“测影仪垂直地立在一间黑暗的大厅(称为‘圭影堂’)内,高度为8尺,大厅房顶有一个可以开启的天窗,阳光就从那里照下来。”(第3卷,第300页。)南怀仁在本书和 *C.L.Org.*fig.1 中,都提及测影仪,包括其垂直的标杆和水平的刻度尺,都是用青铜做的。在《测验纪略》里,标杆就简单地被叫作“圭表”,这显然与同音字“日晷”相混淆。(中译者注:其实圭表和日晷并不混淆,圭与晷是两个音同义不同

的汉字。)南怀仁在有关中国的事务记述中所使用的长度单位,第一是中国“尺”。中国尺与古罗马尺差不多,是欧洲尺的十分之九,大约0.350米。第二是中国“寸”,一寸是十分之一中国尺。第三是中国“分”,一分等于十分之一中国寸。第四是“厘”,一厘为十分之一中国分。

[3]李约瑟著作称,观象台建于1440年,于1744年重建。在20世纪初还可以看到它的原状。

[4]据安文思说,这一测影仪当时已经不能够精确地测量了。南怀仁的记述却让人有点迷惑,他在《测验纪略》中,在记录观测这件事时,他写道:“这是一架真正的测影仪,杨光先和吴明烜他们每年都使用它观测预报天象,同时将观测结果记录下来。尽管他们使用这仪器很多年了,但是却不知道它是否有点倾斜,怎么能够依靠这来编制历书呢?”为了解决这意想不到的难题,南怀仁从标杆的顶部垂下一根铅垂线到水平平台。他进一步解释说,他设置了一个与水平平台成直角的竿子。这一说法与他在《测验纪略》中“他树立了另一根测影标杆”的说法相同。根据 *C.L.Obs.*,fig.1 和本书记载,南怀仁称所有这些事情都发生在12月27日的上午10点。而安文思(*Corr.*,p.144)和聂仲迁(ARSI,JS 122,f°331v.)则记为该日的上午11点。

[5]加上这根横木条可以更清楚地测量到在水平刻度台上的日影,据此进行更精确的计算。

[6]这个错误和其他的错误是在本书第二章结尾部分所提及的从12月27日推迟到29日的逻辑性推论的结果。参见本书第二章注释24。

[7]这年的冬至日在12月21日,在观测日影日之前仅仅6天。

[8]举例说,使用了汤若望的《共译各图八线表》。当时在耶稣会士住所肯定有一部或多部的三角函数表。(见 H.VERHAEREN,*Catalogue*,col.1331s.v.Trigonometry)

[9]参阅 *C.L.Obs.*,fig.1。关于三角学公式,见 J.B.J.DELAMBRE,p.215。在这次和以下几次的天文观测中,皇帝的命令,即“圣旨”这个词语,在南怀仁老版本的 *C.L.Obs.*中被翻译成“iussit”,在《测验纪略》最初的版本中,将“敕”(中译者注:其意与“圣旨”相同)翻译成“mandavit”。从“mandavit”到“iussit”的变化证明,当时将中国的科技词汇翻译成拉丁文,还没有一个相对固定的、统一的、约定俗成的成例。

[10]根据其他的史料,如《测验纪略》;*C.L.Obs.*,Fig.2;安文思信件 *Corr.*,p.144,第二次观测发生在12月28日,即康熙七年十一月二十五日。

[11]据《测验纪略》记,这个大院子位于午门前面,这一点在安文思的信件(*Corr.*,p.144)和聂仲迁的信件(ARSI,JS 122,f°132r)中都得到确认。在午门之内,是华丽而宏大的太和殿。对此,A.GAUBIL 在 *Philosophical Transactions*,vol.50.2,1758(1759) p.706中做了描述。还有其他一些著作谈及了这个大庭院,如:R.HSIAO-FU PENG,pp.408-407(sic),和 J.SPENCE,*Emperor of China*,p.72。书中都谈到杨光先与汤若望在午门之前展开的争论,引证了《庭训格言》里的资料。作者注明的日期是1665年,但

是我在毕嘉的有关材料中找不到这样的证据。这可能是因为,尽管康熙皇帝的记忆力是很强的,他还是将汤若望和南怀仁给记混淆了。(中译者注:《庭训格言》系康熙皇帝教育儿孙的言论集。)本书第九章也提到过午门。

[12]即测量长度的工具。

[13]这时,诞生于1606年1月16日的利类思已近63岁了,生于1609年的安文思正好60岁。

[14]这一措辞也出现在南怀仁在同一时期内写的两封信(其一写于1677年7月16日,见ARSI,JS 109,vol.2,p.123;其二写于1678年8月15日,见*Corr.*,p.242)中。他在信中描述了在中国的一些欧洲传教士的某个侧面:“因此对此感兴趣的人,被选出来学习一些数学以外更有趣的、实用的东西,而被选者必须学习一些天文学知识。”

他们(利类思和安文思)回答说,他们所接受的哲学教育中包括了一些数学和天文学基本原理的学习。见*Constitutions*,pars IV,c 12,n 3c。利类思和安文思确实具备一些有关天文学和地理学的基础知识,但是如同接受普通耶稣会教育的人的这方面的知识一样简单,缺乏在此领域进一步学习和研究的经历。我们所了解的他们在中国的日常活动,确实证明了这一点。

[15]自从利类思于1637年到达江苏,到此时已经在华31年或32年了。安文思在1660年提及利类思时,说他是“经常从事天主教职业的人”。南怀仁特别谈到这方面的事实,由于他自己和安文思长期从事有关教外方面的事务,关照北京和北京城外的乡村的传教事业的重担就落在了利类思的肩上。南怀仁在一封未出版的信件(写于1670年9月4日)中更为明确地提到了这一点。

[16]在柏应理的*Bibliography in*:*Catalogus*,pp.28-30中和南怀仁的眼中(*Corr.*,p.332)利类思是一名作家和翻译家。他的中文文笔在中国文人中间也得到好评:“为了传教事业,利类思神父出版了50本用汉文写作的天主教书籍,其中23本是用汉语翻译托马斯阿奎那的《神学大全》。”(见安文思*N.R.*,pp.99-100,及L.A.of 1678-1679 in ARSI,JS 117,f°162= 184r.)另外可见本书第二十八章。

[17]包括一些非宗教题材(但也是为了传教的目的)的著作:1.《狮子说》(*On Lion*);2.《呈进鹰说》(*On Hawks*)。最为重要的,是他于1670年完成的《弥撒经典》(*Missale Romanum*)。这部译作得到了安文思的高度赞扬:“这部汉语译作水平相当高超、精准、专业,当拿去给中国人校准时,对方称:几乎没有需要改动的地方。这本书在中国受到了极大好评,让中国人对欧洲知识充满了赞赏、敬仰之情。”见ARSI,JS 162,f°56v.。

[18]这是利类思的杰作。这部著作完成于1654年到1678年。见F.BONTINCK,pp.158—159。(中译者注:该书的中文译本题目为《超性学要》。)

[19]现代学者认为安文思投身到利类思开创的在四川的传教事业是在1642年8月28日,与此不同的是,当时的一些史料称,此事发生在1640年(见CL.BERNOU为安文

思 *N.R.*所写的前言)。安文思自己写于1668年至1669年的几乎与故事发生的年代同时的手稿(见 *N.R.*,p.99)可以作证明。

[20]关于两卷本的《复活论》,参见柏应理著 *Catalogus*,p.32 和作者安文思本人的 *N.R.*,p.101。该书是托马斯《神学大全》的中文译本。此外,安文思还对三卷本的《天学传概》的编写做出过贡献。该书是第一本欧洲人及中国信教者面对杨光先的攻击而进行自我辩护的书籍(见 D.E.MUNGELLO in:*China Mission Studies* (*1555-1800*) *Bulletin*,4,1982,pp.24-39)。他的其他著作仅存有手稿。他撰写的有关中国语言学的著作和对孔子《书经》的注释,在他写于1660年5月18日的书信中(ARSI,JS,162,f°56v.= I.PIH,p.366)和 *N.R.*,p.84,91,102 中曾经提及。

[21]关于他的有关机械方面的技术技巧,见本书第二十六章。

[22]据 *Corr.*,p.145 安文思信件记载,由于没有适用的测影标杆,南怀仁不得不动手制作一个轻便的。参见聂仲迁信件 ARSI,JS 122,f°332r。

[23]即1668年12月29日,康熙七年十一月二十六日。

[24]即李霨,也是敌视欧洲天文学的人。见本书第一章。

[25]这一场景的对比太强烈了,对手们对最初假定南怀仁可能的(也是他们热切盼望的)失败而讥笑,而此时满族官员们发出赞美的言辞。这一记述与安文思在1669年1月2日的信件中所言有差异。安文思说此一场景发生在第一次日影测试时,而不是第二次。据南怀仁《测验纪略》记:"甚至从我们的敌人杨光先和吴明烜的嘴里,也说出如下这样钦佩和赞美的话:'测验的结果简直没有任何差错!'"

[26]参见一封写于十年之后,即1678年8月15日的信(*Corr.*,p.211)。再过十年之后,F.FLETTINGER 的著作证实道:"这些传教士必须有极大的忍耐力,始终承受各种非难,强颜欢笑地取悦于皇帝。因为他们的敌人比头上的头发还要多。如果有任何不愉快的意外事故发生,他们就会遭受悲剧的命运。"(1月31日,1688年; J.E.WILLS Jr。引自 V.O.C.档案"荷兰史料",p.288)如果希望对南怀仁在中国的生平做一个公正的评价,这一点必须牢记在心。

[27]这一场景的详情,安文思(*Corr.*,p.147)、聂仲迁(*Histoire*,p.348)及 PR.INTORCETTA(*Compendiosa Narratione*,pp.106-107),曾予以进一步的发挥。事实上,官员们将临时制作的简易的测影仪和两幅地图带给了皇帝。皇帝收下了地图,将测影仪交还给南怀仁,命他好好保存。对皇帝当时说的话,南怀仁曾在另外的史料中有所谈及。皇帝的这些话在安文思、聂仲迁等人的手稿里也谈到过。

[28]与本书和《测验纪略》中记载的测影标杆(8.055英尺)和影长(15.83英尺)的数值不同,*C.L.Obs.*一书所记载的标杆长度为8.55英尺,影长为15.055英尺。

[29]同上。

[30]南怀仁为了满足当权者的好奇心,以保护自己,经常在住所里进行类似的天文观测和科学试验(本书第二十三章谈及水文测量仪器的发明)。汤若望在他之前也经常

做同样的事（参见 *Historica Relatio*，f°184vo=p.15）。当前发生的这件事，很可能是处在传教士在东堂被软禁期间的末期。关于被软禁期间神父们的活动，见本书第一章。

第四章

皇帝把中国历书交给南怀仁审核。南怀仁上奏给皇帝，并报告了中国历书中存在的错误。议政王贝勒大臣九卿科道会议决定，这一公案必须由亲眼所见的天象来判决

前面提到的那个穆斯林自称是个占星家[1]。他曾经说过，他根据从祖先继承下来的阿拉伯星表，可以计算少数一些事情。一年多以前[2]，在皇帝的命令下——当时皇帝还不知道我们的存在——或者说是在为皇帝管理一切政务的辅政大臣的命令下，他重新修订中国的历书。这一历书明显与天象不符[3]。一年之后，他将经他修改的历书呈献给了皇帝[4]。他认为他的计算方法是正确的。当时有两种历书[5]：第一种是依照中国的旧习惯编制的历书[6]，它包含着按月亮运行的规律确定的月份和每个月包括的日子，确定月亮朔、望、上弦与下弦，以及二十四节气，等等。第二种是西洋新式历书[7]，表示了日、月及五大行星的位置，用阿格鲁斯[8]和其他欧洲天文学家的历算方法进行每一天的计算。

当皇帝看到在三次正午日影的观测中，我们的天文计算是如何完美地与天象相符合的事实，就像正午的光线那么清楚之后，他马上就交给我两本历书[9]。这是那个穆斯林先前呈献给他的，皇帝让我检验是否有错误。这书显示出，这个穆斯林根本不懂历法计算，毫无天文学知识，而且说话不计后果。因为很清楚，他不能自圆其说，甚至是自相矛盾。比如说，他混淆了中国和阿拉伯的天文理论，所以他的历书只能叫作“中国—阿拉伯”历书。

通过对一年中每个月不同行星的位置的计算，我写了一份奏折，将那位穆斯林的历书中的主要错误汇集起来，呈递给皇帝，请他审阅[10]。皇帝立刻下令召开议政王贝勒大臣九卿科道会议[11]，正如帝国为处理公务而召开的官方的协商会议一样[12]。除了很多帝国的亲王们(他们是皇帝的男性亲属)[13]，还有最高品级的王公贵族[14]、最重要的大臣们、各部的尚书[15]，相当多的人[16]都聚集在这里。皇帝把我写的奏折递给他们看，以便他们能够就这一公案发表意见，并最终对此做出决定[17]。我相信中国以前从没有过这样的事情，即议政王贝勒大臣九卿科道如此正式地被召集起来以讨论有关天文学的事务。将整个帝国最重要的问题付之于如此郑重、严格的审查之下，这也给我留下深刻的印象。

在这一时刻，皇帝还未成年，尽管这一时期他对已故父亲任命的、替他统治帝国的权贵们的所作所为已经长期不满，但是皇帝并没有亲政掌握大权[18]。虽然他已经向一些官员咨询过意见了，可是仍保守着秘密。当欧洲天文学，已经被仍然大权在握并且特别宠信我们对手的辅政大臣所拒绝的时候，皇帝听从了他最亲密的心腹大臣极其周密的建议，以隆重的仪式召开议政王贝勒大臣九卿科道会议，因为他想一举剥夺辅政大臣的权力，并结束依附于他们的其他种种弊端。

亲王们和与会的王公大臣们在正式阅读了我的奏折后，做出了一项全体一致同意的决定："重新重视天文学的作用，给予只有极少的人，或者说几乎没人懂得的天文科学以重要的地位。那些错误（即我在奏折中[19]指出的）应该在观象台上使用仪器加以公开的检测。"

注 释

[1]即指在本书的第一章就出场的吴明烜。"Astrologaster"是南怀仁为了表达他对吴明烜的蔑视而创造的一个新词（中译者注：词典中英文词语"占星家"应为：Astrologist）。在拉丁语中，某一词语加上-aster的后缀，是表达轻蔑的态度。

穆斯林天文学家到达北京是在13世纪（参见本书第一章）。阿拉伯的实用天文学论著，包括他们的计算表都被翻译成了中文。之后，每年根据实际情况做一些调整（见利玛窦、金尼阁著《天主教传入中国史》）。关于这些计算表，"由一些基本的数字表和与之伴随的使用说明构成。能够充分地帮助天文学家和占星家解决实践中发生的所有的常见专业难题，比如计算时间，描述行星的运行，确定恒星的位置，预报它们的出现，和预报日月交食现象"（见 E.S.KENNEDY，"A Survey of lslamic Astronomical Tables"，pp.123-177，esp.p.123）。

[2]南怀仁用"jam ab anno et amplius"这个词组，表示遵皇家的命令。1667年（康熙六年）后半年，穆斯林历书（回回历）得以恢复。这一圣旨可能就是对那年前些时发生的事件的回应。只有在1668年（康熙七年）有命令说，从此以后历书都由吴明烜依据穆斯林天文学法则来制定。

[3]自从杨光先被任命为钦天监监正之后，他负责颁布的第一份历书是康熙六年的历书（于康熙五年十月，即1666年10月至11月间颁布）。根据安文思在1667年4月写的报告（ARSI，JS 162，f° 17lv.）这部历书中充满了错误，他计算有100处。柏应理写于1668年下半年的信中也予以证实。因此吴明烜受命重订一部康熙八年的历书以取代已经颁布了的杨光先制定的那部（见 *Corr.*，p.132。又见 L.D.KESSLER，*K' ang-hsi and the Consolidation of Ch ' ing Rule*，p.62 中所引证的中文史料）。

[4]参见南怀仁在本书第八章、第九章中的生动描述。根据有关历书制定和颁布的通常程序，康熙八年的历书应于康熙七年二月一日（1668年3月13日）进呈给皇帝，即故事发生时的九个月之前。

[5]正如在汤若望时代一样，南怀仁时代也同样颁布了两部历书，而不是三部："我确定中国过去所使用的历书，在出版中存在着大量愚蠢的错误，根本不值得被称为历书。其中只有两部有价值，甚至仅一部而已，它记述了行星的位置和运转，而另一部只有关于十二行星中太阳的初级介绍。"（参见有关汤若望的资料，见 ARSI，JS 143，f°102）

[6]即所谓的"民历",见本书的第八章。

[7]即所谓的"七政历",或称"行星历"。见本书第八章和《测验纪略》。

[8]这里提及的是 A. ARGOLUS 的 *Exaclissimae Caelestium Motuum Ephemerides*, *Padua*, 1648。其中第一卷包括了1640年以前的历书,第二卷是1641—1670年的历书,第三卷是1671—1700年的历书。这部书最早是属于耶稣会士客方西(F. P. Clément 1620—1658年)的,他死于赴中国的半途中。该书被带到北京耶稣会士住地的图书馆。南怀仁曾使用过这部书,并做了大量的注释(见 H. VERHAEREN, *Catalogue*, nr. 872)。H.BERNARD,在 *Ferdinand Verbiest* 一书中也描述过这部书。

[9]据《测验纪略》载,此事发生在最后一次日影测验成功之后,即康熙七年十一月二十六日(1668年12月29日)。

[10]南怀仁的中文奏折收集在《测验纪略》中,这些奏折的拉丁文和法文的译文收集在 S.COUVREUR 书中。对于穆斯林历书中所存在的错误的详细解释都集中在一卷里。奏书中还有对这些错误的改正,以及于康熙七年十二月(1669年1月)进呈给皇帝的、康熙八年的两种版本的历书。作为目击者,聂仲迁记道(ARSI, JS 122, f° 333v),这关于研究两种历书的全部工作,耗费了南怀仁好几个礼拜的时间:"两周以来我在穆斯林历书中发现了一百多处错误,我编写了一本册子做以解释,由礼部尚书交给皇帝。"

[11]据《测验纪略》记载,这一法令颁布于康熙七年十二月二十六日(1669年1月27日)。参与这次会议的有议政王贝勒大臣九卿科道会议的议政王、贝勒、六部九卿的首脑、大学士、都御史、掌印和不掌印的官员们。(中译者注:康熙七年十二月二十六日,奉旨:"历法关系重大。着议政王贝勒大臣九卿科道掌印不掌印官员会同确定具奏。"见韩琦等校注《熙朝定案》,中华书局2006年出版,第52页。)

[12]"comitia"(议政会)这个词可以在毕嘉的 *Incrementa* 中找到。该书中显然提到了议政王、贝勒大臣九卿科道会议,即中文称作的"议政会"。关于这一组织得很好的会议的描述,见毕嘉的 *Incrementa*, p.289。

[13]在毕嘉的著作中,谈到了四个等级的与皇室有血缘关系的王公贵族。他们分别为:亲王(第一等级),郡王(第二等级),贝勒(第三等级),贝子(第四等级)。根据《测验纪略》记载,只有第一等级的和第三等级的王公贵族出席了这次会议。

[14]"classis"(第一等级)这一拉丁词语在这里是用来表示区别于低等官员的较高地位的官员。

[15]与《测验纪略》的记载相比较,这一定是九卿,即九个最高等级的部门的首脑,是六部、都察院、大理寺、通政司的首脑的总称。"Ordo"是自利玛窦以来的西方传教士,包括汤若望等人,表示中文中"品"的拉丁词语。

[16]可能只有六个主要的部,所以称为"六部"。见安文思 *N. R.*, p. 194ff.,以及 P. HOANG, *Mélanges sur I' Administration*, pp.16-18。

[17]1670 年 1 月 23 日以前,南怀仁向康熙皇帝倾诉冤情。皇帝为了他的政治决策,将全部事务交给衙门去办,以表现出他很懦弱,有很强的依赖性。但其实他正在寻求对如此重要的事务的支持者,以对抗朝廷内的汉人官僚集团。这恰恰证明了他的谨慎和成熟,正如鲁日满所看到的那样(引自 J.BARTEN,p.119)。

[18]虽然他正式地掌握政府大权是从 1667 年 8 月 25 日开始的。本书的其他有关叙述及第二章注释 22,证明 L.D.KESSLER 的印象是正确的。他设想道:年轻的皇帝自己默默地准备着与鳌拜的斗争。有可能他看到了,关于历书的争论是一个由他自己独立做出决定的机会,是一个体验朝廷政治危机的机会,是一个测定风向变幻的时机(见 *K' ang-hsi and the Consolidation of Ch ' ing Rule*,p.61)。

[19]南怀仁呈递奏折的时间是康熙七年十二月二十九日(1669 年 1 月 30 日)。

第五章

在观象台进行的新的一次对太阳和其他行星的观测[1]

皇帝立即批准了议政王贝勒大臣九卿科道会议的决定[2],并且下令,除了目睹了前几次观测的阁老和其他官员,六部的尚书,以及20名最高等级的大臣也要出席以后的每一次天文观测[3]。

钦天监是礼部[4]的下属机构——但是从现在起已经比较有独立性了[5]。钦天监分为两部分,一部分由穆斯林掌管,另一部分由我掌管[6]。礼部要求我们[7]提前很长一段时间[8]就决定出应该观测哪些天象,用什么方法观测,并且把这一切记录下来。于是我就把注意力集中在太阳、月亮和当时的几个因太阳的光线[9]能够照射到其表面而在夜间能够容易地观察到的行星[10]上面。于是,在预先确定了某月中的某日和某日中的某一时刻之后,我用我们欧洲的方法计算出太阳、月亮和这些行星那时在天空中将要到达的黄道十二宫中的位置是几度几分,并记录了下来。当然,我选择了根据阿拉伯的方法计算而产生严重错误的那些日子。

稍后[11],我和礼部的官员一起登上观象台。根据一个提前预报的时间表,我们一道宣布在我们的仪器上[12]显示的是几度几分。先将这仪器小心调整到直指天空,我们就一起在仪器上贴上签有我们名字的封条。

第一次观测选定在太阳进入宝瓶座15度的那一天。由于很多种原因是我们无法用简单的语言描述的[13],这一天对于中国人来说有着极大的重要性。那天我操控巨大的青铜象限仪[14]测定出太阳的子午线高度,换句话说,就是测定出在那个时间点上太阳应该达到的位置在北京的子午线高度是几度几分[15]。我将象限仪瞄准器照准仪[16]指向南方,角度就是上述18天之前[17]我们签名封存的那个度数[18]。预先确定的那一天的那个时刻越来越逼近了,看,太阳将光线投射进了微小的第一道游标中的狭缝,进入第二道的中心,没有一丝一毫的偏差!

用完全一样的方法,日影也落在了纪限仪[19]上。该仪器半径为6英尺[20],上面也封存了18天之前我写的关于太阳赤道经度的预测。太阳投射的日影穿过中心管精确地落在立在外围的游标的狭缝中间,一点不多,一点不少,恰到好处。而且日影的偏角也与太阳的偏角完全一致。

间隔了15天之后[21],在同样的阁老和大臣的见证下,我用同样的象限仪和纪限仪观测太阳进入双鱼座的入口处[22]。结果同样是非常成功,并赢得了一片欢呼和掌声。这一观测受限制于一个基础性的难题,也就是说,前面提及的那个"闰月"是否应该从中国—阿拉伯历书中删除。那天中午所观测到的太阳的子午线高度和偏角非常清楚地表明,那个"闰月"确实应该被删除。

其他行星此刻——即预先确定的时辰——在天空中处于哪个位置,先前呈献给皇帝的“中国—阿拉伯历书”与实际天象偏离有多远,全部的问题都依靠夜间的观测来解决。我想,用测量那些行星与恒星的距离的方法,可以更清楚地在阁老和大臣眼前证明出上述问题。为了这一原因,我在几天之前,就确定了一份详细的数据,其中有:月亮与大角星[23](Arcturus)的距离,木星(Jupiter)[24]与阿里阿德涅(Ariadne,中译者注:希腊神话中米诺斯王的女儿)王冠上最亮的星的距离,最后还有火星(Mars)与飞马座(Pegasus)[25]的一颗叫作“室宿一”的恒星的距离。所有的这些,根据我的计算,在预定的那一天的那个确定的时辰,将到达天空。我在很多天之前就向礼部的官员们宣布了这些数值。首先,我操作在观测中常用的黄道经纬仪[26],转动屈光镜,调到根据我预测每一个天体之间应有的距离那样远。然后我将屈光镜固定下来,用封条封好,并签上我的手书,比如说,写下“圣母玛利亚”的名字。我把黄道—赤道浑天仪、天球仪、象限仪和六分仪,这所有的仪器都调试到观测所需要的恰当的、精确的状态,在观测之前好几天,就运到观象台[27]。

到了确定观测的那一天[28],人们看到整个北京城都动起来了,那些由皇帝指定来观看的阁老们、大臣官员们、六部的尚书们,包括汉人和满人,在众多随从的簇拥下,人声嘈杂[29]地登上了观象台。他们行走的样子的确给我留下深刻的印象:满人大员们按照他们自己的方式,骑着高头大马,带着一大队扈从;而汉人则是被佣人们肩抬的轿子抬到观象台。那一年的冬天天气特别寒冷。太阳像个衰弱的老人,步履蹒跚地走向冬至点[30]。厚雪严霜覆盖着大地。正因为如此,这些大臣们分散在观象台附近的寺庙或其他房子里[31],躲避无情天气带来的严寒,等候着预定那一天晚上某一时刻的天象观测。

由于我已经出版了中文的《测验纪略》[32],论及了在这次观测前前后后的多次观测的情况[33],后来[34],又以拉丁文写了相同题材的一个非常简要的版本[35]。在本章的结尾[36],我只想仅用几句话描述这次有重要意义的观测:皇帝派来看我观测的阁老和其他大臣们可以清楚地验证到这一事实,即通过应用这些仪器,在预先要求我观测的所有项目中,我通过计算而预报的那些数据,都与实际天象完美地符合了。他们在一份公开的奏折中正确地报告了这次观测的全过程[37]。

注 释

[1]这一章包括从1669年2月3日至18日之间,总共五次具有决定性意义的天文观测的报告。这些天文观测最终导致了康熙八年中一个闰月被删除,同时促成了南怀仁在钦天监任职的任命。以时间顺序排列,这五次天文观测是:(1)2月3日中午,太阳在宝瓶座15度的入口(即立春日);(2)2月3日夜晚,木星的位置;(3)同一天夜晚火星的位置;(4)2月17日夜晚月亮的位置;(5)2月18日中午,太阳在双鱼座的位置。

因此南怀仁的天象观测分为两个系列:第一系列是白天的观测,即使用象限仪(四分仪)和纪限仪(六分仪)对上述有关太阳到达指定位置的观测;第二系列是夜间的观测,即有关使用赤道仪对木星、火星和月亮的位置的观测。这几次观测,特别是有关第二系列的观测,作者在此前提交的关于观测的报告中仅仅做了很简要的记述。其一是为中国读者的出版物——《测验纪略》;其二是为欧洲读者的出版物,即 *Compendium Libri Observationum*。这两部书所附的图片是相同的。其中《测验纪略》一书,对精确理解本书有着极端的重要性。它成书的时间仅在这些事件发生之后不久,收集了有关这一事件的官方文件的原文,另外很重要的是,这部书还收入了若干当时途经广州寄往欧洲的信件,特别是聂仲迁写于1669年11月10日的信(ARSI,FG 722/3,4),以及现保存于科隆的、恩理格写于1670年11月23日的一封长信,不幸的是其中记载1669年2月所发生的事件的第3、4两页丢失了。所有这些与事件紧密相关,基本上都是同时代的、直接从北京寄出的信件,有一部分是南怀仁写的,也偶尔有一些是聂仲迁写的。

在所有这些文献中,除了一些不太重要的微小差异,在事件发生的顺序上,基本是一致的。另一方面,在皇帝于康熙七年十二月二十九日(1669年1月30日)的圣旨和于康熙八年一月三日(1669年2月3日)所进行的第一次观测,这两者的具体日期上,在《测验纪略》中收集的奏折与欧洲的史料之间,存在重大的矛盾。本书、*C.L.Obs.*和聂仲迁的信说,需要在相当长时间甚至一个月之前,就即将进行的天文观测呈上一份书面报告;在另一方面,根据本书提供的信息,那些观测仪器都在实际观测的18天之前,预先设置好观测的角度和位置。这就让我完全不清楚,事实上从1月30日到2月3日只有几天时间,这怎样使他与上述说法保持一致。总之,这不能解释成《欧洲天文学》的作者或是其他人造成的错误,因为同时代的聂仲迁和恩理格的报告中所提到的日期都是完全相同的。

[2]在他接到议政王贝勒大臣九卿科道会议报告的同一天,即康熙七年十二月二十九日(1669年1月30日)。(中译者注:此处作者提到"协商委员会"(Deliberative Council)在中文史料中称为"议政王贝勒大臣九卿科道会议",或"议政诸王贝勒子大臣九

卿科道会议”。)

[3]经常是在同一天。《测验纪略》一书中有一个记载了全部20名最高等级的官员的姓名和官阶的名单。其中包括:两名大学士,两名监察御史,五个部的尚书和侍郎,以及五名其他高级官员。其中十名满人、十名汉人。见聂仲迁的信(ARSI, JS 122, f°333v.)。(中译者注:《熙朝定案》载:“康熙七年十二月二十九日题,本日奉圣旨:着图海、李蔚、多诺、吴格塞、布颜、明珠、黄机、郝惟纳、王熙、索额图、柯尔科代、董安国、曹申吉、王清、叶木济、吴国龙、李宗孔、王曰高、田善六、徐越等去测看,余依议。”见韩琦等校注《熙朝定案》,中华书局2006年出版,第52页。)

[4]礼部是六部之一,下属四个司。关于礼部的机构和职能,见CH.O.HUCKER, nr.3631和同时代人安文思的描述(*N.R.*, pp.202-203)。

[5]关于礼部的下属单位——钦天监,很多早于和晚于本书写作年代(1679年)的欧洲史料中都给予了确认。见汤若望 *Historica Relatio*, f°191r(1661年); 南怀仁 *Corr.*, p.65(1661年);闵明我 *Corr.*, pp.190-191(1665年);毕嘉 *Incrementa* p.159(1667年);安文思 *Corr.*, p.143、148(1669年);聂仲迁 ARSI, JS 122, f°331r(1669年);柏应理 *Histoire d' une Dame*, p.19.(1688年);等等。有一点不清楚的是,在1679年时南怀仁在钦天监任职时,礼部是否已经放松了监管。W.VANDE WALLE 指出:当南怀仁负责治理历法时,钦天监才变得比较独立于礼部了。

[6]根据聂仲迁写于1669年11月10日(康熙八年十月十七日)的信件(ARSI, JS 122, f°333v)。

[7]聂仲迁在写于1669年11月10日的信中,确认了有这一命令(ARSI, JS 122, f°333v.)。

[8]见南怀仁 *C.L.Obs.*fig.4。这一命令下达于1月31日,而第一次测验于2月3日进行。这就使人不理解本章所谈及的有关测验时间顺序方面的论述。(中译者注:即本章中谈到的,要求在测验施行一段时间之前向礼部提交计划书。)

[9]此处行文有些多余,甚至是粗心的画蛇添足,因为地球和其他行星总是在太阳光线的照射之下的,除非是在天空非常黑暗的情况下,才看不到。

[10]根据本书和《测验纪略》的记载,是火星和木星。

[11]根据南怀仁 *C.L.Obs.*, fig.4 和《测验纪略》所载,这发生在1669年2月1日。

[12]这显然不是南怀仁在1669年年底至1673年竖立在观象台的仪器,而是临时制作的轻便仪器。

[13]这里提到的“立春”节气,意思是“春天的开始”,也是新的一年的日历的开始。这一天也是汉人和满人举行公共娱乐的日子。1669年,“立春”正好发生在2月3日(康熙八年一月三日)上午九时三十八分。但是穆斯林的历书,却将“立春”确定在翌日的晚七时十五分,与实际天象相差一天又三十八刻(见南怀仁《测验纪略》)。

[14]象限仪,一个相当于圆的四分之一的扇形测量仪器,它的指针在垂直的平面上转动,

可以用来测量太阳相对地平线的仰角和高度。根据本书、*C. L. Obs.*和《测验纪略》，这一仪器的半径为2.6尺。（中译者注：象限仪，又称“四分仪”，是专门测量天体地平高度的观测仪器。所谓“地平高度”，就是观测者到太阳或某颗星星的视线与地平面的夹角。在天文学上，这一角度叫作“天体地平高度”。实际观测时，转动象限环，将游表对准待测星，观看游表所指的弧面上的刻度，就可以知道这颗待测星的地平高度。）

[15]南怀仁于康熙八年一月三日（1669年2月3日）做出预报，这一天太阳的高度为33度42分（见《测验纪略》）。这一点在观象台上得到了确认。

[16]这一“瞄准器”，是在望远镜没有发明之前所使用的一种简单的进行光学测量的工具。它有一个可以转动的臂，臂的一端是一个瞄准镜。

[17]聂仲迁曾在1669年11月10日的信中（ARSI，JS 122，f°334r.）指出：从康熙八年一月一日（1669年2月1日）到进行第一次观测时、南怀仁和吴明烜预设他们的仪器的康熙八年一月三日（1669年2月3日）之间，显然没有5天、6天或7天。这是在这一章中存在时间方面记载混乱的另一个证据，正如英译者在本书卷首的“导言”中指出的那样。

[18]见聂仲迁写于1669年11月10日的原信（ARSI，JS 122，f°334r.）。

[19]纪限仪，一个相当于圆周的六分之一的扇形测量仪器，它可以旋转到任何方向，用来测量太阳的偏角和赤道。（中译者注：纪限仪又称“六分仪”，是专门用来测量天空中任意两颗星星之间距离的古仪，其基本观测方法是测量以两颗待测星到观测者的两条视线所张的角度。在天文学上，这一角度叫作“天体角距离”。纪限仪的主体是一段60度的弧面，弧面半径约2米，上面饰有精细的对称型花纹，以弧边中央点为零度，向左右两边各刻30度。从零度点到弧面顶点预设一根铜杆，整个弧面固定在铜杆上，并能上下左右转动。铜杆后面的圆柱与铜杆上的横轴相连，稳稳地插入1米高的游龙底座内。在铜杆的上端还有一根横轴，挂有窥尺和游表，贴附在弧面上。实际观测时，将弧面与两颗待测星移动到同一平面上，一人用窥尺对准一颗待测星，另一人用游表对准另一颗待测星，窥尺和游表两者所指出的弧边刻度差，就是这两颗待测星之间的角距离。）

[20]根据*C.L.Obs.*和《测验纪略》记述，纪限仪的半径实际上是5尺。南怀仁预报，在北京立春日的中午，太阳的偏角应为赤道南16度21分。这一预报再次在实际观测中得到应验。

[21]也就是1669年2月18日（康熙八年一月十八日），见聂仲迁1669年11月10日的信（ARSI，JS 122，f°335r.）。

[22]这里提到的是“雨水”节气。南怀仁预报这一天中午太阳的地平线以上高度应为38度38分，偏角应为赤道以南11度25分。太阳进入双鱼座时间应为早晨五时四十七分（见《测验纪略》）；而穆斯林历书则将此时定在康熙八年一月二十日凌晨零点

三十分。当南怀仁的预报被精确地证实的时候,穆斯林历书则与实际天象相差了一天又七十四刻。(见《测验纪略》及聂仲迁 1669 年 11 月 10 日信件 ARSI,JS 122,f° 335v.)

[23]即牧夫星座中最亮的那颗星。

[24]在这里南怀仁使用了拉丁文词语 stella(星、行星、恒星),实际上是指行星。参见 LEBOEUFFLE,注释 1160。

[25]Marchab 是飞马星座中最亮的那颗星,正好位于宝瓶座的上方。

[26]黄道经纬仪由三个金属环组成,分别代表天体的三个圆环,用它们可以观测天体,确定某个天体之间的相互位置,或者测量它们的黄道和赤道的坐标。(中译者注:黄道经纬仪的外层是南北向正立的"子午圈",子午圈内的一个大圈叫作"极至圈",用钢轴契合在子午圈的两个极点上,因此,叫作"黄道经纬仪"。在极至圈内,套着一个斜躺着的大圈,这个大圈平行于地球绕太阳旋转的黄道,叫作"黄道圈"。黄道圈上刻有度数和黄道十二宫,是黄道经纬仪的基本大圈。有一根垂直于黄道圈面的钢轴连接黄道南、北两极。最里面的一个圆环叫作"黄道经圈",与黄道南、北两极相连,并且可以绕钢轴旋转,圈上也刻有度数。在观测天体时,可根据黄道圈和黄道经圈的刻度来定出太阳和行星的位置。)

[27]此时使用的所有的天文仪器,据推测都是轻便型的。这部分的可由 *C.L.Obs.*一书予以确认。据书中记载的仪器的尺寸,也可以证实这一点,例如:纪限仪的半径只有 5 尺;象限仪的半径只有 2.6 尺;浑天仪的直径只有 2.5 尺;天球仪的直径只有 2 尺。

[28]要感谢一些与此有关的其他史料,以使我们可以丰富这一概括的论述。实际上南怀仁等人进行了三方面的测试:

第一,确定距离的测试。其中包括:

a.木星与 Lucida 之间的距离。吴明烜测定木星的位置在月宫卯星宿的 7 度 15 分;南怀仁测定其位置应为 5 度 4 分。

b.火星与飞马座"室宿一"的距离。吴明烜预告其位置在月宫室星宿的 15 度 18 分,而南怀仁计算的结果为 7 度 15 分。此项关于距离和位置的测定一道在康熙八年一月三日(1669 年 2 月 3 日)夜间进行。南怀仁的预报再次与天象吻合,而吴明烜的两项计算则分别相差了 1 度 21 分和 8 度 8 分。

第二,于 2 月 17 日(见聂仲迁 1669 年 11 月 10 日信件 ARSI,JS 122,f°335r.;恩理格 1670 年 11 月 23 日信件 f°5r.)和 18 日(见 *C.L.Obs.*fig.8 及《测验纪略》)夜间观测,以确定月亮与大角星的距离。根据南怀仁的计算,其距离应为 29 度 4 分;根据吴明烜的计算则是 42 度 20 分,二者相差 13 度 16 分。再一次,南怀仁的计算被实际发生的天象所证实。

第三,太阳进入双鱼座(即"雨水"节气)的时间为康熙八年一月十八日(1669 年 2 月 18 日)的中午。

[29]与此相关的描写还可以在聂仲迁写于 1669 年 11 月 10 日的信(ARSI,JS 122,f°335r./v.)和恩理格在 1670 年 11 月 23 日的信(f°5r.)中找到。

在这些相关的资料中,有关场景描述的是这些官员们作为目击证人,出席为 1669 年 2 月 17 日夜晚测量月亮与大角星之间的距离,和 18 日中午太阳进入宝瓶座的时间,而进行的观测时的景象。

作为后来成为有关康熙八年是否置闰和该年的历书是否正确的争论的决定性证据,这次测试是所有天文观测中最为重要的一次。对有关官员出席该次观测的场景的戏剧性描写,可以从一个侧面说明此次观测的重要性。这场景使得南怀仁因责任重大而感到十分紧张。他很了解第谷体系的不可靠性,也知道在公共场合、在如此挑剔的官员面前,他的观测如果出现失误将导致的深远影响。

"当神父看到这么多的政府官员、如此重大的仪式,听到这么多的马车声、轿子车声(在中国到处都是),便想到这么多的官员因他而来,在这里度过这样一个寒冷的夜晚,他们都将成为这次测试的目击者,或者说是裁判官。他感到非常紧张,因为很明显这次测试的结果是不确定的。他说他之所以会顾虑,原因如下:1.所观测的星体根据大多数人的观点,不会与大气的流动完全一致;2.视差将引起观测的困难;3.因为在场的目击者和裁判官都是外行,所以如果是出现 1、2 分钟的误差,懂行的专家会忽略不计,而外行们却反而要苛刻地挑剔。这一点在过去的事件中已得到证实。"[见本书第十章及聂仲迁的信件(ARSI,JS 122,f°335r./v.)]

南怀仁曾对他在北京的同伴们真诚地袒露胸襟,谈到自己的感受,但是在本书中却略去了他的个人情感。

[30]这是 2 月 17 日和 18 日观测时的场景。这时太阳在冬至点之后 60 度 16 分。关于经典天文学中对这时天体的运动的论述,见 *LE BOEUFFLE*,p.215。

[31]关于官员们夜间的寄宿问题,相关的资料可见恩理格和聂仲迁的信件(ARSI,JS 122,f° 335r.),但只有南怀仁的报告中提到了"庙"。

[32]见本书卷首的"导言"。

[33]也就是在 1668 年 12 月 27 日、28 日、29 日和 1669 年 2 月 3 日、17 日、18 日的各次观测。

[34]因为在 *C.L.Obs.*一书的介绍性注释的结尾提到了北京的天主教教堂被允许重新开放。该公告颁布于康熙九年十二月二十一日(1671 年 1 月 31 日)。见本书前言注释 46。

[35]即 *C.L.Obs.*,有关此书情况,见本书卷首"导言"。

[36]关于将 *C.L.Obs.*的从本书文本中删除的情况,见本书卷首的"导言"。

[37]这份最后的报告呈递给皇帝的时间是康熙八年一月二十二日(1669 年 2 月 22 日)。见《测验纪略》。

第六章

议政王贝勒大臣九卿科道会议决定，一切有关天文学的事务都委托给南怀仁办理，反对和诋毁他的人应该被关进监狱

在阅读了上述几次天文观测全体目击者递交的联署奏折之后，皇帝下令[1]，将这一公案提交给前面提到的议政王贝勒大臣九卿科道会议讨论处理[2]。

那两位帝国的辅政大臣——我们的反对派和全部争论的始作俑者，一反常态地坚持要参加这次会议[3]。于是，议政王贝勒大臣九卿科道会议的成员分裂成两派。一派支持辅政大臣，因为这些人看到辅政大臣仍然掌握着大权，也不相信他们会辞去职务。支持者被认为是——起码有重大的嫌疑是——由各省的总督、文官和武将组成的小集团[4]。几乎参加议政王贝勒大臣九卿科道会议的全体汉人大臣都强烈地支持辅政大臣。因为他们非常傲慢[5]，他们不能容忍欧洲天文学再次被介绍进中国[6]，不能听任一个来自从未听说过的国家的陌生人来教导中国。正如他们宣称的那样，所有的外国已经采用了中国的政府机构形式、儒家圣人的学说和法律法规。这的确是事实，我们提到的中国周围的一些国家[7]（中国只与他们建立了友好关系）以及日本，他们自己都承认这一点。这是他们亲口对沙勿略神父说的。

他们宣称："他们古老而智慧的帝国要坚持和保护他们从祖先那里继承下来的古老的天文学，当然不是什么毁坏名誉的事情。即使它有时会出现一些差错，但是也比允许欧洲人把外国的天文学介绍进中国要好！"[8]因为他们嫉妒的眼睛不能承受我们天文学的灿烂光辉，所以他们充满了偏见，强烈地支持我们的反对派，就好像这些反对派是为了祖国的荣誉和古老的尊严而战斗的勇士。而另外一方面，是支持帝国亲王[9]一派的满人中最优秀的分子，他们崇拜康熙皇帝，称他是正在升起的太阳[10]。

中国的天文学家们将每一个自然天划分为若干时辰，时辰之下还有分，又将一天划分为100等份[11]，就像将一个圆周划分为度和分。我认为这种划分的方法一定要改变[12]。因为只有这样改变了，在使用天文仪器时才会有很多有利条件[13]，而且我自己的测量平台和已经出版的100多部天文学著作[14]，都是遵循着六十进位制，都是把一天划分为96刻。而他们则是为保留那种从远古继承下来的划分方法做斗争，就像是在保卫他们神圣的家园和祭坛。

由于这些类似的原因，议政王贝勒大臣九卿科道会议召集了四次会议，换句话说，就是会议延长到了四天。会议上经历了长久而激烈的争论。骗子杨光先，这个在自夸能预测未来凶吉的算命先生和占星家[15]中享有极高威望，又有辅政大臣为后盾的人，走到会议厅的中央，狂暴地大声预言道：

"如果认同了一天减少4刻时间的观点(如我在前面提到,汉人用100刻),我们满人就站在了南怀仁和欧洲人一边,那么大清帝国就不可能绵延长久!"[16]绝大多数满人对此不考虑后果的断言非常愤怒。其中一名亲王冲到杨光先的面前,回答说:"如果这是真的,那么一天不只应该分成100份,而是应该分成1000份,甚至更多!"[17]

很快,杨光先不计后果的断言被报告给了皇帝。在皇帝的命令下,可恶的空想家杨光先被五花大绑着再次带上了议政王贝勒大臣九卿科道会议[18]。辅政大臣和所有的汉人大臣们徒然地小声抱怨着。随后,在其他成员的一致赞同下,杨光先和那个穆斯林的占星家一起被送进了监狱[19]。最后决定,把编写整个帝国的历书和重建起源于4000多年前[20]而令中国为此自豪的天文学[20]工作,交给了我[21],任命我为钦天监的负责人[22]。后来又加封给我好几个荣誉称号[23]。我曾经四次写奏折谢绝这些荣誉称号,但是没有任何结果。

注 释

[1]根据《测验纪略》,皇帝下达这一命令的日子恰好就是观测者完成他们的报告的同一天,即康熙八年一月二十二日(1669年2月22日)。聂仲迁写于1669年11月10日的信和恩理格写于1670年11月23日的信中,都没有谈到这个日子。

[2]恩理格在其信件(f°5r.)中提到,此次会议的参加者是"受宫廷协商会邀请的亲王和大臣们"。南怀仁在本书中指出,参加会议者是:皇家的亲王、大学士、六部九卿,这些常常因为商讨一桩或多桩事项被议政处召集在一起开会的成员。(中译者注:在清初,重要的军政机构有三个:一是议政处,二是内阁,三是军机处。议政处源自关外,主要由王公贵族组成,称议政大臣,参画机要。后设内三院,即后来的内阁。军务归议政处,政务归内阁。议政处的权力逐渐减弱,到乾隆朝撤销。)

在本书中,南怀仁以比较简短的文字,谈及了委员会在商讨几个议题时的情景,他挑选的是最富有戏剧性的场景,将它们并入一个连续的故事中。尽管南怀仁在报告的末尾意想不到地讲道,在四天中商讨了四个议题,但是一个重要的相关资料,比如:恩理格和聂仲迁在1669年至1670年的信件,这些明确地依靠同时代人的而且是来自北京的神父们自己提供的非常详细的信息,却说仅仅商讨了三个议题。综合他们提供的信息,我重新编制了以下的有关这一事件的时间表:

A.康熙八年一月二十二日(1669年2月22日):皇帝的命令下达到议政王贝勒大臣九卿科道会议。

B.康熙八年一月二十四日(1669年2月24日):讨论第一个议题。会议做出如下判决：a.将今后的关于制定历书的事务委托给南怀仁负责；b.责成礼部提出授予南怀仁官职的意见；c.将吴明烜一案移交刑部处理，但没有提到杨光先。

C.康熙八年一月二十五日(1669 年 2 月 25 日)：讨论第二个议题。在皇帝明确的命令下，集中商讨了杨光先一案。会议的结果，杨光先被捕入狱。

D.康熙八年一月二十六日(1669 年 2 月 26 日)：讨论第三个议题。会议建议撤销杨光先在钦天监的职务，任命南怀仁。

E.同一天，皇帝颁旨给礼部，命该部就南怀仁的历书可接受的理由进行调查研究。

[3]据聂仲迁、恩理格的信件记载，这两名摄政大臣在皇帝的命令下，仅仅参加了第二议题和第三议题的商讨。皇帝让他们参加，是为了让他们亲眼看看被他们保护的人的错误行为。

[4]中文称此为"门户"或者"党"。关于当时的派别斗争，R.B.OXNAM 在 *Ruling from Horseback*，p.175ff.强调说，在 1667 年年初的三个月中，鳌拜的确任命了满人担任各个省的关键职位，这些被任命的人其实都是他的小集团的成员。

[5]在 17 世纪欧洲人撰写的有关中国的史料中，"傲慢"作为一个文化优越主义的集体性态度，是中国官员的主要特征之一(见本书和安文思 *N.R.*，p.75)。

[6]也就是说，在 1665 年 4 月欧洲天文学被禁止和中国传统的方法被恢复之后。

[7]首先在日本、朝鲜、越南和印度支那这些地方，如 *Corr.*，p.243 所示，这一话题被广泛地传播着："虽然日本、朝鲜、越南和印度等中国周边的国家都以本国为豪，有自己的语言、书写方式，且都比中国的简单，但是因为这些国家都坚定地认为自己有中国的智慧，所以也都使用中国语言及书写方式"，"所有的邻国都对中国充满了崇敬，因此他们敬仰着中国的一切政治及文化产物。事实上，虽然这些国家都有自己的语言，但出于崇敬，他们还是使用中国的文字"。日本人曾固执地对耶稣会士沙勿略神父说："如果你的信仰是真理，为什么中国人没有听说过它？我们所有的学识都是从中国来的。"(引自 A.H.ROWBOTHAM，*Missionary and Mandarin*，p.46)

[8]在杨光先《不得已》中有一句几乎相同的话："即使没有好的天文学，也比有西方人待在中国好得多。"当欧洲天文学一而再再而三地在与中国天文学的对决中取得胜利，中国人面临着两难的选择：是选择正确地预报和被证明是可信赖的欧洲历法，还是以自己的文化为优先、为骄傲。当中国传统的历法被证明已失去其正确性之后，类似杨光先这样的人一定是有严重的挫败感。他的这句历史性的感言就反映了这种情绪。(中译者注：杨光先的原话是，"宁使中夏无好历法，不可使中夏有西洋人。无好历法，不过如汉家不知合朔之法，日食改在晦日，而犹享四百年之国祚"，而有西洋人，则迟早"挥金收拾我天下人心，如厝火积薪之下，而祸发无日也"。)

[9]参见本书第四章注释 13。

[10]太阳是帝国君主的 12 种象征物之一。见 C.A.S.WILLIAMS，*Outlines of Chinese Sym-*

bolism,pp.378-379。南怀仁在 *Corr.*,p.117 也谈及此:“中国的皇帝被百姓视为太阳,所有的中国人(特别是知识分子)和所有有关日月的书籍都称:太阳代表皇帝,月亮代表皇后。”他解释说,皇帝十分关心日食和月食的现象,这可能也是绝大多数比较开明的官员也仍然坚持恪守当日食发生时的有关礼仪的原因(见本书第十章)。康熙皇帝个人权力的逐渐上升这一问题,见 R.B.OXNAM,*Ruling from Horseback*,p.181ff.和本书第一章注释 9。故事进行到这个时候(1669 年 3 月),必须提及,这已是他亲政之前的最后时期了,也就是说,在商讨这一议题的四个月之后,即 1669 年 6 月,皇帝扳倒了这两个摄政大臣。

[11]中国人将一个自然天划分为 12 个时辰,每个时辰相当于 2 个小时。其中有 10 个时辰,每个时辰是 8 刻(1 刻相当于 15 分钟);而第 1 和第 7 时辰,每个时辰为 10 刻。这样一天总计为 100 刻。同时,中国人将一个圆周分为三百六十五又四分之一度(与中国历法的一年的天数相适应),而且度与分是十进位制。见 H.BOSMANS,*Particularité*,pp.122-125 和 A.DAMRY,pp.27-31。(中译者注:据 1987 年出版的《中国天文学史》所载,上述划分时辰与刻的方法见于宋代的王逵。宋以后通常将一时辰平均划分为八又三分之一刻。)

[12]也就是说,代之以欧洲的计时体系,将一自然天划分为 24 小时,每小时为 4 刻,一天为 96 刻;将一个圆周划分为 360 度。96 和 360 都能被 6 整除。在实践中,一个体系的引入需要原有体系的接收和容纳。虽然南怀仁在这里仅仅提出关于这一改革的很少的理由,但是他理所当然地深信欧洲的六十进位制比中国的十进位制有着固有的优越性。他在《不得已辩》一书中记录了与此相关的争论。将这一西方体系引入中国的最后决定,是由皇帝于康熙八年二月某日(1669 年 3 月)的圣旨颁布的。(中译者注:康熙八年二月初五(1669 年 3 月 6 日),礼部题奏中说道:“今南怀仁推算九十六刻之法,既合天象,自康熙九年起,应将九十六刻之法推行,一应历日俱交与南怀仁。”当月七日康熙皇帝批准了这一奏折。见韩琦等校注《熙朝定案》,中华书局 2006 年出版,第 54—55 页。)

[13]这一结论早已由熊三拔在 1612 年明确地表述过了(ARSI,JS 113,f°288r.)。引自德礼贤 *Galileo in Cina*,p.102。

[14]这当然谈的是汤若望的分为 100 卷(卷数甚至更多)的天文历法百科全书——《崇祯历书》。该书的第一次编辑为 137 卷,编纂日期为 1627 年至 1635 年(ARSI,JS 115II,f°323v.)。汤若望曾在 *Historica Relatio* 一书中对其作了描述:“全书分为三卷,第一卷是对天文学的初步介绍;第二卷是关于行星的理论、日月食、不可移动性、计算和测量方法;第三卷为了方便已做好的表格的计算,取消了三角测量法及繁冗的工作,避免影响到使用新公式的钦天监的官员们。我们工作了五年,著 15 卷,由保禄博士(即徐光启——译者注)校准,用了更简练的文体。”从一开始起,书的木刻版贮存在“西堂”附近的两间房子里。当满族侵入北京时,这些木刻版得到了抢救

和保护。当城里其他地方的居民被强制离开的时候,保护这些书版的工作,为耶稣会士在他们的原有住址的留居权的获得,提供了最具决定性的论据。该书的第二版为 103 卷,没有做任何的改动和修订,以《西洋新法历书》为书名,于 1654 年完成,于 1657 年 5 月 11 日呈献给大清顺治皇帝(见 H.BERNARD,*Lettres et Mémoires d' Adam Schall,S.J.*,p.298)。在"历狱"天主教受迫害期间,杨光先曾待在"西堂",当然这些木刻版没有被毁,而一些有关宗教方面的著作则被毁了(见本书第十二章注释 127)。后来在 1669 年至 1674 年,南怀仁又编辑了新的 100 卷的版本,书名为《新法算书》(见 H. BERNARD ,*L' Encyclopédie*, p. 481& n. 289; id; K. HASHIMOTO, *Hsu Kuang-ch' i and Astronomical Reform*,p.30; pp.63-64)。这部百科全书中所包括的众多欧洲作者的著作,当然都是遵循西方体系的。(中译者注:费赖之书中文版中所引证的南怀仁著述中并无《新法算书》一书。《四库全书》子部六收有《新法算书》共 100 卷。该书标以"徐光启等撰",传教士邓玉函、罗雅谷和汤若望参与著述。其中卷 98《历法西传》系汤若望在清朝入关后补充的新内容。)

[15]这双重的身份不仅仅只是字眼的差别。作为占星家,就是算命先生,是根据客人提供的生辰日期来做预言的;而占卜者则是依据面相和手相来预测客人的未来的(见 M.RICCI,N 151)。杨光先在中国朝廷的高官显贵中产生影响的一个原因,是他在"风水"方面具有经验,和他自 1640 年(中译者注:即明朝崇祯年间)被放逐时学会的"驱魔术"(见聂仲迁 *Histoire*,pp.37-38)。

在传统的中国社会,占星家这一角色是很知名的。南怀仁的态度倾向于中国早在三皇五帝时代就已经出现专职的天文学家了(见他写于 1670 年的文章,以及本书第十章注释 2)。关于"风水"见 E.J.EITEL,*Feng Shui.On the Rudiments of the Natural Science in China*,Hong Kong,1873。关于"预言"见 R.SMITH,*Fortune-tellers and Philosophers.Divination in Traditional Chinese Society*,Boulder,1991。

[16]事实上,是在第二个议题的讨论期间。见聂仲迁 1669 年 11 月 10 日信件(pp.2-33/CHR.)和恩理格 1670 年 11 月 23 日信件(f°5v.)。同样的话在《不得已辩》中,甚至在有关最后一个议题的奏折里也有记载。其中潜在的意思是:"采用了欧洲 96 刻制,而代替了与此相应的中国 100 刻制,帝国将在每一天失去 4 刻的时间。这样王朝的寿命将不可避免地缩短了。"这些话听起来必然像是对年轻又不稳固的清王朝的侮辱和恐吓,也可以解释该事件随后所产生的强烈反响。

[17]这一回答对杨光先的说法采取了"以子之矛,攻子之盾"的策略,意思是:"如果每一天失去了 4 刻,将危及到帝国的生存,那么就应该引入'千分法'以代替'百分法',这样就可以使大清帝国永不衰败!"

[18]在商讨第二个议题结束时(1669 年 2 月 25 日),杨光先被捕入狱。但是在商讨第三个议题时,他又被带了上来。见聂仲迁(p.33/CHR.)、恩理格(f°5v.)的书信。

[19]在康熙八年一月二十六日(1669 年 2 月 26 日),礼部再次将杨光先移交刑部。见聂

仲迁(p.35/CHR.)、恩理格(f°6v.)的书信。然而皇帝还是下令赦免了他。这一圣旨发布于康熙八年二月七日(1669年3月8日)。

[20]见汤若望 *Historica Relatio*,f°182v。是他提出中国天文学有“4070年的历史”这一概念:“中国的数学训练非常久远,已经有四千多年的历史,这些在钦天监官员的著作中都有表明,其他相关书籍中也有提及。”又见毕嘉 *Incrementa*,p.293,他注意到这一时间表的文献证据。中国儒家经典之一的《书经》中记载了尧时代的日月交食现象(见南怀仁信件 *Corr.*,p.280)。同样的,其他著作也将中国阴历历书和中国式的时间划分体系的创建定位在尧的时代。根据中国人和耶稣会士的估算,这大约是从公元前2357年开始的(见柏应理 *Tabula Chronologica*,p.3),或者说到南怀仁撰写《欧洲天文学》之时已有4036年的历史了。

[21]任命南怀仁这件事,决不是简简单单的一句话,而是经历了非常复杂的程序。在可利用的史料(这要感谢由W.VANDE WALLE解密的奏折汇编)的基础上,我归结如下:

——在将杨光先免职、关押之后,钦天监的汉人监正一职空缺。礼部于康熙八年二月十日(1669年3月11日)递交奏章,建议任命南怀仁担任监正一职(见安文思 *NR.*,p.233)。(中译者注:《熙朝定案》载:“吏部题为遵旨查对等事吏科抄出,该礼部题前事内开礼科抄出该臣等题前事,照得先经和硕康亲王等议具题奉旨:南怀仁授钦天监何官,着礼部议奏云云。钦此。除历日已经议政王等会议具题外,该臣等议得奉旨,南怀仁授钦天监何官,着礼部议奏。今杨光先已经革职,所有员缺将南怀仁应授钦天监监正,俟命下臣部之日移咨吏部题授可也。谨题请旨。康熙八年二月初十日题。”见韩琦等校注《熙朝定案》,中华书局2006年出版,第55页。)

——这一奏疏被皇帝于康熙八年二月十二日(1669年3月13日)驳回,理由是此任命官职过高。(中译者注:《熙朝定案》载:“本月十二日奉旨:南怀仁议以监正补授为过。着再议具奏。”见韩琦等校注《熙朝定案》,中华书局2006年出版,第55页。)

根据聂仲迁提供的信息,皇帝的这一决定曾使两名摄政大臣受到鼓舞。

——因此礼部于康熙八年二月十六日(1669年3月17日)建议任命南怀仁为钦天监监副品级,尽管当时监副一职并无空缺。(中译者注:《熙朝定案》载:“该臣等再议得,钦天监现有监副二员,相应将南怀仁授以监副品级,料理衙门事务。俟监副缺出将南怀仁补授。请敕吏部题授可也。”见韩琦等校注《熙朝定案》,中华书局2006年出版,第55页。)

——康熙八年二月二十二日(1669年3月23日),皇帝批准了这一任命。(中译者注:《熙朝定案》载:“康熙八年二月十六日题。本月二十二日奉旨依议。钦此钦遵。”见韩琦等校注《熙朝定案》,中华书局2006年出版,第55页。)

——康熙八年二月二十九日(1669年3月30日),吏部提出此项任命。(中译者注:《熙朝定案》载:"于二月二十五日抄出到部,该臣议得,钦天监衙门现有监副二员,将南怀仁授为监副品级,管理监务,有监副缺出将南怀仁补授。请敕吏部题授等语。相应将南怀仁授为钦天监监副职衔,同理监务。遇监副缺出,礼部具题到日题补,可也。恭候命下,臣部遵奉施行,臣等未敢擅变,谨题请旨。"见韩琦等校注《熙朝定案》,中华书局2006年出版,第56页。)

——最后,皇帝于康熙八年三月一日(1669年4月1日)签署了这项任命。(中译者注:《熙朝定案》载:康熙八年二月二十九日具题,三月初一日奉旨:依议。见韩琦等校注《熙朝定案》,中华书局2006年出版,第56页。)南怀仁被确认晋升为钦天监监副之职。那份官方的委任状,据我所了解,没有被保存下来。

南怀仁的职责被规定得非常清楚,其中包括:a.制定历书;b.重建天文学,也就是说,重新编纂历书,重新整顿钦天监中的"时宪科"和"天文科"(见本书第八章、第十一章)。在一份中文奏折[康熙九年六月九日(1670年7月25日)]中可以看到这样的文字:"从此以后,历法与天文事宜,由南怀仁掌管。"更经常使用的词汇是"治理历法"(引自南怀仁于1679年10月30日致柏应理的一封不被人知的信件)。

这里没有提到钦天监的第三个科,即"漏刻科"。这个科的工作是独立的,其管辖权限不在钦天监。根据《大清实录》,作为一项制度,监正的职责仅限于最初隶属于他的那几个部门(见毕嘉 *Incrementa*,p.286)。

与此同时,即康熙八年二月(1669年3月),皇帝颁布圣旨,取消原来安插在康熙八年内的闰月,将其移至康熙九年的第二个月;并且宣布从康熙九年之后,凡仪器刻度以圆周为360度代替原来的三百六十五又四分之一度;计时制以一日96刻代替原来的100刻。也就是说,这有争议的两项都采用了西方体制。

[22]因此,正如前面注释所指出的,南怀仁没有被任命为钦天监的监正,但是得到了监副的品级。然而无论如何他不能接受这一任命,也不能接受任何其他的官职。因为如果接受了就意味着他将背离他在立志做一名耶稣会的专职神父时所立下的誓言,即不谋求修会之外的任何高官显职。在于康熙八年三月十五日(1669年4月15日)呈递的奏章中,他第一次试图拒绝这一荣誉。(中译者注:《熙朝定案》载:"治理历法臣南怀仁谨奏为:惊闻宠命,感惧交集。谨竭悃陈情,仰祈睿鉴事。窃臣于本年二月内蒙吏部遵旨查对等事题覆准吏部疏内将臣怀仁拟议钦天监监副,三月初一日奉又'依议'之旨。臣闻命悚愕,莫知所以。切念臣本西陬鄙儒,观光上国,蒙世祖皇帝以臣通晓天文历法,钦取来京,兹荷皇上不弃朴樕散材,特授司天之职。臣捐躯磨踵,宁能图报?但臣弃家九万里,唯以淡泊修身为务,一切世荣,久已谢绝,受禄服官,非所克任。用是仰吁皇上含弘俯鉴,臣愚不谙世务,容臣辞监副职衔,俾得褐衣随愿,则臣感激皇恩靡穷靡极。至于一切历务,臣敢不殚心竭力,效区区之忠,以答高厚!庶臣素心克遂而犬马报称有日矣。臣不胜冒昧惶悚待命之至。为此具本,谨具奏闻。"见韩琦等校注《熙朝定案》,中华书局2006年出版,第56页。)

随后,于康熙八年三月十七日(1669年4月17日)皇帝否决了他的要求。(中译者注:《熙朝定案》载:"康熙八年三月十五日具奏,十七日奉旨:南怀仁着遵前旨供职,不必控辞。该部知道。钦此。"见韩琦等校注《熙朝定案》,中华书局2006年出版,第56页。)

南怀仁又于1669年6月初呈上了奏折,第二次申诉自己的意愿。(中译者注:《正教奉褒》载:康熙八年五月,"治理历法臣南怀仁谨奏为:明纶恩逾格外,微臣顾分难安,谨再疏沥辞仰祈俯允事案。照该臣奏为'惊闻宠命'一疏,三月十七日奉旨:南怀仁着遵前旨供职,不必控辞。该部知道。钦此。臣恭捧天言不胜悚惕,浩荡之恩顶踵靡报。第臣草茅微悃,切切有情者,臣生长极西,自幼矢志不婚不宦,唯以学道修身为务,业经三十余年。荷蒙皇上不弃庸材,特畀简用。犬马尚知报主,臣非木石,敢不勉力以答高深!臣一疏再疏控辞官职,出于臣至情,非敢勉强渎陈。至于历法天文一切事务,敢不竭蹶管理,宁殚烦劳!如唐一行亦任修历法,未尝授职。伏乞皇上悯臣之心,察臣之困,允臣微志。臣感激皇恩宁有涯矣!顷者恭遇我皇上面询臣艺业,如测量、奇器等制。臣少时涉猎,系臣所长,容臣按图规制各样测天仪器,节次殚心料理,以备皇上采择省览。臣言出由衷,非敢蹈习巧饰,谨冒昧悚栗。伏乞睿鉴施行。为此具本奏闻"。见韩琦等校注《熙朝定案》,中华书局2006年出版,第309—310页。)

南怀仁在谢绝皇帝给予的荣誉这方面所表现出来的坚韧不拔的精神,在同时代人发自中国的信件中曾多次得到了证实。其中有:a.德·哈因(J.DE HAYNIN)(中译者注:德·哈因系比利时传教士,1667年启程来华,但由于患有风湿性关节炎一直滞留在澳门,1682年死于澳门),1669年10月20日:"神父非常谦虚,他使用一切方法想要拒绝官职";b.聂仲迁的信件,ARSI,JS 122,f°338r.-v.:"南怀仁神父崇尚自由,他向皇帝请求,拒绝接受荣誉,担任官职,但是皇帝拒绝了。这并没有打击神父的决心,他和两位朋友一起,寻找各种方法,为了不接受这份官职"。聂仲迁以及其他人甚至担心南怀仁在这方面走得太远:"但是虽然我赞赏这种谦卑的态度,对于我和其他人来说,都看起来太过分了。"(中译者注:即担心他因此而激怒了皇帝。)总之,皇帝于康熙八年六月五日(1669年7月12日)颁布圣旨,南怀仁终于成功地婉言谢绝了对他的任命。(中译者注:《正教奉褒》载:康熙八年六月二十六日,礼部议覆,奏称"奉旨:据奏,南怀仁控辞官职,每年应照何品给俸,着议奏。钦此"。今南怀仁应照监副奉银奉米,户部支给可也。六月二十九日,"奉旨:南怀仁着每年给银一百两、米二十五石。钦此"。见韩琦等校注《熙朝定案》,中华书局2006年出版,第310页。)

根据F.PIMENTEL,当时(1670年6月30日至8月21日之间)在北京的葡萄牙使臣Manoel de Saldanha的秘书的记载,1670年7月,皇帝曾多次试图命南怀仁接受这一职务,但是南怀仁还是成功地谢绝了(见J.E.WILLS,Jr.的英译本,*Embassies and*

Illusions, pp.207–208)。很难推测这句话的确切含义，但是它必须适合皇帝于康熙九年六月九日(1670 年 7 月 25 日)颁布的谕旨，拒绝提升当时的左监副胡振钺[一年多以前，即康熙八年三月七日(1669 年 4 月 7 日)所提出的]，以填补因罢免杨光先而造成监正一职的空缺建议。皇帝的理由如下："历法天文事宜已交南怀仁治理!"(中译者注：据《正教奉褒》："康熙八年三月初七日。礼部题称：查得钦天监监正杨光先已经革职，所以监正员缺应补。将左监副胡振钺拟正，右监副李光显拟陪。俟命下臣部之日，移送吏部提授可也。初九日，奉圣旨：历法天文既系南怀仁料理。其钦天监监正员缺，不必补授。钦此。"见韩琦等校注《熙朝定案》，中华书局 2006 年出版，第 309 页。)

最后，在徐家汇藏书楼一部南怀仁的传记中，有一则奇怪的且无法解释的史料，在 VDW 的译文中是这样说的："在康熙十二年(1673 年)，皇帝再次任命他为一委员会的首脑。尽管南怀仁多次提出婉拒这一任命，但是他没有成功。"据我所了解，没有其他证据可以证明这一任命，在官方的奏折里也没有提及他的官职的头衔。

[23]关于涉及稍后封给他的好几个头衔，见本书的第十一章。之后的结论有一点让人迷惑。据奏折记载，南怀仁曾两次上奏婉拒给他的钦天监监正的任命，另外两次谢绝关系着后来的晋升，其一是"通奉大夫"，根据本书所载，他第一次上奏表示拒受是在 1676 年；其二是"通政使司"，据本书载，南怀仁于 1676 年上奏婉拒。除此之外，至少还有一次拒受官职的事情发生在 1674 年，即任命他为"太常寺"的时候。见 J. DE HAYNIN 写于 1675 年 2 月 24 日的信件(发表在 H.BOSMANS, *La Correspondance Inédte*, p.28)。[中译者注：据《熙朝定案》载：康熙十三年(1674 年)三月三十日"奉旨：南怀仁制造仪器，勤劳可嘉，着加太常寺卿职衔，仍治理历法，其在事官员，着再议叙具奏"。见韩琦等校注《熙朝定案》，中华书局 2006 年出版，第 112 页。康熙十五年(1676 年)"九月二十一日奉旨：南怀仁着加为通政使司通政使之衔，仍加一级"。见韩琦等校注《熙朝定案》，中华书局 2006 年出版，第 133 页。据本人考证并无南怀仁被封为"通奉大夫"一事。《熙朝定案》在南怀仁临终前不久曾上奏皇上，曰："蒙皇上命臣治理历法，未效涓埃，过荷殊恩，加臣太常寺卿，又加通政使司通政使，臣具疏控辞，未蒙俞允，寻又加臣工部右侍郎。"只提及"太常寺卿""通政使司通政使"和"工部右侍郎"，并没有"通奉大夫"一衔。见韩琦等校注《熙朝定案》，中华书局 2006 年出版，第 167 页。]

第七章

在递交几份奏折之后，南怀仁神父删去了由他的对手添加在历书中的那个闰月[1]

在接管了钦天监之后,我立即给皇帝递上了[2]一份奏章[3],要求下令从当前的历书中取消那个由我的对手加进去的闰月,因为它与天象运行[4]的规律相矛盾。这种天象的发生,要感谢天主奇妙的引导和安排。我的对手将13个月的"月相—月份"法则引入了他们制定的下一年的历书中。当时这历书已经印制完毕,而且已经散发到了整个帝国[5]。这导致了此前几百年都没有发生过的重大错误,因为即使是按照中国的天文计算体系[6],这个闰月也应该是属于下一个年度的!

读了我的奏折之后,皇帝将此公案交给礼部衙门会审。然而,对参与会审的全体成员,特别是对汉人来说,从这一年的历书中删除这个闰月似乎是非常困难的一件事。因为它已经被如此庄严和隆重地颁布了。另外,重新修改历书的内容和有关文件,让朝廷的六个部都重新撰写更改整个帝国和各个行省根据原来的历书而制定的全年各项工作计划的官方文件,更是难上加难。

由于国家所有的行省[7]都按照"月相—月份"的历书行事,所以说,全世界没有一本书像中国的历书发布得那样隆重。在此之前,皇帝已有告示,胆敢印发另外一种历书[8],或者擅自更改官方发布的历书,哪怕仅仅是增删一个字,也是要判死刑的[9]。如果什么人见到一本没有钦天监印章[10]的历书,那他一定认为这是伪造的[11]。在数亿人口的大国里[12],人人都要买一本新的历书。最后[13],我的名字作为作者被印在了历书上,我的头衔是"钦天监的监正"[14]。

这样,参与会审的几名官员[15]向皇帝递上了几份奏章,反对我的奏章,但都是徒劳的。他们再三地传唤钦天监的官员(他们也是我的学生,当时有大约160名)[16]到会,向他们询问有关闰月的问题。他们中间没有人敢于或者说有能力反驳我的主张。最后,委员会的首席长官,一名汉人(由于有关科学问题,满人不依靠他们自己而是依靠汉人[17])以其他名义单独召见了我。他用柔和的、恳请的语调,私下里秘密地询问我,是否再三地考虑考虑,是否能找到一个方法,来掩饰这一事件,"因为,"他继续说,"这将是一件非常可耻的事情。当周边的那些敬重中国的历书并遵循中国的历书行事的外国人,得知中国的历书存在如此之重大的错误,以致当年的整整一个月不得不被删除,这肯定将会损害中国的威望!"这些就是他说的话,但是他的话没有使我改变态度。我回答说:"依我看,如果掩饰这件事,只有一个严重的后果,就是中国的历书与天象不符。"[18]当他听到我这样的话,就说:"既然如此,那么,这个闰月就应该必须删除掉了。"[19]

由于这一原因,一则皇帝的圣旨以最快的速度传播到帝国的各个角落[20]。圣旨说,为了与我的历书相一致,下令删除原历书中来年的那个闰月,或者说,在来年的月份中不要计算它。难以想象,将有多少麻烦会随之而来,将因此而产生怎样重大的影响!此外,对众多不了解天文学的民众来说,这也是难以理解的,什么原因使这整整一个月中所有的日子被从日历中删除掉了?它们什么时候消失的?跑到哪里去了?

的确,是天主仁慈的圣意,以它的非凡的计划,通过它所安排的机会,挑选出这一个特殊的发生错误的年份(而不是另外一年)以扭转以前对我们不利的形势,借助一个在整个帝国具有崇高威望的伟大的当权者的力量,致使一个傲慢的民族现在接受了,甚至是在违反他们自己的意愿情况下,接受了一个显然是有损于他们的主张[21]。这一主张是:"如果欧洲的天文学(而对中国人来说,正像他们自己偶尔承认的那样,天文学仅仅是被置于次要地位的一种乐事)能够如此精确地说明天体运行的规律及其形成原因,那么天主教将一定是更加完美地与这些真实的规律和起因相适应!这就是这一穿越了半个地球之后[22]才来到中国的宗教所恳切表达的意图,也是这一宗教唯一的宗旨,正像它所再三声明的那样。"

注 释

[1]我们发现本书的第七章与南怀仁写于 1678 年 8 月 15 日的一封信(*Corr.*,pp.244-245)除了只有微小的不同,几乎是逐字逐句地相同。它几乎是在逐字地重复两个段落,一段为一页半,另一段为半页,这只能解释为南怀仁在自我引用。因为本书中所提供的证据显示(见本书卷首"导言"4.3),本书起草于 1679 年(1680 年年初),因为这两个段落已经出现在 1678 年 8 月的信件中了,此信也已经刻印出版了(见C.R. BOXER,*Xylographic Work*,p.203),所以这两个段落最初一定是属于 1678 年撰写的供传阅的信件,一年之后,又被作者引用在他的研究中。因此在本书中,其不同之处(将在注释中指出)必然仅仅在于个别错误的自我更正。然而正如新近发现的 *C.H.* 中的资料,这一章的原始草稿已经在 1676 年就完成了。在 1678 年作者对其进行了若干改写和修正之后,最后在 1679 年至 1680 年之交成为本书的一部分。

[2]虽然南怀仁很频繁地使用"沉稳"这个词语,它在这里显示出了所有的可能性和它的全部的含义,然而自从康熙八年三月初(1669 年 4 月)以来,还是有好的理由使人匆忙:原来安排在康熙八年的闰月,在南怀仁紧急的要求下被取消了,改为安排在康熙九年(1670 年)的第二个月;康熙九年的历书,根据在本书下一章中描述的程序,已经

在康熙八年四月初之前，由现在负责此项事务的南怀仁在接手工作不到一个月时间内就编订完成了！

[3]所有关于这一问题和引进96刻西方计时体系的奏章，都被收集在日期标为康熙八年二月的文献摘要里。

[4]"Expungendum"是一个被忽略的拼写错误，在最初的木版刻印的信件中，原词应为"expungendam"，见 *Corr.*，p.244。

[5]遵照在本书第八章中描述的程序，康熙八年（1669年）的历书（即当年的历书），是于康熙七年十月一日送到各个行省，在那里刻印，然后在同年的十月一日分发。

[6]在原版中作者使用的是"intercalandi"（*Corr.*，p.244），而不是"calculandi "。

[7]关于有关此项的详细说明，见 *Corr.*，p.244。

[8]关于这项禁止私自印制历书的禁令（在康熙二十二年即1683年的历书上）的德文译文见L.W(IESINGER)的 *China und Europa*，p.141，法文译文见C.MORGAN，*Tableau*，p. 21。LO-SHU FU，p.422，n.13："非法的历书印制者依法将判处死刑。检举和逮捕犯罪者的人将得到50两银子的奖赏。如果任何一本历书没有礼部的印章，将被视为是私自刻印的历书。"举例说，南怀仁（康熙十一年七月二十二日，即1672年8月14日）要求严厉地惩罚私自刻印杨光先版本的历书的杨燝南。（中译者注：据《熙朝定案》载：南怀仁于康熙十一年七月二十一日（即1672年8月13日，上《历典之颁行大定奸民之藐旨宜诛》一奏，曰："……历法已晦而复明，国是已摇而复定，将奉此宝历传之无穷。夫岂得而訾议之哉？顷见有江南吴县奸民杨燝南捏造《真历言》一书，妄肆讥刺钦定之成历……"黄一农先生有《杨燝南，最后一位疏告西方天文学的保守知识分子》一文，专论杨氏家世及此案始末。）

[9]见 *Corr.*，l.c.。

[10]钦天监印章显示如下汉字："钦天监时宪书（钦印）"。见安文思信件ARSI，JS 142，nr.14，f°10v.。

[11]此句话在本书第一版中没有。

[12]根据安文思 *N.R.*，p.49，在17世纪末的中国，有11，502，872个家庭，59，758，364个男性居民。在A.KIRCHER，*China Illustrata*，pp.167-168提供的教旧日统计数字为新的数字，为10，058，867个家庭和58，916，783个男性居民。后来在卫匡国的《中国新图》（*Novus Atlas Sinensis*），p.5又调整为58，914，284个男性居民。此数字与F. CARLETTI（*Ragionamenti del mio Viaggio Intorno al Mondo*，pp.168- 1711）基本相同。这些数字最初来源于《广舆考》，在该书"跋"中注明其刻印时间是1595年。参考H. BERNARD，*M.S.*，12，1947，p.134。

[13]在现存的历书上，钦天监监正和官署的印记标在历书的最后，也就是说，印在第二部分（补书）占星术的附加内容之后（见本书第八章注释13）。但是，根据FAURE所述，监正（比如说汤若望）还要在他的名字之后加上两个汉字"历法"，用以表明他的

首要、精确的责任就是在天文学,即"历法"的那一部分:"我要求你们注意:在每一项工作的后面都标有钦天监监正和官署的印记,但不同的是,监正还要在他的名字之后加上两个汉字'历法',用以表明他的首要、精确的责任就是在天文学,就像之前我提过的那样。"

[14]南怀仁负全责所编制的第一部历书,即康熙九年(从1670年1月21日始),他的头衔仍然是"监副"。为了这件事,南怀仁在写于1670年1月23日的信件中流露出他深深的抱怨(见 *Corr.*,p.161)。因为康熙九年的历书通常是要在康熙八年的二月或三月(1669年3月或4月)印制,这一头衔反映出恰恰在那个时候关于他作为钦天监的首脑的任命的官僚的和政治的谋略(见本书第六章注释20)。总之,康熙八年六月十五日(1669年7月12日)南怀仁提出的谢绝对他的钦天监监副的任命的要求得到了批准,在这之后,他以"治理历法"的头衔负责有关制定历书的事宜。

[15]作者在书写较长的拉丁文句子时不止一次地发生省略了动词的语法错误,此处也是一例。另一方面"consiliarii"一词显然是将"conciliari"一词拼写错误而致。这种拼法在南怀仁1678年写的信件中也能看到(见 *Corr.*,p.245)。

[16]1669年4月,对在钦天监中天文科里的南怀仁的"弟子",被称为"天文生"(从九品)。南怀仁在1670年1月23日的书信中提及他们。当时天文生的人数大约是100名(见 *Corr.*,p.162)。1671年1月1日,天文生的人数增加到300名,这似乎标志着事业成功的巅峰。其原因部分要归功于康熙九年九月三十日(1670年11月12日)皇帝颁布的圣旨(见本书第十一章注释21)。根据南怀仁于康熙九年七月二十三日(1670年9月6日)提出的要求,皇帝颁旨,命八旗的每个旗选派10名,总计80名官员入钦天监。这一大发展给南怀仁带来的困扰,在他1671年1月1日的信件中做了充分的描述(Ajuda,JA 49-V-16,f°411v.)。1676年天文生的人数又令人非常惊讶地回落到160名(见 *C.L.Org.*,fig.la)。

[17]这一插入语,在 *M* 中没有,在原始信件中也没有(见 *Corr.*,p.145),那么就一定是出于南怀仁著的本书的原文。这证明满族人面对汉人还存有文化自卑感:"东方的鞑靼人对汉人充满了崇敬之情,即使他们已经统治了全中国,但是他们还是竭力去模仿汉人的做法,不只要学习这道德和科学文化方面,也模仿汉人的错误和不足。"(见 *Corr.*,p.243)

[18]见安文思1669年11月10日信件,pp.34-35。

[19]全部情节还可以在聂仲迁(p.35)和恩理格(f°6r.)的信件中找到。他们在信件中描述了1669年2月26日召开的议政王贝勒大臣九卿科道会议的第三次会议的情况。而且信件中还充分地描写了会议上众人的反应。信中写道,南怀仁的回答曾得到普遍的赞同,甚至还赢得了欢呼和掌声。

[20]更为准确地说,在康熙八年三月十二日(1669年4月12日)颁布的圣旨有如下内容:

第一,下令使用以每日划分96刻的计时体系为基础的天文历算方法;第二,废弃原定于康熙八年内的闰十二月,而在康熙九年置闰二月;第三,将此项决定迅速通告整个帝国。这一圣旨连同礼部的相关奏折,被保存了下来。这一不同寻常的事件,十分自然地被当时的多位耶稣会士在发往欧洲的信件中记载了。如聂仲迁(p.37/CHR.)、恩理格(f°6v.)等。"在那些天里,皇帝根据南怀仁的建议,下令不许增置闰月,而每年有12个月。根据传统,皇帝颁布的这个法令将通告全国各省市","就像在全国通告的那样,你看到南怀仁神父的权力:在皇帝及法庭的批准下,将该年历法中设置十三个月的做法撤销。这是前所未有的事情,因为对于中国人来说,一旦历法被认可、公布出去,再做改动,是非常有失尊严的"。关于在中国史料中的回应,见L.D.KESSLER, *K'ang-hsi and the Consolidation of Ch'ing Rule*, 1661-1694, p.63, and n.49。

[21]在本书和其他著作中,南怀仁一直坚持耶稣会在试图转变中国知识分子(包括满人和汉人)的信仰时,所采取的"理性策略":通过充分地推理论证,中国的知识分子几乎不可避免地不得不做出这样的结论,即天主教是真理。除非他们以种种借口,不愿意逃离旧有的思想模式,像他们经常做的那样。

[22]从欧洲到中国的距离,传统上是由耶稣会士们计算的。他们倾向于用中国关于里程的表达方式,即8万里到10万里。参见本书"前言"注释15。

第八章

三个部门负责有关天文的三方面的事务，每年出版三种不同的历书。三种不同历书的科目[1]

在关注那年的历书和天象一段时间，将历书调整完毕之后，我把注意力集中在与钦天监相关联的其他事务的恢复和重建上[2]。钦天监处理与天文有关的事务主要[3]有三个机构[4]。其中之一位于城市的东边[5]，也就是观象台的所在地；另一处在城市的西边，邻近我们的住所，这是教授天文理论和计算方法的地方[6]；第三处位于城市的中央，离紫禁城不远，是钦天监的长官行政办公的地方[7]。

另一方面，现在处于兴旺时期的钦天监包括三个科，在这之前甚至还有第四科[8]。第四个科是属于穆斯林的[9]，他们每年也向朝廷呈献他们的历书。在这之前的数百年，他们也有自己的办公地点。在汤若望时代，还保留有若干遗址，但是现在已经完全消失了[10]。

第一个科[11]由那些专门负责印制和发行每一年历书的官员组成。这一历书中还记有关于日食、月食，以及根据它们计算的其他事项。每一年这带有星历表的历书都毫无例外地要刻印发行，而且有三种汉文版本和三种满文版本[12]。其中最小的一种叫作“民历”[13]，有规律地排列出全年以月亮的圆缺确定的各个月份（即“月亮—月份”方式）和每个月的不同的日子。在每一天的下面还注明以下内容：几时几分日出，几时几分日落，白昼有多长，黑夜有多长等。这种历书是依据各个省份的不同的纬度来计算的，并且以6天为一周期，标明在历书上[14]。此外，还有几时几分为月望，几时几分为月朔，何时为上弦月，何时为下弦月。最后，日历还标明太阳进入黄道十二宫的一度和半度的时与分。

自古代以来，中国人把黄道十二宫的一度分为两半，这样，整个的黄道被划分为24个部分。每一部分都取了不同的名称[15]。一个年份的第一天和一个月的第一天开始于太阳和月亮的“朔日”，这发生在离宝瓶座15度很近的地方。从这里他们也计算出春季的起始点（立春）。他们还计算出夏季的起始点（立夏）于金牛座15度，秋季的起始点（立秋）于狮子座15度，冬季的起始点（立冬）于天蝎座15度。

每一年的第二个月的第一天，按照欧洲天文学[16]草拟的历书样本[17]（来年的历书）呈献给皇帝[18]。在第四个月的第一天，这一样本由文官送到每一个行省[19]。这些文官同时又是军队的首领。按照这一样本[20]，刻印全省的日历[21]，如此就能够[22]在第十个月的第一天[23]将来年的日历发行完毕。历书的首页盖有钦天监的大红印章[24]。一同发布的还有皇帝的诏书，上面写着：严格禁止私自刻印历书。违令者死。这里所说的“私自刻印历书”就是指没有盖上钦天监印章的一切历书[25]。

还刻印出版了第二种历书,即所谓的“行星历”[26]。它清楚地显示了全年每一天行星的运动[27],它与阿格鲁斯(Ephemerids of Argoli)[28]历书和欧洲计算的其他历书使用了相同的方法。它指示出每一个行星在每一天距离天空中二十八星宿[29]最为靠近的星宿的距星有几度几分。此外,还加上当月亮和不同的行星进入到一个新的位置的时间是几时几分。另有关于行星之间关系的内容。除此之外的其他方面,该历书都省略了。

上述这两本历书每一年都要重新刻印,而第三本[30]则是仅仅提供给皇帝的抄本。由于它的美观与实用性,其实这第三本甚至比正式出版的两本还要有价值,因为它见解卓越且非常有用。它显示了月亮与行星的所有的交会日,指出每一天它向恒星在纬度1度之内的接近,或者相互之间的距离。这些试图揭开“月视差”[31]之谜的人们,清楚地知道这种计算将会遇到多少难题!的确,这工作一点也不比计算日食容易。相反,要比计算日食复杂得多。一个简单的原因,日食发生的概率很低,有时好几年才能看到一次;然而月亮与恒星的交会发生在一年的每一天,甚至一天会遇到二至三次。

但是对能够懂得天文学的人,这些问题都是不难解决的。此外,这本书还指示了其他五大行星相互之间的交会,以及它们与恒星之间的交会。这些恒星,我的意思是指相互距离在纬度1度之内的恒星。

由于这一原因,我们不得不像那些钦天监的官员[32]一样十分小心地行事。那些官员们每天夜里轮换着一个接一个地到观象台观测天象,他们不得不特别严格地完成自己的工作,因为万一发生什么疏漏,他们就会被撤职!不管何时,如果发生月亮与行星交会的天象,或者是月亮与巨大的、被称为“一等星”的那种我在前面提到的二十八星宿之一的距星交会的时候,钦天监的监正就得向皇帝上奏折,报告所有的情况,报告在观象台观测到的这一“月—星”交会,与计算的结果是相符还是有偏差,与经常发生的日食和月食一样。日食和月食问题我将在后面加以讨论[33]。

当我清楚地[34]认识到这样一个事实,即尽管是欧洲最杰出的天文学家和最著名的天体运行的观测也会出现误差时[35],我便毫不怀疑,我得到天主非凡的神意的相助。因为许多年来,中国人一直仔细地将我们的天文学和我们的计算与实际的天体运行情况进行比较,但是居然没有找到一个明显的偏差!我一直坚持这样认为,这都是天主以超人的仁慈掩盖了我们的过失,用发生在观测者身上[36]的粗心大意,用云层的遮挡,或者用上天同样的无比宽容的垂爱，而使所有的事情都朝有利于我们宗教的方向发展。

注　释

[1]本章（以及从第九章到第十一章）中的很多情节大量地甚至是逐字逐句被 J.F.WEIDLER(IUS)引用在他的著作中，即 *Historia Astronomiae Sive de Ortu et Progressu Astronomiae Liber Singularis*，Wittenberg，1741，pp.255-257。

[2]在那个时代来自中国的所有拉丁文资料（包括汤若望、恩理格、聂仲迁等人的信件与著作）中，"Tribunal Mathematicum"（数学局），几乎就是钦天监的同义词。这可能反映出在古典拉丁文中，"数学"就等于是"天文学"（见 A.LE BOEUFFLE，p.62），正如南怀仁最初的责任大概是局限于有关历书的事务（见本书第六章注释20），"恢复"和"重建"所表达的意思可能就是，他从历法事务向天文和计时逐步地扩张他的控制力。"重建"这个词语显然应被理解成恢复西方的计算方法和废除杨光先时期（1665—1669 年）所做的所有的改变。举例说：a.杨光先在类似"大春"仪式（ceremony of the Great Spring）的一些迷信仪式上的表演（见 I.PIH，pp.193-196，有关描写见聂仲迁的 *Histoire*，pp.318-319）；b.杨光先将穆斯林"回回历"体系并入钦天监；c.随后杨光先又引入穆斯林历法计算方法；等等。甚至在 1671 年南怀仁还在努力为他过去的学生，比如博学的鲍英齐，恢复名誉而奔忙（他于康熙十年六月二十七日，即 1671 年 8 月 1 日提出要求）。

[3]除了在这段文字中提到的这三个部门（即时宪科、天文科、漏刻科），还有其他一些地点也属于钦天监的管辖，例如在本书第六章中提到的钟楼脚下（参见本书第十一章注释 6），还有本书第十章中谈及的，在日月交食之时官员们聚会的地方。日月交食时，官员们聚会在礼部的庭院中。

[4]"Tribunal"这个拉丁文词语，相当于中文中以下几个意思：a."部"，即中国朝廷中的"六部"；b."监"，即钦天监；c."司"；d.有时还只属于"部""监""司"的官府建筑。"就像你看到的那样，钦天监就是个研究机构、大学，它不该被称为法庭，因为除了对雇工和学生在天文方面犯的错误，它没有任何裁判权，就像一位大学的校长面对学校的学生和老师一样。"见聂仲迁，ARSI，JS 122，f° 339r.。

[5]比较在 *CL.Org.*，fig.la 和本书中的记载，观象台与西堂的距离，正如戴进贤所计算的，大约有 8 里路。这一数值与南怀仁的吻合。位于城东的观象台与"东司"（或称作"东局"）无关。"东局"系魏文魁在 1634 年为恢复中国旧式历书而成立的，虽然那里也有高达 40 尺的观象台和若干天文仪器（见汤若望 *Historica Relatio*，f° 187v.及 K.HASHIMOTO，*Hsü Kuang-ch' i and Astronomical Reform*，p.70），但是它仅仅存在了 4 年（1634—1638 年）（见 LO-SHU FU，II，p.421，n.8）。

[6]此处称作"历局"。其位置在宣武门内，紧邻西堂。根据汤若望记载（*Historica Rela-*

tio,p.321),这一机构紧靠西堂耶稣会士居住地,后来,圣救世主(Holy Savior)教堂就建造在历局和耶稣会士住所之间。历局的原址是属于东林党的"首善书院"(参见 K. HASHIMOTO, *Hsü Kuang-ch' i and Astronomical Reform*, pp.39-41)。徐光启在 1629—1630 年间创建了第三处天文机构(中译者注:即区别于官方钦天监和魏文奎东局),相对于前面提到的"东局"而叫作"西局"。不仅天文学的百科全书(中译者注:即《崇祯历书》)是在这里编译的(见本书第六章),每一年度的历书也是在这里编订的(见汤若望 *Historica Relatio*, p.321),而且还有一个制造仪器的作坊。在汤若望时代,这里已经是一个教授课程的地方了(见本书第十二章注释 14)。南怀仁在写于康熙九年七月二十三日(1670 年 9 月 6 日)的信中证实了这一点,信中描述了在受命负责天文历法事务之后,他是如何重组这里有关欧洲天文学的教育的。他说:"自从我受委托治理负责历法天文事务以来,我召集一些官员和学生,开办了一个机构,给他们讲一些课程。作为必要的一项,我要考查一下他们是否掌握必要的物理和数学知识。"

[7]根据 *CL.Org*.和本书的记载,此处是整个钦天监衙门最大的一处办公地点,在 1677 年至 1678 年间可以容纳 160 到 200 名官员。它也许符合宋君荣在 *Philosophical Transactions*, 50.2, 1758, p.682 的地图中所指示的"钦天监"的位置。

[8]"Classis"是南怀仁用来表示中文中"科" 的拉丁词语(见 J.LE FAURE, ARSI, FG 722/nr.23, f°2v.)。在明代,钦天监属下有四个科(见 HO PENG-YOKE, p.142)。

[9]这第四个科,称作"回回司天",他们每年编订的历书叫作"回回历"(参见本书第一章注释 31)。

[10]1657 年由于吴明烜参劾汤若望失败,其结果是"回回科"被废除,并入"时宪科"(见本书第一章注释 31),后来在鳌拜摄政和杨光先重主钦天监的时期(1665—1669 年)又暂时得以恢复:"穆斯林人可以在钦天监中有自己的一科(即回回科),但是已故的顺治皇帝曾下令,禁止使用他们的计算方法和历书。很明显,他们现在要求政府接受他们错误的历法,承认其是正确的,这样的做法完全是被嫉妒和仇恨蒙蔽了双眼。"(见毕嘉 *Incrementa*, p.228 及柏应理 1668 年的一封信)此外南怀仁在他的《测验纪略》中也提到这第四科。在南怀仁被任命为钦天监的实际首脑之后不久,这第四科必然地被废除了。

[11]这负责历书的部门叫作"历科"或"时宪科"(见 J.PORTER, p.64, CH.O.HUCKER, nr. 5251)。根据 CH.O.HUCKER 所述,时宪科的职责是确定每一年的 24 个节气和 5 个节令,编制每一年官方发布的历书。科内又包括五个小部门:春官、夏官、秋官、冬官、中官,称为"五官",每官负责一个节令。A.VÄTH 提到这个科细分为三个小组,第一组的职责是观测和记录天象,第二和第三组的任务是为举行重大典礼仪式选择良辰吉日,等等。南怀仁没有提及后者,其原因可能由于他对后者这些任务是根本不赞成的。

[12]更准确地说,两种历书(民历和行星历)和一部历书手稿,是为了给皇帝的。据柏应

理 *Histoire d' une Dame*, p.98，满文译本可能不是由南怀仁编制的，而是由钦天监里一些满族官员翻译的，就像在明末时一样（见 A.SCHALL, *Historica Relatio*, f°217r.）。满文历书是从 1653 年才开始印发的（见恩理格著 *Lettres et Mémoires d' A. Schall*, p.166n.4）。甚至蒙文版本的历书，也是由蒙族官员翻译的。一本南怀仁编订的民历的蒙文本现保存在哥本哈根皇家图书馆（参见 W.HEISSIG-CH.BAWDEN, *Catalogue of Mongol Books, Manuscripts and Xylographs*, Copenhagen, 1971, pp, 183-184）。关于清代历书的话题，见 C.MORGAN, JA 271, 1983, pp.363-384, and R.J.SMITH , *Fortune-tellers*, pp.74-91。

[13]或称为"普通历书"（见汤若望 *Historica Relatio*, f° 186v., p.25）。举例说，中文叫作"新法民历"或"黄历"。这其中包括截然不同的两部分：a.历法，见 J.LE FAURE, ARSI, F.Ges.722/nr.23, f°2r.："第一部分被称为历法，好像是一种法规，它包括根据天文规则推算出的一年当中每日、每月的序列以及类似的东西"；"第二部分叫作补书，尽是迷信，比如什么时候应该做什么事、实体、环境、中国思想中一些谬论，他们认为生意的兴败与否，取决于所选择时辰的对错"。b.附加了占星术内容的部分，称作"补书"（或"补注"）。只有第一部分才是由钦天监监正，如汤若望、南怀仁等人编订的，因此他们不能接受说他们从事了迷信活动的谴责。可能正是因为如此，南怀仁在这里没有提及民历的第二部分。提到这一问题的欧洲资料，见A.VÄTH, pp.267-269 和 pp.271-272。最流行的历书称为"通书"，它源自民历，但是附加了各种各样的"补注"，在各个地区自行印制。见 C.MORGAN, *Tableau*, pp.25-29, and M.PALMER, *T' ung shu. The Ancient Chinese Almanac*, London, 1986。此书的部分描述是重复了本书的内容。

[14]自从汤若望以来，这些日子，以及太阳进入黄道带的入口的位置，都是以各个行省的省会位置来计算的，不仅仅以北京的位置计算。见汤若望 *Historica Relatio*, f°187v., 参见本书第十章注释 4。

[15]这就是黄道带上每每相隔两周的 24 个阶段（即中国人称作的"节气"）。耶稣会士们将此错误地当作了黄道带上希腊—埃及 12 宫图。事实上两者并无共同之处（见 J.NEEDHAM, 3, p.404）。

[16]在 1665—1669 年间的迫害之后，任何一个关于西方计算方法的外在标志，都是力求避免的。在这之前，汤若望习惯于这样的提法："根据西方新法"。这句话成为杨光先攻击的目标之一（见李约瑟, 3, p.449）。

[17]也就是"民历"和"行星历"的手稿。

[18]比较汤若望在 *Historica Relatio*, f° 186v. 和 A.VÄTH, p.272 提供的信息，根据后者得知，历书的稿本除了需呈献给皇帝，还要呈给礼部官员和钦天监监正。根据前者，打算用于北京的、献给皇帝的历书一般在四月初刻印。为印制历书所需的纸张费用，在 1667 年达到了 800 两银子（引自 I.PIH, p.196）。

[19]更确切地说，是两本历书的样本。根据 H.HAVRET ~ CHAMBEAU，*Mélanges sur la Chronologie Chinoise*，p.29、93，历书的两本样本被送往各省的布政司。历书的样本是由经历司印制，由理问厅发布的。（中译者注：据清代顾禄所著《清嘉录》卷十二"送历本"："闻、胥一带，书坊悬卖，有官版、私版之别。官版例由理问厅署刊行；所谓私版，民间依样梓行印成，仍由理问厅署钤印，然后出售。"王稼句等点校，中华书局2008年出版。）

[20]在南怀仁于康熙十四年十二月九日（1676年1月23日）的奏折中，抱怨说，发往各省的历书的稿本，常常未经钦天监监正的查证和确认，其结果是在各省流行的历书经常是伪造的赝品。

[21]虽然在17世纪，拉丁文的两个词语 excudere 和 imprimere 的使用往往是不加区别的，当说明中国的印刷术时，它们则是被用来区分为前后两个阶段，excuduntur 是指将文字刻在木板上，而 imprimuntur 则是指用木板将字印到纸张上。在各个行省印制历书的权限是在各地方的经历司，而颁发历书则是转交理问厅办理。

[22]见 *Better Possint*。

[23]这项惯例（不是严格固定的规章）始于1367年，其目的是为了有更充足的时间将历书分发到使用者手里。关于颁发的仪式，见本书第九章。

[24]见本书第七章注释10。

[25]私人刻印的历书是非法的。见本书第七章注释8。

[26]即"七政"（关于对"七政"的描述，见 A.VÄTH，p.368；汤若望 *Historica Relalio*，f°186v. p.25）。书中包含的仅仅是经过严格的科学观察所得到的结果，这样才不致招来在罗马的天主教当局的批评，和在北京的一些传教士的批评（见汤若望 Apologia，in ARSI，JS 143，f°102r.以及安文思的信件 ARSI，JS 142，nr.14，f°2v.）。一本1686年版的两种文字（汉、满）的行星历书现保存在布鲁塞尔（Kon.Bibl.，VH 8011 满文和 VH 8428 汉语）。此书由安多做了简要的评注，最初在巴黎耶稣会学院中发现（参见 L.VAN HEE，"Verbiest Écrivain Chinois"，p.15，n.1）。

[27]"七政"表示七个天体，正好是太阳、月亮和五大行星——即木星、火星、水星、金星、土星。

[28]见本书第四章注释8。

[29]二十八宿，即二十八个星座，这是中国天文学家将星空划分的28个区域。（中译者注：二十八星宿是星空区域概念，即将赤道附近的一周天按照由西向东的方向分为二十八个不等分。二十八宿分成四个大天区，用动物的名称来命名叫作四象，每"象"都含七宿：东方苍龙，包括角、亢、氐、房、心、尾、箕七宿；北方玄武，包括斗、牛、女、虚、危、室、壁七宿；西方白虎，包括奎、娄、胃、昴、毕、觜、参七宿；南方朱雀，包括井、鬼、柳、星、张、翼、轸七宿。）

[30]这第三本历书在汤若望时代的史料中都未提及（见 *Apologia*，ARSI，JS 143，f°102r.）。

这可能是由南怀仁创新的。一本1674年的这种历书的样本保存在巴黎国家图书馆(Chinois 4926)，并带有安多用拉丁文手写的标签，最初也是发现于巴黎耶稣会学院。H.BOSMANS在*Les Écrits Chinois*，pp.279-280中对其作过描述。

[31]在天文学中，视差表示的是角度的测量，用来计算从地球到任何一个天体的距离。对于精确地确定日食和月食的相位，以及计算月球与黄道带中的星体及五大行星的联系，它也是不可缺少的。

[32]这些人是钦天监中天文科的官员和天文生，他们的情况可见本书第七章。南怀仁显然对他们的可靠和可信赖的品格相当欣赏，但是李明(L LE COMTE)在*Nouveaux Mémoires*，pp.122-123中则表达了相反的或者说是表示了很怀疑的意见(参见本书的第十二章注释42)。总之，近来的研究中对他们的评价是积极的："这些中国人是在文艺复兴运动之前的各个民族中，最为百折不挠地和最为精确地对天象进行观测的人。他们为在中国古代天文史中留下精确、可靠的记录做了大量的工作。假如汉学家和天文学家能够很好地合作，他们对中国的古代天文学家将会有一个统一的评价，即在一个很长的历史时期，除了中国人的天文记录，没有其他人的记录能够留传给我们。"见李约瑟*Clerks and Craftsmen in China and the West*，p.2，又见K.HASHIMOTO，*Hsü Kuang-ch 'i and Astronomical Reform*，p.143。

[33]见本书的第十章。

[34]同样的反映见*Corr.*，p.356(Sept.15，1681)。

[35]举例说，恩理格在他写于1670年11月23日的信中，报告了第谷体系月相表的不可靠性(f°5r.)："害怕是有理由的：很多人认为第谷月并不和大气的运转相一致，因此导致一些错误的出现。"又见本书第十二章注释11。

[36]南怀仁无疑联想到他对1665年1月16日的交食现象的预报结果一事。就是在这次预报中，他的计算有5分钟的偏差。但幸运的是，他与中国官方通告的内容没有发生矛盾(见毕嘉*Incrementa*，pp.227-234和A.VÄTH，p.308.)。

第九章

每一年历书是如何呈献给皇帝和大臣的[1]

每年十月的第一天,在皇帝的紫禁城里,下一年度的历书在满朝文武朝会的隆重仪式上发布。于是,那天凌晨,大臣们便早早地出门,赶往紫禁城。与此同时,钦天监的全部官员[2],每人都身着根据他们的品级[3]而确定的、带有尊贵标志的朝服,以隆重的仪仗,护送着这些历书,从钦天监[4]走到紫禁城。

敬献给皇帝、皇后和其他嫔妃[5]的历书都是装潢得华丽考究的特大版本,封面是用正黄色丝绸做的,用绣着金线的绸缎包裹着。这些历书放在一个四周装饰着金边的高高的肩舆里[6],由四十多个抬夫肩抬着上路。这个主肩舆之后跟随着十个,有时是十二个或者更多的装饰金边和四周围着红色丝绸的小肩舆[7]。在这些小肩舆里,放的是给那些与皇帝有着血亲关系的亲王们的历书。这些历书全部都覆盖着红色的丝绸,以红丝线与银线交织的绳子捆绑着。

最后,这些肩舆的后面是几张蒙着红色毯子的案子[8]。案子上是给高官显贵和六部尚书的历书。为了显示他们的官阶和等级,每本历书都盖有钦天监的大印[9],而且历书的封面也都装饰成黄色。与他们能和皇帝一样使用黄颜色相联系,只有一点不同,就是他们等级的标志。在每一张桌子上都附有一份名单,上面清楚地写着那些六部九卿等官员的姓名,这些历书就是属于他们的。

历书就是在这样的仪仗下,按照这样的顺序,从钦天监送到紫禁城的。在这队伍之前,是钦天监的官员以他们自己的顺序排列的队伍。而在他们的前面,沿着大街的两边,行进着长长的皇家乐队[10],众多的乐器演奏着,大鼓和喇叭发出震天轰鸣。当他们到达紫禁城的时候,所有原来禁闭的大门[11]立即都打开了。平时只有在皇帝进出时才开启的中央大道,通向很多宽大的院落。穿过这些大门,穿过中轴路,即所谓的“御路”[12]上的这些院落,装载着历书的肩舆的队伍就像凯旋一样行进。与此同时,所有的大臣分为多排,等候在大道的左右两侧[13]。他们身穿与他们的官阶等级相适应的[14]、织绣着大量金线的、雍容华贵的、精心制作的朝服。

当到达最大的大殿的最后一道大门[15]时,抬夫们把大小肩舆从肩膀上放下来,他们将肩舆和桌子按照先前的顺序,沿着“御路”的两侧摆好。最大的那个承载着给皇帝的历书的肩舆,被放在了中央。最后,钦天监的官员从肩舆里取出给皇帝、皇后和妃子的历书,放在两张全部铺着黄色丝绸的案子上,抬着案子进入内宫的大门[16]。行过三拜九叩的大礼之后,他们把历书呈递给朝廷的总管[17]。总管也是按照严格的等级顺序,先将第一本历书敬献给皇帝本人,然后经过太监们[18]的手,将其他的历书递给皇后和嫔妃们。

钦天监的官员们再返回那宽大的院落,向在那里等候着的六部九卿的众多官员们分发历书。所有皇族的亲王们都派遣他们最精明的侍从到庄严的“御路”,沿着中轴路[19]跑到院落中央。在这里,他们每个人跪下领取发给他的主子即某亲王个人的和亲王府所有官员们的历书(一个亲王府很可能需要1000本历书,但通常只给100多本)。另一方面,其他的高官显贵、六部尚书们也都跪下,从钦天监官员的手中领取到发给他们个人的历书。

当这一分发历书的仪式结束了,大臣官员们都赶忙回到各自按官阶确定的位置站好队,面向皇宫内殿,根据传令官[20]的号令,屈膝下跪。在行罢三拜九叩大礼[21],以感谢皇帝所赐予的礼物,即他们拿到的新版历书之后,他们就返回各自的家。就在同一天,以在北京朝廷里的分发仪式为范例,在各个行省的省会城市的官员们,从总督[22]手里按照他们的级别先后领到他们的历书。为普通百姓预备的历书,每年每个行省都要印制一万多本。因为每一个家庭,即使很穷,也没有不买一本新版历书的[23]。新一年的历书到处都可以买到。

事实上,在中国人和其邻国的君主[24]中,历书就是具有这样的权威性!历书在指导国家事务的权威作用也是如此。当某个人接受了一个帝国的历书,就可以表示他已经臣服和从属于这个帝国了。因此,正像最近发生的事情那样,当汉人的反叛势力[25]的首领(他们也称他为“皇帝”)从满人皇帝手中夺取了几个省份之后[26],就派使臣到交趾支那,劝其国王站到他这一边来,在所赠送的礼品中第一个和最重要的就是一本被他当作是自己的历书的旧式汉人的历书[27],要该国王尊重它。就是通过接受了这本历书的形式,这个国王公开地宣布与反叛者联手造反,反对满人统治。也正是因此[28],恰好在1680年,东京的国王以附属国身份向满族的中国皇帝呈递了一份奏折。我读过这份用中文写的奏折。奏折中他以雄辩的口才控告了交趾支那国王的叛逆行为,证据就是交趾支那国王从反叛首领那里接受了他的历书[29]。

类似的事件发生在四年前。当时一个海盗国王[30]从满人手里夺回了南方的一些岛屿,并以派遣使臣的方法占领了几乎半个福建省。他试图联合同样是反对满人的福建省的第二位皇家亲王[31]站在他一边。他同时要求对方必须尊奉他的历书。当这一要求被后者拒绝后,他就像以前那样向他宣战。

虽然在一个时期里，胜利女神[32]在空中扇动着她不确定的翅膀，徘徊于反叛者与满人——世间的统治者之间[33]，但是现在，在我撰写此文的这个时候，她正在飞向满人一边，从她的号角中可以清楚听到满人的名字！的确，三个要将整个大清国的国家和军队分裂为三部分的叛王[34]，有两个已经重新归附了满族皇帝[35]。在收复了被第三个叛王[36]所占据的那个省份的绝大部分领土之后，满人现正以拔出鞘的利剑威胁着他的后方。

最后，还有我们的对手杨光先的一个例子。在他的极端邪恶的心理和执意要将我们的宗教和天文学斩草除根的动机驱使下，他又写了文章再三强烈地攻击我们[37]。他强调说，根据欧洲天文学的规律来修正我们的历书是不足取的[38]。他说："因为，这就等于是一个非常繁荣的幅员辽阔的帝国向一个很小的外国俯首称臣。"[39]所有这些事例都清楚地证明，在中国，历书和天文学的权威性和所受到的敬重都是崇高的。

注 释

[1]在清代，有关每年官方进献历书的程序记载在1695年编纂的《清会典》卷36。其法文版是由C.MORGAN出版的*Tableau*。其中很多内容与南怀仁在本书中所描写的情节相同。似乎南怀仁笔下的这些颇具吸引力的文字就是《清会典》的最早版本。在另一方面，他个人的亲身感受显示出，这些脱离本书主题的细节描写，对欧洲的读者来说，也是很有必要的。关于明代的有关此事的先例见HO PENG YOKE，pp.138-139所引《明实录》。（中译者注：《明太祖实录》卷228载有一则关于"颁历"礼仪的文字。）

[2]根据汤若望*Historica Relatio*，f°214v.，1644年，钦天监的官员人数经他精简之后减少到70人。另可参见L.LE FAURE，*Tractatus de Tribunali Mathematico Pekinensi*，1664。J.PORTER，p.64中指出：1900年钦天监内除了学生，官员的人数为68人。至于南怀仁时代的情况，见本书第七章注释16。

[3]他们身穿朝服，朝服的胸前有显示官员品级的方形图饰，官帽上饰有顶戴花翎。关于钦天监衙门官员的特殊服饰和顶戴，见J.GRUEBER，p.108。两位监正的品级是正五品，两位监副的品级是正六品或从六品，其他官员是七品或八品。见安文思*N.R.*，p.233，及J.PORTER，p.64。

[4]这就是靠近"西堂"的"历局"，由徐光启于1629年创办。［中译者注：英译者此处注释有误。据《清会典》载："仪仗鼓吹前导，由长安左门入。"而长安左门位于大清门内东北角，即太庙（今劳动人民文化宫）正门前稍东。因此，是从东面进入紫禁城。南怀仁在此处所指的钦天监应在城东之观象台。］

[5]根据中文有关史料,这里指的是皇后、皇贵妃、贵妃和嫔妃。

[6]通过本书和《清会典》的描写,我们了解到什么是“龙亭”。因此将南怀仁文中的“pegma”一词翻译为“(portable) pavilion”。这是在中世纪宗教仪式上用来抬十字架和圣像的一种工具。(中译者注:《清会典》载:“每岁钦天监推来岁时宪书,刊印成书,于九月具题,十月朔恭进。届时黎明,监正率所属官朝服,奉恭进皇帝、皇后、皇贵妃、贵妃、妃、嫔时宪书于龙亭,奉颁给王以下时宪书于彩亭。”)

[7]根据上述中文史料,这是为亲王们抬历书的“彩亭”。

[8]南怀仁文中的“Mensa”,意思相当于中文的“案”,是为“公”们抬历书的。

[9]见本书第七章注释 10。

[10]也就是中文中的“导引乐”。(中译者注:导引乐是宫廷音乐的一种,类似的还有御前仪仗之乐、祀先蚕乐章、丹陛大乐、中和清乐、铙歌及铙歌清乐、凯歌、庆神欢乐、赐宴乐、蒙古乐、班禅之乐等。)

[11]从相关的中文史料中我们可以得知,这是他们进入紫禁城的一个入口,即长安左门。

[12]这是对中文中“御路”的翻译。“御路”这一名词,我是在 L. C. ARLINGTON-W. LEWISOHN,p,30 中看到的。其意思是起始于“大清门”的进入紫禁城的道路。

[13]根据安文思 *N.R.*,p.192,我们可以得知,亲王和文官在御路的左侧,总督和武将在御路的右侧。

[14]从汤若望 *Historica Relatio*,pp.419-421 和安文思 *N.R.*,pp.317-320 中可知各种各样的官员朝服的详情。从 G. DICKINSON 和 L. WRIGGLESWORTH,*Imperial Wardrobe*,(London,1990)书中可以看到官员朝服的图片。

[15]这显然是指“午门”,紫禁城最南面的入口,在午门之外,将历书进献给皇帝和皇后。见安文思 *N.R.*,pp.299-300。皇家的历书将被从“龙亭”和“彩亭”上根据它的接收者的品级,分别转移到黄色的或红色的案子上。

[16]这是指“太和门”,太和殿的入口处(参见本书第二章注释 4)。历书将在这里分发给皇室以外的其他人。

[17]显然这里是指皇宫管理部门(即内务府)的一些人,更确切地说叫作“内务掌仪司官”。这一机构的日常功能之一就是管理城中太监(见本书第十六章注释 11)。

[18]太监又称为“宦官”。关于在康熙皇帝年轻时期紫禁城中的太监的地位,见安文思 *N.R.*,p.309。在鳌拜辅政期间,太监的势力受到了全面的遏制。在这之后,年轻的、无经验的皇帝又逐渐地恢复了他们的权力。这一点令安文思非常失望。在乾清门,即皇帝所居住的乾清宫的入口处,皇家历书转交到了太监的手上(参见 C. MORGAN,*Tableau*,p.18 和本书第二章注释 23)。

[19]在清代的史料中,这叫作“甬道”。

[20]在中国这一官职叫作“鸣赞”,是鸿胪司的官员(见 C.MORGAN,*Tableau*,p.19)。

[21]这就是著名的“叩头”,安文思在 *N.R.*,pp.304-305.中描述了这一仪式。

[22]这些人就是各个行省的总督,中国人称作“巡抚”(见安文思 *N.R.*,p.244)。毕嘉 *Incrementa*,*p*.241 提到“抚院”是对行省长官的非正式的称呼。

[23]这一陈述几乎与利玛窦所述完全相同。然而根据中国官方的统计,在16世纪末,中国户籍注册家庭为10,128,787户。上述各省印制历书的数字(17个行省中的一些省各印制10,000本历书)似乎与南怀仁所述的“几乎没有一个家庭不买历书的”有差异。尽管如此,这恐怕不仅仅是夸张,而是出于本书作者根据“黄历”流行和普及的情况而做出的推断。黄历,又称作“通书”,甚至在20世纪初还有这样的记载:“几乎没有一个家庭没有一本历书的。”(见 M.PALMER,*T' ung Shu*,p.13)J.R.SMITH,*Fortune-tellers*,p.75 中指出,在清代,官方印制的历书总数在2,300,000本左右。

[24]参见 DUNYN-SZPOT,和 ARSI,JS 104,f°265r°:“在中国有一个长久不变的传统,即印度支那、越南、朝鲜等周边国家要给中国进贡,他们向皇帝请柬、献礼,皇帝颁给他们中国的历书,通过这种方式,表明他们隶属于中国,好像中国是他们的天文学老师。他们就是这样在世界的东方长久进行这种‘效忠的’行为的。”

[25]即吴三桂(1612—1678)。见 FANG CHAO-YING,in A.W.HUMMEL (ed.),pp.877-880。他是于1673年12月28日爆发的“平定三藩”战争中的主要人物。这是一场明朝民族主义者反对满族人侵略的起义。在1678年3月23日,吴三桂宣布为“周”王朝的皇帝(仅维持了很短的时间),封他的孙子为“太孙”。这场战争持续到1681年,即他的孙子吴世璠自杀后就结束了。有关这场内战的一些反响可以在南怀仁的若干书信中看到(*Corr.*,p.255,on Sept.1,1678; p.257on Sept.7,1678,pp.310-311 以及 p.357in 1681; p.383on Aug.2,1682),也可以在其他耶稣会士寄往欧洲的通信中看到(见安文思、柏应理等)。关于这场战争的概况,见 H.CORDIER,*Histoire Générale de la Chine*,Ⅲ,Paris,1920,pp.268-270。此一专题的论文集,见 TSAO KAI-FU,*The Rebellion of the Three Feudatories Against the Manchu Throne in China*,*1673-1681*。以及 TSAO KAI-FU 的论著 *The Rebellion of the Three Feudatories Against the Manchu Throne in China*,*1673-1681*:*its Setting and Significance*,New York,1965。作者对该书的摘要发表在华裔学社(Monumenta Serica)XXXI(1974/1975),pp.108-130。

[26]特别是云南、贵州、四川、湖广的部分地区。1676年,在北京的耶稣会士在与俄罗斯外交使节斯帕法里的私人谈话中,表达了他们对这一战争结局的忧虑:“在明朝汉人的统治下的时候,南方各省人民的状况要好于满人的统治时期,现在几乎半个帝国都造反了。所以今后战争将是经常发生的了,只有天主才知道如何结束它。满族人担心他们将被汉人驱逐。为此他们把汉人赶出北京城,以避免在北京城里发生骚乱和反叛。”(见 J.F.BADDELEY,*Russia*,*Mongolia*,*China*,Ⅱ,p.367)根据柏应理的记载,当时南怀仁甚至制订了一个从北京撤出的计划。

[27]这本历书,是以旧式的汉人的风格编制的、排斥一切欧洲的影响的被称作“大统历”

的明代历书。另一则相关的史料来自柏应理:"一个根据中国传统方式编制的历法书,传遍全国,也被使节带去越南和印度支那;但越南的国王不信服,他派人向中国皇帝表达了自己的观点,认为这是前所未有的反叛和不服从。"(Madrid,Arch.Hist. Nac.,Jes.,Deg.272,nr.43(1685),f°7v.)

[28]这公式("ideo")在逻辑上属于下一个句子,尽管其中的标点符号一定是个印刷错误。

[29]"安南—东京"是中国当局和在官方文件中对当时越南的中文提法(见 G.DEVERIA, *Histoire*,p.61,n.3)。这一奏折称作"表",是表示处于从属地位的。在 1668 年至 1669 年之间,交趾支那拒绝从属于清王朝。

[30]这显然是指郑经,"国姓爷"(中译者注:即郑成功)的儿子,以台湾为基地,自 1674 年起联合吴三桂反清。这一事件大约发生在 1680 年的四年以前,即 1676 年。

[31]这一未指名的福建省的"王"显然就是耿精忠。他是于 1671 年被封为"王"的。另外在耶稣会士的资料中还提到另一位在广东的反叛的汉人的"王",名字叫尚之信。(中译者注:作者在正文中称,耿精忠是"皇家亲王",似有误。他是因有战功而被封的"异姓王",与有皇家血统的亲王不同。)

[32]这一提法来自很普通的寓言故事。文中"Victory"可能是一个印刷错误,应该写成 Victoria(即维多利亚)比较好。南怀仁在这一段落中逐字逐句地重复了他于 1680 年 3 月 1 日写给俄使斯帕法里的信件。

[33]直到 1676 年年初,反叛的浪潮还在上升。只是到了这一年的夏天,吴三桂的军队的处境才逆转,从此走上下坡路,形势越来越坏。见 TSAO KAI-FU,*The Rebellion of the Three Feudatories*,p.121; p.126ff.。

[34]这三个藩王分别是吴三桂、耿精忠(于 1674 年加入反叛阵营)、尚之信(于 1676 年 3 月加入反叛阵营)。当吴三桂死了之后,叛军的总司令由吴三桂的孙子(称为"太孙")吴世璠担任。

[35]耿精忠于 1676 年 11 月 9 日,尚之信于 1677 年年底,分别又归附了清王朝。尽管他们已经投降了,但是前者还是在北京被判处死刑,并且于 1682 年公开执行。根据南怀仁书信所载,后者则在 1680 年 9 月 20 日"被允许实施自尽"。

[36]吴世璠在 1679 年年初改年号为"洪化"。"当时他的权力仅仅到达云南、贵州和四川及湖南的部分地区。1679 年年底,贵州重归清王朝,1680 年年初四川被清军将领赵良栋收复。"[FANG CHAO-YING,in A.W.HUMMEL(ed.),p.880]。这就是在南怀仁笔下反映出来的两军对垒的形势。这一时刻,吴世璠已经渐渐地陷入来自湖南、贵州的数位清军将领的团团包围之中(见 TSAO KAI-FU,*The Rebellion of the Three Feudatories*,pp.137-138)。这恰好符合南怀仁在这里所谈到的情况。尽管南怀仁在此表达了乐观的情绪,而战争还是延续到翌年年底才归于结束(吴世璠于 1681 年 12 月 7 日自杀)。

[37]即1665年发表的《不得已》,参见本书“导言”注释21。

[38]见本书所提到的一些汉人的类似的观点。

[39]这段话来自杨光先的《不得已》。这是中国人对世界的看法的典型表述。这突出地反映在中国人绘制的地图上。安文思曾对此作过描述(见*N.R.*,pp.76-77)。

第十章

关于自然现象和日食、月食的预报，以及在进行观测时履行的隆重而严格的仪式

除了上一章提到的三种历书一年一度的计算工作之外，还有另外一个不小的任务也交给了我。在一年中，每半个季度（也就是说每45天之间，当气象条件发生了变化），我要画出一幅天象图[1]，这样每年要画8次。我还必须在每半个季度小心翼翼地预报一次未来天象的趋势和气象的变化，包括这些现象可能导致的诸如瘟疫或其他疾病、食物短缺等，指示出将要刮风、下雨、闪电、降雪的日子，以及将要出现的其他类似的自然现象。这一切都必须以写奏折的方式报告给皇帝。这些奏折后来都转交给阁老的"学院"去存档。任何人都知道这个任务的难度之大，知道它对毁坏一个好的占星家的声誉将会有多么大的危险[2]，除非他做事非常小心谨慎，特别是要妥善对待那些不懂占星学却熟悉其他事情又很机敏的人。

除了上述之外，还有另外一个并不轻松而又带有危险性的任务，这就是计算所有的日、月交食现象。因为这一庞大的帝国划分为17个行省[3]，每一次的日、月交食现象都必须计算出有关各个行省的省会城市的经度和纬度[4]，因此对一次日食的计算，就包含17个行省的数据，汇总起来就是厚厚的一大本。在这些日、月交食中，有些现象是非常错综复杂的。这不仅仅是因为因视差[5]所产生的各种因素，还常常有因光线折射[6]而给人造成的误判。特别是在清晨和夜晚发生日、月交食现象时会出现这种情况，还有就是当日、月交食发生在贴近地平线的位置上时也会出现这种情况。在现今的中国，对日、月交食发生时将会遮盖"多大程度"的数值（分）[7]的预报必须做得非常小心、非常仔细。另一方面，所有即将发生的日、月交食现象的时间都必须提前6个月[8]计算出来，报告给皇帝。这样，有关的消息就能够及时地传到哪怕是最遥远的省份。这就使那里的人们可以在预报的那一天的那个时辰观察日、月交食的天象。

在帝国的首都——北京，接下来的仪式就是观测。在日、月交食即将发生的前几天，礼部根据钦天监呈递给皇帝的奏折中的预报[9]，明悉了日、月交食将在哪一天的几时几分、在哪个地区发生，将会遮盖几分，交食的初始（初亏）、中间（食甚）和结束（复圆）各自起始时间和结束时间，以及其他信息之后，就用大号字写成公告，张贴在公众场合。这就告诫所有的官员，在那一天的那个时辰到来之前，必须到一个既定的地点集中[10]。这样[11]，当观测日、月交食的时刻来临的时候，全城所有的官员就会聚集到事先准备好的钦天监的一个大院子里。他们身穿节日的服装[12]，佩带上显示各自品级的标志。

几天之前,我送给所有的亲王(他们也是在整个北京朝廷中最高贵、最显赫的官员)一个显示日、月交食的图表[13]和附有一系列图片的有关日、月交食全过程[14]的简要图解说明。我还把这两样东西送给在外省的我的神父同僚,他们有了这些印刷品,就可以赠予当地的总督和高官。

与此同时,当北京的官员们在上述大院子里等候日、月交食来临的时候,他们也在观看一个显示日、月交食的模型和图解说明,并且相互之间讨论着即将发生的自然现象。尽管他们对此一无所知,却谈得颇为热烈[15],以此来消磨时间。当他们一看到太阳或是月亮表面光芒开始暗淡下来时,他们就都抬起头来,焦虑不安地凝视着天空,在渐渐变弱的光线下双膝跪倒。按照祖先的传统,他们行叩头大礼,表示对太阳和月亮神圣光芒的崇拜。这时在所有的大街上,特别是在偶像崇拜的庙宇里,顿时锣鼓和其他乐器大作,于是喧嚣的回声响彻全城[16]。他们想以此来表达自己要帮助太阳或月亮摆脱灾难的愿望[17]。这是依据了中国古老的习俗,而这习俗在受过较好教育的人看来是毫无根据的[18]。那些官员们依旧虔诚地跪在那里,只有当跪的时间太久了的时候,才站起来休息一小会儿[19]。这就是他们在尊崇祖先流传下来的迷信,甚至是错误(他们显然已经意识到这是错误的)的仪式时,所表现出来的异常执着的热情[20]。从这些事实就可以清楚地显现出,将欧洲天文学介绍给那些如此顽固地留恋自己传统的民众,以及提升他们以同样程度尊崇的、保持了4000年的中国天文学,将是一个怎样艰巨的任务!在外省的各个省会城市,在总督和其他省级官员的主持下,也举行了极其类似的观测仪式[21]。这就是说,在那个特定的时刻,整个帝国的几亿双眼睛都注视着天空。

与此同时,礼部的其他官员和钦天监的监正[22]一起在观象台聚精会神地观测日、月交食的开始(初亏)、中间(食甚)和结束(复圆)各个阶段。他们认真仔细地记录各个阶段的起始和终结的时刻,和食甚阶段太阳或月亮被遮盖程度(即“分”)的数值,以及最后,记录哪些地区可以观测到这一日、月交食现象等。他们将这些实际发生的天象与预先制作的模型和计算的结果及根据计算印制的阴影图作比较。第二天,他们就此特殊的主题呈递一份奏章,向皇帝报告,根据实际观测,他们原来的计算是否与天象符合。这份奏章要有他们的签名和钦天监的印章。按照习俗,甚至皇帝本人也要在紫禁城宫墙内的住所中仔细地观测这一日、月交食现象[23]。

观测者越是没有经验,越是对天文学不熟悉、不了解,我们就越是要小心翼翼地进行计算。因为无知和愚蠢，他们不知道这项工作的困难，只是指望我们的预报与实际的天象分毫不差地相符合[24]。在中国，在那些大腹便便者和无知愚氓的眼中，四分之一小时的偏离都将被认为是非常可耻的[25]。而在欧洲著名的天文学家，如托勒密和第谷[26]的眼中，即使发生半小时甚至更多时间的误差，都不会有这种感觉。

注 释

[1]在这一章中，南怀仁首次谈到他处理有关气象学方面的职责。这一职责是天文科的职责之一。实际上，我们应该将它称作"天文气象学"，因为根据当代中国和欧洲人的观点，发布大气环境预报是以天文观测为基础的。它还包括对非正常现象的解释（正如在17世纪时欧洲仍然做的那样）。在中国，这种解释几乎完全依靠早先的解释，即保存在档案中的天文记录。早在1668年12月26日皇帝第一次接见南怀仁时就问过他，是否掌握绘制这些天象图的技术（见DUNYN-SZPOT，in ARSI，JS 104，f° 206r.）："皇帝问南怀仁，是否可以对明年春夏秋冬四季将要发生的自然现象，比如雨、雪、冰雹以及其他类似的现象，即中国人称为'天象'的现象做出预报？"U. Libbrecht博士于1985年在北京的明清档案馆（即第一历史档案馆）发现了南怀仁在1677年至1685年撰写的天文气象报告。由P.KONINGS经手的第一次查找，就找到了相当数量的报告（见《耶稣会士南怀仁向中国皇帝提交的天文报告》，发表在牛津1990年《中国科学史第六次国际研讨会》）。这些报告是在每一年中8个固定的、彼此相隔45天时候提交的，也就是说，第一次在立春，第二次在春分，第三次在立夏，第四次在夏至，第五次在立秋，第六次在秋分，第七次在立冬，第八次在冬至。这八个时期被假想为与八种不同形式的风和八种不同的天空星象相符合。这些档案的发现完全确认了南怀仁在这里所写的内容。除此之外，保存下来的这一系列报告，其草拟的时间并非在确定的日期，不同的年份报告的数量非常不同。

[2]"占星家"和"占星术"这两个词都是褒义词（与本书第六章注释[15]相反）。利玛窦在其著作中也提供了值得注意的佐证。另一方面，必须指出，应该把好的占星术和坏的占星术区分开来。好的占星术是可以被罗马教廷接受的。这其中包括：研究天体运行对人和国家发生的作用等。他们认为，天给予人间的信号是在天空中发布的，诸如酷暑和严寒、干旱和洪涝、地震、瘟疫等。坏的占星术，又称为"迷信"，是罗马教会所坚决拒绝的。在中国这是属于风水师、相术师（参见本书第六章注释[15]）和气象学者（参见本书第二十四章注释[4]）所从事的领域。南怀仁在这方面的观点，在聂仲迁的信件中有所印证："我（南怀仁自称——译者注）夜以继日、不知疲倦地投身于有关天文的工作中，根据天象，找出适合农事耕作的日子，或是适合服药的时日，以及适合做其他所有此类部分地受到气候和天象影响事情的日子。但是我可以非常肯定

地说:如何选择黄道吉日和不吉利的日子,跟天与星象毫无关系,也没有任何正确的理论根据。"(ARSI,JS 122,f°334v.)南怀仁深知,即使对于一个在17世纪中叶西方的占星术和气象学领域称为专门家的、在鲁汶大学(这是年轻的南怀仁学术背景所在)任教的麦米肯(Mennekens)教授来说,准确地预报天象和气候变化也是非常困难的。麦氏认为:一些自然发生的确定的天象,比如日出、日落、行星的合与冲、日月的交食等,是可以被精确地预报的;但是另一些自然发生的不确定的现象,比如降雨、降霜、雷电风暴等,只能够依据预报者的经验,以或高或低的概率被预报(见 P.BOCKSTAELE,*Astrologie te Leuven*,p.174 and p.179)。直到17世纪占星术都是天文学中的一个分支(见 J.C.GREGORY,*Astrology and Astronomy in the Seventeenth Century*,in *Nature 159*,1947,pp.393-394.)。

(中译者注:太阳系中某一行星,如火星、木星或土星运行到跟地球、太阳成一条线的时候,如果地球不处于行星与太阳之间的位置时,叫作"合";当地球正处于行星与太阳之间的位置时,叫作"冲"。)

[3]从保存下来的南怀仁日、月交食图,我们可以知道这里提到的17个行省,即北京和16个行省的名称。这些名称自1669年至1686年没有改变过。除了北京和15个原有省份之外,还有"辽东"和朝鲜(见 *Corr.*,p.383;但是安文思在 *N.R.*,p.41,JA 49-V-16,f°176r.-v.发表了对立的观点)。另外在 *Corr.*,p.249 我们发现省份的数目是16,可能是从17个省份中减去朝鲜。此外,安文思在 *N.R.*,p.41,201 谈到,在1668年至1669年间还是维持卫匡国《中国新地图志》在晚明时代的旧的行政划分方法,即15个行省。总之,在1679年至1680年编辑的本书中,关于17个行省的提法,没有反映出康熙在1676年改为设立18个行省的变化(见 B.SZCZESNIAK,*Seventeenth Century Maps*,p.132; TH.N.FOSS,*Western Interpretation*,p.242,n.20)。在1676年的改革中,原来的行政区划"湖广"已经分立为"湖南"和"湖北"两个省,但南怀仁仍然使用其旧称"湖广"(见本书第十五章注释[35])。我们不应该将南怀仁维持旧提法的这件事,解释为他对明王朝忠诚的表现,或者是看作是"反满"情绪的标志,这部分要归咎于他对在中国的耶稣会地理学家前辈的信赖和遵循。这其中最著名的要数卫匡国,他所著的《中国新地图志》一书,南怀仁早在1661年就开始使用了。另外部分的原因是,公众在接受一项改革,到普遍地应用它,必然会有一个时间差。

[4]这是一项由汤若望实施的改革(见 *Historica Relatio*,f°214r)。但是聂仲迁(1669年11月10日信件)和恩理格(1670年11月23日信件)则认为,是由南怀仁在1669年日食发生的时机所实行的改革。这项改革的真实目的将在本书的下文谈及,这是出于一个传教士——外交家的本性(参见本书第八章注释[14])。

[5]参见本书第八章注释[31]。

[6]这一有关对极其接近地平线的行星进行观察时所遇到的麻烦,见南怀仁的《测验纪略》和 *C.L.Obs.*,图片11。此外,对此现象的详细解释见康熙十五年五月四日(1676

年 6 月 14 日)的奏折。

[7]"分"是用来表述在日(月)食现象中太阳(月亮)被遮挡的程度的量词。通常整个太阳(月亮)为 10"分"。

[8]此一事实由汤若望在其 *Historica Relatio*, f°186v.中予以确认。

[9]关于日、月交食预报的程序是这样的:由钦天监上奏折给皇帝,再由皇帝下达圣旨给礼部,由礼部向公众宣布,这与明代的做法相同。(见何丙郁书 p.143)

[10]P.HOANG 指出:这是在礼部观看一次月食的情况。见 *Mélanges sur L' Administration*, pp.92-93。因此这里提到的官员集中的地点是在礼部衙门所在地,而不是在钦天监的衙门所在地。

[11]以下这一段文字描述了"救护日月食"的礼仪仪式。P.HOANG 在 *Mélanges sur L' Administration*, pp.91-93 中记述了该仪式的全部详情。

[12]参见 P.HOANG, *Mélanges sur L' Administration*, pp.92。

[13]南怀仁预报的第一次日食发生在 1665 年 1 月。毕嘉在 *Incrementa*, p.228ff.中进行了报道。他大量地引用了一封现已遗失的南怀仁的信件中的内容。根据我所了解的情况,仅有三份南怀仁制作的日、月交食图表被保存下来,每一份又有若干的副本。这三份是:a.1669 年 4 月 29 日(30 日)发生的一次日食。b.1671 年 3 月 25 日发生的月食。c.1686 年 6 月 6 日发生的月食。第一份和第二份图表的文本标有汉字和满文的标题,也有拉丁文的标记。这些文字和图表以相互联系的第一手资料,使本书的读者获得更好的理解。这满汉两种文字表示了以下内容:a.是哪一种交食现象(即是日食还是月食),发生在哪一天(包括有中国的纪年法和欧洲的纪年法),发生在什么地方;b.在不同的省份可以看到的日、月交食的食甚的情况,即食甚时遮挡部分为几分,还有作者(即南怀仁)的名字。

[14]这些日、月交食图表的注释是用中文和满文撰写的。其中的满文曾被部分地翻译成拉丁文和法文。

[15]南怀仁显然是省略了该仪式的一个重要的环节,即准备"香案"。关于这一点,P. HOANG 在 *Mélanges sur L' Administration*, pp.91-92 中作了详细的描写。

[16]对此,在 *Corr.*, pp.280-285 中有更为完整的描述。作者在那里还谈到人们意在"拯救"太阳和月亮的其他方式,如射箭、官员们的奔跑等。南怀仁在一份关于他的火炮的奏折中十分清楚地表达了他的感受,他说:"我曾担心,我不应该与那些认为敲鼓打锣就能有效地救助太阳的愚蠢的民众表现出过分的不同。"在 E.COURTNEY, *A Commentary on the Satires of Juvenal*, ad Sat.VI, vv.442-443 中,我们可以清楚地发现,在古代社会也有类似的信仰活动,即以同样的氛围、同样由打击乐器发出的嘈杂声音,造成避邪的效应。

[17]从远古时代以来,这种"救助"仪式就经常在发生月食时举行。这在 *Corr.*, pp.280-285,以及利玛窦等人的著作中都曾提及过。它也从古代的原始观念和术语中获得

灵感。南怀仁明确地否定这一风俗习惯，是建立在他所了解的中国古典知识基础之上的。无论如何，从古典的和当时的中文著作中印证，南怀仁清楚地揭示了这一仪式的象征意义，即皇帝是“上天之子”忠诚的代表，所谓“救助”，“是一种为了让灾难远离君王的情感和良好愿望”，“‘救助’者全力保护皇帝，抵御可能对他造成的任何伤害，包括蒙蔽他的光芒和损害他的形象”。

[18]关于与狂热崇拜古老传统的民众相关联的文人圈中的理性者的态度，李明 *Nouveaux Memoires*，p.123 提供了的一个有价值的记载。

（中译者按：李明这本书的中文译本《中国近事报道》，已由大象出版社于 2004 年 7 月出版。现将有关段落摘引如下：“自古以来，当老百姓见到日食或月食都会感到惊奇，因为他们不了解造成日、月食的自然原因。要想解释明白，没有什么荒谬的理由他们想不出来，这些世界上最早的天文学家，在此领域并不比其他民族更理智。他们想象出天上有一条其大无比的龙，它是太阳和月亮不共戴天的仇人，它要把太阳和月亮吞噬。因此，每当人民发现日食或月食开始，他们就会使尽力量敲鼓击盆，发出惊天动地的响声，直到天上的怪物慑于声响松嘴为止。多少年来，上层人士由于读了我们写的书，已经认识了错误。然而，每当发生日、月食，尤其是日食，北京城依然按老规矩办事。”第 83 页。）

[19]P.HOANG 在 *Mélanges sur L' Administration*，pp.93 中提到在 18 世纪初，朝廷制定了在发生日、月食时优待年老的官员，减轻他们痛苦的一些规定。

[20]在南怀仁的 *Corr.*，pp.280-281 中引用了《古文书经》中有关的一段话：“在这里，这种用来对待日、月交食现象的仪式，显而易见地是由儒家学派创建和传承的，已有两千多年历史，出现在佛教进入中国之前。在今天，这种远古传统的仪式由君王和文官们控制和掌管。这些文官都属于儒家学派。他们单独享有制定礼仪的权利和权威。”一部分钦天监的官员对古代的习俗和仪式的疑惑，汤若望也有论及，见 *Hisiorica Relatio*，f°220v：“这些人掌握了几千年前编写的书籍，他们认为必须根据这些条文行事，没有人胆敢自行增删，即使是高官也不行。这些仪式由官员们制定，且得到皇帝的认可。”

[21]一位目睹了在 1660 年浙江金华发生月食时这种地方性仪式的欧洲人，是 D.DE NAVARRETE。他在 *Tratados*，pp.48-49 中报道了此事。

[22]根据 J.PORTER 著作 p.66，除了这位满人监正之外，还有两名年长的和两名年轻的监副，称作“左监副”和“右监副”。

（中译者按：据中国史料，钦天监监副只有两名，即左监副和右监副。）

[23]作者在这里特别关注了年轻的康熙皇帝的态度。康熙第一次对日食进行观测，是在 1669 年 4 月 30 日，他使用了北京的神父们送给他的由三片镜片构成的望远镜。见恩理格 1670 年 11 月 23 日的信件和聂仲迁 1669 年 11 月 10 日的信件。在这一日期和《欧洲天文学》一书的编写的时期（1679—1680）之间，曾经发生了 17 次月食和两

次日食。有关皇帝身穿"素服"参与"拯救"太阳和月亮的活动一事,见 P.HOANG, *Mélanges sur L' Administration*, pp.93。

[24]中国人对欧洲天文学家们的过高预期,与他们在这一领域知识的匮乏,形成异常鲜明的对比。南怀仁在另一不同的场合曾强调了这一点。参见本书第八章结尾部分。又见聂仲迁写于1669年的信件(ARSI, JS 122, f°335v.):"因为在场的目击者和裁判官都是外行,没有一位天文学家。如果发生了微小的误差,比如说差个一两分钟,真正的专家会给予谅解,而这些外行们则认为非常严重而无法容忍。这一点在过去的事件中已得到证实。"

[25]与此类似的记载见 *Corr.*, p.125(April 18, 1668 和 *C.L.Org*.fig.8, f°4v.)。

[26]中国人的这种因无知而导致的苛求,与两位欧洲天文学的领军人物形成鲜明对照。他们是托勒密(Claudius Ptolemaeus, 90—168)和第谷(Tycho Brahé, 1546—1601)。17世纪的耶稣会士在学术上基本遵循了他们二人的宇宙模式:托勒密的地球中心说,和经过修正的第谷体系,即行星围绕太阳运动而太阳围绕地球运动。南怀仁在他的著作中提到了第谷的理论。

第十一章

钦天监三个科的具体任务以及最近出版的《康熙永年历法》

钦天监的第一科(中译者注:时宪科)承担着我在前面提到的每年编写出版三种历书的职责,同时也承担着和日、月交食有关的一切事务和最后所有项目的计算[1]。

第二个科[2](中译者注:天文科)由每一昼夜轮流到观象台观测的官员组成。他们使用天文仪器,对上述的日、月交食现象,以及第一科以计算为基础而预报的其他一切天象进行观测。因为我将这个科的绝大部分工作记载在 *Compendium Libri Organici* 一书中,特别是在"插图一"的项目之下,我不想在这里重复一些说过的内容,也不打算再增加些什么。

第三个科[3](中译者注:漏刻科)是由那些为公共工程,比如房屋、墓地和其他类似建筑修建而确定地点和时间的官员们组成。他们不管走到哪里,都携带着一个罗盘[4]和计时器。此外,当人们打算观测日食、月食或是其他类似的重大天象的时候,他们就在三天之前准备好一个大型的、由青铜铸造的多个容器组成的漏壶[5]。他们负责调试这个漏壶,使它与天象精密地吻合,因为观测往往会在阴天和黑夜进行。他们其中的一部分人,轮换着在紫禁城宫内指定的地点昼夜值班,负责在皇帝询问时向他报告具体的时辰。另一部分人负责为全北京城值夜。他们在一个属于钦天监的地点办公。这一地点正好位于一座高大建筑[6]的脚下。值夜者在其顶端向全城报时。每到一个时辰,他就敲响一个大钟。至于敲多少下,是按照钦天监官员规定执行的[7]。

完成了钦天监几个科[8]的重建整顿之后,当我正在关注我个人的著作和仪器[9]的时候,我还接受了皇帝下达的为了今后数百年大计而扩充天文表[10]的命令。皇帝已经注意到了,我们的行星表和日、月交食表,仅仅涵盖了未来的几百年。他多次向我提及了这个问题。这使我非常清楚地感觉到,如果我能够制定一个适用于今后 1000 年或 2000 年的天文表,他将会非常高兴。

于是我立即启动了这一项工作。首先给钦天监的官员们分配了计算任务,然后将对每一次行星交会和日食、月食等天体运行现象的计算,扩展到未来的 2000 年。对每一种天文现象,我都提供了一个简易的公式,使之可以让天文表永远适用[11]。我将这些新制成的天文表收集编成为 32 卷本的书[12]。这部书在皇室内帑的资助下正式出版了。我在书的首页写下了"康熙永年历法"[13]的书名。1678 年,与一份奏折一道,我把这部用真丝做封面共有 32 卷的书籍呈献给了皇帝[14]。当他接受这部书时,脸上显出真诚慈善的表情。他宣布:"这部书应该载入帝国的编年史,应该得到永久的纪念。"[15]他任命我为第一等级的部门的最高长官,并授予我"通政使司通政使"[16]的官衔。我在第二份奏折中试图婉言拒绝这一官衔[17],但是没有成功。因为皇帝把我的奏折当成了耳边风。

这样,我就得到了一份荣誉证书[18],上面写着:"1676年[19],在整个帝国的人们都在为皇帝确定继承人而欢庆的时候,满、汉人的皇帝颁发给南怀仁一份关于赐予荣誉封号的圣旨。这一荣誉延伸扩大到他的先人。"这一圣旨在中国人中间具有很高的价值,因为他的先人和子孙都能从中享受到皇上给予的恩泽。它将被认为是一份给予这位官员的儿孙以与他同等品级待遇以及他们所热衷的特权与勋章的保证书,即使这些官员出身卑贱,曾经属于下层社会[20]。

皇帝颁发诰命,授予南怀仁神父崇高的荣誉和封号

我,奉行神圣法令的皇帝,作出以下的决定。为了创建一个好的帝国,任何人的光荣行为都将被明确地表彰,对皇帝做出的出色的、真诚的服务,理应得到应有的报偿,得到与之相适应的荣耀。统治庞大帝国的君主的法律将表彰有德之人,奖赏有功之臣。我以这一圣旨向整个帝国展示我仁慈的心怀,那些付出巨大努力、勤奋地为国家服务的人,应该接受与之相适应的荣耀。

你,南怀仁,我将天文科学和国家的历法工作[21]委托给你,并授予你"太常寺卿"的封号,又加一品[22]。你具备诚实和正直的天性,你拥有精确和博大的宇宙之学。因此我任命你为我天文科学的最高长官。你一贯极其勤奋地履行着你的职务,无论是白天还是黑夜,你用你的智慧精确地完成了赋予你的各方面的职责,你以你与日俱增的勤奋工作,达到了既定的目标。这种勤奋的工作态度使你的品格与尊严达到崇高的境界。我个人已经荣幸地从你身上体验到了这种勤奋的品格。因此,不仅全国的公众高兴,我本人也非常满意。我还应该以国家的名义向你致以谢意,并且以仁慈之心来善待你。因此,以我的特殊的宠信和我的意志[23],授予你"通奉大夫"的封号,即根据国家的法令,你是可以在任何地方享受崇高待遇的杰出人士。我这样做是理所应当的。

我以这一圣旨,向全国的每个人明确地宣布。为你的勇气而祝福!这一从你身上体现出来的特性,也荫及到你的亲属身上。你得到的特殊的、崇

高的尊严,是对你的勤奋和功绩表示的谢意。你的功绩是如此地巨大,也是对皇恩宠信的回报。

因此,接受我赐予你的代表着我的特别宠信的诰命,从中汲取更多的、足够的智慧和勇气吧。

皇帝颁发诰命,授予南怀仁神父的祖父的荣誉封号

我,以神圣法令为原则的皇帝,作出以下的决定。皇帝给予其孙辈——一名优秀的官员和钦天监长官——的荣誉,已经激励了他的美德,奖赏了他的忠诚。所有的这些荣誉来源于其祖父极好的教育指导、显赫的成就以及出色的榜样。

因此,我追述这一家庭的最早的源头,我将这一荣誉扩展给你,Petrus Verbiest,钦天监监正、太常寺卿,外加一品[24]——南怀仁的祖父。就像一棵最茁壮的大树,你的美德根深叶茂,永葆青春,至今还滋润着你的后代。你的美德还活在你的孙子的身上,而他使你的美德惠及每一个人。因此我将他所获得的荣誉扩展给你,他的祖父,是很合适的。因此,作为他的家族和这一荣誉的源头,我还要封给你特殊的宠信和光荣,赐予你与你担任钦天监监正的孙子同样的封号——太常寺卿,加一品,以及通奉大夫。

我以这一圣旨,向全国的每个人宣布上述内容。望你高兴地接受它。你已经将你特别的教导和优秀的榜样传导到你后辈的身上。这就是我为什么赐予这一光荣和声望给你的原因。表彰你,赞扬你,给予你孙子的美德!将我的感谢之情和宠信之意保持到永远。

皇帝颁发诰命,授予南怀仁神父的祖母相同的封号

我,奉行神圣法令的皇帝,作出以下的决定。由官方表彰和赞颂人们的功绩,奖赏对先辈的孝顺,是这个国家的传统。这样做可以激励人们继续保持这样的美德,为国效力。因此,将这种表彰和奖赏延伸到他们的前辈,也是理所应当的。所以当一个做孙辈的为国家做出了贡献,那么,将他所得到的国家的荣誉和尊严,扩展到他的祖母身上,是无可厚非的。

你,Paschasia de Wolf,钦天监监正、太常寺卿,外加一品——南怀仁的祖母,你以高尚的方法、卓越的指导和良好的榜样教育了你的孙子。考虑到你的孙子——南怀仁尽忠尽职地履行了我委派给他的职责,而这正是你的杰出的榜样和美德所培养的结果,因此,我也要表彰你的高风亮节,给予应有

的荣誉。我将你如此成功地启蒙你的孙子的典型树立成极好的榜样。我表彰你在你的孙子身上倾注的博大的爱意和多种多样的美德。为此我封你“诰命夫人”[25]的封号。（这是具有“通奉大夫”封号的人的妻子的相近的名号或封号。）

请接受它并以此为荣吧！我们国家光荣的传统和法律，要求对家族前辈的良好家教应予以尊重。在对子孙后代的教育中，运用一切方法和技巧，通常体现出对后代的真爱和有效的训练。你的最为成功的美德将保证你的后辈继续兴旺，同时它也将在九泉之下带给你极大的安慰和支持。为此我以这一圣旨给予你荣誉的称号。

皇帝颁发诰命，授予南怀仁神父的父亲上述的封号

我，奉行神圣法令的皇帝，作出以下的决定。做儿女的以独特的方式将光荣带给他们的父母，以期报答生他养他的双亲的每一种美德，表彰他们的功绩，这是理所应当的高尚愿望。在另一方面，这同时也是皇上的仁慈和慷慨。因为皇上总是通过表彰和奖励的方法，以荣誉作奖品，教导他的臣民，凡是做儿女的应该服从父母的意志，了解父母的美德，学习父母的智慧。因为遵从孝道，做儿女的以真诚的心扩展这些荣誉，将荣誉延伸到他们的双亲身上。

你，Judocus Verbiest，钦天监监正、太常寺卿，外加一品——南怀仁的父亲，你以卓越的教导、高超的方法和良好的榜样，教育了你的儿子。现在，鉴于他的功绩，他在完成他的职责中所做的卓越奉献，他依照自己家庭的，同样也是我的国家的道德准则办事的精神，他表现出你在养育他的过程中所给予他的教导和传授的高尚品德，为此我将赐予你担任钦天监监正的儿子的荣誉和封号也同样赐予你，即太常寺卿、外加一品和通奉大夫的封号。

现在，我以这一圣旨公开宣告。高兴地接受它吧！你用最好的教育方法培养出如此优秀的儿子。他从没有因疏于职守以致损坏你家族的名声，他也从没有无缘无故地接受我给他的荣誉和赏赐。望在九泉之下接受我给你的封号，以作为你灵魂的慰藉。这是来自我们国家的恩宠和谢意。

皇帝颁发诰命，授予南怀仁神父的母亲同样的封号

我，奉行神圣法令的皇帝，作出以下的决定。将我赐予我的有功之臣的荣誉扩展到他的双亲身上，是理所当然的。事实上，是整个家族和父母亲赋

予他们的儿子以杰出的才华。儿子的高尚品德和所有的优点,都来自给予他生命的母亲。因此我公开地赐予这一封号,向全体人民展示她给予她儿子的良好的指导和教育。

你,Anna Van Hecke,钦天监监正、太常寺卿,外加一品——南怀仁的母亲,你经常用最好的礼节和你的榜样来启迪你的儿子。从你的身体和你的乳汁里,他吸收到孝道的营养和在各项工作中特别投入的精神。你让你的儿子全身心地致力于科学和人文学的学习,而不为其他事情分心。你表现出对儿子的真诚的母爱。因此,我赐予你这份代表我的仁慈的封号,以向全体人民彰明你的美德,是很合适的。以特殊的恩宠,我赠给你"诰命夫人"的封号。

高兴地接受它吧！你的儿子将以孝道表示出他永恒的感谢,他将为你祝福,并竭尽全力回报从你身上所得到的一切。我作为皇帝也和他一样,考虑到你在教育你的儿子上所做出的贡献,我赐予你这个荣誉和封号,再次地表彰你的功绩、你的教育和你留给后人的出色的榜样。

注　释

[1]在本书的第八章,作者也对钦天监"历科"工作职责作了介绍。在本章,作者回过头来又进一步分别论述钦天监内的各个科的情况。

[2]天文科负责有关天文和气象的观测,其工作人员为8名"灵台郎"和"监候"。见何丙郁书第142页,以及当时的亲历者李明的 *Nouveaux Memoires*, p.71。(中译者注:李明在他的书中谈道:"每夜有五位数学家在我刚谈到的塔楼上工作,他们不停地观察天空。一个人致力于观察天顶方向的变化,另一个眼观东方,第三个望着西方,第四个盯住南方,而最后一个注视着北方,这样四方变化都逃不过他们的严密监测。他们注意风雨和空气的质量,奇特的自然现象,如日食、月食、行星的合与冲、彗星、流火、流星,以及一切可能有某种用途的现象。他们做详细的记录,清晨向监正汇报,以便被登录在礼部的册子上。"《中国近事报道》,大象出版社2004年7月,第82页。)

[3]"漏刻科"其职责是主管紫禁城中计时的"漏刻"装置和教会操作者如何使用它,以及在夜间打更报时。其工作人员为6名"博士"。此外他们还有测量与恒星有关的数据,计算纬度和选择"黄道吉日"等职责。后者属于"风水"范畴的事情部分地归于"历科"的职责,这一工作是不受钦天监监正的掌控而独立进行的。(见安文思手稿ARSI, JS 142, nr.14, f°8;汤若望书 p.187)(中译者注:漏刻是我国古代一种计量时间的仪器。最初,人们发现陶器中的水会从裂缝中一滴一滴地漏出来,于是专门制造出一种留有小孔的漏壶,把水注入漏壶内,水便从壶孔中流出来,另外再用一个容器收

集漏下来的水,在这个容器内有一根刻有标记的箭杆,相当于现代钟表上显示时刻的钟面,用一个竹片或木块托着箭杆浮在水面上,容器盖的中心开一个小孔,箭杆从盖孔中穿出,这个容器叫作"箭壶"。随着箭壶内收集的水逐渐增多,木块托着箭杆也慢慢地往上浮,古人从盖孔处看箭杆上的标记,就能知道具体的时刻。后来古人发现漏壶内的水多时,流水较快,水少时流水就慢,显然会影响计量时间的精度。于是在漏壶上再加一只漏壶,水从下面漏壶流出去的同时,上面漏壶的水即源源不断地补充给下面的漏壶,使下面漏壶内的水均匀地流入箭壶,从而取得比较精确的时刻。现存于北京故宫博物院的铜壶漏刻是 1745 年制造的,最上面漏壶的水从雕刻精致的龙口流出,依次流向下壶,箭壶盖上有个铜人仿佛抱着箭杆,箭杆上刻有 96 格,每格为 15 分钟,人们根据铜人手握箭杆处的标志来报告时间。)

[4]一处对这种用于选择"风水"的特殊形式的罗盘针的描写,是由卫匡国于 1654 年 2 月 27 日从布鲁塞尔写给 R.P.Wilhelm 的一封信函中提供的。这封信函现已遗失,其部分片段由 O.WORM 发表在 *Museum Wormianum*, pp.372-373。又见 E.J.EITEL, *Feng-Shoui*, pp.223-230 和 C.MORGAN, *Tableau*, pp.171-172。

[5]这一大型漏刻装置保存在观象台的下面。参见本书第十二章注释[46]。

[6]这一"钟楼"位于北京城北部,建于 1285 年,明永乐皇帝将其稍向东移。永乐皇帝还于 1404 年铸造了一口著名的大钟。由于它重量极大,一直放在地上而没能悬挂起来,直到 1661 年由汤若望将其悬挂起来。在清代初期,南怀仁曾于 1661 年亲眼见到过它并描述过它(见 *Corr.*, pp.109-111),毕嘉于 1667 年、安文思于 1668—1669 年、洪若翰于 1703 年参观过它并记述过它。钟楼高 100 尺,约 35 米(见毕嘉 *Incrementa*, p.97)。1745 年重建后为 90 尺。[中译者注:钟楼旧址为元代万宁寺中心阁。明永乐十八年(1420 年)建,后毁于火,清乾隆十年(1745 年)重建。筑于高大的砖石城台上,四面开券门,高约 33 米,全部砖石结构,精致坚固。楼内原悬有永乐年间(1403—1424)铸的大铁钟,后改悬有永乐年题款厚约 27 厘米的铜钟。钟楼的正中立有八角形的钟架,悬挂"大明永乐吉日"铸的大铜钟一口。钟高 7.02 米,直径 3.4 米,重 63 吨,它的钟声悠远绵长,圆润洪亮。]

[7]安文思曾在 *N.R.*, p.147ff.描述过在北京以及其他中国城市以这种钟声、鼓声报时的风俗习惯。北京的"鼓楼"位于钟楼的南面,每当黄昏时候,鼓楼上就敲响直径为 15 尺的巨型大鼓,而钟楼上的大钟也随即敲响。敲鼓和敲钟都是遵循一定的间隔有规律地进行的。一更时分敲一下,二更时分敲两下,三更时分敲三下。这种习俗一直延续到共和国创建后的早期。见 J.BREDON, *Peking*, p.6, p 61。这一巨型大钟的声音可以传播到 40 里之外。

[8]这里所提到的整顿,是指对杨光先任钦天监监正时期所建立的机构和工作内容进行系统全面的废除和改革。见本书第八章。当钦天监重新被汉人控制,又重新采用穆斯林的天文计算方法的同时,在钦天监的组织机构上也发生了重大的变化。一年以

前,天文科里加入了第一名满人。1665 年,满人进入了钦天监所有重要部门,组织机构发生了系统的改变。在监正以及高级和低级的副职官员的任命上,实行汉人与满人人数相同的保持平衡的做法。1667 年,钦天监监正的品级提高到正三品。

[9]这里提到的“仪器”,可能就是指南怀仁于 1669—1674 年间为观象台而设计铸造的那六件天文仪器;而另一方面,所提到的“个人著作”,可能就是指南怀仁在 1669 年到 1670 年初所潜心从事的编辑和写作活动,其中包括《测验纪略》和《三妄批判》,还有对汤若望编写的天文百科全书(即《崇祯历书》)进行修订(见本书第六章注释[14])。此外,还有他在恢复了西方天文学的地位之后所做的重建中国天文学图书馆,即建立钦天监和观象台的中文图书馆一事。

[10]这一天文表是汤若望的《崇祯历书》(中译者注:进入清朝后改名为《西洋新法历书》)的第三部分(见本书第六章注释[14])。杨光先曾攻击说,此天文表仅仅覆盖 200 年,这潜在地表示耶稣会士们认为大清朝只有 200 年的寿命。南怀仁在 1677 年 6 月 16 日的一封信(ARSI JS 109,vol.2,p.128)中提到,还有另外一些反对引进西方天文学到中国的高官显贵们,也对汤若望进行了类似的攻击。“对于我来说,长久以来总有小人或是怀有嫉妒之心的人对我们的工作表示怀疑。他们指责我不愿意告诉他们天文学的奥妙,而根据我的职责是应该这样做的。虽然只有一次他们向我明确公开地表示这一点,但实际上这种意见非常普遍。至少每隔一年我都要因此而受折磨,此事一言难尽。为了回答这种指责,皇帝让我对未来两千年间有关日、月交食现象和七大行星运行规律做一个公开的、全面的预报。”这是于 1676 年 8 月 9 日交给斯帕法里(N.Spatharij,中译者注:俄罗斯使华使节)的 *C.H.*一书中提到的最后一件事。这本书以提及即将编纂《康熙永年历法》一事为结尾。该书具有程序化很高的固定格式以及一个戏剧性的结尾,即以中国的天主教为舞台,缪斯女神身披以恒星装饰的长袍,在等待通往中国的自由之路,或者准备好付出流血和牺牲。

(中译者注:《崇祯历书》中汤若望所编制的天文表称作《百年恒表》。)

[11]这一简易和具有可操作性的体系,是以自然规律为基础的(见 H. BERNARD, *Ferdinand Verbiest*,p.117。这也被称为“中国零年表”,“the table of the year zero”)。

[12]关于制定《康熙永年历法》一事的另一种不同的说法可以摘要如下:1670(?)年年初皇帝下令编制《永年历》,自 1671 年就在京的闵明我和钦天监的其他官员也一同合作参与其事。官员们于 1676 年 1 月 23 日,即康熙十四年十二月九日上奏折,申请印刷《康熙永年历法》用的纸张,并于 1677 年印制了前 16 卷。见南怀仁在 1677 年 7 月 16 日写给 Oliva(中译者注:时任耶稣会总会长)的信中(ARSI,JS 109,p.128):“按照皇帝的要求,我决定编这样一部历书,预计分为 16 卷,我为之倾注大量心血。如果皇帝让钦天监所有人员都参与,且提供资助,希望这项工作在今年内能够完成。”至于全部 32 卷本的《康熙永年历法》(而不是像在 ARSI,JS 117,f°184v.中所说的 33 卷),则是于 1678 年年中才完成的。

[13]《康熙永年历法》最早来自汤若望的《西洋新法历书》,是经过南怀仁重新修订的一份有关天文表的扩充版本,附加了南怀仁撰写的一篇简短的介绍和说明。这部书最初的版本即1678年版显然已经逸失,但较晚的版本仍有存留,其包括32卷,共18000字。其中有关于太阳、月亮、水星、火星、木星、金星、土星的位置图表,以及关于日、月交食的资料(见H.BERNARD,*Ferdinand Verbiest*,p.119ff.)。

[14]官员的奏折是在康熙十七年七月十一日,即1678年8月27日。见在徐家汇图书馆的《南怀仁传》以及耶稣会1678—1679年的年信(ARSI,JS 117 f° 184v.)。

[15]参见耶稣会1678—1679年的年信(ARSI,JS 117;f° 163r.[= f° 184v])。这里显然是引用了来自翰林院的资料。1668—1669年安文思在*N.R.*,pp.218-219中有记载,说1670年皇帝在翰林院内创立了一个新机构,叫作"起居注馆",由10名满人和12名汉人组成,其职责是编写《起居注》。《起居注》是编纂大清朝实录的重要资料来源(见CH.S.GARDNER,*Chinese Traditional Historiography*,p.89)。

[16]正如我们从徐家汇图书馆藏《南怀仁传》一书中所知道的,南怀仁因编订《康熙永年历法》而受嘉奖,被授予"通政使司"通政使一职(引自H.BOSMANS,*Les Écrits Chinois*,p.296)。南怀仁因此而有权直接向皇帝上奏,不必经礼部转递,也不受礼部干预(见安文思*N.R.*)。(中译者注:通政使掌受内外章疏、敷奏、封驳之事。)

[17]事实上,这是关于《康熙永年历法》的第二份奏折。

[18]Diploma(中译者注:该词原意为"荣誉证书",根据中国人的习惯,直接将其译为"诰命")这个词在17世纪有关中国的拉丁文史料中用得是很普遍的。这种诰命是由皇帝颁发的一种荣誉。南怀仁1676年得到的是"通奉大夫"。从1678年以后,这一荣誉扩展为下文提到的五份差不多追加到了极致的圣旨。这样就出现了费解之处,使故事的进程出现了断裂,以至于与上下文没有任何关系。这一在文字方面的断裂还存在着另一个原因,即与编写的过程有关。让我们读一读一份不知名译者的法文译文,我们确实看到,这些诰命,其中还包含一些介绍性的文字,构成了第十二章,因此明显地与第十一章最后的文字相隔开。如果法文译文能够在某种意义上反映出《欧洲天文学》一书的手稿的结构(见本书卷首英译者所撰写的"导言"),那么将这些文件从第十二章移到第十一章,伤害了故事进程的连贯性,就显得有些草率和笨拙了。总之,这里有三点需要进一步解释。

第一,"通奉大夫",或者称"负责上通下达的部门的部长",其品级是从二品官员(见P.HOANG,*Mélanges sur L' Administration*,p94.)。这一头衔是在皇帝确定了继承人的庆典中封赏给南怀仁的。

第二,在中国朝廷中的每一次官职的晋升或荣誉的封赏,都相应地会得到一道圣旨。见P.HOANG,*Melanges*,p.94ff;W.FRANKE,*Patents for Hereditary Ranks and Honorary Titles during the Ch' ing Dynasty*,pp.38-64。我们知道,赐予官员们非世袭的荣誉称号是以"诰命"来颁布的。给予三品和二品官员的荣誉,就像给予南怀仁的一样，是要扩展延伸给他的父母双亲和祖父母的（见 W.FRANKE，pp.50–55）。这时，将颁布三份以中文和满文撰写的诰命，一份是颁给他的妻子的，一份是颁给他的祖父母的，一份是颁给他的父母亲的（见 P.HOANG，*Mélanges sur L'Administration*，pp.96；W.FRANKE，p.55）。颁发这些诰命遵循着一定的程序：首先是颁发给官员本人的；十天之后，颁发给他妻子的；再过十天，颁发给他的祖父母的；还是再隔十天，颁发给他的父母亲的。颁给妻子的诰命，是写在与给她的丈夫（中译者注：即官员本人）的诰命同样质地的卷册上的。颁给祖父母的诰命总是先于给父母的。中国人将每一个月分为三旬（中译者注：每旬为十天），颁发"诰命"以十天为一个间隔，也是与此相关的。从诰命的表面材质看，从给一品官到给七品官的诰命分成五个等级，分别代之以五种颜色；而诰命的文字则分别以黑色的墨和红色的颜料写成（见 P. HOANG，*Mélanges sur L'Administration*，pp.101–103 和 W.FRANKE，p.56）。

第三，关于 1676 年赐予南怀仁的诰命一事，无论在奏折中，还是在现存的"诰命"中都没有提到，只有 E.RABBAEY 在他的 *Eerw. Pater Ferdinand Verbiest*，p.76，n.1 中确认了这些"头衔"，并指出：在那个时候，那些诰命还保存在法国驻北京的大使馆里。但不幸的是，他没有提及他的结论所依据的证据资料何在。这一信息似乎很充分，对探求真相很有价值。更何况颁给汤若望荣誉的诰命的几个副本还一直在欧洲保留着（见 A.VÄTH ，pp.370–371 和 p.384）。

拉丁文的文本，正如在《欧洲天文学》第 34–40 页中所呈现出来的那样，是在欧洲史料中关于清代早期历史的一份十分重要的文件，尽管不是唯一的文件（见 A. SCHALL，*Historica Relatio*，pp.345–352）。首先，以我所了解的，这是唯一一份关于二品官荣誉的圣旨的拉丁文译文（前面提到的汤若望是在任三品官时获得的荣誉头衔。参见汤若望的 *Historica Relatio*，p.352 和 P.HOANG，*Mélanges sur L'Administration*，p.98n.）。其次，诰命中的措辞反映了中国官方文体的风格和词汇，以及独特的表达法和句型结构，这也和我在其他相关的文献中所得到的印象一样（比较在 W. FRANKE，pp.62–64 书中所载的 1676 年 1 月 28 日的圣旨与《欧洲天文学》pp.38–40）。再次，颁发不同荣誉的诰命的顺序，反映出中国赐予二品官诰命的程序如上所说，先赐予官员和他的妻子，再赐予他的祖父母，最后是赐予他的亲生父母。

然而，这里有一个关于给他祖父母[Petrus Verbiest（avus）and Paschasia de Wolf（avia）]的诰命的奇怪的错误。最近，由 V.ARICKX 所做的家庭谱系调查证实，这两个人名实际上是南怀仁的曾祖父母的名字（见 *De familie van Ferdinand Verbiest, S.J.*，pp.186–189）。他的祖父母的名字为 Pascharius Verbiest 和 Judoca Van der Straete of Bruges。很明显，南怀仁应为这一错误负责。不可理解的是，他为什么会造成这个错误！更奇怪的是，汤若望在他的 *Historica Relatio*，pp.345–352 关于赐予他的"诰命"译文中也出现了类似的错误，以一个假想中的名字"Wolfia"来称呼他的祖母（见 cf.A.VÄTH，p.206，n.67 和 H.DOEPGEN 的"The Schall Family Tree"一文，发表在

Rheinische Lebensbilder, 9, 1982, p.157, 以及再版的 A.VÄTH 的汤若望传)。为什么汤若望以"Wolfia"这一南怀仁用来错误地称呼他的曾祖母的同样的名字,同样错误地称呼他的祖母,以致造成如此难以想象的惊人的相似呢?依我的观点看,造成这两者的原因,正如 A.VÄTH 在他的书中谈到汤若望 1658 年、1661 年和 1662 年接受荣誉圣旨时所说的,这可能是由于汤若望吸收了中国人的礼节来称呼他家族中男人的妻子。比如,一些显赫的中国家庭称某个家庭成员为"郎",而在"郎"字前面冠以他的家族的姓氏。这一习惯形成于明代的军队中,被清代的皇帝保留了下来。显然汤若望将这一风俗误解了,将这一称呼年轻男子的"郎"误作它的同音字"狼"翻译为"Wolf"来称呼他的祖母。南怀仁在翻译他自己的诰命时,也以汤若望的做法为模式,在以他的曾祖母的名字代替其祖母的名字时,也以"Wolf"来称呼。

[19]这一给予荣誉头衔的诰命的颁发,正如书中所提到的那样,与 1676 年皇帝宣布他的继承人有着直接的关系。但是这项宣示,与正常的做法不太一样,正如 CH.O.HUCKER 在他的书中第 84 页所说的:"这次宣布皇储,不是正常选定的。"这可能与平定"三藩"的战争有关。皇帝宣布继承人是为了巩固满族人的统治。S.H.-L.WU 在他的 *Passage to Power*, p.34 中强调了这一做法的政治背景。他指出,这一圣旨的颁发是在 1676 年 1 月 27 日,即康熙十四年十二月十三日。但是还有许多不同的说法,A.W.HUMMEL (ed.), p.924 说是在 1676 年 1 月 26 日; P.HOANG, *Mélanges sur L' Administration*, pp.2-3, 甚至宣称是在康熙十四年六月六日,即 1675 年 7 月 28 日。被宣布为皇储的是"胤礽",是孝诚皇后的儿子。胤礽生于 1674 年 6 月 16 日(见 A.W.HUMMEL, pp.924-925)。[中译者注:孝诚皇后即康熙皇帝的皇后赫舍里氏。赫舍里氏,生于顺治十年(1653 年)十月初七,辅政大臣索尼的孙女。康熙四年(1665 年)被册立为皇后,康熙十三年(1674 年)五月初三英年早逝,她生育了两位皇子,长子夭折,胤礽为次子。]这是由满族人在一次盛大的庆典上给予南怀仁的恩宠(见 P.HOANG, *Mélanges sur L' Administration*, p.98, W.FRANKE, p.51)。

[20]关于"低下的社会地位"的表述,参见本书第二十八章注释[4]。其中提到从七品官晋升到四品官和从三品官晋升到二品官的事例(又见 P.HOANG, *Mélanges sur L' Administration*, pp.96-97)。

[21]自清代早期(顺治十七年和康熙早期)开始,文中所提及的皇家赐予个人的全部荣誉和品级都是父亲留给后代的遗产。

[22]"太常寺",即掌管王室祭祀的部门,是朝廷的九卿之一,其声望在都察院之前(见 CH.O.HUCKER, nr.6145, P.HOANG, *Mélanges sur L' Administration*, p.19)。南怀仁接受太常寺卿的职务是在 1674 年,在他向皇帝进呈了他的《仪象图志》和建成了新的观象台之后。徐家汇藏南怀仁的中文传记中说:"在康熙十三年,南怀仁铸造了几件天文仪器。在这一工程完成之后,他接受了太常寺卿一职。"这是一个位列三品的荣誉头衔,关于这一同样曾赐予汤若望的职衔的拉丁译法,见汤若望的 *Historica Rela-*

tio, p.345ff.。有关南怀仁谢绝此项晋升的事,见德·哈因(J.de Haynin)1675 年 2 月 24 日的陈述(H.BOSMANS 在 *La Correspondance Inédite*, p.28 引述了此事):“南怀仁神父由于谦虚本性,多次拒绝做官。一次,皇帝的一个近亲,也是南怀仁的好朋友,提醒他:如果这次再拒绝接受工作,将被视为是对皇帝的蔑视。这一次神父终于听从了劝告,接受了这份官职。”

[23]“motu proprio” 这一来自拉丁文的教会词语,被南怀仁用于皇帝 1670 年关于晋升钦天监 80 名官员的圣谕,以及 1685 年皇帝听到安多神父在澳门的消息的圣谕。

[24]这里提到的“外加一级”,见 P.HOANG, *Mélanges sur L'Administration*, pp.88-89。南怀仁在其官宦生涯中得到过两次“加级”(见徐家汇藏南怀仁传:南怀仁负责制定历书的方法,并担任工部右侍郎,外加二级)。

[25]清代称二品以上的满人高官显贵的夫人为“福晋”。

第十二章

Compendium（《拉丁文摘要》）介绍了我的 *Liber Observationun*（《观测志》）一书中的 12 幅图片，以及 *Liber Organicus*（《仪象志》）一书中的 8 幅图片

欧洲天文学在康熙年间从黑暗回归到光明。

1668年和1669年,遵奉大清王朝康熙皇帝之命伴随我们一起在北京观象台进行天文观测的,有阁老们,还有很多在朝廷中地位显赫的高官。皇帝命令他们要成为我们每一次天文观测的目击者。一旦证明了我们的计算与实际天象精确地吻合[1],欧洲天文学就战胜了嫉妒和欺骗的中国天文学家和穆斯林——阿拉伯天文学家。我被任命为中国的钦天监负责人这一点,就是欧洲天文学胜利的标志。这一决定是在全北京城的议政王贝勒大臣九卿科道会议上做出的。(这种会议仅为这一件事就召开了四次。)而且,天主教在被迫害的第五年之后,又重新公开活动了。坐落在辽阔的中华帝国的几乎所有省份的绝大多数教堂,又都像从前那样敞开了大门[2]。

在这里,我将简要地说明我的*Liber Observationun*(《观测志》)和*Liber Organicus*(《仪象志》)这两本书中所刊印的一些图片。

Liber Observationun(**《观测志》**)(编者注:图一至图十二分别参见本书附录一第307—310页的十二幅图)

图一

在*Liber Observationun*图一里画的这个柱子,是用青铜制造的,其横截面是四边形,有8尺多高。它被竖立在天文瞭望塔,或是北京的观象台上。它是用作测量中午的太阳投射在一个18尺长、2尺宽、1寸厚的青铜制造的水平平台上的日影的标杆。这一青铜平台,正如图中所示,被置于另一个4尺高的大理石台子上。在青铜的平台的中间,细分了17尺的刻度。平台的周围是一圈0.5寸宽、0.5寸深的凹槽,里面注满了水,以保证这一平台始终处于水平位置。

1668年12月27日凌晨,遵照皇帝的命令,几名阁老和那几位大臣们,突然召见我,并陪同我一起来到观象台,为的是验证我经过计算,对一根被确定了长度的标杆在中午时日影的长度做出的预报是否准确。匆忙之中(当时已经是上午大约10时了),一根8.49尺的量度杆被带到了青铜柱子旁(中国的尺的长度差不多与古罗马的尺相同。1尺分为10寸,1寸分为10分,1分分为10厘)。当测日影的高度确定了之后,我在上午10时左右做出预报[3],根据我的计算,正午时分这一日影长度应为16.66尺。(因为这时差不多就是冬至日,太阳投射在物体上的阴影很长。)在青铜的平台上,我画了一个十字记号,表示届时日影将会达到的极限处。当太阳运行到正午的位置时,哇！上面提到的8.49尺的标杆的投影,正好达到了那个十字标志处,与我预报的位置恰好吻合。

图二

1668年12月27日下午,当阁老们和其他参与观测的大臣们将正午观测的成功消息报告给皇帝之后,他们很快就通知我,皇帝下令,命我第二天再像前一次一样,对确定高度的标杆的正午影长做一回预报。不同的是,这次标杆将竖立在紫禁城内。他们确定这次观测的新的标杆高度为2.2尺。

于是我立即开始计算[4],然后预报届时投影长度应为4.345尺。为了达到测量的目的,我将一根规定长度(即2.2尺)木杆垂直地固定在一个水平的平台上,并且根据我所计算出来的这根木杆正午时的影长在平台上做了记号。(这一设备是我在那天花了整整一个晚上才制作完成的。)

12月28日,我同上面提到的阁老和其他大臣们一起进入紫禁宫中。在其中的一个院子里,我将测影标杆垂直地竖立起来。当太阳达到正午时分的位置时,标杆的影子精确地落在我事先根据计算而画定的记号线上。旁观的大臣们都惊叹了起来。

图三

皇帝得知了在紫禁城里进行的这次观测的圆满结果,他又命令我在接下去的一天,在观象台再做一次对既定长度的标杆的正午日影长度的计算和预报,并命令上述阁老和大臣们再去观察一次。于是,我在观象台的青铜柱子(即图一中提到的柱子)上,安放了一根标志杆。这一次测影标杆的高度被确定为8.55尺[5]。通过计算,我预报第二天正午时分这一高度的标杆影长应为15.055尺[6]。在青铜水平平台的这一长度的端点上,我画了一条横线。第二天中午,太阳投射在标杆上的影子又一次落在我所计算和预报的那一长度的界限上。

图四

这幅图来自 *Liber Observationun* 一书,它显示的是直径为2.5尺的黄道——赤道浑天仪。1669年2月1日,奉皇帝的圣旨,我登上观象台,准备测量仪器。陪我一同到来的还有礼部的两名长官。我把浑天仪安放在这里。我瞄准那横杆和天圈,将屈亮度固定到黄道带上的若干度若干分的位置上,根据我所计算的,2月3日火星将到达离飞马座的α星(中译者注:在中国天文学中称为“室宿一”)的一个特定距离上。我将这一屈亮度固定在黄道带上,用写着圣母玛丽亚名字的封条将它封好。

2月3日晚上,我们观测火星,我们的对手也来观测。他们奉皇上之命,出席观看了我所进行的每一次天象观测活动。上面提及的阁老和大臣们也都来参观。观测的结果是,火星正好到达我用封条封好的离α星的那个我预报的距离上。而这个预报是我在一个月之前经过计算做出的。

图五

这幅图显示的是我的青铜象限仪。它的半径为2尺6寸,用三个螺丝钉固定在一个水平平台上,每一刻度分为60分。

1669年2月1日,按照图四中提到的原理,我将这四分仪瞄准正南方。根据我计算的结果,在2月3日中午时分,从北京观测太阳的高度将达到几度几分。我调整照准仪到这个位置,并且和上面提到的一样,用写有圣名的封条封好。

2月3日中午,到了那个确定的时间,在有阁老和其他大臣们在场的情况下,观测的结果再一次与我的计算精密吻合。

图六

1669年2月1日,像前一个案例一样,我将配备了青铜刻度盘的铁制纪限仪瞄准天空。它的半径是5尺,每一度分为60分。我将曲光镜调整到一个度数,即根据我的计算预报2月3日正午时分太阳将到达的偏角,用封条封好。在那一天的那个确定的时辰,在阁老和其他大臣的见证下,实际的天象与我的计算非常精确地吻合了。

另外,2月18日[7]的中午,在阁老和其他大臣在场的情况下,我用象限仪再次观测了太阳的高度(上一次的观测在图五中讨论过了)。在很多天之前,我根据计算预报了这一天太阳的高度,将照准仪固定到这确定的度数。观测中,实际发生的天象又一次与我的预报完美地吻合了。

图七

这是浑天仪,我就是用这一仪器,在基本的天文观测中,向阁老和其他大臣们演示了天体系统的运动。

图八

1669年2月18日傍晚,我用图四中提到的黄道—赤道浑天仪,观测了月球与大角星的距离。当然,这次同样是在阁老和其他大臣的参与之下观测的。用浑天仪来观测的结果,其距离与我事前发出的预报精确地吻合了。观测的时间是由处女座α星(中译者注:即角宿一)与子午线的距离决定的。我对此做了计算,提前很多天作出了预报。我事先调整好仪器的屈亮度,固定起来[8],并且用写有“圣母玛丽亚”的封条将调整好的仪器封了起来。

图九

这是天体仪,其直径差不多是 2 尺。我把它带到观象台,用它来向参与观测的阁老和其他大臣解释在我的 *Liber Observationun* 一书图八中显示的天文观测。

图十

这幅图解释了根据黄道的观测与根据赤道[9]的观测,两者之间有哪些不同点。

图十一

这幅图显示出由于大气层的折光作用[10],对贴近地平线的星体的观测是很困难的。在阁老和其他大臣在场时,我向他们解释对这一现象的观测情况。我用的方法是,把一枚钱币放在容器的底部,从一个角度上看,就好像它出现在表面上。

图十二

当阁老们问我,在观象台上,为什么金星既可以在夜晚的某一时刻被观察到,又可以在早晨的另一个时刻被观察到,甚至有时在晴朗的白天也能观察到[11]的时候,我就用我的 *Liber Observationun* 一书中的图十二向他们解释其中的原因。

欧洲天文学的系统纲要[12]是在康熙大帝时代,由来自佛兰德——比利时佛兰德省的耶稣会士,帝国都城北京的钦天监负责人南怀仁神父恢复重建的。

在被康熙皇帝任命[13]为中国的钦天监监正[14]之后(这个机构以其有着4000 多年辉煌的历史而感到骄傲[15]),奉圣旨出席了我在观象台上所进行的多次观测活动的绝大多数高官显贵们,上奏折向皇帝提出,任命我来主持新的天文仪器[16]的铸造工作。这些仪器以具有创造性的欧洲规格为蓝图,安放在北京观象台之上,以此来为后代人保留一个对大清帝国的永恒纪念[17]。那些过去留下的陈旧的中国仪器[18],在观象台上存在了几乎 300 年[19]的十分笨拙的艺术品,将被移到别的地方去[20]。皇帝认可了这一奏请,在一道公开的圣旨中,将这一全部的工作交给了我。

在四年的时间里[21],我完成了六件不同类型的仪器,花费了 19000 帝国银币(用欧洲人熟悉的通货单位[22]),同时用中文撰写了一部 16 卷本的书[23],来解释和说明这些仪器的构造,以及它们所依据的理论、用处和不同的观测方法。我甚至还添加了其他几件在陆上和海上旅途中有用的仪器[24]。

在许多公共工程中,皇帝都使用我的机械。举例说,根据他的命令,我将若干块用来建造皇帝陵墓的极其巨大的石料拖过一座很长的桥梁。这项工作如果用马拉车来运,500 匹马也难以完成。但是我使用滑轮和绞盘车[25],仅仅用了较少的若干个人的力量就完成了!还有,我设计挖掘了穿过长距离田野的新水渠。我在做了多次的调查研究之后,设计了一条水平的渠道[26],而成功地让泉水改道,流过有中国人常说的"一箭之地"8 倍远的距离。再如,我运用新的机械学技术制造的 132 门大炮,以及这些用马牵引的大炮的车架都是采用了最新的样式来制造的[27]。

因为有了这些以及其他的公共工程,我从机械学通论中,选择了一些用于我的仪器制造和其他公共工程中的基本原理[28],将它们收集在我的书籍中。我收集了所有的图片,编辑为 2 卷[29],命名为"仪象图"[30],还加上了新版的宇宙星图和天体图[31]。我把这部书呈递给了皇帝[32]。他看到后非常高兴,立即任命我为一个最高级的部门,即"太常寺"的最高首长,也就是"太常寺卿"[33]。这样的头衔通常只授予那些建树了重大功勋的、在国家里最受尊敬的人。不久之后,又授予我一个新的荣誉。他还希望,根据中国的传统,把给予我的诸多封号同样地给予我的父母和祖父母。我为此上奏,试图婉拒,但是这是徒劳的。

这一年,奉皇帝之命,我完成了扩展到今后 2000 多年的[34],有关七大行星和日食、月食规律的《扩展的天文表》。我将它们编成一部 32 卷的书,命名为《康熙永年历法》[35]。也正是在这个时候,我以参与天文学工作为借口,将我们的辩证法和哲学介绍给中国人[36],而实际上,我是在清楚地证明我们宗教的真理[37]。

Liber Organicus(**《仪象志》**)(编者注:图一至图七请参见"原书附图"中的图 13 至图 19,图八请参见附录三《灵台仪象志图》第七图至第十图)

图一

这幅图显示的是北京观象台[38]。观象台位于城市的东部,呈正方形,其高度比城墙高,以便从各个方向都可以看到远方的地平线[39]。在观象台上,新制造的天文仪器是按照这样的次序摆放的:天球仪放在城楼南面的中间,它的两边是两座浑天仪，赤道浑天仪位于东边的角落，黄道浑天仪位于西边的角落。在西面的中间位置，安放着地平经仪；西北角放的是象限仪。放置在北面中间的是纪限仪，它可以旋转指向天空的任何一个方向。在纪限仪的右边是一个装有风向标的很高的竿子[40]。最后，在观象台城楼平台[41]东墙的中间，建有一个四方的高塔。在它的四个角上，官员们张贴告示，根据内部的日程安排，由谁在白天和晚上用肉眼来观测天象，来观测有关天象变化的所有事情，观测大气和天空的各种现象[42]。

为了这一目的，他们还将所观测的结果记录在一个本子上。然后，每天早晨写一份特别的报告交给钦天监监正。报告的末尾注明在指定时间负责观测的人的名字，还有他本人的亲笔签名[43]。在这一小塔的中间，砌了一个圆形的炉膛。在冬季时，炉膛里燃烧煤炭，以驱寒取暖。

在观象塔左边的平台上，建有一间房子[44]。负责观测的钦天监官员可以在里面避雨，或躲避其他类似的不好的天气。围绕上述的六件天文仪器，用大理石修建了台阶，以便使天文学家们可以轻易就登上 10 尺的高度[45]，从而在仪器的任何一个部位进行观测。

在观象台的脚下，围绕一个长方形的院子，建造了可供一个很大的部门使用的众多房子。在房子里[46]，安装有一套以前留下来的漏壶装置[47]。还有一根 8 尺高的青铜制造的标杆，立在一个 18 尺长、一寸厚的，同样是用青铜铸造的平台上，这一装置是用来每天中午观测日影的（见 *Liber Observationun* 图一）[48]。每天，钦天监派遣 20 多名负责观测的官员，来到离紫禁城不太远的观象台。在一些特别的日子里，这里常常有 160—200 名不同级别的官员，来聆听钦天监监正向他们解释有关天文学和其他方面的问题[49]。

图二[50]

这幅图显示的是黄道浑天仪[51]，坐落在由几条龙构成的支架上[52]。这种龙的支架就是当前常用的体现中国建筑形式的支架[53]，另有相互交叉的青铜制成的梁。在作为支架的龙的身上，正如中国人所描绘的，布满了一团团的云朵，浓密的鬃毛长在龙的犄角周围，下颚也有很多胡须，还有可以吐火的喉咙，样子十分可怕。但是我很喜欢这种造型，有意地用龙和交叉的铜梁[54]来作支架。这些龙有着瘦长的身体，可以向各个方向运动，这种支架的形状不像其他方形的和圆形的支架那样，通常向左或向右伸得很长很远，因此可以让观测者很容易地接近仪器的所有的环形圈去观测。同时龙的外形对于作为朝廷的仪器，也是很合适的，因为龙是中国皇帝尊严的标志[55]。

整个仪器中最大的一个环形圈的直径是 6 尺[56],所以这件浑天仪立于它的支架之上时,其高度就超过了 10 尺。四只青铜铸造的小狮子,支撑着整个仪器装置。每只狮子的背上有一个青铜的大螺丝钉[57],就是依靠这四个螺丝钉,可以很容易地使那交叉的横梁以及整个仪器升高、降低和在任何一个方向上保持平衡,从而使仪器的环形圈可以被调整到指向天空的任意一个方向。每一个大螺丝钉都有一个帽儿,由小螺丝钉将它连接在青铜十字梁上[58]。仪器上的所有的环形圈都互相连接着,它们的轴安插在圈的两极上。用这种方法,环形圈可以容易地与固定螺丝钉分离和再次连接。环形圈的凹面和凸面都刻有 360 度的刻度,每 60 分画一道线,最后,每 1 分又用照准仪的窥视孔将其细分为以 15 秒为单位的刻度[59]。在使用其他仪器时,这个方法也被用来表示细分的刻度。

图三

这幅图显示的是在下面由一条张着大嘴、像在咆哮的龙驮着的赤道仪[60]。在环形圈的高度、它的直径、它的支架的形状和其他所有组成部分上[61],这个仪器与上述仪器完全相同。

图四

这幅图显示的是由四条龙支撑的地平经仪[62]。每条龙的身上都环绕着云团。这些龙又由两根相互交叉为直角的青铜梁支撑着。而支撑青铜交叉梁的四个青铜小方块,没有在此图中显示出来[63]。在每根梁的两端的螺丝钉清晰可见。借助这四个螺丝钉,整个仪器可以保持平衡,正如我们在前面谈到的黄道仪的支架一样。

地平经仪的直径为 6 尺[64],其表面被细分为度、分和秒,正如我们前面谈到的黄道仪的圆圈一样。有一根很细的线,穿过一根两端开启的青铜管子,组成了仪器垂直的中轴。这根垂直的线,与连接着照准仪两端的另外两根线一道,构成两个连接着照准仪本身的三角形。这两个三角形可以与照准仪一起灵活地转动,对准天空的任何一个方向。仪器上端的极点由两条龙首相对的龙构成的架子支撑着,身躯上缠绕着云团的青铜铸成的两条蛟龙,朝向一个同样是青铜做的放射出火焰的球[65]。

我有意地省略了更烦琐的装饰物,为的是不让无用的装饰物妨碍观测者操作,或者观测任何方向的天体时,不影响人的视线。

图五

这幅图显示的是大型的、可以灵活转动的象限仪[66]。它的半径也是 6 尺[67]。它的刻度盘的表面刻度每一度为圆周的 10 秒。

一条身躯弯曲的龙占据了仪器的中部位置,用这一办法可以使仪器不增加太多的重量。青铜做成的云朵散布在仪器的主体上[68],也将仪器的各部分连接在一起。龙的身躯将刻度盘的两条边固定住,使这两条边不会偏离垂直状态。

青铜圆柱做成的轴的一端是个安在铁制的极点中的铁头[69],这样就可以很容易地用螺丝钉将它固定或松开。在"天底"[70]的高度上,安了三个螺丝钉,使仪器的轴可以不费力地转动到任何一个方向,直到它与地平线垂直的轴正好相符。这个轴由与它平行的铅垂线指示着。铅垂线被附在一根青铜的管子上,以避免受到空气流动的影响。这根铅垂线与在其他仪器中的铅垂线一样,是一根很细的铜线[71]系着一个 1 磅多重的铜球。

两根青铜的、顶部和底部都相互连接的圆柱构成了整个象限仪的框架,因此可以保证仪器的稳定,不致摇摆和震动,同时又可以在天空的任何方向提供一个广阔的视野。

图六

这幅图显示的是纪限仪[72]。它的半径是 6 尺多[73],它的刻度盘上的每一度为圆周的 15 秒[74]。

这件仪器竖立在一个可以旋转到任何方向的青铜支架上[75],因此它可以从水平方向向上转动到垂直方向,可以向上,也可以向下,可以直立,也可以倾斜。它可以指向天空的任何方向,也可以按照你的意愿用螺丝钉固定住它。这个支架在一根圆柱形的、垂直的轴上旋转。而这根轴位于一个青铜的圆柱形管子里。这个圆柱的底部像个陀螺立于一个圆锥形的基座上。基座由一条卷曲着躯体的龙拥抱着。

为了在任何位置上都给它一个比较可靠的立足点,观测者之一(每天都有很多人来观测)用滑轮组来协助观测,正如图中所表示的那样。

在瞄准器[76]中央圆柱的两旁,装置了两个边圆柱,通过其间窄小的缝隙,观测两个星体之间的微小距离。这一装置应用了第谷天文学理论[77]。

图七

这幅图显示的是天体仪。它是对所有的仪器的一个概括[78]。它的直径是 6 尺。它的子午线圈由两道相互交叉成直角的青铜梁支撑着。这两道梁的下面连接着一个圆环形的青铜支架。整个地平线与支架一道,可以通过三个大螺丝钉提升和降低。如此,一圈地平线就将整个天球精确地分为两个半球。这些螺丝钉分别固定在三个埋入地砖的青铜小方块上。螺丝钉都有各自的小帽儿,可以用小一点的螺丝盖上或打开[79]。为了容易地把这个天球举起到极地高度的任何一度的位置,到从球的南极开始的子午线象限的下部,天球仪上安装了一个次级的铁质象限圈,圈上刻有很多轮齿。于是这个旋转系统可以使天球灵活地转动。这样,甚至是一个孩子都可以不费力地将这个重量为2000多磅[80]的球升起到任何度数的高度。

图八

这幅图显示的是大理石的台阶,它模仿阶梯教室的形状。上述仪器就竖立在它的中央。而且,所有的仪器都由台阶围绕着,正如图八、图九、图十和图十一所显示的那样[81]。

从对这些仪器的粗略概述和从前面提及的 *Libellus Observationum*[82] 中,我们看到,即使是对最有经验的天文学家来说,整个工作也需要特别小心和山猫般敏锐的眼光。只有这样,才是安全的。没有人能充分地理解这一问题的困难,除非他曾多次亲自动手做这件事。这是当然的,不熟悉这件事的人,和大多数在场的、对在这里观测天象的天文学家担任"审判官"的人,当他们注意到,在观测时有些事情不太符合天象的时候,通常不是将这些错误归结于仪器的构造,也不是归结于这些仪器的用法,他们并不了解这些仪器。相反,他们责备天文学家的计算偏离了天象,甚至认为,欧洲天文学家是不可靠的,与他们的天象是矛盾的[83]!

在其余的图片里[84],我介绍了多种多样的数学仪器。我这样做有多方面的原因,原因之一是,现在的统治者——满族的中国皇帝,命令我为了他私人的学习制作多种这样的仪器。所以我认为,把这些图片全部发表在这部呈递给他的书中[85],是有价值的。我这样做,也是以此作为对这位伟大的君主的永久的纪念,他在这些仪器的使用和理解上,倾注了极大的热情,不管何时,只要他在繁忙公务中抽出一点空闲时间,就来研究这些仪器[86]。

自从皇帝在5个月[87]的时间里连续地每天召见我到紫禁城,甚至到他的博物馆[88]里来,这已经持续了大约四个年头了[89]。他几乎是让我整天待在他那里,没有别的事,就是在他繁忙公务的空暇时间里,和他一道研究有关数学方面,特别是有关天文学方面的问题。第一天,他把早前我们神父们用中文撰写的所有的天文学和数学的书籍都带来了,一共有120本[90],要求我一本一本地给他作出解释。

因此每天早晨天刚刚亮,我就进入宫廷[91]。我经常是立即就被带入了皇帝的私人房间,直到下午,甚至在3—4点钟之后才返回我的住所。我单独地和皇帝在一起,坐在同一张桌子跟前,我一面读这些书籍,一面作出解释。当时只有一个或两个男孩子在场。的确,皇帝对天文学的事务抱有如此炽烈的热情!每一天,我都在皇帝的内宫里享受到非常丰富的午餐。皇帝也经常让人从他的餐桌上金色的餐具中夹很多菜给我。

除非有人首先了解中国的皇帝是如何被他的臣民当作一种神秘、神圣的权力来崇拜,了解到接近皇帝是一件多么难得的机会,更何况是一个外国人,否则便没人能深切理解皇帝在这类事情和其他类似的事情上显示出来的异常之处,即皇帝具有何等博大的仁爱之心,和在他的心目中对"天"的何等痴迷的程度[92]。皇帝对我的态度的确是绝无仅有的。那些从极其遥远的国家,如西班牙、莫斯科、荷兰和其他国家来到这里的使臣,当他们被允许不受干扰地观看如此恢宏的仪式,朝觐皇帝本人,即使在相当远的距离上,他们也会认为这是异常隆重的恩宠[93]。更有甚者,阁老和亲王们(他们都是血缘与皇帝很近的男性亲属),他们通常都是怀着崇敬之心默默地站立在那里。当他们不得不说点什么的时候,他们就立即双膝跪倒,以这一姿势简要地回答皇帝的问询和命令。

当皇帝从我这儿听说欧几里得编纂的书籍是有关整个数学学科最主要的基础原理时[94],他就立刻要我将由利玛窦[95]翻译成中文的前6卷欧几里得的书解释给他听。他以打破砂锅问到底的顽强的精神和坚持不懈的意志,向我问询从第一个命题到最后一个命题的意义。尽管他对汉语很精通,尽管他能流畅地写出很好看的汉字书法[96],但他还是想叫人将中文的《几何原本》翻译成满文[97],以便进一步地学习和研究。因为当时的高官权贵们一般都使用满文,所有的政府部门也经常地使用满文[98]。皇帝还特别开恩,给我派了一名满文教师,是他的一名御前侍卫,教我学习满语[99],现在我已经可以用满文来写作了[100]。

在皇帝掌握了欧几里得几何学的原理之后,为了适当地和渐进地深入学习,我想给他讲解关于三角形(不仅仅是平面三角形,而且包括球面三角形)的数学分析[101]。在他勇敢地面对了数学的陷阱和荆棘之后,转而更多地,甚至以极大的兴趣致力于实用几何学[102]、测量学[103]、地图绘图术[104]以及在数学领域内其他门类的、魅力无穷的科学上。在学习这些科学的过程中,他获得了最大的愉快。他学习从天上到地下[105]所有与理论知识有联系的事情,包括如何应用这些知识,甚至连日食和月食方面的知识,他在开始时也学习研究了几年[106]。他不仅要求将这所有的事情解释给他听,还要求在紫禁城内的一个宽敞的院子里,将其中的大部分事情示范和验证给他看。

因此,在接受了对所有这些事情的解释之后,在整整一年里,他不断地派遣工匠到我们的居住地[107],来观察所有的应用数学仪器是怎样天才地被制造出来的[108]。举例说,各种各样的圆规、比例尺[109]、象限仪[110]、雅各布(Jacob)尺[111]、几何象限仪[112]、万能测角仪[113]等。皇帝经常地实际操作这些仪器,他不耻于用他习惯于操纵如此广袤帝国的权杖的手,来摆弄这些尺子和圆规。

皇帝在算术方面特别精通,他不仅经常长时间地练习使用各种不同的比例尺,还常常试着解难度更高的习题,比如求平方根和立方根的题,以及探索求算术级数和几何级数的奥秘。他更热衷于借用仪器的帮助来测量物体的高度和长度及绘制地图。当他得知他的计算非常接近于真实物体和两点之间的实际距离时(因为他对自己的计算缺乏自信,他往往随后就用木杆和绳索[114]进行实际测量取证[115]),这是最令他高兴的。从那以后,他的兴奋点又从大地测量转向对高度和天体的测量,他孜孜不倦地测量所有行星的大小,测量它们与地球的距离。此外,他还想借助各种各样的天文仪器[116]和平面星图[117],搞清楚行星的运动轨道和它们的旋转规律,以及全部天文理论的证明。在他的心目中,整个恒星体系的方方面面的知识,如恒星的名字、相互之间的位置等,都留下了深刻的印象。他花费了不少夜间时间用于这方面的学习[118]。这样当他抬起头面向天空时,他可以用手指指出任何一颗恒星,并立即正确地说出它的名字[119]。

我在这里十分详尽地介绍这些知识,是为了显示欧洲"掌管天文的缪斯女神"[120]是如何启示皇帝的内心;而且也为了提醒那些作为我的继承人不断来到这里的人们[121],不应该认为他们以全部的身心经常地致力于此类的数学科学,就是降低了自己的尊严。正如星辰曾经启示东方三贤人[122]去朝拜刚刚诞生的耶稣一样,有关星辰的知识也可能逐渐地引导远东的这些王子们,去认识统领星辰的天主,进而去信奉他!每当我得到一个有利的机会去向皇帝讲解数学时,理所当然地,我就要插进去很多关于我们宗教的故事。皇帝很自然地就会问我很多关于宗教的问题。举例说,关于唯一的天主,关于灵魂的转世轮回和升天,关于灵魂的不朽,关于耶稣的受难,关于传教士的独身和立誓，等等[123]。他表情平静仁慈地倾听和发问，可以说态度是十分友好的。经常发生这样的事情，他赐座给我，赐给我喝满族人的饮料[124]和其他显示他的仁慈之心的小礼物。如果没有这样的有利条件，我就永远没有可能向这些皇族们介绍和解释上述这些事情[125]。

注 释

题注：第十二章包括了 *Compendium Latinum*（《拉丁文摘要》）的全部文字，这些文字最早散存于不同的章节中，由南怀仁亲手写成，并且为了欧洲读者们便于阅读，于 1678 年在北京刻版印刷。关于这些文字的历史和写作年代方面的问题，我已经在译文前面的介绍中谈到了，其中我也涉及了《欧洲天文学》中插入的一些有关问题。

Compendium Latinum 的第一部分，即后来构成本书拉丁文原版的第 40—45 页的部分，以拉丁文描述了 *Liber Observationun*（《观测志》）中的 12 幅图，也可以说就是中文的《测验纪略》的拉丁文副本。附有同样 12 幅图的 *Compendium Libri Observalionum* 一书写于 1671 年之后。与《欧洲天文学》第 12 章的这一部分相对照的不仅是 *Compendium Latinum* 一书的木刻版本，而且还有老版本的中文的《测验纪略》一书，以及最近出版的拉丁文的《欧洲天文学》的第 2 章。（见“导言”）

对照《欧洲天文学》第 40—45 页的文字与 *Compendium Libri Observalionum* 的木刻版，其第一部分就有两处显著的不同：

第一，叙述的观点改变了：在手稿中的关键词语“P.Ferdinandus fecit”（南怀仁作）被直接的套语“feci.”（作）所取代。在木刻版中他全部使用第三人称的口气，注明南怀仁的名字，无疑是中国官方文体的反映。举例说，他写给皇帝的奏折的口吻就和利玛窦的如出一辙。从第三人称到第一人称的系统性的改变，插入《欧洲天文学》的正文，可以解释为是服从了欧洲市民的行文风格，而且也是与《欧洲天文学》一书中其余文字“个人陈述”的特点相吻合。

第二，木刻版中所有的插图在《欧洲天文学》中都被删除了，这显然是想使书中的文字在没有这些插图的情况下也能被理解。

由于我已经解释了与第三章有联系的相关事实，在这里我将不再重复地指出《欧洲天文学》中的 *C.L.* 文字与其他版本之间存在的差别。

[1]从《测验纪略》和此处的行文中，我们可以得出结论，这一计算就是南怀仁自己作出的。木刻版的全文中都用的是第三人称。

[2]这里一定是指根据朝廷在 1671 年 3 月颁布的圣旨，拘禁在广州的神父们被释放之事。这一日期一定也会出现在拉丁文的 *Compendium Libri Observationum* 的手稿里。

[3]安文思在 *Corr.*，p.144 中，聂仲迁在 *L.A.*1669/1670 ARSI，JS 122f°331 v.中更为翔实地说明了南怀仁当时行动的仓促，以此增添了一段令人紧张的富有戏剧性的小插曲。

[4]这里没有确凿的理由来推测,或者明显的暗示来表示南怀仁是使用了三角函数表,还是使用了一种计算器,不论是欧洲式的(自从罗雅谷和汤若望以来,在中国使用欧洲式的计算器已经是可能的了。见 L.VAN HEE,"Napier's Rods in China",发表在 *The American Mathematical Monthly* 33,1926,pp.326-328),还是中国式的(卫匡国 1654 年在罗马曾对中国式的计算器做过描述。引自 G.SCHOTTUS,*Arithmetica Practica*)。

[5]这里说的是 8.55 尺,但是在《测验纪略》和本书的第三章,写的是 8.055 尺。

[6]这时说的是 15.055 尺,但是在《测验纪略》和本书的第三章,写的是 15.83 尺。

[7]木刻版的记载是 2 月 18 日,这一日期被两条记载所证实:其一是聂仲迁 1669 年 11 月 10 日的信件和恩理格 1670 年 11 月 23 日的信件;其二是《测验纪略》。该书记载为康熙八年一月十八日(即 1669 年 2 月 18 日)。观测的结果是太阳的高度为 38°38′,正好与南怀仁的预报精确地吻合。观测的结果也准确地验证了太阳进入双鱼座的位置,也就是中国的"雨水"节气。这对下一年插入闰月的争论是一个有决定性的证据(见本书的第五章)。

[8]这个动词在木刻版中没有,显然,是由于南怀仁准备将这段文字加入到本书中时,忽略了"fixis"(固定)这一在文法上不可缺少的分词。他发现了这一疏漏,但是在修改时却错误地写成了"fixi"。

[9]这是欧洲天文学与中国天文学之间的基本的不同点。欧洲天文学是基于黄道的自然规律,通过测量太阳的轨道来计算;而中国的天文学基于赤道规律,通过测量赤道来计算。来华耶稣会士们很清楚这一点,他们确信欧洲天文学体系比中国的要高明一些。见汤若望的论文《新法表异》,参见柏应理 *Catalogus*,注释 21。

[10]关于大气环境对贴近地平线的观测所产生的影响,又见本书第十章中有关日、月交食的部分和康熙十五年五月四日(即 1676 年 6 月 14 日)的一份题为"关于日月交食测量的解说"的非常重要的奏折。其他有关光学反射定律(这些定律是由 W.Snellius 首先表述的,但由 Descartes 在 1637 年发表出来)的应用,南怀仁在本书的第十四章作了专门的论述。

[11]根据毕嘉的报告(*Incremenra*,pp.279-283)所言,与此同样的问题在 1665 年传教士们被审讯的时候也问到过。除了金星的阴影之外,这幅图还清楚地显示了作为 17 世纪耶稣会士宇宙观的代表——第谷的宇宙模式。这一模式综合了托勒密的地球中心说(第谷认为月亮围绕地球运转)和哥白尼的太阳中心说(第谷以金星围绕太阳运转的理论来解释金星的不同相位,见 K.HASHIMOTO 的《徐光启与天文学改革》pp.178-180)。另一幅关于耶稣会士宇宙观,即第谷理论的图来自《图书集成》,李约瑟将其引用在他的著作的第 3 卷第 446 页。来自 17 世纪的第谷理论的来华耶稣会士天文学,不仅仅表现为一种宇宙观,同时也明显地体现在北京观象台上由南怀仁设计制造的新式天文仪器中(见 A.CHAPMAN,"Tycho Brahe in China",发表在 *Annals of Science*,41,1984,pp.417-443,和 infra,n.50)。本书的第十二章中也提及这

些发明仪器的遵奉第谷理论的天文学家们。另一方面,耶稣会士还广泛地应用了《第谷天文表》,这本工具书当时在北京有好几个版本。其一是 J.KEPLER 于 1627 年编辑,由卜弥格(M.BOYM)于 1646 年寄到北京的 *Tabulae Rudolphinae*。这本书一直保存在北堂图书馆(见 H.VERHAEREN,*Catalogue*,nr.1902; B.SZCZESNIAK in:*Isis*,40,1949,pp.344-347)。其二是 PH.LANSBERG(IUS)编辑的 *Tabulae* 一书,这部书在北堂藏书目录(nrs.1964-1969)中有 6 本副本。关于它们的可靠性,耶稣会士天文学家们存有很大的怀疑(见 J.TERRENTIUS 在 1624 年 8 月 26 日信件中所写的注释,该信被收录在 G.GABRIELI 于 1936 年编辑的 *R.A.L*,p.498;又见恩理格 1670 年 11 月 23 日信件中的陈述)。同样的记载还可以在聂仲迁写于 1669 年 11 月 10 日的书信中找到。可以肯定,这些文献表达了南怀仁的观点。总之,这些信件大多都涉及 A.ARGOLI 的天文表。南怀仁还在该表上留有他所做的记号(见 H.BERNARD,*Ferdinand Verbiest*,p.111 和注释 28)。此外我猜测,这正是发生在南怀仁于 1665 年至 1669 年年初被监禁在东堂,而无法进入设在西堂后面的图书馆的期间。我的猜想是,在东堂期间南怀仁不得不依赖《第谷天文表》的另一个版本。另一方面,恩理格显然已经意识到旧版本的《第谷天文表》是不可靠的,为此在同一封信中,他要求欧洲寄一本最新出版的《第谷天文表》到中国来。

[12]关于这一纲要,见本书的“导言”3.2.。当 *Conipendium Libri Organici*(*C.L.Org.*)作为 *C.L.*的第二部分被编入《欧洲天文学》一书时,作者对其做了一系列的修正。这就像在编写 *C.L.Obs.*一书时一样,所区别的是数量和类别的不同。这些修正包括:

a.省略了图 2、图 3 和图 7 几幅图片下面的参考书目(正如在 *C.L.Obs.*中一样),在图 1、图 4 和图 6 下面还保留了参考书目。

b.这些插图的编号顺序显然是指实际的插图,从第 1 幅的观象台鸟瞰开始,到第 8 幅图。这第 8 幅图表现的是这几件新制仪器的底部基础。由于第一幅插图没有标明中文的数字(可能因为这是后加上的),所以南怀仁拉丁文文本与中文插图上的数字就出现了不同。这种插图编号混乱的现象在南怀仁其他拉丁文著作中也屡屡出现过。

c.插图 8 中删除了一段文字,可能是因为同样的话已经在正文中出现过了。

d.多处拼写上的错误得到了纠正。

e.另一方面在西文印本中又出现了一些新的错误。

我确信,上述改动绝大多数是出自南怀仁的手笔,而不是出自编辑者柏应理。这种迹象是十分清楚的。在上述第一点中,我们在以第一人称撰写的 *C.L.Obs.*一书中也能看到类似的对一些图画的删减。在上述第二点中所显示的有关编号体系问题,我们也可以在南怀仁其他拉丁文著作中经常看到。只有在第五点中列举的错误不归咎于南怀仁,是由印刷者造成的,而其他的修改(即在第三、第四点中列出的)都是南怀仁自己的手笔。这说明,尽管还是存在一些可以避免的错误,但南怀仁在将几份稿件编辑成书的时候，还是对原稿进行了十分仔细的修改的。

综上所述，再结合 *M*，我推断 *C.L.Org.* 拉丁文本的编写程序是这样的：

a.正文是 *M*（包括插图 1—8）写于 1676 年的原始部分。

b.这一部分经缩减和一些小的改动，而冠以新的标题 *C.L.Org.*。然后，作为一个新的称作 *C.L.* 的章节加入到 *C.L.Obs.* 之中。

c.*C.L.* 在北京的耶稣会士住地被刻成了木板，在 1678 年 8 月印成的第一本书寄到澳门。其中至少有一本原始木板的版本留在南怀仁身边。南怀仁经常对此进行研究，并且成为他在接下来的一年里（1679 年）撰写本书时引用的资料。

d.作者着眼于将内容扩充为本书而对这一版本所作的修订，起初打算出现在著作的末尾，但是最终放在了书的中间。

e.1687 年，它作为 M.S.的一部分和本书的一部分在德国的迪林根（Dillingen）付印了，从而也留下了一些印刷方面的错误。

[13] 也就是 1669 年 4 月 1 日，作为在本书第二章到第五章中描述的天文观测的直接的结果，南怀仁被任命为钦天监的负责人。

[14] 在一些拉丁文史料中，钦天监监正被翻译成"Tribunalis Astronomtae"（天文裁判所长官）或"Mathematicae Praefectus"（数学主管）。但是在这里，用的是"diplomaia"（学者），同样，在包括本书在内的多本著作的扉页上，南怀仁称自己为"Academiae Astronomicae Praefectus"（天文学术主管）。柏应理称钦天监为"数学学校"。"academia"（学院）这个词在这之前就使用过，用来表示于 1629 年至 1630 年由徐光启创立的以研习西洋历法和制造必要的仪器为宗旨的"西局"（见罗雅谷 1634 年的信件 ARSI，JS 161，f°152f.和汤若望的 *Historica Relatio*，*Passim*，a.o.，p.93，p.321，以及本书第八章注释[6]）。这个用来表示徐光启新的历局的词，即"academia"，后来启迪了创立于 17 世纪上半叶的欧洲最早的科学（不是哲学的和文学的）研究院（见 M. ORNSTEIN，*The Role of Scientific Societies in the XVIIth Century*，Chicago，1938，p.73ff.）。在这方面，可以看作是对逝世于 1630 年 6 月 30 日的邓玉函，即徐光启在"西局"中最早的合作者的纪念。因为邓玉函曾在 1611 年被任命为"灵采"研究院（Academia dei Lincei）的院士。这可能就是后来当 1644 年汤若望被任命为钦天监的负责人并把西局合并到钦天监时，西方人将"钦天监" 翻译成拉丁词语"Academia"的初始原因。除此之外，"Academia"大概也是耶稣会士们所欢迎的对中国官府机构（如钦天监）的一种委婉的称呼。因为当耶稣会士因无法拒绝而担任这种科学学术机构的首脑时，曾遭到欧洲教会当局的强烈质疑（见汤若望 *Historica Relatio*，f° 215r. = p.157Born.）。"尽管根据我们的修会的规定，要求传教士不能担任任何国家的任何官方职务，但是在欧洲，耶稣会士担任社会机构的负责人是可以允许的，比如担任我们修会下属的学校的校长，虽然这个职务的等级并不低于钦天监监正。"当后来在评价南怀仁任钦天监监正一事时，聂仲迁也提出了类似的论点："他发过宗教誓言，以及

我们修会不允许担任官职的规定,似乎都坚决地认为他不能接受这一钦天监监正的任命。这好像比当一所大学的校长更为过分。但实际上这个机构跟学院或大学并没有什么不同,所不同的仅仅是它是朝廷的一个机构。既然在欧洲,为了利于天主教的发展,允许教士担任大学职务,这与在中国允许耶稣会士担任这样的官方职务,以便顺利地传福音,究竟有什么不同!"

[15]见本书第六章注释[21]。

[16]我们仅仅有一份参考文献,即工部写于康熙八年七月二十七日(1669年8月23日)的奏折。

[17]在年轻的满族王朝眼里的一个重要的意识,是期望王朝能够永远地固若金汤。在《仪象图》和《仪象志》中都收录了皇帝关于编制《康熙永年历法》的命令。

[18]记载关于这一点的欧洲史料,有利玛窦的《利玛窦中国札记》,汤若望的 *Historica Relatio*,f°220v.,鲁日满的 *Historia*,p.246ff.,毕嘉的 *Incrementa*,p.193、p.230,等等。而根据中文的史料,我们首先应提到的就是关于建造新观象台的奏折,其中列举的旧仪器有一台浑天仪、一台赤道仪、一台天体仪和一个风向标。《元史》提供了一个更完整的仪器表,李约瑟将此引用在他的著作的第369—370页中。还有《元史略》,A. WYLIE,*Chinese Researches*,p.5ff.对此作了翻译和研讨。

[19]毕嘉在他的 *Incrementa* p.230中给出了年代记录(他的记载常常是以南怀仁的笔记为基础的)。事实上,这些旧的仪器是由郭守敬在1276—1279年之间铸造的。见A. WYLIE,*Chinese Researches*,p.5和德礼贤 *Fonti Ricciane* II,p.56,n.5。也就是说,到南怀仁的新观象台完工之前,这些仪器差不多已经有390年,而不是300年的历史了。南怀仁在 *M* 的前言中谈到了旧仪器的制造者郭守敬。

[20]从 *C.L.Org.*的描述看,在观测塔的底部,既没有旧的测影杆,也没有计时漏壶。这两样仪器都被移走了(尽管这两件仪器都是不准确的)。可能是因为他们不想在新仪器造成时保留一些障碍物。同时南怀仁也尽量避免不必要地伤害中国人的感情。因为旧的仪器在观象台的顶部,皇帝在康熙八年八月一日(1669年8月26日)下旨将它们回收。康熙八年八月十四日(1669年9月8日)礼部提议将这些旧仪器搬走,储藏在观象台下的仓库里。皇帝在两天后,也就是康熙八年八月十六日(1669年9月10日)批准了这一建议。法国耶稣会士李明在1688年还见过这些仪器(见 *Nouveaux Memoires*,p.112),甚至更晚些时候也有人见过它们(见A.WYLIE,*Chinese Researches*,p.5,p.25ff.;李约瑟著作3,p.380,n.a.)。

(中译者注:康熙八年八月礼部奏:"见在观象台旧仪器等三件若仍在台,则南怀仁新造六件仪器难以安设,俟南怀仁所造新仪器造成时,将简仪等旧仪器应移于台下厢房收存","风杆因碍测验,将风杆移向北房"。康熙批答曰:"依议。"见韩琦等校注《熙朝定案》,中华书局2006年出版,第109页。)

[21]在康熙八年八月十六日(1669年9月10日)皇帝最终批准了建造一个新观象台的

建议之后,南怀仁启动了他的工作。从北京柏林寺图书馆藏的《仪象志》一书作者的前言中(是郝镇华和席泽宗引起我的注意。见 J.WITEK 编辑的 *Ferdinand Verbiest*),我们了解到,南怀仁在 1664 年已经完成了后来刊登在《仪象图》中的 117 幅草图的绘制工作,所以建造新仪器的工程可以立即启动。(感谢 Dr.N.HALSBERGHE 在翻译中文时提供的帮助。)

从仪器本身和后来发表在《仪象图》和 *Liber Organicus* 中的插图的比较研究中,我们可以毫无疑问地断定,第谷理论是南怀仁的主要依据,尽管后来根据实际的观测和迁就中国的某些传统也作了多处不重要的改动(见 *Infra*,n,50)。1602 年出版的 T.RAHE 的 *Astronomiae Instauratae Progymnasmata* 一书 ,作为果阿的 P.Luis de Britto 神父(死于 1629 年)赠送的礼物,的确已经被北京的耶稣会图书馆所收藏(见 H.VERHAEREN,*Catalogue*,nr.1121)。这证明在南怀仁时代,这本书已经到了北京。

南怀仁在 1670 年 8 月 20 日给 J.Le Faure 寄了一份他的计划的副本(见 *Corr.*,p.181)。我们还从这同一封信中得知,南怀仁首先为每一件仪器都制作了一个同样大小的木制模型(见 *Corr.*,p.181)。这些模型被送往工部。铸造工厂大概就设在景山(或称煤山),即汤若望铸造大炮的地方。但是另一方面,也有报告说,铸造工厂就设在西堂耶稣会士住所内。早在 1670 年,也就是说,皇帝圣旨颁下之后不到一年之后,铸造仪器的工作就差不多完成了一半。南怀仁期待在这一年的年终全部完成。然而,尽管他是这样想的,然而最终结束这项工作还是又花了 3 年的时间。其原因何在,我们只能去推测。

无论如何,根据 DUNYN-SZPOT 的一封遗失的信件(ARSI,JS 104f°262r.),我们可以确定仪器的完成是在 1673 年。另一方面,J.DE HAYNIN 在他写于 1675 年 2 月 24 日的信中,引用了一份日期为 1674 年 5 月 5 日的官方奏折,说仪器的完成是在 1674 年(见 H.BOSMANS,*La Correspondance Inédite*,p.27)。这一 5 月 5 日递交的奏折可能与皇帝的生日有关(皇帝的生日是在 5 月 4 日)。除了上述资料之外,我们还可以从当时的目击者那里找到证据:安文思 Ajuda JA 49-V-16.ff°181v.-182r.,李明 *Nouveaux Memoires*,pp.110-124 和洪若翰写于 1702 年 2 月 15 日的信件(见 I.et J.-L. VISSIERE,*Lettres Édifiantes*,p.122)。

[中译者注:康熙十三年三月二十八日(1674 年 5 月 3 日)吏部尚书奏:“恭际钦造之仪器告成,益幸合天之历法有据。”康熙批答曰:“南怀仁制造仪器,勤劳可嘉,着加太常寺卿衔,仍治理历法。”见韩琦等校注《熙朝定案》,中华书局 2006 年出版,第 109—112 页。]

[22]在 *Corr.*,p.228 中,南怀仁也对铸造仪器的费用作了同样的估计。南怀仁在本书和他的通信中证实,他特别注意有关他的成就中的财务方面的问题。这可能是由他自己偏爱节省的风格所致。作为一种个性的特点,这在南怀仁的家乡——西佛兰德地区的居民中并不少见。

[23]同样的数字可以在木刻版书和徐日升写的《南怀仁传记》中找到。徐日升写道:“他撰写了《灵台仪象志》16卷,其中载有完美的插图和关于仪器使用方法的解释。”但是南怀仁一封写于1678年8月15日的信件中(*Corr* p.228)更为精确地指出,该书由正文14卷和插图2卷组成。事实也确实如此。

[24]在《仪象志》卷三的一些段落中,我们看到,南怀仁在陆地和海洋上尽一切可能性测定经度和纬度(见《仪象志》图101和图102)。可能是由于皇帝在他出行过程中提出的特别要求,南怀仁所感兴趣的是测量的方法和测量仪器,实际上是通过车程计来测量的。这种车程计是北京的神父们依照L.HULSIUS的模型制造的(见H.VERHAEREN,*Catalogue*,nr.3931),并于1669年进献给皇帝的(见恩理格写于1670年11月23日的信件,又见南怀仁《御览西方要纪》)。第二个车程计是由南怀仁于1685年制造的。这在*Corr.*,p.504中有较详细的描述。

[25]见本书第十七章。

[26]见本书第十六章。

[27]见本书第十五章。

[28]继承了邓玉函在《奇器图说》中的范例,这种对普遍性原理的兴趣显然也表现在本书中,特别是在机械学领域。在《仪象志》里包括有关于稳定状态、重量、力、平衡、重力、重心等方面的原理的解释。

[29]多方面证实,这些插图最初是装订在两卷中。第一卷有53个对开页,印有58幅图;第二卷有52个对开页,印有59幅图。这本书一直完好地保存到18世纪。后来,1737年徐懋德(Pereyra)在给圣彼得堡皇家科学院的通信中也提到了这117幅图(引自F.RODRIGUES,*Jesuitas Portugueses*,p.109,sub 4°)。(中译者注:在华传教士中以Pereyra为名的有若干位,包括上述的徐日升,但逝世于1708年。唯有徐懋德是圣彼得堡皇家科学院院士,且逝世于1743年。因此推断此处的Pereyra应是徐懋德。)然而,也有一些版本图片被编印为三卷,比如在1678年送给教皇英诺森十一世的礼物的那本(见*Corr.*,p.227)。有一本编为四卷的此种图集现保存在(北京)白石桥国家图书馆(据席泽宗考证)。

[30]拉丁文“Liber Organicus”的意思就是“关于仪器的书”,就是指中文的《仪象志》一书。《仪象志》中展示了所有重要的仪器,以及它们的构件,不仅仅是用于天文方面的仪器,还包括多种多样的工程所需要的仪器。

[31]这里说到的宇宙星图可能与表示地球形状的图有关。但是现在保存的《仪象图》中没有一部包括这样一幅或是陆地地图或是天空星图的图片。南怀仁可能只是有这样的打算,即绘制这样的图与书同时出版,但是后来就分开来出版了。在南怀仁为*M.*写的前言中,有一段文字详细地描述了这幅图,并提到它最初绘制于1672年。此外,在《仪象志》中,他提到此图的名称为“恒星图”,“除了天球以外,我分别画了‘黄赤两道南北两种星图’和‘简平轨总星图’,将两图一起发表”。就我所知,迄今为

止,"黄赤两道南北两种星图"已经遗失了,它显然是根据赤道和黄道所给定的恒星的位置别图。至于"简平轨总星图",有一页(72cm×89cm)保存在 B.N.P.,*Dep.Ms.Orient*,注明的时间是 1674 年。另一方面,前面所提到的关于陆地的地图则是由两个半球构成的。见 M.DEBERGH 的 *Une Carte Oubliée*,pp.159-220。他指出这幅图的绘制时间是 1674 年。

[32]根据现存的奏折,此事发生在康熙十三年一月二十九日(1674 年 3 月 6 日)。

(中译者注:见韩琦等校注《熙朝定案》,中华书局 2006 年出版,第 109 页。)

[33]见本书第十一章注释[21]。

(中译者注:康熙十三年三月三十日奉旨:"南怀仁制造仪器,勤劳可嘉,着加太常寺卿衔,仍治理历。"南怀仁随后上奏请辞。康熙十三年四月十二日奉旨:"南怀仁制造仪器,有裨天文历法,可传永久,故特授卿衔,着即祇遵,不必控辞,该部知道。"见韩琦等校注《熙朝定案》,中华书局 2006 年出版,第 115 页。)

[34]进呈《康熙永年历法》的时间是 1678 年。参见本书第十一章注释[13]—[15]。

[35]这部书应该说是南怀仁计算的一个总结,或者说只是一个稿本。这里提到的 32 卷,在整部著作于 1678 年付印之前,还仅仅是一个推测。因此,这里说的这部书应该是 *C.L.Org.*最终定稿之前的一个稿本,或者说至少是一个关于它的介绍。

[36]关于 *C.L.Org.*的日期,我的结论似乎可以由这一小段文字确定。这段文字几乎是逐字逐句地出现在南怀仁 1678 年 8 月 15 日的信件中(见 *Corr.*,p.228)。对欧洲哲学的介绍开始于 1678 年,直到 1683 年年底还没有结束。当时讲稿也进呈给了皇帝(见 *Corr.*,pp.441-442)。根据 DUNYN-SZPOT,ARSI,JS 105I,f°38v.中一则详细的注释,讲稿涉及了 60 部著作,包括傅泛济的著作《名理探》(*De Logica*)、王丰肃的《斐录汇答》(*De Aliis Philosophicis Quaestionibus*),以及艾儒略、毕方济、利类思的著作和一些南怀仁自己的著作。在呈交给皇帝之后,它又被转交给了礼部和翰林院,他们提出批评建议。关于此事后来的发展,见 ARSI,JS 105I,ff°118v.-119r.和 *Corr.*,p.491(August Ⅰ,1685)。

[37]根据 DUNYN-SZPOT 的记载(见 ARSI,JS 105I,f°38v.),南怀仁在皇帝面前强调说,要得到欧洲哲学的好的启示,有必要先对数学有一个彻底的理解。"他有意地避免直截了当地或明白无误地谈及天主教的教义,为了不给皇帝留一个不好的第一印象。"从礼部和翰林院的反应证明,南怀仁真正的意图显然是针对中国官员的。

[38]这幅图最初是由一名为《仪象图》作画的中国画家在 17 世纪 70 年代初期画的。当它传到欧洲以后就经常被复制,成为非常流行的一幅画。比如说,在本书中,在李明的 *Nouveaux Memoires*,p.148,后来被收在杜赫德(J.-B.DU HALDE),*Description*,Ⅲ,pp.288-289; E.CHR.KINDERMANN,*Physica Sacra*,vol.4,p.13,等等。

[39]见李明的 *Nouveaux Memoires*,p.111。

[40]根据奏折所载,这一中国的风向标起初位于东南角。但是由于它常常影响观测,所

以被移到北面。中国人称它为“相风杵”(见何丙郁著作第 147 页)。据我所知,欧洲人最先描述它的书是 1709 年在里斯本出版的 CHR. WOLFF 的 *Elementa Aerometriae*。

[41]可能这就是中国人称作“灵台”的地方。

[42]也就是以亚里士多德观点来认识的天文大气现象,而不是像 17 世纪同行的仅仅指具体的天体。关于钦天监的天文科和它的可靠性问题,见本书第八章注释[32]。作者在本书中提供了详细的数字,即钦天监有 20 名官员。也就是说,分为四班倒,每班 5 个观测者。的确应该感谢李明,从他的 *Nouveaux Memoires*, p.122 中,我们得知在一班中,5 位观测者同时工作,4 个人分别关注东、南、西、北 4 个方向,1 个人关注天顶。在何丙郁的书中提供了明代时的情况,即 4 个观测者分别站在观象台的四边。

[43]钦天监监正决定该项观测是否重要到必须向皇帝提交奏折。如果需要报告皇帝,那么他就须严格地按照钦天监古代记录的模式,至少是在汤若望和南怀仁主持钦天监之前的模式,来撰写奏折。(见汤若望 *Historica Relatio*, f°220v. = p.187Born.)无论如何,观测的记录必须归档(见李明 *Nouveaux Memoires*, p.122)。这汗牛充栋的观测记录始终是中国气象学研究的重要资料。有关这方面的内容参见本书第二十七章。

[44]显然,这一设在观象台顶部的木质小屋,在南怀仁重建观象台之前位于别处,因为不方便观测星星,而被移到现在的位置。

[45]大多数的天文仪器的直径为 6 尺,加上底座高度为 10 尺。保留在奏折中的南怀仁计划对此进行了确认,他说:“每一件设备高 10 尺,直径大约 6 尺。他们将安装在一个 4 尺高、12 尺见方的砖台上。”(见《仪象图》插图 1—10。)

[46]在房间里陈设的有:一根测日影的标杆(见本书第三章注释[2]),漏壶计时器一直存在到 1900 年,J.EDKINS 对此作了描述:“五个铜制水箱从上到下以等距离呈阶梯状排列。当日月交食现象发生时,一个面向南方的小铜人手持一根箭头来指示时间,箭头有 3 尺 1 寸长。铜壶上有一天 12 个时辰的刻度。安在一只船上的箭头漂浮在第四个铜水箱的水面上,随着水位的上升而上升。水箱的大小和箱中的水量是经过精密计算的,它使指示箭头恰好与天文观测所确定的一天 24 小时的刻度相一致。这一漏壶计时系统需要每天补充一定量的水。”到了 1935 年仅仅“有两个铜水箱一起在东边的小花园里”。这一记载,被 L.C.ARLINGTON 和 W.LEWISOHN 引用在他们的著作的第 156 页。

[47]关于漏壶的不足之处,见本书的第二十三章。

[48]见 *C.L.Obs.*, fig.1。

[49]这种辅导活动在西堂耶稣会住地旁边的学院进行(参见本书第八章注释[6],VÄTH 的著作 pp.103-104),在 1670 年 1 月 23 日南怀仁受命供职钦天监之后不久就开始了(见 *Corr.*, p.162)。关于此事,南怀仁在奏章中这样写道:“自从我被委以钦天监

的重任后,我就召集一些官员和学生开办了这个讲座,由我给他们讲课。”关于这些听课的学生人数的变化,见第七章注释[15]。根据南怀仁1671年1月1日的信函(Ajuda,JA 49-V-16,f°411v.)。这样的培训每个月举办四次,根据钦天监四个科的不同情况,选择不同的日子。尽管南怀仁做了上述的努力,他还是经常遭到中伤和诽谤,举例说,在他事业的最初阶段,在70年代中期,一些中国的权贵们在皇帝面前散布谣言,并隐瞒他在天文方面的技能(见DUNYN-SZPOT,ARSI,JS 109,p.128)。

[50]正文对南怀仁安放在观象台上的六件主要的天文仪器做了简短的描述。与《仪象图》中相应的部分相比较,南怀仁在这里只介绍了很少的技术细节,却以较长的篇幅介绍仪器的装饰。关于仪器的另外一些信息,他在1670年8月20日的信函中作了记录(*Corr.*,pp.180-184)。从这些记载中,我们了解到南怀仁完全知道自己这些成就所蕴含的困难和风险。这些仪器沉重的环圈和巨大的形体,使得将它们调整到精确的度数的工作异常艰难。

关于南怀仁的仪器和早年第谷使用的仪器的比较研究,见A.CHAPMAN著“Tycho Bralie in China:The Jesuit Mission to Peking and the Iconography of European Instrument-Making Processes”,载于*Annals of Science*,41,1984,pp.417-443。近年来,I.IANNACCONE和N.HALSBERGHE在这一题目上作了详尽的调查,将北京的仪器和南怀仁对仪器的描述与第谷的著作进行了比较,他们研究的结果中强调了两点,即南怀仁在他所制造的仪器中对第谷模型的修正,以及对中华传统的尊重。他们在1988年鲁汶大学召开的关于南怀仁生平与贡献的国际研讨会上提交了这一研究成果。(中译者注:该次会议的论文集已有中译本出版,书名为《传教士、科学家、工程师、外交家南怀仁》,书中收录了上述两位学者的论文。)I.IANNACCONE的论文题目是《从北京古观象台南怀仁的天文仪器看中欧文化融合》;N.HALSBERGHE的论文题目是《南怀仁与第谷天文仪器结构体系相似与不同:以其论著为依据》。I.IANNACCONE另一篇论文《从第谷到牛顿:北京天文台上的南怀仁的天文仪器》,发表在*Memorie Della Società Astronomica Italiana*,60,1989,pp.889-906。

[51]在《仪象图》卷一中南怀仁对黄道仪也作了描述。关于这一仪器与相应的第谷仪器的最早的比较研究,见A.CHAPMAN的著作第435页。

[52]关于铸有龙的造型的仪器底座的魅力,南怀仁在*Corr.*,pp.181-182中有一段详细的描述,用词与本书的这一段几乎相同。

[53]“Pedestal(基座)”这不是拉丁文词汇,最早来源于14—15世纪的意大利文,后来又被法文借用。它的意思就是:“一个装置或机器的底座。”南怀仁在*Corr.*,pp.181-182中和《仪象图》卷二中表达了他对它的仪器的稳定性的关注。

[54]在这里南怀仁对木板刻印的版本作了更正。

[55]腾飞在云朵之间,争抢珍珠和火球的,并且爪子上长有五个指头的龙,是古老的中华帝国最为尊贵的象征。它成为服饰、陶瓷制品和建筑物等的装饰图案。南怀仁在自

己的仪器上全部使用了龙的造型来作装饰,以迎合中国人的欣赏习惯和品位。关于龙的象征价值见 M.W.DE VISSER,*The Dragon in China and Japan*。

[56]经测量该直径为 1.956 米。

[57]螺丝钉的功用是承受重量,或者如在此处一样,将一个装置固定到一定的位置,并作少许的调整。南怀仁用狮子的造型来作为仪器的支撑物,是服从于中国传统的又一个事例(见.C.A.S.WILLIAMS,*Outlines of Chinese Symbolism*,pp.253-255)。可能康熙皇帝对这种高贵的动物有特殊的兴趣,南怀仁在 1672 年出版的《坤舆图说》中向皇帝详细地描述了狮子。1673 年,康熙皇帝甚至还表示希望能得到一只活的狮子。他的这一愿望在 1678 年终于实现了。

[58]木板版本还提供了更多的信息。

[59]关于第谷体系的细节,见 TYCHO BRAHE,*Astronomiae Instauratae Mechanica*(transl.H. RAEDER - E k B.STROEMGREN,Köbenhavn,1946,p.141ff.)。这一体系并不为法国耶稣会士所看好,李明在 *Nouveaux Memoires*,p.113 中表达了他的看法。洪若翰在一封写于 1703 年 2 月 15 日的信件中更为明确地阐述了这一观点。

[60]有关这一仪器的情况,《仪象志》卷一和李明的 *Nouveaux Memoires*,p.115-116 也有描述。

[61]木板版本还有附加的说明:"我要提醒你的是:由于画师的粗心,赤道仪的那个转动的圆环没有充分显示出来,几乎被中间的那个圆环挡住了。"

[62]关于南怀仁的地平经纬仪,见《仪象图》卷一和李明 *Nouveaux Memoires*,p.116。

[63]木板版本在此有一个插入语:"这一方块在 *L.Org.*,fig.4 和《仪象图》插图三中都没有表示出来。"

[64]它的精确测量值为 2.005 米。

[65]这个燃烧的火球像是从龙的喉咙里吐出,它是仪器装饰中的龙争抢玩耍的对象。

[66]关于象限仪,见《仪象志》卷一,16—18 和李明 *Nouveaux Memoires*,p.116-117。

[67]其精确测量值为 1.98 米。

[68]木板版本不太正确,用的是"circumsparsis"一词。

[69]关于这种金属的运用,见南怀仁 *Corr.*,p.183:"我精心地用最好的金属材料来制作每个圆环的轴和柱子,因为如果是由别的材料制作的话,经常不断地转动,仪器就会一点一点地磨损,以致松动,那么测量天体的时候就会出错。"

[70]木板版本对这一单词的拼写进行了纠正。

[71]见李明的 *Nouveaux Memoires*,p.116。

[72]关于南怀仁的六分仪,见《仪象志》卷一和李明的 *Nouveaux Memoires*,p.117—118。

[73]其精确测量值为 2.1 米。

[74]根据《仪象志》,每 1 度分为 60 分,每 1 分分为 10 秒,因此 1 度等于 100 个 6 秒。这与 *C.L.Org.*中所述的相比有所不同。

[75]关于这个支架,南怀仁在 *Corr.*, p.183 写道:"为了更好地操控六分仪(即纪限仪——译者注)达到任何计算值,我在仪器的支点上安装了另外一个设施。您看图片可以比阅读我的文字描述更好地理解。"仪器的这一部分所表现的是放大了的 *C.L.Org.* 和《仪象图》的插图 5 和插图 84。

[76]根据木板版本的上下文,这里表示有一个固定的观察点。然而,实际上这里是两个可移动的观察点。

[77]关于这一特殊的观测装置,见第谷 *Astronomiae Instauratae Mechanica* (Engl. transl. H. RAEDER - E.h B.STROEMGREN, København, 1946), p.141ff., 以及 A.CHAPMAN 的著作 p.423。关于南怀仁的拉丁文著作中的第谷天文理论见 *Supra*, n.11。

[78]南怀仁由于职务的原因而与这件仪器发生关系,应追溯到 1669 年的第一周,当时皇帝命令南怀仁修理汤若望制造的天体仪(见聂仲迁书信 ARSI, JS 122, f°341v.和恩理格写于 1670 年 11 月 23 日的信件 f°7r.)。4 月 19 日,南怀仁在宫廷里对这几架天体仪作了演示(ib., f°343r.和 f°sr., resp.)。4 月 12 日,皇帝命南怀仁制造一个大型的银质的天体仪(ib., f°343r.和 f°7r.-v., resp.):"皇帝命神父们制造一个大型的银质的天体仪。为了这个任务,他立即派遣了两位最重要的官员来到我们住所,并且带来了所需的工具和白银材料。"两个月以后,这架天体仪完成了,于 6 月 9 日进献给了皇帝(ib., f°sr., 又见 J.DE HAYNIN 著作, H.BOSMANS 引用在他的 *La Correspondance Inédite*, p.19)。在这个场合,神父们许诺下一次他们将把汤若望关于这件仪器的论著《浑天仪说》带给皇帝。关于观象台上的天体仪又见南怀仁的《仪象志》卷一, *Corr.*, p.181, 以及李明的 *Nouveaux Memoires*, p.118-119。近年来的调查结果,见 N.HALSBERGHE, *In Chino*, *Hemel en Aarde*, pp.426-429。

[79]木板版本在这里加了一句:"在黄道仪和赤道仪的底部,可以看到一个开启的小帽。"

[80]关于该仪器的重量,可见木板版本和李明的 *Nouveaux Memoires*, p.118。它实际的重量经测量计算为 3850 公斤(见 N.HALSBERGHE, *In Chino*, *Hemel en Aarde*, p.428)。

[81]也就是《仪象图》和 *Liber Organicus* 的图七、图八、图九、图十。

[82]后来发生的事件为这一假设提供了间接的证据,这个假设就是 *C.L.Org.*的最后的稿本是为了将 *C.L.Obs.*合并到 *Compendium Latinum* 中而撰写的(见本书"导言"3.3)。

[83]在木板版本(f° 4v.)中包含有作者南怀仁关于中国权贵们对欧洲天文学的态度的辛酸记录。这一表述在之前的 *Corr.*, pp.124-125 也说过:"在这群肥胖的人们面前,如果我们天文学家出现任何细微的观测错误,受到的惩罚比我们在托勒密或第谷面前犯半小时甚至更久的错误还要严厉。"

[84]在木板版本 f°4v.的 plate 43-55, fig.46-62 中,可以看到一些数学仪器,主要是各种各样的圆规。

[85]这些文字也出现在木板版本中,因此可以在《仪象志》和《仪象图》中找到。

[86]在木板版本中,作者将这一段脱离主题的文字写在副标题旁的空白处。这是他准备将原书充实为本书时加入的内容。皇帝对与欧洲,特别是与欧洲科学有关的事情感兴趣,这一点虽然在他1669年与耶稣会士们刚刚接触时就表现出来了(见聂仲迁和恩理格写于1669年和1670年的信函),但此处还是对他的充满智慧的好奇心的首次全面的说明(本书的第一个版本可以追溯到1677年到1678年)。其他有关的描述主要出自法国传教团的成员(白晋著 *Portrait Historique de l'Empereur de la Chine*, Paris,1698;引自 J.-L.VISSIERE,*Lettres Édifiantes*,pp.126-127 的洪若翰写于1703年的信函)。这些文字揭示了南怀仁心中的康熙皇帝的形象。近代的有关著作,如:发表在 *Bulletin de la Maison Franco-Japonaise*,4,1933,pp.117-132 的 GOTO SUEO 所著的 *Le Goût Scientifique de K'ang-hsi,Empereur de ia Chine* 和 P'AN CHI-HSING 所著 *Studies in the History of Natural Sciences*,3.2,1984,pp.177-188。这些著作几乎完全以法文资料为基础,没有了解到更早的南怀仁的文字。另一些著作,在系统地引用中文资料方面做出了重要贡献,它们试图尽可能完整地描绘出康熙皇帝热衷学习和运用西方科学与技术的画面,如:发表在 *Bulletin of Historical Research*(National Taiwan University),1975年2月,pp.422-349 的 Rita H.-F.PENG 所著的 *The K'ang-hsi Emperor's Absorption in Western Mathematics and Astronomy and His Extensive Applications of Scientific Knowledge*,以及 L.D.KESSLER 所著,*K'ang-hsi and the Consolidation of Ch'ing Rule*,pp.137-154。

康熙皇帝对西方数学的兴趣,部分来自他真诚的好奇心,但也部分出于其他方面的考虑,比如说,他希望自己有能力监测历书的编制过程,以避免出现他作为亲历者所见证的在杨光先与汤若望、南怀仁之间发生的那种较量(见本书第三章注释[11])。我怀疑,这究竟是在一定程度上注入了耶稣会士们良好愿望和反映他们天真想法的、经他们描绘出来的中国皇帝吸取西方科学的宗教图画,还是欧洲教会当权者以一幅理想化的画像而体现出来的一个经过深思熟虑的目的,即希望在这位"启蒙"皇帝的统治之下尝试大规模地转化基督徒。我认为应该是后者。北京的神父们非常清楚这一目的,除了那些我们偶尔从他们的私人谈话中提到的知识分子,举例说,他们(可能是南怀仁)在1676年9月对俄国使节尼古拉·斯帕法里表达了这样的观点(根据斯帕法里的日记):"大汗有着追求和获取荣誉与声望的天性,正是由于这一原因,他多少年来兢兢业业地钻研中国的文化。他知道中国人只赞颂和敬佩学识渊博的人,特别是对他们的统治者。"(J.F.BADDELEY,*Russia*,*Mongolia*,*China* II,p.411)在很多场合,皇帝常常故意在大臣们面前卖弄他有关西方科学和技术方面的知识,而使臣子们惊讶得目瞪口呆。总之,1689年在罗马与闵明我长谈之后,莱布尼茨也有类似的看法。(*Novissima Sinica*, 1697; NESSELRATH - REINBOTHE,p.14)

[87]在安文思关于发生于1675年7月12日的皇帝到教堂参观一事的报告中,他说到的

南怀仁被召进宫是持续了两个半月的时间。在鲁日满写于1675年9月23日的信函中说的是4个月的时间(由DUNYN-SZPOT所引用,见ARSI,JS 104,f°266v.)。这显然是说,这一对皇上的个别辅导开始于1675年的5月初,而持续到10月份。

[88]南怀仁使用"博物馆"这个文艺复兴以来的西方古典主义的词汇,来称呼一处私人收集艺术品和科学展品,近来又被其所有者和(或)使用者用来从事与科学有关的活动的地方(见W.A.GROSS,*Der Kleine Pauly.Lexikon der Antike*,Ⅲ,col.1485)。在北京,存放皇帝的收藏品的地方称为"宝库"。在北京,耶稣会士们也为了他们自己的宗旨而办了一个博物馆。在*M.*中曾多次提到这个博物馆。曾于1694年参观过耶稣会士博物馆的E.Y.IDES在他的著作*Driejaarige Reize Naar China*,p.102中记述过它。

这里提到的皇帝的"博物馆",极有可能就是康熙私人读书的地方,不是"南书房",就是"养心殿"。南书房,地理位置比较优越,离图书馆近。它成为皇帝固定的书房可以追溯到1678年年初,也就是"后鳌拜时代"。养心殿,是康熙后来在白晋和张诚的辅导下学习数学的地方。

[89]行文至此所谈及的向皇帝展示一系列数学仪器的事,发生在1675年,也就是"平定三藩"战争开始的时候(是否这时正是他摆脱了军事和政治的难题而稍得空闲的时候?)。我们关于这一时期的第一手资料来自鲁日满的一封写于1675年9月23日的书信。这封信已经遗失了,但是其中一部分被DUNYN-SZPOT所引用,现存于ARSI,JS 104,ff°266v.-267r.。安文思曾在关于1675年7月12日皇帝参观西堂的记述中确认了这一年代。安文思说,当皇帝进入南怀仁的房间时,看到了一些制造数学仪器的木料。而这些仪器正是他在那一年学习运用的仪器(ARSI,JS 124,f°100r)。从1675年的上半年到1678年(这正是作者起草*C.L.Org.*中的这一章节的时候)历时4年,即1675年、1676年、1677年和1678年。但是这与南怀仁后来在1685年8月1日的信件中所说的"12年"相差得太远了。

[90]在1675年这个时期,此处所说的书籍,或者是于1657年呈现给顺治皇帝的《西洋新法历书》,或者是南怀仁于1669年编纂、于1674年印刷的新版的《西法算术》(见本书第六章注释[14])。

[91]从西堂到紫禁城内宫的距离,汤若望测定为10里路(见汤若望*Historica Relatio*,f°209v.= p.219Born.)。

[92]手稿中有一些语法上的更正。

[93]关于从莫斯科来的使臣R.K.I.QUESTED,在他的*Sino-Russian Relations*,p.31ff.中提到,在南怀仁时代来华的曾有两位使臣,一位是1660年的伊万(Ivan Perfiliev),一位是1676年的斯帕法里(Nicolaj Gavrilovich Milescu/Spatharij)。至少是在后一次,南怀仁与之进行了直接的接触,有斯帕法里的日记为证[见B.HILL-PAULUS,*Nikolaj Gabrilovic Spatharij*(1636—1708)*und seine Gesandtschaft nach China*,Hamburg,1978.]。

关于中俄在这一时期的外交关系，又见 V.CHEN, *Sino-Russian Relations in the XVIIth century*, The Hague, 1966; M.MANCALL, *Russia and China: Their Diplomatic Relations to 1727*, Cambridge, 1971; CHIN-YUNG CHAO, *A Brief History of the Chinese Diplomatic Relations, 1644—1945*, Yangmingshan, 1984, pp.50-55; S.TIKHVINSKI (ed.), *Russie-Chine aux XVIIe-XIXe Siècles*, Moscow, 1985。

这里提到的荷兰的使团，一定是指以 P.de Goyer di 和 J.de Keyzer 为首的使团，其驻京时间从 1656 年 7 月 17 日到 10 月 16 日的一次；和以 P.Van Hoom 为首的使团，驻京时间从 1667 年 6 月 20 日到 8 月 5 日的一次（见 J.E.WILLS Jr., *Embassies and Illusions*, pp.38-81）。南怀仁第一次参与中国和荷兰的外交活动是在 1668 年 12 月。当时他和他的神父同伴们被朝廷召来翻译荷兰文文件（见 *Corr.*, p.152）。最后，对南怀仁在文中提到的在这段日子里访华的西班牙使臣的事，我一无所知。

因为南怀仁对 17 世纪 70 年代访问北京的西方使团非常熟悉，他作为翻译在此类的活动中扮演了十分积极的角色，所以我觉得非常奇怪，为什么南怀仁在这里没有提到两次著名的葡萄牙使团访问北京的事件，即 1670 年 6 月 30 日到 8 月 21 日的以 Manoel de Saldanha 为首的使团，和 1678 年从 8 月到 11 月 13 日的以 Bento Pereira de Faria 为首的使团。记录了这两次葡国使团来访的资料有：第一次：P.PELLIOT, *L' ambassade de Manoel de Saldanha*, pp.421-424, J.E.WILLS, Jr., *Embassies and Illusions*, pp.82-126, 193-236, 263-264。此外提及此事的在华耶稣会士的信件有：恩理格 1670 年 11 月 23 日信件 ff°15r-15v，利类思 1670 年 8 月 11 日信件，南怀仁信件（*Corr.*, pp.173-174; 262）。第二次：J.E.WILLS, Jr., *Embassies and Illusions*, pp.127-144, pp.237-245，南怀仁信件（*Corr.*, p.262），LO-SHU FU, *The Two Portuguese Embassies to China during the K' ang-hsi Period*, p.75ff., L.PETECH, *Some Remarks on the Portuguese Embassies in the K' ang-hsi Period*, pp.227-236。在别处，在写于 1678 年 8 月 15 日的信件中（*Corr.*, p.229）南怀仁谈到了路西塔尼亚（Lusitania）、荷兰和莫斯科的使臣，没有提到西班牙使团之事。1676 年 9 月，他还在对俄国使臣斯帕法里谈到中国人不好的态度时，提到了葡萄牙和荷兰的使臣（J.F BADDELEY, *Russia, Mongolia, China*, II, p.337）。可能是作者错将“路西塔尼亚”（中译者注：路西塔尼亚曾是罗马帝国的一个行省，范围约在今日的葡萄牙及西班牙西部的一部分。）写成了“西班牙”。

在 17 世纪 60 年代到 70 年代之间，西方国家的使臣通常是在每月举行三次（即每月的初一、十五和最后一天）的“常朝”仪式中受到接见的。关于“常朝”仪式的情况，安文思在 *N.R.*, pp.301-306 中作了详细的描述（他说一个月举行四次）。作为来自西方客人的荷兰使臣 De Goyer 和 De Keyzer 及 Van Hoorn 也对此作了生动的描述（见 J.NIEUHOF, *Het Gezantschap der Neêriandtsche Oost-Indische Compagnie aan den Groolen Tarlarischen Cham*, Amsterdam, 1665, p.168; O.DAPPER, *Gedenleraerdig bedrijf der Nederlandsche Oost-Indische Maatschappye*, Amsterdam, 1670, pp.353-356), 葡萄牙 Saldanha 使团(见 J.E.WILLS, Jr., *Embassies and Illusions*, pp.204-205)、俄国 Spatharij 使团也都作了同样的描写。还可参见 C.JOCHIM, *The Imperial Audience Ceremonies of the Ch'ing Dynasty*, pp.88-103, and J.E.WILLS, Jr., *Embassies and Illusions*, pp.2-3。

[94]见克拉维奥(CHR.CLAVIUS), *Euclidis Elementorum Libri XV*, p.7:"欧几里得的理论为所有数学家们开了一扇门。"

[95]欧几里得几何学的前六卷是由利玛窦翻译的,经大学问家徐光启做了仔细的修订,以"几何原本"的书名在1607年出版。徐光启在书的序言里公正地强调指出了该书的基本特点。这些文字被利玛窦引用在他自己的著作中(见 P.D'ELIA, *Fonti Ricciane*, II, p.356, n.7)。《几何原本》并不是根据希腊原著翻译的,而是根据克拉维奥(中译者注:克拉维奥是利玛窦在罗马学院求学时的数学教师。)的拉丁文本翻译的。克拉维奥的原书可能还保存在北堂图书馆里(见 H.VERHAEREN, *Catalogue*, nr. 1297and 1298)。南怀仁在他写于1685年8月1日的书信(见 *Corr.*, p.490)中说,《几何原本》经过一些微小的在体例和措辞上的修正和改进后,有了第二版。但我不知道这第二版是否付诸刻印了。

(中译者注:据本人研究,《几何原本》一书于1607年刻印出版后,利玛窦曾对其进行了若干校正。1608年徐光启南下为父亲守制,利氏将此校正本寄给徐光启,希望有愿再版此书者参照修订。徐光启于1610年再度进京时,利玛窦已经过世。在他的遗书中,有一本经他亲手校订的《几何原本》。徐光启看到此书,便回忆起当时两人在灯下切磋翻译该书时的情景,不胜感慨。庞迪我、熊三拔就将这本利氏遗书赠予徐光启。1611年夏季,由于朝廷对以西法修历一事迟迟不能作出决断,徐光启略有闲暇,便与庞、熊二人合作,在利玛窦校订的基础上进一步增订、整理,出版了《几何原本再校本》,使之比第一版更加严谨,"差无遗憾矣"。见徐光启:《题几何原本再校本》,朱维铮主编:《利玛窦中文著译集》,复旦大学出版社2001年版,第307页。)

[96]康熙皇帝在1675年7月12日造访西堂之后,在第二天将第二次书写的"敬天"的题词送来(参见第十五章注释[32])。

[97]关于将中文的《几何原本》翻译成满文的想法,不仅仅出于个人的动机(R.HSIAO-FU PENG, p.404 中提到,他希望借助自己的母语而对这些新概念理解得更为清楚),同时也是或多或少地遵循了身为满人的皇帝一贯的政策,即主要通过将汉语的书籍翻译成满文的方式,以达到发展满族的文化,和保护用以统治全中国人民的其本民族的语言的目的。关于这一政策,可参阅 B.LAUFER, "Skizze der Mandjurischen Literatur",发表在 *Keleti Szemle*, 9, 1908, p.29ff.。体现这一政策的第一个事例就是,皇帝在1669年4月8日得到《御览西方要纪》一书后,就下令将其翻译成满文。"皇帝看到这些欧洲科学技术的著作的汉语文本后,虽然他也精通汉文,但他还

是要求将这些著作也翻译成满文。”(见聂仲迁 1669 年 11 月 10 日信件和恩理格 1670 年 11 月 23 日信件。)

虽然康熙皇帝让南怀仁将欧几里得几何学翻译成满文一事并没有规定具体的期限,这多半仅仅是一种愿望,因为《几何原本》原文中包含了很多高度专业化的词汇。如果翻译该书一事确实属实,那也不可能在南怀仁掌握满文之前,即 1675 年(也可能是 1676 年)完成。因此 *M.S.*,10,1945,p.237,nr.75 中指出的时间(即 1673 年)是应该被修正的。

总之,这本书的副本和它的书名都不为我所知。事实上,这一翻译工作是否由南怀仁完成是有疑问的,尤其是当我了解到数年之后康熙皇帝要求白晋和张诚做此翻译工作时(见 J.BOUVET,*Portrait Historique*,p.127)。

(中译者注:费赖之《在华耶稣会士列传及书目》p.437、p.450 称:白晋、张诚著有《几何原本》满文本,“今皆未见”。又有资料记载,民国十七年(1928 年),陈寅恪在北京图书馆看了清宫旧藏的满文版《几何原理》。他比较其他译本,发现满文译本的内容比西方的原本简略,有所删节。可见满文版的《几何原理》确已付梓,译者应为白晋与张诚。)

[98]参见 L.FREDERIC,*Kangxi*,pp.169-170,以及 FANG CHAO-YING 载于 A.W.HUMMEL [ed.],p.331 的文章的判断。如果这是正确的,就可以解释为什么他在 1675 年 6 月 12 日参观“西堂”之后,第二天就将他第二次题写的题词赐予教堂。参见本书第十五章注释[32]。

[99]南怀仁的满文学习开始于上文谈到的他对年轻的康熙皇帝的数学辅导,也就是说开始于 1675 年。这根据了他在 *Elementa Linguae Tartaricae*(即《满语语法》)一书前言中的说明。他说,他在开始学习满语不长的一段时间之后,就已经熟练到在 1676 年 9 月接待俄国使臣斯帕法里时,可以胜任拉丁语-满语的翻译工作了(M.THEVENOT,*Relations*,2.4,p.4)。这表明他学习满语的进度(大约不到一年的时间)是极不寻常的。(白晋和张诚也是在 8 个月之内基本上掌握了满语。有关此事,白晋在 *Portrait historique*,p.126 中有所提及。)南怀仁掌握满文如此之快,部分原因是他本人学习外国语言的超常技能,部分原因来自满文语言自身。这可以由到中国的其他一些传教士共同的经验所证明(见卫匡国 *Novus Atlas Sinensis*,p.20)。无论如何,自 1671 年起成为南怀仁在观象台的助手的闵明我,在一封写于 1678 年 5 月 19 日的信件中报告说,他已经熟练地掌握了满文,而且根据皇帝的命令,他致力于将欧洲的有关科学和神学书籍翻译成满文。

[100]大多数当时关于南怀仁满文语法研究(即欧洲研究这种语言第一部著作)的史料,以及 M.THEVENOT 收入在他的 *Relations*,vol.2.4 的关于 *Grammatica Tartarica* 和 *Elementa Linguae Tartaricae* 两书之间的不同观点的争论,都被 P.PELLIOT 收录在 *Le veritable auteur des Elementa Linguae Tarlaricae*(TP.,21,1922,pp.367-386)一书中

(其他有关的资料收录在 TP.,24,1925,pp.64-67,和 K.DE JAEGHER,ib.,22,1923,pp.189-192)。此外还可参阅 P.AALTO 发表在 *Traciala Aliaica D.Sinor* (...) *Dedicala Wiesbaden*,1976,pp.1-10 和 *Zentralasiatische Studien*,11,1977,pp.35-120.中的"The Elementa Linguae Tartaricae by Verbiest S.J."。从这些资料我们可以推断,南怀仁撰写这本语法小册子是在 1676 年 9 月之后(因为他在该书的自我介绍中提及了俄使斯帕法里一事),到 1678 年年中(他在 *C.L.Org.*的草稿中谈到这个时间,见"导言"3.2)。南怀仁写这本书,最初并不是着眼于研究语言学的特性,据 DUNYN-SZPOT 称,是为以后来华的耶稣会士提供帮助和指导,以便推动和方便他们学习满文(ARSI,JS 104,f°300v.)。柏应理携带着这部手稿于 1681 年 12 月 4 日离开澳门,于 1683 年 10 月到达欧洲。1686 年他到了巴黎后,法国皇家图书馆馆员特维诺(M.Thevenot,1620—1692)将手稿出版,印了 1000 本(见柏应理在第二版的 *Catalogus*,p.42 中所提及的)。据于 1783—1798 年和 1802—1809 年住在罗马的 L.HERVAS YPANDURO 在他的 *Catálogo de las Lenguas de las Naciones Conocidas*(...),vol. 2,马德里 1801 年出版,pp.214-215 中记述,这部手稿直到 19 世纪还保存在罗马的罗马学院图书馆里。手稿中还有满文字母表。这部手稿现在遗失了。关于这部语法书的进一步的资料,它的来源和欧洲人对它的接受,以及关于它的故事,我于 1991 年 3 月 20—24 日在意大利的费拉拉(Ferrara)的会议上作了一次题为"Convegno Internazionale:Italia ed Europa Nella Linguistica del Rinascimento Confronti e Relazioni"的讲演。该次会议的论文集正在编印过程中。

[101]在著名的耶稣会天文学百科全书(中译者注:即明代末年编纂的《崇祯历书》,清康熙年代改名为《西洋新法历书》)的各个组成部分中,南怀仁常常使用邓玉函的两卷本的《大测》和汤若望的《三角学》及《共译各图八线表》作为辅导皇帝的教材(见柏应理 *Catalogus*,p.18,p.21,p.20;费赖之书 I,p.157,p.179,p.180)。

[102]为了给皇帝解释应用几何学中的难题,南怀仁可能依靠艾儒略的《几何要法》和罗雅谷的《测量全义》,或者甚至还有利玛窦的《测量法义》(见柏应理 *Catalogus*,p.17,p.23,p.6;费赖之书 I,p.135,p.190,p.38)。

[103]《新牛津英语词典》:大地测量之学。

[104]《新牛津英语词典》:描绘陆地和海洋的地图的技术和实践。

[105]以利玛窦的《浑盖通宪图说》、阳玛诺的《天问略》、邓玉函的《测天约说》和汤若望的《浑天仪说》为基本教材(见柏应理 *Catalogus*,p.6,p.13,p.18,p.20;费赖之书 I,p.39,p.110,p.157,p.179)。关于《浑天仪说》又见本章的注释[78]。

[106]也就是说,在 1675 年若干年之前。南怀仁第一次向皇帝解释日食、月食早在 1669 年,即当他向皇帝示范如何使用汤若望的天体仪和将汤若望所著的《浑天仪说》带给皇帝的时候(见恩理格写于 1670 年 11 月 23 日的信件,f°8r.)。关于日月交食知识的辅导,可能是在 1669 年 4 月 30 日发生日食和 1670 年 4 月 5 日发生月食的时

候(关于在 1670 年至 1675 年之间其他发生日月交食天文现象时发生的情况,见 P. HOANG,*Catalogue*,p.90,and p.125)。

[107]实际上,皇帝派工匠来学习一事历时大约半年时间。

[108]这些仪器,甚至包括大型比例尺都是在西堂制造的。关于此事前面也提到过。另外汤若望也时常提到位于西堂花园里的作坊的存在(*Historica Relatio*,f°234v. = p. 263Born.)。关于这些仪器,见《仪象图》的插图 51、图 52、图 53、图 54、图 55。耶稣会士曾多次向皇帝进献装在盒子里的圆规和其他绘图工具。这些仪器的一部分现仍保存在故宫博物院(见 *China*,*Hemel en Aarde*,p.380,插图 264)。

[109]这里所说的比例直线尺,是一种宽宽的、平平的尺子,它可像我们经常使用的比例规那样,将直线转换成一定比例的线段。

[110]从上下文看,这里指的一定是“测量象限仪”。运用它可以从远处的一个点测量一个物体的高度,特别是测量者无法接近的物体的高度(见 PH.LANSBERGIUS,*Verklaringhe van het Gebruyck des Astronomischen en Geometrischen Quadrants*,Middelburg, 1667;参见 H. VERHAEREN, *Catalogue*, nr. 1962);和 ZEDLER, *Universallexikon*, X, 954.。关于插图,见 *De Landtmeeters in Onze Provincien van de 16 de tot de 18 de Eeuw*,p.34,n.53,in A.DAUMAS,*Les Instruments Scientifiques aus XVIIe et XVIIIe Siècles*, pl.4。

[111]据《新牛津英语词典》:“雅各布标尺”是一种用来测量太阳高度的工具。另见 TYCHO BRAHE,*Astronomiae Instauratae Mechanica*(transl. H. RAEDER-E. & B. STROEMGREN,Köbenhavn,1946),pp.96-97。

[112]一种形状为四分之一圆周的几何仪器,它有两个相互交叉成直角的支架,用于几何测量,特别是用于测量某物体的高度(见 ZEDLER,*Universallexikon*,X,954)。有关它的图形见 A.DAUMAS,*Les Instrnments Scientifiques aux XVIIe et XVIIIe Siècles*,pl.4, fig.10.。1596 年利玛窦送给建安王一件这样的仪器。1614 年,熊三拔用中文写了一本关于这种仪器的论著,即《表度说》(见德礼贤 *Fonti Ricciane*,III,pp.15-16,n. 以及 H.BERNARD,*Les Adaptations*,p.331,nr.97)。

[113]这一仪器有多种用途。它发明于 1580 年,在 1626 年被一本小册子描述过,这是一种能够测量角度的“凯依涅”(M.Coignet)圆规(见 P.L.ROSE,“The Origins of the Proportional Compass from Mordente to Galileo”,发表在:*Physis*,10,1968,pp.53-64)。另一方面,从恩理格写于 1670 年 11 月 23 日的信件和聂仲迁 1669 年 11 月 10 日的信件比较来看,我们了解到北京的神父们向皇帝进献了“一副圆规或者比例规”,据 H.BOSMANS(Documents,p.39,n.l)考证这就是和“凯依涅”圆规相同的仪器。关于比例规的发展演进,见 A.DAUMAS,*Les Instruments Scientifiques aux XVIIe et XVIIIe Siècles*,p.3ff.。

[114]在他的测量活动中,木杆和绳子是普通常用的工具。

[115]洪若翰在他写于1703年2月15日的信件中用几乎同样的文字报告了皇帝所做的类似的试验。

[116]这些仪器中,最为精致的是南怀仁于1669年进献给皇帝的浑天仪。这架浑天仪(高37厘米,长35.5厘米,宽35.5厘米)至今保存在北京的故宫博物院(见*China, Hemel en Aarde*,pp.394-395,和本书插图21)。

[117]即印在纸张上的平面天体图。

[118]除了他自己的辅导之外,南怀仁还向皇帝提供了一些中文书籍,如汤若望撰写的《恒星历指》和《恒星出没》(见柏应理*Catalogus*,p.20;费赖之书I,p.180)。

[119]南怀仁曾写道,在这七年之后,在康熙皇帝第一次巡视满洲的旅途中,一个晴朗的夜晚,我们发觉皇帝着迷似的观察着星空,他回忆着在之前所学课程的知识:"那个晚上天空很晴朗,他想告诉他身边的人当时在北半球星空上可以看到的星座的中文和拉丁文名字。事实上,这些名字他在很久以前就已经反复学习过,然后,他拿出并摊开一张小型的星宿图,这幅图是我很多年前送给他的,而他一直保存着,然后他开始寻找显示午夜降临的时间的那颗星星。"(见*Corr.*,p.398:Angust 2,1682)

[120]莱布尼茨在*Novissima Sinica*(《中国近事》NESSELRATH-REINBOTHE编,1697,p.20)曾骄傲地引述了这一说法:"南怀仁精通天文学,他用文雅的中文以及拉丁文编撰著作,他用天文学感化了许多皇族以及朝中大臣,以此来传扬我们神圣的宗教教义。"事实上,南怀仁在这里借用了马尼留(Manilius)在*Astr.*书中的话。

[121]见本书前言部分注释[57]。

[122]参照*Corr.*,pp.183-184(August 20,1670),"东方三贤人"是南怀仁在他的公务中最喜欢提到的守护神,他说:"这副沉重的担子始终压在我的肩头。因此,我请求您替我向我的主保圣人——教宗格利高列一世祈祷;向通过一颗星星的指引从而认识了群星之主的天主的那三位天文学贤士祈祷;为所有的神圣的天文学家们,特别为我们修会里的那些天文学家们祈祷。"

[123]在1665年至1668年天主教遭受迫害之前,耶稣会的神父们出版了一系列关于宗教问题的书籍。那些的木刻版可能都在迫害期间毁坏了,但是还没有找到确凿的证据(见*Corr.*,p.158)。柏应理也在他的*Brevis Relatio de Statu et Qualitate Missionis Sinicae*(手稿存于马德里历史档案馆Nac.,Jes.Leg.272,nr.43,f°2r.-v.)对此也给予确认:"由于四位巡抚下令迫害天主教,一场大火焚毁了绝大部分书籍。但多亏天主的眷顾,超过一百种的有关天主教教义方面的书的木刻版得以幸存。这些木刻版经过修复可以重印任何一种被焚毁了的和残缺不全的书籍。要感谢一位夫人(Mrs.Agatha Tum——此人中文姓名待考——译者注)承担了所有的费用。当一切就绪时,我们重新印制这些著作,并在宫中进行发放。通过一些上层文人的帮助,我们在传播神圣宗教方面已卓有成效。"

南怀仁非常有可能正是利用了这些宗教书籍来回答皇帝提出的问题,甚至他还将其中的一些书进呈给皇帝。举例说,当面对灵魂不死的问题时,南怀仁可能就参考了卫匡国的《真主灵性理证》一书(见柏应理 *Catalogus*, p.33;费赖之书 I, p.260);当解释"十戒"时,他或许就向皇帝进献了阳玛诺的《天主圣教十戒真诠》一书(见柏应理 *Catalogus*, p.13;费赖之书 I, p.228);当谈及有关耶稣受难一事时,他有《受难始末》一书在他的手边(见柏应理 *Catalogus*, p.9;费赖之书 I, p.72)。

[124]这是他们受到很高待遇的证明,也是耶稣会士们引以为荣的(见 DUNYN-SZPOT, ARSI, JS 104, f°216r.)。这可能就是一种满族人特有的"茶"。另见闵明我在 1678 年 5 月的信 ARSI, JS 124, f°143r.和汤若望的 *Historica Relatio*, f°232r.。

[125]类似这样的会见,是耶稣会士在中国存在的终极目的,也是他们在华传教的策略,以谋求通过皇帝来转化朝廷和全体中国人。这一情节可能是作者故意写于 *Compendium Latinum* 结尾处的,以证明他们确实找到了一位头脑开放、感觉敏锐的"启蒙式的"皇帝,也证明借助数学科学是他们得以达到传教目的的可行道路。

第十三章

数学科学的所有学科都向皇帝展现她们的技能[1]

在天文学从其他数学科学中脱颖而出,像庄严的女王一样凯歌行进,进入中国人中间,且被皇帝欣然接受之后,所有类别的欧洲科学如同天文学最好的伙伴那样,在帝国宫廷中的地位也随之大大地提高了。这些科学紧随天文学的脚步,用一切非凡和美丽的装饰物,如金子和宝石,来装饰自己,使她们在如此伟大的权威的眼睛里显得十分可爱。几何学、测地学、日晷测时术、透视法、静力学、水力学、音乐和各种机械科学,其中的每一门类都穿上了如此华贵和精致的服装,相互争奇斗艳。她们满腔热情所追求的,并不是想让皇帝的目光仅仅注意在她们身上,而是引导皇帝完全地转向天主教。这些门类众多的数学科学的分支,她们公开声称,她们的美丽与天主教相比,就像是一群小星星与太阳和月亮相比一样。

现在,我将公布在近10年中,即在我们的天文学得到恢复之后进入宫廷的、我们已经呈献给皇帝的关于各门类科学的一些成就。从这些成就中,人们可以容易地推断出,在8年或者更多的年头里,当欧洲的科学与我们的修会相依相伴地存在于北京[2]的紫禁城里时,都有哪些门类被呈献给了皇帝。我这样做是为了以下的目的[3]。

第一,我想让每个人清晰地看到这一点,即我们的修会付出了怎样巨大的努力去尝试着获得皇帝们和亲王们的仁慈,以便使得我们的天主教在如此广袤的帝国里通行无阻。特别重要的是,让人们知道,因为正是他们的仁慈(除了天主之外)构成我们传教事业的安全和成功所依靠的基础[4]。第二,我想以此来告诉和鼓励那些将在未来的岁月里继承我们事业的传教士,千万要照顾、尊重和热爱这些最美丽的科学女神们。因为正是由于她们伟大的关爱,他们才能比较容易地获得皇帝们和亲王们的接待,我们的天主教才因此能够得到保护。第三点,也就是最后一点,我这样做是因为,在我的*Liber Organicus*中所介绍的,虽然只是做了十分简略的描述,不仅仅是天文仪器,而且还包括其他一些工具和仪器,它们是天文学和数学的伙伴,也是魅力无穷和具有极大吸引力的[5]。

几何学、算术学、宇宙学、测地学

皇帝们在接受我们送给他的礼物——几何学、算术学、宇宙学和测地学的时候,表现出怎样的仁慈和快乐,我将在以下做一简要的揭示[6]。在我的*Compendium Octo Priorum Figurarum Libri Organici*中,我更为精确地解释了那8幅图片。在那本书里,我充分地描述了皇帝对这些礼物是如此地喜欢和满意,以至在差不多6个月的时间里,他每天都邀请这些科学女神到他在紫禁宫的内室里,并且整天地和她们在一起。

注 释

[1]第十三章是对《欧洲天文学》一书第二部分的一个简要的介绍。其内容正像作者在"前言"中宣示的那样,是对在北京的神父们在1668年(或1669年)至1768年(或1769年)这个时间段里,在数学和机械学等14个不同的科学领域中的功绩的描述。这第二部分就是本书的第十三章到第二十八章。在第二十八章中,作者在再一次强调了"科学为在中国的传教事业带来的活力",这一作者已经在第十三章中明确地表述了的观点。这也是他们从事科学工作的唯一理由,也是他们为自己辩解的依据。从南怀仁于1677年7月16日写给J.-P.Oliva的信件中看,他称自己不仅是一名天文学家,而且是一名建筑师和工程师。

[2]北京的耶稣会士们显然认为,利玛窦得到北京朝廷的居京许可,是在1600年。见柏应理的*Histoire d' une Dame*,p.18。除此之外,他在《中国哲学家孔子》一书中提供了更精确的时间。实际上,利玛窦首次进京是在1598年。

[3]《欧洲天文学》第二部分的三个宗旨是:

第一,给耶稣会应对中国精英知识分子的策略以辩解的依据。

第二,提醒下一代的耶稣会传教士们,让他们认识到学习数学科学的必要性。

第三,与*Liber Organicus*一书中的一些非天文学的图片一道提供给读者(前面的八张图片是有关天文学的,已经在本书的第十二章中作了解释)。

[4]作者十分清楚,尽管皇帝对他个人皇恩浩荡,但是其仁慈之心毕竟还是脆弱的(见ARSI,JS 109,II,p.127)。"现在当朝的皇帝,年仅23岁,虽然他的性格很好,且心地仁慈,但对于他的喜好我还是持不确定的怀疑态度。通常一个人接近他之后,迟早会失去他的宠信。"同样的感觉更直接地表达在A.LUBELLI于1684年5月写给南怀仁的信中(Ajuda,JA 49-V-19,nr.139,f°517v.)。

[5]*Liber Organicus*一书的图片的确是大大超出了天文仪器的范畴,它们的一些部件以及结构同时也是数学和机械学的工具,其背后蕴含了物理学的定律。

[6]事实上,这里提到的段落,可以在原文版的第53页至第57页中找到,因此不应说"以下",而应说"以上"。这显示出作者或者说是编者,对《欧洲天文学》的手稿在内容安排上,曾作了两次改动。

第十四章

日晷测时术

日晷测时术每年进献给皇帝一些新式样的日晷。在我们的天文学刚刚恢复到从前地位的那一年的年初，我就进献给皇帝一个球形计时器[1]。在它凸起的表面，一个代表太阳的闪亮的图像，每天从东到西地沿着黄道圈的刻度转动，就像太阳真实的运动一样。我设计了一个太阳的图形，印在日晷指针顶端的镜片上，并且使一束明亮的光线投射在凸形球黑暗的表面上，这个"太阳"能够按照太阳全年的轨道运行。它不仅可以表示时辰，而且可以显示日出和日落的时间，以及日夜的长短，就像是在天空中的真正的太阳一样。

第二年，我根据光线从空气照射到水里的折射原理，制作了一个曲面的日晷。我还草拟了一份有关这些规律的表，计算出每一角度的光线照射到水里的折射角度。我还计算出了其他物质的光线折射表，比如从空气到玻璃的折射度，从空气到水晶的折射度，以及相反的折射度（中译者注：即从玻璃到空气，从水晶到空气），等等。我将这一日晷连同这些计算表呈献给皇帝[2]。这是一个大口的有一定深度的"计时罐"，通常叫作中国瓷器[3]。在它的雪白色的底部，用橄榄色描绘出表示 24 个小时的线条和与黄道的一度和半度相对应的记号。这些线条经一位画家灵巧的手描绘成一条鱼的形状。每次这个瓷器灌满了水的时候，人们就会看到一条鱼正在水面上游着。而日晷指针的阴影则在鱼的背上显示出相应的日子和小时来[4]。然而一旦这个容器没有了水，刚才看到的一切就都消失了，那根指针也完全偏离了指向天空的方向。这样的日晷，我不仅呈献给了皇帝，也给了许多高官显贵们。

另外，我准备了两件相当大的日晷，后来刻在了大理石上，其中一个是为白天做的，另一个是为夜晚做的。在指针阴影的顶端，白天的日晷显示了中国人将整个天空从东到西划分的二十八星宿[5]，在刻度圈上有每一刻钟和每一小时的刻度。夜晚的日晷，从另一方面，以同样的指针的阴影显示上述的二十八星宿，也在刻度圈上刻有在夜晚的每一刻钟和每一小时的标志。通过使用这两个日晷，人们就可以毫不费力地得到有关白天和黑夜的每一刻钟的全部知识。

我还制作了两个安装在多面体上的日晷。第一个放在这多面体的任何一个面上（水平的、垂直的或者倾斜的），用以显示在北京这一经度上的时间；第二个日晷绘制在同一个平面上，用以显示全世界各个国家的各自的不同时间。

在过去的几年里,我向皇帝进献了另外三个新式的日晷。那个白天用的日晷,垂直地安放在一个在夏天能使房间空气新鲜的风扇上[6]。第二个日晷仅用一个拱极星[7]来显示夜间的时间。这两个日晷中的任何一个都可以在不经过复杂与困难的黄道带标记的测验,就能不费力地显示至少当月的每一小时、每一刻钟的时间。最后,第三个日晷,被安装在象牙扳指上。这种扳指,是他们弯弓射箭时经常戴在手指上的[8]。

在同一年,闵明我(Filippo Grimaldi)神父[9]进献了另一种式样的日晷,可以放在圆形的象牙小盒子里。满族人将这种象牙小盒子随身悬挂在衣带[10]的右边,形影不离。盒子里通常装着挖耳勺和其他喜爱的小物件[11]。皇帝得到它后特别地高兴,他说,没有比这更精致、更实用的了[12]。去年,闵明我进呈了另一个神奇的仪器,对此我将在后面介绍水利机械时作详尽的讨论[13]。我将不在这里谈及那些水平的、垂直的以及其他类似的常规形状的日晷和月晷,因为这些是很普通、很平常的。我们的日晷测时术也包括制造很多不规则形状的日晷,包括各种各样的曲面日晷[14],以及不用指针而使用直射和反射的光线来指示时间和其他天象的一些另类日晷。她(指我们的日晷测时术)在每一个适当的时候,就将它们召唤来,为我们服务[15]。

注　释

[1]进献球形日晷的事极有可能发生在1669年4月,尽管恩理格和聂仲迁从广州寄出的信件中关于进献给皇帝的礼单中没有提到这一新式日晷。比较南怀仁1670年8月20日的信函(见 *Corr.*,p.176)和 G.SCHOTTUS 在 *Magia Universalis*,*pars II*,p.318.中展示的可能的仪器原型,这种样式的计时器的工作原理是以光的折射原理为基础的,即光反射现象中部分折射原理所研究和付诸应用的。参考南怀仁《仪象志》第四卷和《仪象图》第113图。

[2]事实上,根据《仪象志》,三种不同媒介之间的光反射包括:从空气到水,从水到玻璃,从空气到玻璃,以及相反。在《欧洲天文学》中,作者省略了对从水到玻璃以及从玻璃到水的光反射规则的介绍,而出人意料地代之以水晶,作为第三种媒介。南怀仁在《仪象志》里的光线折射表,是依据了 G.B.RICCIOLI,*Almagestum*,p.664 和 E.MAIGNAN,*Perspectiva*,pp.646-647。

[3]"Porcellana"在这里是指有一定形状的瓷制的容器。卫匡国在用他的母语——意大利语撰写的 *Novus Atlas Sinensis*(p.86)中用到了这个词,他提到,在16、17世纪,的确存在着这个词语。在南怀仁的著作中,这是一种中国式的日晷指针,叫作"仰仪"。(中译者注:仰仪是我国古代的一种天文观测仪器,由元朝天文学家郭守敬设计制

造。仰仪的主体是一只直径约3米的铜质半球面,好像一口仰放着的大锅,因而得名。仰仪的内部球面上,纵横交错地刻画出一些规则网格,用来量度天体的位置。在仰仪的锅口上刻有一圈水槽,用来注水校正锅口的水平,使其保持水平设置;在水槽边缘均匀地刻画出24条线,以示方向。在正南方的刻线上安置着两根十字交叉的竿子,呈正南北方向,一直延伸到仰仪的中心,把一块凿有中心小孔的小方板装在竿子的北端,并且小方板可以绕着仰仪中心旋转。仰仪是采用直接投影方法的观测仪器,非常直观、方便。例如,当太阳光透过中心小孔时,在仰仪的内部球面上就会投影出太阳的影像,观测者便可以从网格中直接读出太阳的位置了。尤其在日全食时,利用仰仪能清楚地观看日食的全过程,连同每一个时刻,日面亏损的位置、大小都能比较准确地测量出来。因此,仰仪是很受古代天文工作者喜爱的一种天文观测仪器。)

[4]这里所提到的日晷指针,位于容器的正中央。南怀仁在 *Corr.*, p.176 中对此作了更为精确的描述。

[5]参见本书第八章注释[29]。

[6]南怀仁也照顾到宫廷中女性的需要。这些风扇在恩理格写于1670年11月23日的书信中被列入珍贵礼品目录 。

[7]就是永远位于地平线之上的周极星。

[8]比较耶稣会1678—1679年的年信中(ARSI, JS 117, f°165r.= 186r.),参见 DUNYN-SZPOT, ARSI, JS 104, f°300r.等史料,这一发明的日期应确定为1678年。

[9]1638年出生于意大利皮埃蒙特大区科奈尔的 F.Grimaldi,于1669年到达广州。他冒名顶替了当时被拘禁的闵明我。1671年,他得到释放,与恩理格一道被召至北京(见 *Corr.*, pp.338-339),以作为南怀仁在数学和天文学方面工作的助手。他是南怀仁编制《康熙永年历法》的主要合作者之一。(见 H.BERNARD, *Ferdinand Verbiest*, p.119)南怀仁称他为"发明家"(见 *Corr.*, p.341.1681)。"他在数学里创新和发现了很多东西。如果这些成果传到欧洲去,最著名的数学家也将愿意向他学习。"关于他的图画,见本书第二十章,关于他的水力发动机,见本书第二十三章。根据皇帝的命令,他还将多种有关宗教和科学的书籍翻译成满文。当他结束了1686年至1694年赴欧洲的外交使命并与莱布尼茨(G.W.Leibniz)接触之后,返回北京,担任了钦天监的监正和耶稣会中国副省神父(1695—1698年)。1712年他在北京去世(见费赖之 L.PFISTER 书, I, pp.372-376; J.DEHERGNE, *Répertoire*, p.120)。

[10]在耶稣会1678/1679年的年信中,同样的物品被列入1679年的发明创造目录(见 ARSI, JS 117, f°166v.= 187r.)。以此推断,我们可以将文中的"这一年"确定为1679年。另一方面,我们在 ARSI, JS 163, f°107r.档案中看到闵明我写的有关类似发明物的一段长长的、非常详细的描述。这封信写于1680年年初到1681年10月之间。如果本书正文中"这一年"这一措辞提示这一段落完成写作的时间,那么这些相关类似的文本将引发一起争议,它将证明本书的起草时间为1679年或1680年年初。

[11]挖耳勺、牙签以及其他用于个人卫生的器具,被放在一个叫作“牙签筒子”的盒子里。对此,闵明我曾有过描述,见 ARSI,JS 163,f°107r.。在此之前,卫匡国也在《中国新图志》第 19 页里谈到过。

[12]在耶稣会 1679 年的年信中,闵明我也描述过此事(见 ARSI,JS 163f°107r.)。这一点很清楚,这种计时器主要是用于马背上,这意味着,有了这一发明,人们不必下马就可以看时间了。

[13]即一种“水钟”,在本书的第二十三章中将会予以详述。它似乎是于 1677 年被发明制造出来的(见第二十三章注释[2])。这与另一种说法有些矛盾,即它是在圆柱形计时器问世之前被发明出来的。根据我们的结论,这不是在 1678 年,而是在 1679 年或是在 1680 年。

[14]也就是运用光线反射的原理。

[15]这可以说是提到了位于“西堂”耶稣会士的居住地内的一个耶稣会士们拥有的“藏宝阁”或“博物馆”,而且与同时代的欧洲习俗完全相符。这一点被 17 世纪 90 年代初期荷兰访问者 E.Y.IDES 撰写的 *Driejaarige Reize Naar China*,p.102 所证实。也可参阅本书第十二章注释[88]。

第十五章

弹道学[1]

奉皇家之命而出版的有关我设计和建造的北京观象台上的天文仪器[2]的书中，其中还包括了[3]一篇关于计时钟摆[4]的原理和应用的短文。在文中我脱离开主题而谈及以下方面的问题：任何环境条件下，人们怎样使用能够区分最小时间单位的钟摆来计算？一个投石器[5]能够把投掷物投到多高和多远？或者一门大炮，不论它的仰角是多大，它的炮弹将飞到多高多远？为了这一目的，我还附加了一个计算表。这个表显示，在各种的环境情况下，在计算和应用比例原理之后，人们就可以推断出在任何可能的角度上射击的炮弹，将达到的高度和飞行的距离，以及根据已知的高度和距离来控制发射[6]。

我还花费了一些时间来试着测试大炮，特别是在那些年，皇上曾一而再再而三地下旨，命令我全权负责火炮事务。虽然我竭力试图推卸此任，提出这项任务与我们修会的章程完全背道而驰，提出这项工作太繁重等理由，但是皇上根本不听[7]。在康熙十三年，一些汉人的省份开始[8]造反。于是当政者急忙铸犁为剑，将铜制的器具铸成火炮。同时北京军火库[9]的官员甚至搬出来那些陈旧的火枪[10]。他们将300件不能使用的武器运到工部衙门[11]，要求更换成新的。工部尚书将此案提交到皇帝那里。后来，一纸特殊的命令再次将我传唤了去。由于我参与的多项工程都取得了成功，任务完成得都很圆满，为此皇帝信任我，对欧洲人十分敬重。他命令我和工部尚书一道，检测所有这些大炮，察看是否有一些大炮可以用某种方法加以修理后就能恢复原来的功能。

于是，我将众多铁炮上的锈除掉。对于炮筒内显示出某些缺陷的铜制大炮，我又重新进行了加工。结果，经过我的处理之后，有大约150门大炮又可以重新送往战场效力了。一天，在非常混乱又伴随着极大兴奋的气氛里，炮车拉着这些被修复的大炮穿过了北京城，运到了城外10里[12]之遥的西山[13]。一些将军们奉旨和我一起来到西山。为了他们的需要，在短短的几天内就在这片辽阔的田野里[14]搭起了若干座帐篷，好像他们要在这里安营扎寨一样。在帐篷的前方，他们竖起了8种不同颜色的旗帜[15]。全部的满族军队正是被划分为这样的8个部分。然后，他们点放这些火炮来打靶，其中有149门大炮被一致认为是合格的。

这时，兵部的最高长官，即兵部尚书，在"阁老"[16]之下的第二号人物，面带庆贺的表情，走过来对我说："看，皇上将得到多少整旧如新的大炮！他将把这完全归功于你。因为前不久这些大炮还被认为是不能使用的。"

然而由于这些大炮太大太重,皇帝就命令我[17]找出一种解决的办法,使它们能够方便地运输,不费力地随军翻山越岭,或者制造出一种容易运输到其他省份、适应山地和长距离[18]行军的新式轻型火炮。这一道圣旨加在我身上的担子,真是比大炮本身还要沉重。因为我完全不可能回答说我找不到办法来运输这种大炮,由于皇上已经非常清楚地知道了关于我利用滑轮组[19]运输重物的事。另一方面,我也已经向皇上介绍过了用以运输重物的最实用的滑轮组系统。皇上肯定要把我派遣到需要搬运大炮的地方,让我亲自去处理一切有关事务。

为了避免这个麻烦,以及其他类似的麻烦,我发明了一种新的轻型火炮[20],呈献给了皇帝[21]。它的样子如下:依照合金技术的配方制成的金属的炮筒达 7 英尺长,它可以发射出重达 3 斤的铁质炮弹。(中国的斤,按规定要比欧洲的磅重一些,因此 20 法国磅差不多等于 15 中国斤[22]。)填充火药的部位的炮筒壁有 2 寸厚,而炮口处的炮筒壁的厚度为 1 寸(1 中国尺等于 10 寸)。我将这个炮筒安装在用非常坚硬的,甚至比我们的橡树木还要硬的木头[23]制成的支架上。我在这个金属-木头的炮筒上每间隔 23 英寸或 24 英寸就箍上一道粗厚的铁箍,用很重的铁锤将铁箍敲紧。这样就成为一个完整的金属-木头炮筒。我用另一种比较轻质的木头覆盖在铁箍和整个炮身上。此外,在炮筒的顶端,我附加了五道金属箍,其形状如同建筑师们通常称作的“檐口”或“中楣”。最后,我用古铜色清漆把炮身通体刷了一遍,以防止雨水和空气对它的侵蚀,同时也把它装饰得光彩照人。这件貌似完全由金属制造的威武的大炮,其自身的重量仅仅是 1000 斤。

当皇帝听说我造出了这种新型火炮,实在是非常高兴。然而他担心这种炮是否能够防止火药受潮。于是皇上派了一名不任官职的显要人物和我一起到北京城外的西山,去测试这种新型火炮。在西山,我们架起了大炮,连发 8 炮都打中了靶子,在最后一发将靶子打烂之后,这位显要人物非常兴奋,立即返回朝廷,向皇上禀告了整个试射过程成功的喜报。

由于新的造炮技术超出了他的预期,皇帝比较放心。但是他还有一点疑惑,为了杜绝日后可能发生的意外,他下令第二天在西山再试射一次新式大炮。这一次发射 100 发炮弹来打靶,并且要在他的大多数重要将领都参加的情况下试射[24]。他下令将靶牌的距离定在每年试射最大型的火炮的距离上。当 100 发炮弹中的 90 发都准确地命中靶心,而炮的本身显然没有造成任何损害的时候,在场的每一个人都惊呼:这简直是奇迹。更何况射出的铁质炮弹是如此地强有力,以致穿透了4寸厚的靶牌。尽管后发出的炮弹陆续地射过来,但靶心上只留下一个圆洞,而靶牌后面的地上,之前发射过来的炮弹已经堆积成几尺高的一堆了。

皇帝得知这一消息之后,他立即下令第二天召集诸王贝勒大臣九卿科道的全体会议,他要求尽快造出20门新式大炮[25]。于是大批的工匠们开始了高强度的夜以继日的工作(当时国家面临的战争也的确是十分紧急),在27天内造出了20门新式大炮[26]。大炮被安装在炮车上,拉到西山做首次试射。其后一名高级将领将这些炮运到中国的西部省份——陕西的前线上,那里当时被一支强大的反叛者军队占据了。运载这种大炮的炮车有四个车轮,其中的两个车轮直径比较小,可以随意地拆下来或安装上。当长途行军时就安装上,而当瞄准靶位准备射击时就拆下来。而且它的新的款式也格外地招人喜欢,因为炮车配备了一个方向舵,可以用来控制行车方向。皇帝同时下令,为了将来的需要,再制造20门这样的新型火炮。这个巨大的造炮工厂就设在离我住所不远的地方[27],这无疑是为了让我更方便和更经常地参与这项工作,而尽量减少那些不必要的麻烦。

当这20门大炮差不多完成的时候,皇帝亲自前来视察。但是他首先来到我们的住所[28],在这之前他还从没有机会来过。他在这里停留了两个小时,察看了我们所有的房间和教堂[29]。当他要离开时,他当场挥毫用御笔[30]题写了两个大字[31],以表达他非凡的仁慈和爱心。然后他将这两个字赠予我们[32],并用皇家的封条封好,在公众面前展出。现在,这两个御笔题写的大字悬挂在我们教堂的显要的位置上[33],它赐予我们极大的荣耀[34]。

皇帝从我们的住所来到附近的铸炮场。在那里,新式的大炮差不多都铸造完成了,而且大多数都已经装上了炮车,炮口朝向西方,似乎正在以厄运威胁着那些反叛者。皇上带着喜悦的表情逐一察看了即将上战场的大炮。他从我手里接过用以观察的反光镜,将太阳的光线反射进炮膛,从底部起察看了整个青铜炮膛。炮膛内磨得非常光亮,像一个中空的反光圆筒,任何一个部位都做得恰到好处。最后,他转过身来和颜悦色地对我说:"这些大炮实在是让朕喜出望外。"

然后,皇上仔细地向我询问了火炮制造全过程的有关事项。他还全神贯注地察看一件又一件的工具和器械:木质的和沙制的铸型模具,特别是对被称作"炮膛"的、在车床上小心翼翼地加工成的、磨光了的圆筒,还有熔炉和金属铸造系统,最后是青铜的圆筒周围排列的一排各种各样的刀具,和中间插入的一根又长又粗的铁轴，铁轴的外面套着一个大车轮。通过旋转这个机器，新铸造的圆筒就被加工成形状完美的炮筒了。皇帝称赞地说，他以前从未见过这些新式机器和工具。

当这些新铸的大炮完工后，就立即被送往中国南部的省份，特别是反叛首领所在的湖广行省[35]。没过几个月，就有消息从各地传到朝廷，说这些大炮获得了极大的成功。当它们的威名在全国传开后，其他省的总督们就向皇上递奏折，说他们需要尽可能多的这种新式大炮，要求皇上分派大炮给他们。这样在不长的时间里，有100门这样的新式大炮被铸造出来，并分发到各个不同的省份去。后来，新式大炮在各个地方向反叛者开火，取得了辉煌的战果。来自各地总督的捷报雪片一般不断飞到皇帝宝座旁，对大炮的喝彩之声是异口同声。当这些大炮被运往外省之前，它们先是被拉到京城以外的西山，在大多数高级将领在场的情况下逐一地进行试射，连皇帝本人也常常亲临现场。他有时也瞄准靶心击发大炮，而这准确的射击也将靶牌射穿。

除了这120门金属—木质大炮之外，皇帝还有24门完全由金属制成的、能发射8斤重的铁质炮弹的火炮。当这种炮的样品制成后，它在一天内就试放了100发炮弹打靶，结果只有4发炮弹脱靶，其余都命中靶心。在经过长时间的测试之后，皇上下令将这门炮运到北京城附近的皇家狩猎场里[36]。在那里，他们建造了一道土坝，皇帝本人就在那儿试射新炮。他在闪闪的火光中射出了若干发炮弹之后，突然有一发正好打中陷在土坝中的前面的一发炮弹，火炮的威力如此巨大，以致后面这发炮弹一下子就碎成了12片。皇上十分欣慰。由于当时太阳就要落山了，皇上留我在皇家狩猎场过夜，赐予我丰盛美味的晚餐。但是第二天，他又命令我去负责将另外8门火炮的性能提高，使之能够发射10斤重的炮弹。这一任务在很短时间内就完成了，像前几次的大炮一样，新炮在试射中又取得了极大的成功。

虽然这132门大炮全部都是用青铜铸造的，但只有一到两门炮由于铸造过程中的意外失误而报废回炉。用以铸造这些大炮的费用如果换算成西班牙银币，将是4万零700元[37]。为此，诸王贝勒大臣九卿科道的全体会议提出要把我的名字作为铸造者镌刻在每一门大炮上，这是中国的一个风俗习惯，我的名字也被镌刻在了我制造的天文仪器上[38]。我竭力推辞，而且成功了[39]。如此，我至少可以向后代证明，创建这样的造炮工厂不是出于我的意愿，而完全是迫于皇帝的命令！

注 释

[1]值得注意的是，除了有关天文学的内容之外，与炮兵的大炮相联系的弹道学成为作者首先关注的题目。大炮曾经是耶稣会士在中国居住和传教的保护神。在明末清初时期西方人首次卷入中国的军事事务一节，曾被李约瑟(J.NEEDHAM)写入了他 1986 年由剑桥出版的他的著作(见《中国科技与文明》第五册 p.392ff.)。南怀仁的前辈——汤若望尽管极不情愿，但也深深地卷入到军事工程事务之中。南怀仁致力于铸造大炮的工作，是在平定三藩叛乱时期，但其具体的时间，在当代研究著作中尚不统一：第一种说法是在 1674—1676 年；第二种说法是在 1681—1682 年；第三种说法是在 1682 年之后。据本书的记载，显然是支持第一种说法。事实上，由于缺少关于第二代火炮的任何参考数据，在康熙十九年十一月(1680 年 12 月)的第一次讨论，对本书的草稿完成于 1680 年上半年是一次额外的证明。(见本书的“导言”4.1)

1.在平定三藩战争的第一阶段，南怀仁做了以下一些事情：第一，对汤若望铸造的大炮进行修理；第二，正如他自己清楚地表明的那样，“从康熙十三年至十五年(1674 年 9 月到 1676 年 5 月)，我铸造了一种轻型的、可用于野战的大炮并称为‘红衣大炮’的炮车，共 113 门。以应付当时混乱而紧急的局面”。关于这方面的成就，在本书中作了真实的和详细的描述。这显然与他在 1678 年 8 月 24 日写给 F.Marini 的书信中所表现的非常谨慎的一面不同。(见 *Corr.*，p.309ff.)最后，在 1681 年，在他写的 *Responsum Apologeticum* 中对他卷入军事事务的原因作了解释。

a.根据本书的记载，南怀仁铸造的第一代火炮的总数为 132 门。这一数据被来自几方面的数据得到了确认。(1)被 1678 年 8 月 24 日的信件引用。(2)*C.L.Org.*图片一下面的解释文字。(3)徐日升在所写的南怀仁传记中说：“他后来接受了皇帝的圣旨，铸造了 130 门红衣大炮。”(4)在几份奏折中都谈到“130 多门炮”；可见以下一段：“接到一道圣旨，命令工部尚书和我本人(即南怀仁)监管此项铸造任务。依靠了上天带来的好运气，我们铸造大炮的工作获得了成功。总计我们铸造了 130 门大炮。我们将这些大炮分发到各省去平息叛乱。在那偏远的地区又恢复了帝国的统治，而反叛者们被处以死刑。”据我了解，反叛者们无一幸免。

b.这些奏折对大炮的总数的记录也有缺陷。它们谈到第一批的 20 门炮，使用了“木制大炮”和“红衣大炮”的称呼。但是对其余的大炮却没有这样的称呼。然而本书也造成了两种区别：第一种区分，是以大炮的质地区分，即木制-金属大炮，和没有木制结构的全金属大炮。前者发射 3 斤的炮弹，后者发射 8 斤甚至 10 斤的炮弹。第二种区分，是按照时间顺序区分，根据陆续颁发的皇家命令。而各自提供的大炮数目一定存在错误。他们提供的大炮数目高于 132，与原书第 67 页记载的总数为 120 门不同，即 20(原书第 65 页)+20(原书第 66 页)+120(原书第 67 页)+ 24(原书第 67

页)+ 8(原书第 68 页)= 172 门。

总之,本书正文提供的数字和奏折中提及的数字存在矛盾。

2.在本书时间范围之外,大约在 1681 年年初下达了铸造第二代的 320 门“神威炮”的命令。来自诸王贝勒大臣九卿科道的全体会议的第一道有关此项任务的建议,可以追溯到康熙十九年十一月四日(1680 年 12 月 24 日),见南怀仁写于 1681 年 9 月 15 日的信件(*Corr.*,p.357)。根据这份奏折要求的数字,即八旗每旗 40 门。在铸造和测试两种型号的大炮,并包括炮车之后,南怀仁开始了大规模制造大炮的工作。这项工作一直到康熙二十年八月十一日(1681 年 9 月 22 日)才告结束。

在 320 大炮之外(见 *Corr.*、奏折和徐家汇的传记),还有一种说法出现在奏折里,即 232 门炮以及后来的 20 门“神威”大炮(见 J.W.Witek,S.J.,*Ferdinand Verbiest*,*S.J.*,此则史料来自 ARSI,JS II,72,184a-b)。从闵明我写于 1680—1681 年的年信(ARSI,JS 163,f°108r)中,我看不出如何能得出 320 门的数字,除非其中的“232”是“132”的笔误,而且 240 门大炮仅仅是 320 门大炮的第一部分。

总之,在 1681 年 3 月于皇帝城南的狩猎场所进行的试验之后,在一系列制造工程完成之后,也就是在康熙二十年八月十一日(1681 年 9 月 22 日)至同年十一月十四日(12 月 23 日)这三个月之间,进行了多次测试。测试的地点靠近清河、玉泉山和卢沟桥(即举世闻名的马可波罗桥)。一则丰富多彩的关于南怀仁在最后一处测试点的描述,至今仍保留在闵明我于 1681 年 10 月撰写的耶稣会年信中(ARSI,JS 163,f°108r.-v.),并且得到一份写于康熙二十年九月十九日的奏折和徐日升写的南怀仁简历的双重确认。(皇帝下圣旨命农民为他们提供三个多月的食物)这一代的大炮,有三门现保存在罗马的圣天使堡(Castel S.Angelo),G.STARY 曾对此作过描写。官方正式的奏折一定是在试射之后不久就呈送给朝廷的。

大约在一年以后,即康熙二十一年一月(1682 年 2、3 月间),南怀仁向皇帝递交了一篇论文,描述了铸造大炮的事情。这本著作显然是逸失了,但我们知道它的题目是《神威图说》。李约瑟《中国科技与文明》第五册 p.392ff.也提到了这本书。现在它又被来自两方面的史料所确认,其一是徐家汇的南怀仁传记,其二是一些奏折。《神威图说》包括 26 个章节、44 幅图片和一则说明文字,还有关于类似使用方法的条款。其中只有两幅图片还保存在 ARSI,JS II,72,73,67/3,67,5 和巴黎的 BN,N.F.Ch.2908,I。借此机会,在康熙二十一年四月某日皇帝赏赐了南怀仁,授予他“工部右侍郎”的头衔。这一期间,南怀仁 8 门大炮为皇帝个人所用(见 *Corr.*,p.357)。极有可能,皇帝在 1683 年的第二次满洲之行中携带了这些大炮(*Corr.*,p.426)。

3.最后,南怀仁的铸炮工厂一直生产到 1682 年之后。那时“53 尊红衣大炮”和“80 门 1000 斤的铜炮”一定是铸造出来了。徐日升所著的传记谈到了这些。前者的铸造是在 1681 年之后,而后者是在康熙二十六年(1687 年)。在测试这些大炮时,发生了一起严重的意外事故。四门炮炸裂了,三名士兵被炸成重伤。南怀仁在皇帝那里的声誉也因此受到损害。(此事于 1687 年 4 月 16 日由 F.FLETTINGER 写成了报告,被 J.E.WILLS Jr."Some Dutch Sources"p.289 所引用。现存于海牙档案馆。)十门保存至今的大炮炮身上刻有设计者"南怀仁"的名字,还有铸造时间"康熙二十八年",即南怀仁逝世后不久。其中两门保存在伦敦塔内(见李约瑟《中国科技与文明》第五册 pp.396-397);其余的八门据 G.STARY 考证,罗马有四门,德国的柏林有两门,科堡有一门,因戈尔斯塔特有一门。南怀仁介绍这些有关弹道学的知识是取材于西方的资料。除了一部分是他熟悉的与他的数学学习有联系的军事工程学知识,以及参考了汤若望的著作《火攻挈要》之外,他一定受益于一些当时的有关这一领域的西方出版物,如 1644 年在巴黎出版的 MERSENNE 撰写的 *Ballistica et Acontismologia* 和 1641 年在米兰出版的 L.COLLIADO 撰写的 *Prattica Manuale dell' Artiglieria*。北堂书目都提到了这两部书(见 H.VERHAEREN,*Catalogue*,nr.2224,3249)。

[2]即 1674 年出版的《仪象志》和《仪象图》。

[3]正好在《仪象志》卷四,第 30 页,和《仪象图》图 64、115、117。

[4]正如 G.SCHOTTUS 所著的 *Technica Curiosa*,p.622 所显示的那样简单,即一个重球悬挂在一根细线上。还可参考 G.B.RICCIOLI,*Almagestum Novum*,I,1.2,cap.20,pp.82-91。无疑这是南怀仁的资料来源之一。见《仪象图》图 105,即本书的图 25。

[5]在这一章中,南怀仁用了三个不同的词语来表达"大炮":常用的词语是"ballista "(投石器),另外两个词没什么区别,即"bombarda"(射石炮)和"tormenta"。关于这三者之间的关系,见作者在 1667 年 9 月 3 日的信。然而,当他论及他自己在这一领域的成就时,他更偏爱 bombarda 这个词。

[6]很幸运,这个计算表保存在《仪象志》里,因此可以被我们所了解。

[7]在一份忏悔的文字里(见 *Corr.*,pp.311-312)南怀仁描述了自己的境遇是如何地困难,以及如果他坚持拒绝合作,特别是考虑到汤若望在 1642 年的先例的话,那么整个在中国的传教事业将会是如何地险象环生。关于汤若望后来与弹道学相联系的冒险经历,见他的 *Historica Relatio*,f°199r.-v.(—pp.81-83Born.),和南怀仁的 *Corr.*,p.310。

[8]这里提到的三藩战争,于康熙十二年十一月二十一日(1673 年 12 月 28 日)爆发。史料来自《清实录》。关于叛乱的消息传到北京是在 1674 年 1 月 27 日,也就是康熙十二年十二月十五日(见安文思 JA 49-V-16,fa 174r.-v.)。除了这个例子之外,在本书中只有另外两处给出了中国纪年法。当然这不符合欧洲人的阅读习惯。康熙时代正式开始于顺治皇帝去世后的第一年,称为康熙元年。康熙十三年就是 1674 年 2 月 6 日到 1675 年 1 月 25 日。

[9]显然,司函,是创建于清代初年武备院,即帝国武器库的官员。在明代时称宫廷军械库为武备院。(中译者注:英译者在这里提到的武备院官员的名称为 ssu-han,书后的附录里注明中文词汇为司函。但据我所查,清代武备院的官员并无"司函"一职。武备院的长官称"武备院卿"正三品,以下称"掌盖""库掌"正六品,再以下称"司弓"

“司幄”正七品,“司匠”“司矢”正八品。)

[10]这些武器是明代末年,即 1642 年至 1643 年之间由汤若望铸造的。见汤若望的信件[ARSI,JS 119,f°24v.,和他的 *Historica Relatio*,ff°199r.-202v.(= pp.81-83Born.)。汤若望与焦勖合作,撰写了一本有关铸炮的著作,名为《火攻挈要》。关于此书可见李约瑟《中国科技与文明》第五册 p.394]。他的这些炮是轻型火炮,每次能发射 40 磅重的炮弹。

[11]工部,见 CH.O.HUCKER,p.294,和注释 3462。

[12]南怀仁的 milliare 等于 1.000 passus,西山在北京城的西部或西南部的 20 公里处。(中译者注:英译者此处有误,西山位于北京城的西北部。)

[13]西山,是北京西部山区的名字。在西山测试火炮的事情,在本书的其他几处也谈到过。

[14]从几份奏折中,我们了解到:南怀仁在 1681 年曾用作火炮测试的地点有卢沟桥、清河和玉泉山,这些地点与书中说到的 10 milliaria 的距离恰好吻合。过去汤若望曾经测试大炮的地点在北京城外大约 40 stadia 以外(中译者注:这是古罗马的长度单位,约合 607 英尺,40 stadia 大约为 15 华里)。(见 *Historica Relatio*,f°200r.—p.87Born.)这一点被 H.BERNARD 的 *Lettres et Mémoires d' Adam Schall*,p.86,n.2 所证实。这一地点也就是后来的圆明园。

[15]这就是所谓的“八旗”,包括“四正”——正黄、正白、正红、正蓝四旗,和“四镶”——镶黄、镶白、镶红、镶蓝四旗。

[16]所谓“兵部”,是清廷六部之一。在清代,兵部有两名尚书,一名为满人,一名为汉人。1671 年以来,满人尚书叫“明珠”;1673 年起汉人尚书叫“王熙”。南怀仁这里所指的无疑是明珠。明珠自 1677 年始成为大学士(参见 1678 年耶稣会年信和 ARSI,JS 117,f°164v.);而王熙直到 1682 年才成为大学士。

[17]这一圣旨发布的时间为康熙十三年八月十四日(1674 年 9 月 13 日)。(中译者注:据《熙朝定案》载,“康熙十三年八月十四日,上遣内臣至南怀仁寓处,传旨着南怀仁尽心竭力,绎思制炮妙法,及于高山深水轻便之用”。见韩琦等校注《熙朝定案》,中华书局 2006 年出版,第 137 页。)

[18]特别是在陕西、湖广和江西等叛乱的省份,是多山或者河网地区,沉重的大炮在这些地区行走非常不方便。

[19]因为 1661 年和 1663 年汤若望曾经将一口巨型大钟提升到钟楼之上,也因为 1670 年南怀仁曾成功地将巨大的石块运过卢沟桥(见本书第十七章)。

[20]南怀仁的另一份辩解书中写道:制造一种新型的火炮,以减少火炮在运输到反叛省份过程中所遇到的不便。(因为他曾在 1670 年、1671 年和 1672 年多次受命指导跨越卢沟桥的每一次重大运输任务。见本书第十七章。)

[21]也就是说,设计一种部分用木头制造的、轻型的、可用于野战的火炮。

[22]在这里"磅"其实是中国的"斤"。中国的"斤"分为16两,一两分为10钱。12斤相当于一又三分之一法国"里弗尔"(livre)。这与TH.HYDE的*Epistola de Mensuris*, p.421所记载的相同。

[23]这无疑就是所谓的"铁树"。利玛窦在他的著作中也提到过它。

[24]在比较了这些奏折之后,我想这可能是指"大将军"们。关于这次测试的圣旨是在康熙十四年三月十四日(1675年4月8日)下达的。从这往后,测试大炮的场所通常都在卢沟桥附近。

[25]还是根据了奏章的记载,启动火炮生产的圣旨的签发日期是康熙十四年四月十九日(1675年5月13日)和康熙十四年三月十四日(1675年4月8日)。(中译者注:《熙朝定案》载:"十四年三月十四日奉旨:着内大臣达等同南怀仁往卢沟桥,将此木炮式样连发一百弹。钦此。照发果已,经验坚固中鹄。四月十九日奉旨:依式制造。五月二十四日,蒙皇上幸临卢沟炮场,亲验其炮之中鹄,遂谕内大臣达传旨:南怀仁制造轻巧木炮甚佳。"见韩琦等校注《熙朝定案》,中华书局2006年出版,第137页。)

[26]许多年之后,南怀仁回忆说:"当陕西急切地需要'红衣大炮'的时候,所有的官员们都来关注大炮的铸造,那些工匠管理者竟然也是同样竭尽全力地投入这项事务中。在仅仅28天的时间内完成了20门火炮的铸造工作,以应付前线的紧急需要。他们总计铸造了130多门火炮,并将其移交给各个省份。我们通过在这方面做出的努力,为服务于国家做出了贡献。"

[27]汤若望工厂的位置是众所周知的,这要感谢他在*Historica Relatio*, f° 199r. (= p. 83Born.)中的陈述。书中证实,该工厂的地点是"煤山",或称作"景山"。"景山"二字曾被铭刻在1695年铸造的一些火炮上。据此可以合乎情理地推断,南怀仁的铸造工厂也在景山。这一位置与南怀仁自己的说法不相符,不论在本书中还是在他的通信中(*Corr*.P312.)的记录都不相符。可能铸造工作刚刚开始时,是在西堂附近,而在后来又迁到位于景山的宫廷工厂。(见本书第十二章的注释[21]和注释[111]。)

[28]这一发生在1675年7月12日的不同寻常的造访,是效仿了康熙皇帝的父亲对汤若望住所的访问。(见*Historica Relatio*, f°233v.ff. = pp.257-263Born.)各种各样有关那次事件的报告和著作都保留至今。其中最为重要的是目击证人安文思所写的报告。这一报告,我们可以找到多种版本(一份原始的葡萄牙文文献是由DUNYN-SZPOT写的,保存在ARSI, JS 104, f' 267v.)。(1)一份葡文的CT保存在ARSI, JS 124, f° 100r.-100v.,日期是1675年12月6日;(2)一份17世纪在阿胡达(Ajuda)的葡文副本(JA, 49-V-15, ff° 159~160v.);(3)一份意大利文的译稿,保存在ARSI, JS 124, ff° 98r.-99v.;(4)第二份意文译稿,在ib.125, ff° 160r.-162v.;(5)第三份意文译稿,保存在巴黎Bibliothèque Mazarine, Ms.1667, ff°84r.-85v.;(6)保存在慕尼黑档案馆的不完整的拉丁文译稿Jes.590, ff°28r.-29v.。此外还有柏应理的*Histoire d' une Dame*, p.

119,*Tabula Chronologica*(1686),p.104,*Confucius Sinarum Philosophus*(1687),p.CXII(这三部书第一次印刷后就在欧洲广泛地传播)。除了这些印刷出版的文字之外,另外记录了皇帝这次造访的是一口铸造于康熙十四年(1675年)夏季的大钟。钟身上的铭文提到大钟是由康熙皇帝提议铸造的,并表示将献身于圣母玛丽亚。这口大钟至少在1863年时还保存在北堂(参考BORNET,*Ancienner Églises*,p.181)。这恐怕不是因为没有兴趣注意到这一点,安文思虽然是一名出色的观察家和记者,但他没有将这次造访放在真实的背景之下,即这是一次对新铸造的大炮的具有军事意义的造访。

[29]根据上一条注释所提到的报告,皇帝参观了教堂(他是通过教堂正中的道路进入的),随后参观了花园、南怀仁和利类思的房间,以及会客厅,此外据耶稣会1678—1679年年信(ARSI,JS 117,f° 163r.=184r.)的记载,皇帝还参观了图书馆(参见本书第二十八章的注释[12])。

[30]关于这一点,更为详细的情况见安文思在JA 49-V-16,f°160r.中的描述。

[31]更准确地说,皇帝写的两个字是“敬天”。这两个字的意思一方面说的是神父们在塑造人们灵魂上的使命,一方面说的是他们作为天文学家的职责。至于这两个字的大小,见安文思JA 49-V-16,f°160r.。

[32]皇帝对他第一次写的字不满意,由于骑马所致,他的手臂有些颤抖(或者因为其他原因使得他题写的中国字有些不合意)。见本书第十二章注释[98]。关于皇上又派人送来新的题字,有相关史料指出,第二次书写的题词有“御笔”和“辛亥”的上下题款。“辛亥”就是康熙十年(从1671年2月9日到1672年1月29日),见P.HO-ANG,*Concordance*,p.316。我不知道是什么原因导致了这四年时间的耽搁(1671—1675),除非是解释为皇帝在面对朝廷舆论时所持的审慎态度。到了1675年,朝廷对耶稣会士们的态度变得比较宽容了,部分的原因是军事方面的威胁转移了他们的注意力。

[中译者注:德国汉学家科兰尼(Claudia von Collani)根据多种原始的传教士书信资料,对康熙皇帝的这次造访作了详细的综述:“1675年7月12日,年近21岁的康熙皇帝骑马前往在京耶稣会士的教堂和寓所。”“这一行人在教堂前下马,鱼贯而行,步入大门,耶稣会士在那里列队恭候。皇帝及其随员很恭敬地穿过正门进入教堂。教堂向这位年轻的对天主教有相当了解的皇帝敞开了大门。他们穿过了被称为‘灵恩堂’的教堂,到达‘庭院花园’,这是闵明我设计的。之后,皇帝来到教士们的寓所,并被请入会长的房间,室内有大量的数学仪器。皇帝对这些仪器极感兴趣,因为他曾与南怀仁一同研究过数学。”“然后皇帝与南怀仁、闵明我、安文思、利类思一起来到利类思的房间。在那里,他提起毛笔,很快写了‘敬天’两个大字,每个高约1码。字写得很好,人人都赞不绝口。皇帝同意盖上他的玉玺,端详了片刻,然后说骑马和吃东西使他的手臂有些酸疼。最后,他与随员们返回皇宫。第二天,皇帝

又写了两个同样的字,每个字高约2.5码,并同意盖上玉玺,此外还增添了'御笔'二字和1675年的中国纪年。他还说四年前他就打算给耶稣会士写这些字了。"见(德)科兰尼著、段琦译《敬天:康熙皇帝在礼仪之争中赐给南怀仁的礼物》,见魏若望编《传教士、科学家、工程师、外交家南怀仁(1623—1688)》,社会科学文献出版社1994年出版,第520—521页。]

[33]更确切地说,皇帝的题字有两幅,一幅悬挂在我们住所的入口处,另一幅悬挂在教堂之上。参见安文思 JA 49-V-16,f°160r.。另可见柏应理的 *Histoire D' une Dame*, p.119和 L.LE COMTE, *Les Cérémonies*, p.61。挂在教堂里的题有"敬天"两个字的牌匾很有可能就挂在主祭台的上方。见18世纪由 A.THOMAS 出版的 *Histoire de la Mission de Pékin*, vol.1, p.145。关于这个记载,我不知道它的出处。据南怀仁记,皇帝"敬天"题字的副本被送到耶稣会在中国其他城市的居住点。(见 *Corr.*, p.476.)

[34]关于这两个皇帝题写的大字所给予传教士们的崇高威望,还可以看南怀仁自己的话(见 *Corr.*, p.476):"需要注意到的是,皇帝很少在题词中写这样的字,每个字都有它自己的含义,皇帝通常只给高级官员、最高行政长官或是他亲密的朋友题这样的字。"

[35]明代时的湖广行省在1676年被康熙皇帝细分为两个新的省份,即湖南和湖北。南怀仁不仅在本书中沿用了旧的提法,甚至在他后来的通信中(*Corr.*, p.411[1683]; p.450[1680])也是这样称呼的。参见本书第十章注释[3]。

[36]这很可能就是老的皇家猎场,即北京城南的"南苑",或称"南海子"(见汤若望 *Historica Relatio*, f°227v. = p.229Born.,以及 ib., f°233r. = p.255Born.)。在南怀仁的通信中,他称之为"海子"(*Corr.*, p.362)。

[37]1 patacon(西班牙货币)等于0.7两银子(*Corr.*, pp.357, 502)。在南怀仁的著作中,西班牙货币是用得最为普遍的货币单位(见 *Corr.*, pp.272, 326, 327, 328, 357, 363, 452, 465, 502)。

[38]事实上,只有象限仪和天体仪上镌刻有他的名字。

[39]对第一代火炮而言,这可能是事实(据我所知,这些炮都不存在了)。然而在本书写作之后,铸造于1681年和1688年的火炮,还有若干门保存至今。在这些大炮上都以汉字和满文镌刻着"南怀仁"的名字,且注明他是设计者和督造者。

[中译者注:今日在北京午门前广场上陈列着一门铸于康熙二十八年(1689年)的大炮,炮身铭文中注明设计者南怀仁的名字。]

第十六章[1]

水文学[2]

水文学为皇帝确定精确的水平方位[3]。在几年前[4],根据皇帝的圣旨,我将数眼泉水引入田间,用以灌溉北京的皇家庄园。

在北京城外西北25里处[5],有个非常美丽的地方,中国人称它为“万泉庄”[6]。因为那里的地下水特别丰富。无处不在的泉眼流出汩汩的泉水,最后汇聚成一条河,叫作“万泉河”。皇家的庄园就位于这条河的西边不远处,以往一直是引另一条有名的河[7]的河水来灌溉。这些庄园每年为皇帝的餐桌提供大量的优质稻米。

然而,在某些时候,这条河的水量却不能满足扩大了的皇家庄园的需要。因为这条河还要分出一部分水量供应紫禁城中的几个很大的湖泊,同时供应环绕城墙四周的护城河。一些人将京城水系的水源短缺解读为噩运的征兆,因此,为了确保京城内的需要,将这条原为供给皇家庄园灌溉用水的河的所有闸门都封住了。

当他们为皇家庄园的需要而从另外一处引水的时候,恰巧那里也正遭受着缺水之苦。于是他们立即想到要从“万泉河”引水。然而在河道与位于平坦地区的庄园之间的整个中间地带,没有平缓的斜坡,河水不巧一下子就流到低洼的地区,而且这段距离又有好几里路远。当时中国的机械学[8]正止步不前,面对难题人们只能站在河边困惑。没有一个人敢于在皇帝面前承担下这项工作,他们担心在不了解地形的情况下[9],挖掘长距离且有一定深度的沟渠,河水将不一定会流入庄园的田地。如果真是那样的话,他们就等于把成千上万的银子[10]扔到河里打水漂了。

当皇帝得知了这个难题后,就立即把整个工程交给我来负责。那位官居一品的管理紫禁城皇室事务的内务府大臣,即皇家庄园的责任人[11],就私下告诉我,只要这项工程能够成功,就是花上一万甚至更多银子也不在乎。

我立即着手制造一个水平仪,9英尺多长,就像在 *Liber Organicus*[12] 第97页图1所显示的那样。我在一根相当粗的木管里插入一个青铜的管子,其两端各有一个宽大、略微向上、弯曲的开口[13]。两片玻璃的方盒分别固定在两端,让刻度接近水面。最后,我关上顶部的注水排气孔,防止风对水表面的干扰。然后,对着两个观察孔,我安装了一个瞄准仪。对该瞄准仪我画了一幅图,即是 *Liber Organicus* 第97页的图2[14]。将瞄准仪调整到水平位之后,我的视线不是穿过可能接触水面的玻璃盒,而是穿过与水平面平行的、伸出在右面的玻璃瞄准仪。

装备了这一水平仪,我赶赴到皇家庄园[15]。我将从庄园到万泉河之间的整个中间地区细分为若干小段,每一小段的距离以视线能够清晰明显地看到为准[16]。在每一小段的终点,我竖立起一根垂直的水平标杆。标杆上刻有尺寸的刻度。在每根标杆上,我还安上一个手掌大小的牌。这个牌可以上下移动,犹如一个指针。最后,我把这个牌分为两半,上面一半涂上黑色或红色,下面一半为白色。两种颜色的分界线也始终是水平的。

然后,我将一架水准仪放置在两根标杆之间,通过瞄准器,与水平线相平行,确定了一条伸向两个方向的视线,对准了两根标志杆上标牌的双色交界线。一个助手根据校准者的手势上下移动它们,直到指示牌上的黑白交界线与水平线相一致。通过瞄准器,我可以容易地识别 1/10 英寸的微小差距,然而,校准者的眼睛在识别红白交界线时要比识别黑白交界线时看得更清楚些[17]。

在明朗的白天我应用上述的瞄准系统,在晚上天黑的时候,我则在分界线的中央挖一个洞,放一根蜡烛在洞的后面。蜡烛外面套一个纸套,就像一只灯笼一样。这一夜间瞄准系统有其优越性,就是在夜间的测量间隔可以是白天的两到三倍,因为人在夜间肉眼识别最小光线的能力是很强的,甚至当光源是在很远的距离之外。

以这种方法,在几个昼夜中(因为这件事非常重要),我用我的水准仪正确地调查了皇家庄园和中间地带的斜坡,并注意观察了万泉河及其他主要泉水的走向。在这一测量过程中,我发现这条河的水位太低了,特别是在夏天干旱的时候。因此我就将注意力集中在那些最主要的泉水上,听说这些泉水是长年涌流的。我挖掘这些泉眼,使其更深、更宽。我对各个泉水的出口进行了加固,引导若干泉水都聚集到一个共同的渠道。应用水文学的设计,我尽可能充分地考虑到河床对地形的需要。最后,经过我开通的这条长达 8 里的渠道,将这股水流成功地导入皇家庄园。这就是为什么从那时以来很多年直至今日,水流一直日夜不断地流入皇庄,即使是在最为严重的干旱季节也没有枯竭过的原因。而且,全部水利工程的造价没有超过两千金币[18]!这就是经验丰富的水文学设计师显示出的高度重要性。担纲这一设计师,精通几何学和水利学[19]是最为关键的;否则,他们将花费巨大的国库开支,将所有的金钱扔到水里而通常得不到任何成效。

注　释

[1]这一章报告的是在切断了新河之后,北京西北部一些重要的皇家田庄出现的灌溉问

题，以及南怀仁寻找到的解决方案。他的第一个方案，是将“万泉河”引入庄园，但是由于夏季河水的水位太低而无法实现；后来，他将其他水源聚集起来通过一道8里长的水渠，引水灌田。

在实行最初的方案时，南怀仁在前期的测量中使用了一种测定水平高度的方法。这在本章内作了说明，同时在《仪象志》的卷四中也有记载。《仪象志》保存了一幅图片，在《熙朝定案》中也能找到与此相同的图片。在《熙朝定案》中还保存有两份分别写于康熙十一年（1672年）和康熙十二年（1673年）的关于南怀仁通过万泉村引水入“新河”的计划的奏章。尽管这些奏章的背景和内在联系都不完全清楚，但是有一点是确定的，即这些奏章与本书所描述的在万泉河地区南怀仁的成就，有着直接的关系。正如N.HALSBERGHE的研究所表明的，南怀仁在这一领域主要依靠了G.B. RICCIOLI, *Geographiae et Hydrographiae Reformatae Libri XII*，在北堂的书目中列有几本该类书（H.VERHAEREN *Catalogue*, nrs.2586-2589）。十分凑巧，在它的*Liber Sextus Altimetricus*的第二十七章中，例图2就与上述南怀仁书中的图片非常相似。除此之外，南怀仁还在《仪象志》中提及了熊三拔于1612年出版的《泰西水法》一书。

[2]据《新牛津英语词典》，水文学：以一条人工挖掘的水渠引导水源。

[3]根据作者在本书原稿第70页所述，水源大大少于G.B.RICCIOLI, *Geographiae et Hydrographiae Reformatae Libri XII* p.239所描述的水平，测量为“pedum”12、15或20。

[4]如果将本书正文与上面提到的奏章联系起来看，这件事应发生在1672年和1673年，也就是南怀仁撰写本书的7年之前。（中译者注：《熙朝定案》载：“康熙十一年五月初八日，内务府满官传，奉旨：着钦天监治理历法南怀仁前往万泉庄看视河道。又本月初九日，总管内务府包衣昂邦嘎绿、海喇传旨：将万泉庄河道交南怀仁看视，酌量开浚，自东往西引水灌溉稻田。钦此。”见韩琦等校注《熙朝定案》，中华书局2006年版，第101—102页。康熙十一年即1672年。）

[5]南怀仁在文中将中国的长度单位“里”翻译成古罗马的长度单位词汇“Stadium”（中译者注：等于607英尺）。中国的1里等于360步。（又见安文思*N.R.*, p.60）这就是说，在17世纪上半叶，1里等于440米（见P.D'ELIA, *Fonti Ricciane*, II, p.22, n.19）。但是在现代，1里等于576米。

[6]在奏章中提到的就是这个“万泉庄”。

[7]在16世纪北京地区的皇家庄园（也称官庄）有大约3,750,000亩（见P.M.TORBERT, *Household Department*, pp.84-89），它们的作用是“为皇帝和他的家庭提供消费品，同时也为官员和八旗贝勒和他们与皇室部门（中译者注：即内务府）有联系的家庭提供消费品”。同样是这个部门还负责管理皇庄的收入。由于皇庄靠近万泉庄，这里可能就是旧日的皇家花园——清华园。过去这里曾属于晚明万历皇帝的岳父——李伟。（中译者注：《明史》载：“李伟，字世奇，漷县人，神宗生母李太后父也。”“神宗立，封武清伯，再进武清侯。”“万历十一年卒，赠安国公。”《明史》卷三百）后来康熙皇帝

重修了它,并改名为"畅春园"(关于它的历史见 B.MALONE, *History of the Peking Summer Palace*, p.23, and p.103)。根据本书记载,这条河流从西北方向进入北京城,注入紫禁城内的水池以及环绕北京城墙的护城河。这与 E.BRETSCHNEIDER 在 *Die Pekinger Ebene*, p.12 所描述的从昆明湖流出的未注名的河流是相符的,因此极可能他说的就是这条河。

[8]有关南怀仁轻视中国机械学和工程学的论述,可见本书第二十二章注释 11。

[9]对南怀仁这句话唯一可能的理解和翻译,就是中国的工程师的"无知",尽管在语法上有点问题。

[10]本书中南怀仁多处用了"Aureus"这一在 17 世纪耶稣会的中国史料中使用得非常普遍的表示货币单位的词汇,显然与中国的"两"一词相同(见 A.VÄTH, p.144, n.13)。这一词汇在与本书几乎同时代的"鲁日满账本"(Rougement's account book)中多次出现。

[11]皇庄由成立于 1661 年的管理皇室事务的部门"内务府"管理,更具体地说,由内务府下属的"奉宸苑"(成立于 1671 年),即专门负责皇家园林和猎场的机构日常管理(见 CH.O.HUCKER, nr.1960),或者据 P.M.TORBERT, *Household Department*, p.86 记,奉宸苑也是为皇庄(即皇室不动产)收取租金的机构。由于内务府品级很高,通常由亲王担任内务府大臣。

[12]实际上,这幅图是在《仪象图》中被找到的,在第 97 页,编号为 106(1)。

[13]这一系统偏离了 G.B.RICCIOLI 对该仪器的描述(见以下注释 15)。

[14]实际上是第 97 页,图 106(2)。在拉丁文本上可能出现印刷错误。

[15]以上描述就是对 G.B.RICCIOLI 著作的具体运用。

[16]关于水准仪和标杆之间的距离,比较准确的提法是:50-100 libellam et alteram regulanim(见 *Geographiae et Hydrographiae Reformatae Libri*, p.241)。

[17]也就是说,先从 E 点通过 D 点瞄准第一根木杆的 H 点,然后从 D 点通过 E 点瞄准第二根木杆的 K 点。

[18]南怀仁在文中使用的货币是 imperiales(俄国金币)和 rixdollars(荷兰盾),这在当时的德国(1559 年起)、比利时(1682 年起)以及后来在奥地利都是通用的。

[19]若干年之后,皇帝接受了南怀仁的这个忠告。

第十七章

机械学[1]

在我的 *Liber Organicus* 中[2],包括了一些有关天平和杠杆的论述。我还特别详尽地解释了一些机械学的原理,以便使那些无知的人看一看,皇帝不是轻易让我来负责公共工程的,让他们看一看用工具来使机械学产生令人惊奇的现象,以此使他们对神秘的科学原理产生较高的敬畏,同时不要认为我们仅仅只是术士而已[3]。

几乎是在每一年里,我们的机械学都会以自己的技术向皇帝做出一些新奇的贡献。我在这里将介绍其中的一种。在北京城西,有一座非常有名的大桥[4]。大桥有很多建在高大的坚实桥墩上[5]的拱形桥洞。四百多年来[6],它屹立于从西部山区流下来的放荡不羁的河流[7]之上,尽管湍急的河水经年累月地冲击它,但都奈何它不得。直到前不久,康熙七年[8],连续几天的大雨而暴涨的洪水冲决了堤岸,甚至几乎淹到了北京城,造成了全城的恐慌。洪水甚至还冲毁了位于河上的三个巨大桥墩,就像是要挣脱它们的束缚似的[9]。皇帝花费了八万金币[10]来修补损毁,重修桥拱,以将其恢复到受灾之前的状况。这座位于北京西部的全长 600 英尺[11]、由若干桥拱支撑着的大桥,的确是处于北京的咽喉地带,因为所有从南方各省运来的货物都必须要通过这座大桥[12]。

几个月过后,新的桥拱重修完毕,这时有若干巨大的石料需要运输。这些石料是为死去的前任皇帝[13],即当今皇帝的父亲,修建陵墓用的。其中最大的一块石头大约有 14 万磅重[14],需用 500 匹马牵引的 16 个轮子的大车才能拉动[15]。这势必要将新修好的桥墩再次压毁。工部尚书对此极度担心,因为刚刚修好的桥拱甚至还没有干透,这么多马匹纷乱的脚步和大石头剧烈的震动,将使新砌的砖制桥墩松散解体。皇帝对大桥新近的毁坏和为修复它而花费的高昂代价也记忆犹新。因此,他命令在运输石头过桥时要特别地小心谨慎。更何况,该桥的其他桥墩也已经是相当危险了。

最后,当这一难题经过长时间反复讨论,深思熟虑之后,那些不称职的建筑师们[16]想出了一种解决办法,即用大量的木桩来支持和加固大桥。他们还计算出整个工程所必需的费用为黄金一万两。已经接受了我们的机械学的皇帝,则是乐于听从我的建议。他命令我对大桥做一次视察[17],然后向他汇报,看是否能采用一些有关机械学的技术和技巧来解决这一难题。我调查了整个工程的情况[18],提出运用我们机械学里的滑轮组[19]来解决这一难题。我否定了那用木桩来加固大桥的方案及其预算,而是使用一根很长的绳索[20],就是我提到的[21]与很多马匹的轭挽相连接的、由这些马匹拉动的绳子。这是一条有10英寸粗的绳索,完全展开[22]后超过大桥长度,也就是说有600多英尺长,且排除了侧索和轭木的干扰。在这绳索的一端,在大桥的东边的桥基上,我设了一根横梁,作为连接多条绳索的共轭。这根共轭与5个三轮滑轮组相连接[23],又用了同样数目(即5个)的绞盘,我安排了40个人[24],他们用双手的力量就轻易地胜过了原计划的500匹马的力量[25]。事实证明,这一小组人很容易地转动绞盘,拉动轭木,就像玩游戏和跳舞那样,伴随着事先布置在整个大桥的乐队按照统一的命令敲响的铙钹的声音,伴随着河两岸悠远广阔的回声。由于这组滑轮的绳索持续地被平稳的力量拉动着,那块大得像山一样的石头,渐渐地到达了大桥的西端[26]。它如同凯旋的军队那样,周围飘舞着帝国的旗帜[27]。它从容不迫地、缓缓地移动上了大桥,踏上了过桥的路。周围看热闹的人几乎听不到它移动的声音。这一奇观引起了高级官员们的注意,这里面包括在场的工部尚书和其他很多皇帝派来到现场协助工作的大臣们[28]。对这几个小小的轮子和体现了我们的机械学的滑轮组所产生的巨大力量,他们无不极其惊诧。当他们看到那些可以说是自己移动的巨石时,简直都不敢相信自己的眼睛了。

此时正住在京城附近的行宫[29]的皇帝,一听到第一块大石头成功地跨越了大桥,这个困扰了他多日的难题得以解决的时候,兴奋不已,于是将他在打猎时捕捉到的两只鹿赐予我们。在中国,得到这种象征皇帝仁慈的礼物是个极高的荣誉!他还立即颁布圣旨,命令工部尚书,在以后不论何时的类似跨桥运输的工程中,都需使用我们的滑轮组,特别是在这之后的三年里。因此,在之后的几年里,我不得不时时往这座大桥跑,往返多达三十多次[30]!

注 释

[1]这一章记述的是南怀仁最为著名的成就之一,即在1670年夏季(六七月间)用滑轮组和绞盘车将为已故顺治皇帝建陵墓用的极为巨大与沉重的石料,运过刚刚修复和加固的卢沟桥。南怀仁曾经在1670年8月20日写给他的朋友柏应理的书信中(*Corr.*,pp.166–173)和在1671年1月1日写给A.de Gouveia的信件中(Ajuda,JA 49–V–16,f°41lr.)中都描述过这件事。在这些信件中,包含着很多技术方面的详细内容。这些文字可以解释一些在本书中有些令人不解的内容。此外,由于这些信件是在事件发生不久之后写的,所以比事情过后大约9年之际作者根据记忆撰写的本书,更为真实可信。

对此类使用滑轮组和辘轳来运输巨型石料的事情,有一个重要的先例。虽然发生在以前的时候,但是南怀仁和康熙皇帝显然都是知道的。这就是汤若望在1644年稍后的时候运输巨大石头的事情。汤若望曾在他的*Historica Relatio*, fa217r.-217v. pp.168-171 "Born"中描述过这件事。此外,南怀仁还有一本由邓玉函、王征于1627年在北京出版的题为《奇器图说》的书,以及编译这部书时参考的欧洲原书,还有其他有关书籍供他参考。南怀仁将滑轮组和绞盘车的使用方法编进了《仪象志》的卷二,以使他的中国助手们从中受益。

[2]南怀仁关于天平和杠杆的原理和法则介绍是在《仪象志》卷四中,而相配合的图片则收录在《仪象图》中。

[3]同样的原因,可见他在介绍*C.L.Org*.时的说明。

[4]这就是距北京城7里远的卢沟桥。它横跨在"浑河"之上。浑河又称永定河,在1668年大规模的治理之前称为"桑干河"。卢沟桥修建于1189年至1194年之间,马可·波罗曾经描述过它(见H.YULE,*The Book of Ser Marco Polo*, II, pp.5-8)。

[5]如南怀仁在*Corr.*, p.170中指出的,卢沟桥的桥孔共有11个。这曾被后来A.FAVIER,*Peking*, p.310所证实。李约瑟《中国科技与文明》4/3, p.183记载,每个桥洞之间的平均距离是62英尺(靠近岸边的桥洞为52.5英尺,河中间的桥洞为71英尺)。安文思曾错误地说成有13个桥孔(*N.R.*, p.15)。

[6]从1194年到1679年,时隔485年。

[7]也就是从西山流下来的浑河。在过去的岁月里它显然比现在湍急和危险得多(见E. BRETSCHNEIDER,*Die Pekinger Ebene*, p.42)。

[8]康熙七年即西历1668年2月12日到1669年1月31日。据欧洲人从中国发来的报告称,这次洪灾发生在1668年的七八月间。在中国北部,即使是正常年份,这两个月也是下大雨的季节(见E.BRETSCHNEIDER,*Die Pekinger Ebene*, p.42)。

[9]根据PR.INTORCETTA在*Compendiosa Narratione*, p.65和p.73中提到的,实际上洪水冲毁桥身的事故发生了两次:第一次在7月25日,冲毁了两个桥墩;第二次发生在8月26日,整个桥体都受到损坏。还可参见PH.COUPLET, J.BARTEN, p.114; G.DE MAGALHAES,*N.R.*, pp.17-18; F.DE ROUGEMONT,*Historia*, p.319, pp.321-324; DUNYN-SZPOT, ARSI, JS 104, f°240r.-v.。

[10]在奏疏中记载的维修费用与此相同,即8万两金币,但是在*Corr.*, p.168中南怀仁记为9万两。

[11]M.PIRAZZOLI-T'SERSTEVENS,*Chine*, p.56中称:卢沟桥桥长235米。李约瑟《中国科技与文明》4/3, p.183中称:桥长为700英尺。(中译者注:卢沟桥的长度为266.5米,合874.34英尺。)

[12]这清楚地铭刻在一尊中文石碑上。该石碑是在卢沟桥被洪水冲塌后发现的。PR. INTORCETTA在*Compendiosa Narratione*, pp.73-74中对这尊石碑的碑文作了翻译和

解释。

[13]顺治皇帝的陵墓为“孝陵”,是位于北京城东北100英里的“清东陵”中的皇陵之一(见 J. BREDON, *Peking*, p. 431;又见 H. H. WELLS & H. W. ROBINSON, *The Eastern Tombs of the Manchus*, in:*Asia* 30,1930,pp.756-760)。

[14]关于这一数字,还能在 *C.L.Org.* 的手稿中查到。但是南怀仁在1670年在 *Corr.*, p.168 中给出了另一数字,经换算后,即每个轮子的重量大约为1,000磅。

[15]根据 *Corr.*, p.168,两块做石碑用的石料各重70,000磅,另外两块做基石用的石料各重120,000磅(在奏章中称100,000斤)。根据 *Corr.*, p.169,这些石料是从北京南方距离有三天路程的地方开采出来的,尚未确定其具体地址。

[16]作者在这里用了“门外汉”(即中文“无知者”)一词来形容中国人在天文历法学科领域的状况(见《仪象志》卷三)。关于其他贬低中国科学的言论见本书卷首“导言”2.1和第二十二章注释11。

[17]根据南怀仁写给柏应理、注明日期为1670年8月20日的信件,下达此命令的时间在1670年6月20日左右。

[18]关于对这项初步的调查研究(安文思神父也曾参加其中)更详细的说明,见 *Corr.*, pp.169-170。

[19]汤若望在1661年和1663年使用的、将巨型大钟吊升上“钟楼”的滑轮组,仍放在工部的仓库里,而且曾再度使用过(见 *Corr.*, p.170)。

[20]见 *Corr.*, p.170。

[21]据南怀仁写给柏应理的信,这些马匹拉着石料到达卢沟桥时,已经走了三天的路程(见 *Corr.*, p.169)。

[22]在工作开始之前,这根绳子有大约840英尺长(见 *Corr.*, p.171)。

[23]根据 *Corr.*, p.171,设置了6个滑轮组,由12个人操作。“三轮滑轮组”是由3个滑轮组成,两个在上面,一个在下面。绞盘是为完成这次任务而专门制造的。

[24]尽管根据南怀仁所说的,每个绞盘配备12人,应该总共是72人,但是在 *Corr.*, p.171 中记载的是48个人。

[25] *Corr.*, p.171 中提供了一些技术细节:因为通过三轮滑轮组,所使用的绳索的长度是滑轮组到绞盘距离的三倍,因此所需的拉力仅仅是重物的三分之一。

[26]在整个工作开始之前,从南面拉过来的石车停在了浑河的西岸,它必须向东穿越过卢沟桥。绞盘车和横梁轭木则在河的东岸。当运石料的车在滑轮组和绞盘的拉动下开始东移,它先是被拉上了桥身的西端,然后一步步地上了大桥,最后到达桥的东端。

[27]旗帜的颜色就是八旗的八种颜色,见本书第十五章注释15。

[28]“皇帝派来的大臣们”可以用一个词来表示,即“钦差”。

[29]见本书第十五章注释36。

[30]根据 *Corr.*, p.172, 在同一年的 11 月和 12 月, 南怀仁受命负责将同样是为顺治皇帝造陵墓的四块大型石料运过卢沟桥。其他发生在 1671 年 11 月和 12 月的运输工作, 是在奏章中提及的。(中译者注: 据《熙朝定案》载, 康熙十年十一月十三日, 工部上奏: "孝陵大石牌坊需用柱子六根、坊子等石十二件、内柱一根, 于十月初九日, 臣等亲至卢沟桥用滑车拉过; 今柱一根, 于本月十四日到桥, 臣等仍着一员前往用滑车拉过; 又柱子四根到桥之时, 臣等仍着一员前往看视过桥; 其别项枋子等零星石料十二件, 应停止滑车, 照常用骡车拉过可也等因。" "本日奉旨: 看过石料, 着尚书吴达礼前去。过此石料之法系南怀仁知道, 仍带他去, 其零星石料亦用滑车绞过。余依议。" "先是卢沟河决冲桥, 修费八万余金, 始告成。未及石料经过内有重十余万斤者, 犹恐震压伤桥, 部拟用木料护之, 估计约费万金。奉旨: 着用西法滑车拉过。仁等遂以绞架滑车数具运之, 每架十余人, 共出数百斤之力, 俄顷过桥, 甚为轻便, 并无损伤, 且省护桥之费云。" 见韩琦等校注《熙朝定案》, 中华书局 2006 年版, 第 85 页。)

第十八章

光学

在前些年,我进呈给皇帝一个用轻质木头做的大小适度的半圆柱体。在这半圆柱体轴线的中心上方,我放置了一片均匀的玻璃。我将这一仪器放置在一间暗室里,就像是巨人面部的眼睛,因为这个仪器可以转向所有的方向。皇帝觉得这个仪器很好玩,就命令我在离皇宫不远的花园里造一个同样的仪器,好让他能够运用这架室内的仪器观察皇城外面道路上发生的一切情况,而自己却不被外面的人看到。

于是,我就准备了一片直径尽可能大的观察镜,同时在与皇帝的内宫分开的一座很厚的墙上,开启了一扇面向公共道路的金字塔形的窗户,道路上经常是人来人往十分热闹[1]。这个金字塔宽阔的底部面向他的花园,但是观察镜像一只眼睛放在其顶部,朝向那条公共道路。在那底部的周围有一间相当宽敞专为捕捉影像而建的小屋。皇帝就在这里,与他的妃子们可以在不离开后宫的情况下观察到宫廷以外的景象。

我们位于北京的居住地[2]的花园四周都有围墙,闵明我神父根据光学的法则,在每一扇墙上都画了一幅与墙的长度相符的差不多50英尺长的壁画。当人们站在壁画正面观看的时候[3],仅仅可以看到山峦、树木和猎场的图景等,但是当人们从一个特殊的角度来观看时,这幅画里就奇迹般地真真切切地出现一个人或者至少是另外一种动物。有一天皇帝来参观我们的居住地,他一幅接一幅地欣赏这些壁画,看得很慢很仔细。到了最近这些日子,每天都有一些高官显贵络绎不绝地频繁造访我们的住所。他们也是来欣赏这些壁画和其他类似艺术作品的。尽管因为围墙的表面延伸得如此远且十分不规则,尽管因为墙上开的门和窗户相当程度地损害了壁画的完整性,但他们还是衷心赞美这一艺术,甚至有的人仅仅就是站在正面观看,就已经赞不绝口了。

还有其他一些与光学相关联的事物,举例说,所有那些画在玻璃窗上的图画,以及看起来变形了的和不规则的图画,如果以肉眼观看,就像被抛掷和扭曲的东西。但是如果用圆柱和圆锥的镜面反射重新恢复它们的美感之后,也能使我们赏心悦目[4]。我们呈献给皇帝的运用光学原理制造的仪器如此众多,以至于不可能用简短的文字在这里一一加以介绍。的确,闵明我神父,当他灵机一动时所发明的那些有实用价值的东西,是那样的富于独创性,那样的轻而易举,可以说是欧洲在这一艺术领域的最卓越的工匠,如果欧洲人能看到闵明我神父的作品的话,也一定会竖起大拇指的!

注　释

[1]皇家园林的这一部分离紫禁城不远,靠近宫墙可以俯瞰外面非常繁华的市民大街。这可能就是指“南海”。直到看到了 H.BITCHURIN 绘制的北京城地图时,我才找到了这个与南怀仁所述相符的最合适的一点。它能满足以下描述:靠近接近皇城高墙的新华门,门外是长安街,正如安文思在 *N.R.*,p.277 所描写的,这是北京城最繁忙的街道之一。如果按照南怀仁所述而推论,这里紧挨着“望家楼”,乾隆皇帝的香妃正是从那里隔街遥望对面的穆斯林聚居区(L.C.ARLINGTON-W.LEWISOHN,pp.94-95)。在这里可以看到与用南怀仁仪器所看到的一样的景色(即满族人居住的内城的一部分)。所以原文中的“internum Palatium”在这里不应理解为“紫禁城之内”,应理解为“皇城之内”,参见本书第一章注释 23。

[2]即“西堂”。

[3]以下的描述显然是关于变形透视画法方面的实验。自从 J.-F. NICERON 的 *La Perspective Curieuse* 一书于 1663 年在巴黎出版,这种画法在 17 世纪的欧洲是很流行的。关于作者南怀仁本人对此的认识,见 *Corr.*,p.177 和本书第十九章。闵明我的图画——在本书第二十章注释 5 中有几乎完全相同的描述——正如 A.KIRCHER 的 *Ars Magna Lucis et Umbrae*,p.712 和 G. SCHOTTUS 的 *Magia Universalis*,pp.194-195 中所描写的那样。这本书与本书的第十八章到第二十章所讲述的内容都有联系。它可能存在于 17 世纪的北京西堂图书馆内这一点,现在已经从新近发现的书籍——*M.*(1675—1676)中得到证实。另一个来源是 1652 年卢格杜尼出版的 N. ZUCCHI 撰写的 *Optica Philosophia Experimentis et Ratione a Fundamentis Constituta* 第 2 卷。这两部书都存在于北堂书目之中,因此一定是北京耶稣会图书馆的藏书。在 H.VERHAEREN,*Catalogue*,nr.1908 中,对第一本书没有注明从何而来,而对第二本则注明是由鲁汶耶稣会大学赠送的(鲁汶耶稣会大学是在 1654 年得到这本书的,见该书上的印章)。关于这种绘图理论,还可以见 J. BALTRUSAITIS,*Anamorphoses*,pp.82-83。

[4]作者提到的这一系列通过圆柱和圆锥的反射而做的变形画法试验,在 17 世纪的欧洲是十分流行的。参见 J. ELFFERS-M.SCHUYT-F.LEEMAN,*Anamorphosen*,Köln,1981,pp.115-117,和 J. BALTRUSAITIS,*Anamorphoses*,p.131ff.。本书原版第 66 页也提到了 *Cylindrus Specularis* 一书。

第十九章

反射光学[1]

反射光学进献给皇帝几种类型的眼镜[2]，还有几种凝聚了光学原理的圆筒。其中就有几架望远镜，其他的甚至包含有四组镜片[3]。它们五光十色，互相争奇斗艳。在这里我仅介绍三种最令人惊异的圆筒。

第一种是演示筒，安放在水平的八角圆柱里。它可以在它的八个平面上显示出一个物体的八个不同景象，所呈现的每个画面都栩栩如生，都是符合 parastatic magic[4]（即一种用光与暗，用反射镜和折射镜来创造奇迹般效果的科学）的。由于它显示的画面十分美丽，因此总能让皇帝目不转睛、聚精会神地盯着它看。

第二个圆筒装备了一片多边形的镜子。它可以将一幅图画从右边传输到左边，从上面传输到下面；反之亦然。它可以将一幅被分裂的图画有序地组合起来，重新成为一幅完美的图画。用肉眼观赏这些图画，我们仅能看到树木、田野和牲畜，可是使用了这一观察镜，就可以清楚地看到人的面孔，以及很多不用这种镜子就无法看到的东西[5]。

第三种是夜视镜，我们可以毫不夸张地称它为“奇妙视镜”，有的人更称它为“魔镜”。因为，在漆黑的夜晚，或者在伸手不见五指的暗室里，它能够借助一束周边遮蔽而仅留一道光线照射图片的灯源光线，在四面都密封的房间的对面墙壁上，不可思议地放映出某一物体的影像。至于它显示出来的图像是小还是大，则取决于它是靠近墙壁，还是离墙壁比较远。当墙上的图较小时，其影像将非常清晰[6]。

将一个以它的钟摆精确地控制着时间的轮状钟表（wheel-clock）放置在这种夜视镜前，在黑暗屋子里的墙上，以阳光或灯光做光源，可以显示出每一小时和分钟的刻度。当一根黑色的指针在明亮的钟面上转动时，眼睛就可以立即在对面的墙上看到时间是几时几刻了，而不再有打扰人们睡眠的敲钟声了。这就像是在欧洲的钟楼上镀金的指针一样[7]。

注　释

[1]反射光学，是一种以物体反射光线为研究对象的科学。

[2]从恩理格于1670年11月23日发自广州的信件中，我们了解到各种各样的眼镜和望远镜的需求量很大。“这里对于各种玻璃制品的需求量很大，特别是各式的镜子：平的、凹的、凸的、三角的、多角的、薄的、具有放大功能的、圆柱形的；望远镜，特别是那些体积比较小的，它们可以握在手里的；不同时期或颜色的眼镜；普通玻璃，透明的、圆形的、六角环状的，就像我们在欧洲用于窗户的那种，还有从莫斯科来的那种。”

[3]关于望远镜的早期历史,见 S.A.BEDINI,*Physis* 13,1971,pp.147-204。第一架介绍到中国的光学望远镜(或称"光筒")是邓玉函神父在1618年介绍进来的,但是中国人已经通过阳玛诺(E.DIAZ)神父的《天问略》(1615年)一书而对此有了初步的了解。后来,汤若望神父在《远镜说》(1626年)一书中对此做了详细的说明(见 A.VÄTH,第364页,P.D'ELIA《伽利略在中国》第48—52页,以及上述 S.A.BEDINI 著作第167—168页)。根据 *Corr*.第238页,为了运输的便利,当时只有镜片是通过澳门从欧洲进口的,而镜筒则是在中国内地组装的。望远镜通常只有很少的镜片,由四片镜片组成的望远镜是很例外的。1671年,闵明我神父和恩理格神父将一架配有四片镜片的望远镜进献给了皇帝(见 ARSI,JS 127,f°39v.)。

[4]这只是一个尝试性的翻译。为此我参考了 M.BETTINI,*Apiaria*,*V*,pp.33-34,A.KIRCHER,*Ars Magna Lucis et Umbrae*,p.703 和 G.SCHOTUS,*Magia Universalis*,pp.170-171,才将 *magia parastatica* 一词定义为:"一种用光与暗,用反射镜和折射镜来创造奇迹般效果的科学。"

[5]这只是很多有关变形光学的试验中的一个例子,南怀仁在较早(1670年8月20日)的书信(见 *Corr*.,p.177)中描述过它。因此它应该发生在1669年或者1670年。关于这一试验,见 J.BALTRUSAITIS,*Anamorphoses*,p.165。

[6]这能说就是早期的幻灯吗?南怀仁在1644年到1645年求学期的数学教授——A.Tacquet(1612—1660)在这一领域做出了17世纪中最重要的贡献。见有关这一题目的 P.LIESEGANG,*Die Laterna Magica bei A.Kircher*,发表在 *Deutsche Optische Wochenschrift*,7,1921,pp.180-183,*id.*,*Der Missionar und Chinageograph Martin Martini (1614—1661) als erster Lichtbildredner*,发表在 *Proteus*,2,1937,pp.112-116。这一故事显然不被 W.A.WASSENAAR 所知。他曾说:发明幻灯的到底是 Kircher,Walgenstein 还是 Huygens?见 *Ianus*,66,1979,pp.193-207。关于幻灯发明者的证据还可以从一条由一个不知名的法国翻译家所做的注释中(见 B.N.P.,Ms.Fr.17.239f°24v.)找到。对于在中国较早地使用幻灯的证据,也许还应该加上一条由恩理格在1672年的信件中提供的资料(见 ARSI,JS 127f°39v.)。这一资料被 F.MARGIOTTI 引用在 *Il cattolicismo nello Shansi*,p.145,n.9)里。

[7]至少是自15世纪以来,最老式的(造于1386年)的钟仍然在英格兰索尔斯伯利钟楼上使用着。类似的几口钟楼钟给了当时于1616年路过德国的金尼阁。金尼阁将它们带到了中国,悬挂在15个省会城市内教堂的钟楼上。

第二十章

透视画法[1]

透视法就像是一双明眸,是第一个能抓住皇帝眼神的艺术形式。的确,在我们的天文学刚刚得到平反昭雪的那一年的年初[2],透视画法就紧接着自由地进入了宫廷。根据透视法出色的技法而画成的三幅大型的油画[3],进献给了皇帝。利类思神父根据几本来自欧洲的书籍[4],作了这三幅画。他将这些图画画得尽可能大[5]。在我们住所的花园里也有三幅与此相似的图画。它们每天都在那里向公众展示着[6]。

你恐怕难以明白这一艺术是如何吸引着每个人的注意力的。不仅是北京的居民,而且还包括从其他省份到北京来的人,他们看到后,就禁不住地赞不绝口,说这路径、回廊和庭院是如此的深邃,这圆柱和其他所有的东西在绝对平面的画布上魔术般地立体化了,这图画是如此地接近真实!这些从未见过甚至从未听说过这样高超艺术的参观者,当他们突然站在这些画有房子和花园的图画前面的时候,就完全地被征服了,被迷惑了,而以为他们看到的是真实的房子和花园[7]!因此,这种形式的图画,特别是尺寸比较小的那种,在人们中间不胫而走[8],不仅是在北京城,而且是在全中国。甚至一些中国人提议,将这些图画拿到各地去售卖。一些画家喜欢将这种西洋画挂在自己的眼前,作为他们临摹的样板。尽管他们还不能真正完全地掌握西洋的透视画法,但是已经具备了运用明暗差别来作画的意识。他们为此而感到满足。其他人则以他们幻想的力量来修补这些画图的不足[9]。

我不想在这里涉及我的同伴申纳神父(Chr. Scheiner)的平行四边形放大尺[10]。当皇帝允许我谒见他之后,我就立即用带银盘的小型仪器,亲自向他解释和证明透视画法的正确性。

注 释

[1]关于耶稣会士在中国对透视画法的介绍,见 R.PICARD,*Les Peintres Jésuites à la Cour de Chine*,Grenoble,1973,*Passim* 和 H.VANDERSTAPPEN,"Chinese Art and the Jesuits in Peking",in:CH.E,RONAN & BONNIE B.C.OH (eds.),*East Meets West:the Jesuits in China 1582—1773*,Chicago,1988,p.107ff.。我还没有考证出关于南怀仁向焦秉贞传授透视画法这一说法的原始出处。O.SIREN,*Chinese Painting*,p.91 曾说到此事。(中译者注:焦秉贞,字尔正,山东济宁人,生卒年不详,清朝前期宫廷画家,康熙时官钦天监五官正,曾受到汤若望的影响。清张庚的《国朝画征录》中称他"工人物,其位置自远而近,由大及小,不爽毫毛,盖西洋法也"。这里的西洋法即胡敬在《国朝院画录》

中提及的“海西法”,所谓“海西法”是指西方绘画不同于中国绘画的主要用线条来勾勒形象的方式,而用明暗来塑造人物,并在绘画中运用焦点透视的原理,因此,西方绘画能传达出一种更为真实的效果。)

[2]根据聂仲迁写于1669年11月10日的信件和恩理格写于1670年11月23日的信件,此事发生在1669年4月8日。

[3]更准确地说,三幅人样大小的图画表现的是:第一幅是一处中国的宫殿,第二幅是一处欧洲的宫殿,第三幅是一处欧洲的花园。是由利类思神父在一名教名为约翰尼斯的中国教徒的帮助下,在东堂绘制的。对此恩理格提供了证据:“他展示了各种图,在当时流行称为透视图,有中国和欧洲的风景、花园、山。这些都是由一个年轻的中国人在我们北京的家里画的,他曾经是高士奇的仆人。皇帝非常喜欢他的画作,在场的官员也对他非常钦佩,其中一名老臣对皇帝和大臣们说:只有很聪敏很神奇的人才能创造出这样水平的作品。”这几幅图画的确是在1667年或者在此前完成的,因此一定是在东堂。安文思在1667年10月12日的信件中对此做了具体的描述(ARSI,JS 162,f°194)。而且南怀仁在1670年8月30日的信件中对此又做了进一步的确认(*Corr.*,pp.176-177)。康熙皇帝很可能于1703年将这些画作出示给著名学者高士奇观看(见G.BERTUCCIOLI,*Buglio L.*,p.24。其中谈到高士奇的日记《蓬山密记》)。[中译者注:高士奇(1644—1703),清初钱塘(今浙江杭州)人。字澹人,号江村。以诸生贡奉清内廷,为康熙帝所宠幸,官詹事府少詹事。后以植党营私被劾,解职归里。后复召入京,官礼部会侍郎。能诗,善书法,精鉴赏,所藏书画甚富。所著有《春秋地名考略》《左传纪事本末》《清吟堂集》《江村消夏录》《扈从西巡日录》等。]

[4]当然,这里指的是两幅画有欧洲景物的图画。因为那幅中国宫殿的图画是由白乃心(J.Grueber)于1659年到1661年在东堂以一幅图为样本模仿画成的(见上述安文思和南怀仁的信件)。南怀仁上面提到的房子、宫殿、花园等,的确是16、17世纪欧洲绘画艺术所偏爱的主题。问题是,这些书籍必须最迟在1667年到达北京。可能北堂图书馆的*Catalogue*可以帮助我们确认这一点。在这些书中肯定有一本是VREDEMAN DE VRIES(中译者注:一名荷兰画家)的著作。在H.VERHAEREN的*Catalogue* nrs. 3073-3075中提到了他的三本书。他的透视画法曾给予利类思的绘画作品(现已遗失)很深的印记,使利类思的画作看起来就像有荷兰流派背景的画家的作品。

[5]一名中国教徒帮助利类思作了这些画。这位皈依天主教者显然没有在1665年和他的主人恩理格一道被放逐到广州,而是留在了东堂。根据南怀仁在1670年8月的信件(*Corr.*,p.167),他生活在山西,1669年当耶稣会士们重获自由之后,他又返回了那里。我没有关于他的更多的信息。作画者利类思是一名宗教理论的教师,据P.PELLIOT,*Les Influences Européennes*,p.7和C.PICARD,*Les Peintres Jésuites*,p.82,他撰写了有关透视画法的论文。

[6]也就是闵明我在西堂耶稣会住所的花园的墙上所画的图画。皇帝在1675年参观教

堂时称赞过这幅画(见本书第十五章注释 28 和第十八章注释 3)。安文思也在信中提到过这幅画(*J.A.* 49-V-16,f°159v.),白乃心和闵明我都被"Painters among Catholic Missionaries and Their Helpers in Peking"一文的作者 J.C.FERGUSON 忽视了。这篇文章发表在 *Journal of the North China Branch of the R.A.S.*,65,1934,p.21ff.。

[7]顾起元(1565—1628)在他的书中对这种由西洋的透视和阴影的画法所产生的真实而强烈的印象做过描述。18 世纪的邹一桂也谈及过他对西洋建筑画的评价。[中译者注:顾起元,晚明著名画家,著有《客座赘语》。该书卷六中谈到西洋画法:"利玛窦西洋欧逻巴国人也。面皙,虬须,深目而睛黄如猫,通中国语,来南京居正阳门西营中。自言其国以崇奉天主为道,天主者,制匠天地万物者也。所画天主,乃一小儿,一妇人抱之,曰'天母'。画以铜版为帧,而涂五采于上,其貌如生,身与臂手俨然隐起帧上,脸之凹凸处,正视与生人不殊。人问画何以致此,答曰:'中国画但画阳,不画阴,故看之人面躯正平,无凹凸相。吾国画兼阴与阳写之,故面有高下,而手臂皆轮圆耳。凡人之面,正迎阳,则皆明而白,若侧立,则向明一边者白,其不向明一边者,眼耳鼻口凹处皆有暗相。吾国之写像者解此法,用之故能使画像与生人亡异也。'携其国所印书册甚多,皆以白纸一面反复印之,字皆旁行,纸如今云南绵纸,厚而坚韧,板墨精甚。间有图画人物屋宇,细若丝发,其书装钉如中国宋摺式,外以漆革周护之,而其际相函,用金银或铜为屈戌钩络之,书上下涂以泥金,开之则叶叶如新,合之俨然一金涂版耳。"(中华书局 1987 年版,第 194 页)邹一桂(1688—1772),清代著名画家。字小山,号无褒,晚号二知。无锡(今属江苏)人。仕至礼部会议郎,加尚书衔。善画人物、花卉、翎毛,偶画山水,师法宋人。]

[8]中国人对欧洲的透视画法热衷着迷这一点,利玛窦已经在他的著作中谈到了。不仅是欧洲的油画,还包括所有的绘画美术作品在当时的中国都是很流行的。传教士们在写往欧洲的信件中要求尽可能多地寄一些美术作品到中国来。见恩理格 1670 年 11 月 23 日的信:"所有的画作在这里都颇受欢迎,不只是油画,还包括刻在硬币或者金属上的,我们德国人称为铜版画。在这里他们最喜欢的主题是宗教的、花园、宫殿、狩猎、垂钓、海上或陆路战争、表演、游戏、人物、狮子、马匹、城市等。"

[9]关于在 17 世纪中国人模仿西方画法的事,见 B.LAUFER,*Christian Art in China*,p.100ff.; J.JENNES,*Invloed der Vlaamsche Prentkunst in Indië*,*China en Japan Tijdens de XVIe en XVIIe eeuw*,pp.80-121; P.PELLIOT,*Les Influences Européennes*,pp.7-8。他们强调说,传教士艺术家对当时中国画家的影响特别大,而且恰恰就在透视画法这一领域。焦秉贞,即第一位将透视画法介绍到中国画的人,是钦天监的一名官员,编制《康熙永年历法》工作的参与者(H.BERNARD,*Ferdinand Verbiest*,pp.119-120; H.A.GILES,*An Introduction to the History of Chinese Pictorial Art*,pp.198-199)。他还参与了《仪象图》一书的绘图工作(见南怀仁《仪象志》卷六)。

[10]也就是放大尺,一种用来放大图画的工具。CHR.SCHEINER 在他的 *Pantographice*

seu ars Delineandi (...), *Romae*, *1631* 中曾经描述过这种工具(此书未见于北堂书目)。汤若望曾将这种放大尺作为礼物送给皇帝,南怀仁也曾在 1669 年,即耶稣会士得到平反后不久修理过它。见恩理格写于 1670 年 11 月 23 日的信。

第二十一章

静力学[1]

当我们的天文学重返宫廷,也就是从黑暗转向光明的第一年[2],我向皇帝进呈了一部铁做的战车。除一个手柄,我只用了3个齿轮[3],它的作用就像个齿轮组[4]。有了这一装置,甚至一个柔弱的孩子也能轻易地搬动几千磅的重物,或者与20位以至更多的壮汉进行拔河比赛。这个孩子只需摇动那个手柄进而转动那些齿轮,就可以产生足以将绳子[5]拉断的那么大的力量。

后来,皇帝命令我按照这个式样,制作另外一个大型的齿轮组。一名最高等级的皇子命我按照同一尺寸,再制作一个这样的装置。我还多次将那种小型的齿轮组赠予其他的皇子和高官显贵们。

我赠予皇帝长兄的一个马车模型也与此类似。因为人可以操作这一仅有少数铁质齿轮的马车模型,以较快的速度行走了较长的距离,所以他们就把它称作"自行马车"。它还能够根据人的意志转向任何一个方向。而且这里值得一提的是,在一伙工匠的帮助下,我花了20天时间为皇帝制作了一艘海船模型。模型虽小,但是它再现了最大型的葡萄牙海轮的精彩和壮观[6]。

我在这里就不再详述基歇尔(Athanasius Kircher)曾在他的《中国图说》[7]一书中提到的北京的"钟王"一事了,即运用我们的工具将它吊上了高高的钟楼[8]。在康熙元年,当这口大钟以其巨大的重量,使众多的工程师一筹莫展,或者可以说是实际上已经超越了他们的技能水平的时候(通常中国人把此类重物提升到应有的高度将花费国库大量的金钱),汤若望神父以他设计的工具[9]仅用了一天的时间,在少数几个人的帮助下,就把这口大钟吊上了高塔。我在这里不详谈这一事例,是因为他运用了我们机械学中的滑轮组。我在这里描述的这种滑轮组我们早在10年前就曾使用过[10]。

注释

[1]据《牛津英语词典》,静力学是一门与重力和机械效应有关的,包括研究平衡的条件和由重力引发的一些现象的科学。

[2]根据安文思写于1667年10月12日的信件(ARSI,JS 162,f°194),这一器械是南怀仁在东堂被拘禁的时候制作的器具之一。他将此器具进呈给皇帝这件事发生在1669年4月8日。恩理格在一封写于1670年11月23日的信函中也提及此事:"在9月4日这天,我们献上了南怀仁神父制作的一个器械,一个八九岁的孩子可以轻而易举地借助这一器械举起四五千磅的物体,这个器具得到了所有官员的青睐。"

[3]当南怀仁在这里说,仅仅是三个齿轮和一个手柄的时候,他省略了一个箱子,或者他

真的就只用了一系列齿轮,而不像欧洲原型那样还有一个箱子。

[4]据我所了解的,南怀仁在这里使用的"glossocomum"这个词在古典拉丁文课本中没有找到,但是出现在16—17世纪科技词汇中,是指一种能将重物提升的器具。法文称作"glossocome",意大利文称作"glossocomo"。它最后出现在希腊科技词汇中,用它(glossokomon)来解释另一个词"chest"(箱子)。

南怀仁在一封遗失的信件中提到过这一器具,在《仪象志》一书中再次提到它,《仪象图》图77表现了这一器具。但是不论这两本书还是《欧洲天文学》,都没有十分清楚和完整地描述它。

关于它的结构,南怀仁基本上依据了有关这一领域的古典权威著作和当时的出版物。他可能受到由Hero Alexandrinus描述的一种很流行的机械,即被称作"起重螺旋"的启发。如果是这样的话,那么南怀仁就不是以Hero Alexandrinus的*Dioptra*为基础了,因为这本书的第一版出版于1814年;也不可能是他的*Mechanica*了。南怀仁只可能是受到了自那个世纪末一本从阿拉伯翻译过来的书的影响。但是他一定是依靠了帕普斯(Pappus,中译者注:系古希腊数学家)的理论。在北京很可能就有1660年出版的由F.COMMANDINUS翻译的帕普斯著作的拉丁文译本*Mathematicae Collecliones Bononiae*(见H.VERHAEREN,*Catalogue*,nr.2381)。还可参见A.G.DRACHMANN,*The Mechanical Technology of Greek and Roman Antiquity*一书。

另一方面,南怀仁还可以参考一些当时的学者的著作,其中有1655年在罗马出版的P.CASATI的*Terra Rnachinis Mota Ejusque Gravitas et Dimensio*一书。此书中的详细论述很可能马上就成为南怀仁搞制作的资料来源。在南怀仁制作第一台"起重螺旋箱"时,在北京肯定就可以读到这本书了。我们从鲁日满的*Historia*,p.168得知,该书于1661年至1663年之间被运到北京。

[5]根据南怀仁在别的地方所说的,这是一根丝质的绳子(见《仪象志》卷二)。虽然南怀仁自己在本书中描述得不很清楚,但是根据欧洲的资料,这根绳子是系着重物,绕在一根轴上的。在这之前的描述中(*M.*,fig.77),没有最后这句拉断绳子的话。

[6]这极有可能就是航行于16世纪到17世纪初的那艘著名的"Nau da India"号,有四层甲板、排水量为两千或两千多吨的大型帆船。见南怀仁在1669年撰写的《御览西方要纪》第2页和收藏在*B.N.P.*的他画于1674年的地图。

[7]关于将重量极大的钟吊上位于北京城北部的钟楼一事,发生过两次,鲁日满(在*Historia*,p.164ff.)和毕嘉(在*lncrementa*,pp.97-98)都曾报道过这件事。第一次发生在1661年4月,一口铸有漂亮的铭文的重量达12万斤的大钟在200人的共同努力下被吊上了钟楼。第二次是在1663年,在一次损失惨重的火灾之后,将一口比前次更大的钟吊上钟楼,却仅仅用了120人就完成了任务。这要感谢更为先进的技术和在机械学领域积累的丰富的经验。据鲁日满在他的报道(*Historia*,p.168)中明确指出的,这要归功于近期得到的P.CASATI所著的*Terra Machinis Mota*一书。

基歇尔在他的《中国图说》第223—224页中，引用了白乃心1664年5月从威尼斯写的一封信中很长的一段文字。在这封信中，白乃心逐字逐句地引述了南怀仁写于1661年5月的一封信的内容（见*Corr.*，pp.109-111）。从这些记载中我可以得出以下结论：

第一，在《欧洲天文学》的这一段落中，南怀仁引用了被《中国图说》（1667年出版）刊载的他自己的书信中写到的内容。《中国图说》这本书在1676年之前已经被西堂图书馆收藏了。在*M.*一书的手稿中已经提及此书就是证据。另外，虽然我还不能确定是否是由Duca di Jelzi捐赠给中国传教团的，但《中国图说》一书也出现在北堂的藏书目录中了（H.VERHAEREN，*Catalogue*，nr.1909）。

第二，因为基歇尔书中这部分内容的最初始的资料来源可以追溯到南怀仁写于1661年4月的信函，所以这次吊装大钟的工程一定是发生在1661年的4月，而不可能是文中提到的1663年。由此推断，说是在康熙元年也是不准确的。康熙元年起始于1662年2月，而1661年4月应该是顺治朝的最后一年（中译者注：应为顺治十八年）。在1663年大钟已经吊装上了钟楼，这被后来的一些欧洲人亲眼所见。其中包括1665年的纳瓦雷特（D.DE NAVARRETE）。安文思在其*N.R.*，p.150ff.述及此事，1703年洪若翰也参观过吊装在钟楼上的大钟（I.et J.-L.VISSIERE，*Lettres Édifiantes*，p.121）等。

[8]根据毕嘉的记载（*Incrementa*，p.97），北京钟楼的高度约为100尺。（中译者注：据“北京旅游网”资料，北京钟楼高约33米，钟楼上的大钟重量为420吨。）

[9]南怀仁当时很可能不仅仅是目击者。安文思在其*N.R.*，p.151中说，南怀仁直接参与了其事。

[10]这次作业发生在欧洲天文学和数学恢复名誉之前（1669年）的北京。这超出了本章的范围，也超出了《欧洲天文学》全书的范围。这里“ante 10 annos”的真正意思不应是“在十年之前”，而应该是“在这之前的十年”。我倾向理解为，在1668/1669年到1678/1679年之间，正如在本书的第十三章中谈到的那样。

第二十二章

流体静力学[1]

这里我不准备涉及那些我们经常呈献给皇帝和其他皇亲国戚们[2]的成功地从井里提水的抽水机和其他机器。我将只谈及我曾经[3]进呈给工部和工部官员们[4]的,将“万泉河”水引入皇庄的那件仪器。皇帝授权给我,看看能不能把别的水源引入到这个皇庄的土地里[5]。

这一装置包括一个直径超过12英尺的大轮子。这个轮子大到能够允许一头骡子甚至一头牛容易地在其内圈中行走,并不停地向前。为了不让皇上的钱(即此项工程必要的花费)打水漂,我首先制作了一个较小尺寸的、具有同样功能的装置,它的每一个细小的部位都是完美的,可以作为一个模型来工作。但是,当我后来准备从另外一个地方[6](即我在前面解释的“别的地方”[7])将河水引入皇庄的时候,我没有使用这个机器[8],其原因我在下文再解释,而是使用了以上述机器为基础而设计制作的另外一个类似的装置,也是有一个直径为12英尺[9]的大轮子。我把原来那个机器安装在我们居住地[10]的花园里,用它从井里提水灌溉。我训练了一头驴,让它在内圈中行走而拉动该机器。

当皇帝到我们居住地参观的时候,他亲自观看了这一机器,而且很高兴。除皇帝之外,其他一些高官显贵也常常问我,是否有可能制造与此类似的装置,并且不仅是用于提水的实用目的,而且也为了娱乐之用,让他们可以随意地自己来转动那个大轮子。我将这一机器摆放在我们的花园最重要的原因是,为了防止一些不懂这一技术的人们,也制造这种机器,以致浪费精力和金钱,更重要的是,防止他们因此而损害了我们的威望[11]。

最能让皇帝和其他人高兴的是不停地向前走的驴子。确实是这样的。在整个轮子的中空部分,悬挂着一副比轮子的半径稍短一点的木制轭具。当轮子的边缘和中心轴一起做圆周转动的时候,这轭具并不旋转,而总是处于轮子的中间。它被一个与中心轴连接的铁环悬挂着,就像是一架天平。

驴子的头被缰绳拴在天平的前臂上,而缰绳的另一头就像它拉车似的拴在了天平的另一臂上;此外,由于在上面添加了相应的重量,使它能够隐藏在天平的一臂中,而不被人看见。当任何一件事都按照这一方法安排好,那重量使得天平的后臂向下而碰到驴子的尾巴,而天平的前臂,即拴着驴子头部的地方,就自然被提升了起来。所以这头驴子总是跟随着,就像跟随着人向上拉着缰绳的手,它持续不断地行走在轮子的中间。当这一装置似乎就像控制马车那样将处于平衡状态的拉动轭具的后端的时候,人们也可以说,它同时也在持续不断地将轭具的前端,以及与其系在一起的驴子的头部向上拉动。

这套装置最为便利之点在于,它的重心与其运动的圆心,也就是轮子的轴心,十分靠近。因为我制作的水斗是椭圆形的,而不是圆形或方形的,而且有一定的深度。这样就能够使其功能发挥得最好。

注　释

[1]《新牛津英语词典》,流体静力学是物理学的一个分支,它研究的对象是液体在静止状态下的压力与平衡。

[2]一次是在1666年遵摄政大臣苏克萨哈之命进献的。首次向皇帝进献此类仪器是在1670年的七八月间。

[3]在1672年至1673年之间的一个时候,正如前面所述,作者制造了这一装置,用于灌溉北京城外的皇家庄园。对此在第十六章有较为详细的论述。

[4]"工部"(见本书第十五章注释11)在汤若望的*Historica Relatio*,f°184r = p.13 Born中也被称作"公共建设衙门"。

[5]也就是指"万泉河"(见第十六章注释1和注释6、7)以外的其他地方。

[6]也就是改变了他最初的方案。

[7]见本书的第十六章。

[8]当第一次试验完成后,就不再需要第二次了。因为与此同时,南怀仁已经决定从一些水源丰富的井中汲水,注入引水渠。

[9]一篇佚名的法文译稿(见法国国家图书馆17.239,f°26)以及杜赫德(J.-B.DU HALDE)*Description*,Ⅲ,p.334,称其直径为24英尺。但是不清楚这是否是错误的,或是来自本书以外的其他资料(关于此点见卷首"导言"的注释100)。

[10]通常这是指"西堂"。这就意味着,这一成就势必发生在1672—1673年,即提出皇庄的灌溉问题,到1675年7月12日,即皇帝造访耶稣会士住地和花园之间(见本书第十五章注释28。在安文思关于皇帝造访的报告中没有提到此装置)。

[11]还有其他迹象表明,南怀仁对中国的工程技术水准评价很低,至少在他发往欧洲的书信中曾这样写。他还特别批评了与之相联系的非生产费用过高的弊端(见本书第十六章注释8和第十七章注释15)。

第二十三章

水力学[1]

在刚刚过去的这几年里[2]，闵明我神父向皇帝进献了一部非常特殊的水压机。这部机器能够提供源源不断的水流，以此来驱动一座时钟，并且能显示多种天体运动现象。在这部机器的顶部站立着一只精致的木制小鸟。这只木制的小鸟能逼真地模仿大自然中的鸟鸣。在清晨，它能报告应该起床的时间，它在那一时刻开始唱一支歌，其声响足以将熟睡的人唤醒。

这部机器差不多6英尺高，3英尺长，2英尺宽。在上下垂直方向，它被分为三个相互隔离的部分[3]，顶部和底部的箱体是蓄水箱，其长、宽完全与此机器相同。两个水箱的深度足以容纳流动24小时所需要的水源。在位于上面的水箱底部的中央，有一支中国玻璃吹制的管子，从中源源不断地流出2英尺高的水流，它四周封闭得非常严密，以至于外面的空气与里面的空气被完全隔绝开来。

不断涌出的水量，恰恰与抽到上面的水箱，又从另一根玻璃吸管注入下面的水箱的水量相同，水面上一个漂浮的标志[4]慢慢地升高。这一浮标以一细小的链条连接着一个轴，这轴与之相交叉，并被置于水平位置（crosswise），其尾部位于中间水箱内。因为一个总是恒定的相应的重量，就像一个重锤那样起到平衡的作用[5]，那浮标一点一点地转动那个轴，同时转动另一个轮子[6]做圆周运动，这轮子又带动一根与轴相连的、在机器之外能够被看到的指针。

这一水面下降的过程，就这样调整到能够在每24小时的时间里带动那个与升起的漂浮物相联系的轴。这样，这机器就模仿天体的运动：第一，上面提及的指针指示着时间是几点；第二，它还指示了夜间特别的计时单位[7]，即几“更”天（中国人将一夜晚的时间平均划分为五“更”，因为在全年中每一个夜晚的长短是不一样的，因此不同夜晚的一“更”长短也是不一样的）；第三，它还指示了中国每一个省份的时间是几点；第四，由于在轮子上画了一幅天球图，而轮子又与轴相连，所以当模仿着天体运动的轮子缓慢地旋转时，那指针也指示出每一时刻天体运动的面貌，包括哪个星体此时正穿过子午线；第五，也就是最后一点，如果人们打算在早晨或晚上的某一时刻醒来，就可以把一根小针设置到该时刻的位置（轮子的一周也就是一昼夜被划分为96刻），等时间正好到达这一时刻时，一只木质的小鸟就会以非常和谐悠扬的声音唱起歌来，这样就能将人们从睡梦中唤醒[8]。这一机器的优点是，在每一天的任何一个时间，水流都可以很容易地从底部的水箱提升并储存在顶部的水箱里，而不被外界的因素所中断，于是就产生了一种恒久的动力源。而且它那永不停止地向上喷出固定高度的水流,还呈现出令人赏心悦目的景象。

这一精美的机器使皇帝龙颜大悦。而且在它被进献给皇帝之前[9]就名声大震,召来大批高官显贵到我们的住所观看,并得到了如潮的赞美。然而,我必须在这里警告,人们必须认识到,不能够依靠这种类型的水压机器精确地显示天体的运动,其原因我将随后谈及[10]。

当我们的天文学的名誉得到恢复之后不久,就在皇帝命令我制造用来装备观象台[11]的新的天文仪器的前后,我注意到中国人在观象台[12]和其他地方应用的老式的水钟存在着很多错误,于是我就提议试制一种新式的利用与虹吸管相连的浮标来指示时间的水钟。我事先在我们的住所对其做了私下的测验。这是在将它公开呈献出来之前所做的秘密测验。

它由三个上下摞在一起的水箱构成,里面容纳了足够用来维持一股水流两天两夜不间断地流动的水量。在上面和中间的水箱里,漂着一个浮标。浮标由一颗螺丝钉固定连接在一支虹吸管(倾斜的或者有两条腿的)上。于是我可以依照自己的需要将它或深或浅地淹没在水里,即取决于我根据气温的浮动和季节的变化而打算让那水流流过外部的水管时是快一点还是慢一点。

因此,当水流从高处的水箱通过虹吸管流入中间的水箱时,那个与虹吸管相连的浮标就上升起来。因为一个小链子连接着那个横轴[13]和一个倾斜的重锤,与此同时,在另一边的浮标就下沉了,于是那一横轴就一天 24 小时地完全旋转起来,并且同时带动嵌入横轴的一根指针转动起来。这指针指示时间到了几时几刻。

然而不用多久,上面的水箱里的水就耗尽了,连接着虹吸管的浮标也升到已经被水充满了的中部水箱的顶部[14]。这时,吸管外面的那一支敞开了口,而上面水箱的吸管同时关闭,于是中部水箱里的水就开始流向低处。通过这一方法,那浮标就下沉,重锤就上升,于是就以相反的方向转动那个连接着指针的轴。这转动的指针在一个标有时间刻度的表盘上指示出某一时某一刻,只不过与刚才所述相比,是一个相反的方向。

当中间水箱里的水差不多都流向低处,水箱几乎空了的时候,我用水泵将水提升到上面的那个水箱中。于是,上面水箱的吸管重新开放,那个与之相连停止工作的浮标又再一次地漂浮起来,而整个机器持续运转。就这样,中间水箱里的浮标,随着交替上升和下沉的吸管,不停地指示着不断变化着的时间。

后来,我在那个横轴上加设了两个小型轮盘,将那个重锤替换成一个表示恒星位置的天球和一个大的平面星座图,并使之保持水平。在首先使这两件仪器在轴上达到平衡之后,我使它们尽可能精确地保持水平位置。从而使这些仪器能够与天体运动相一致地进行旋转,而反映出天体运行的全部状况,如所有星体的上升和下降、它们[15]跨越子午线的准确时刻等。

除此之外,在地平面上用曲线将每一个夜晚划分为五个部分,即我前面所说的"五更"。那指针可以指示出夜晚的任何一个时刻。

在几年之后[16],当被称为"大王爷"[17]的皇帝的长兄向我索要一架"水钟"时,我就又制造了一架与先前类似的送给了他。在这架仪器上,我还添加了一个能够定时发出响亮声音唤醒睡觉者的铃铛。他向我索要这种"水钟"的主要原因,就是因为他在凌晨赶早朝时经常被搞得匆匆忙忙[18]。

尽管这是事物发展的方式,经验告诉我们,由于在不同季节有着巨大的差别,特别是气温的上下浮动,人们除非持续地观察、测验并付出极大的努力,否则很难长期确保这种仪器的稳定性和可靠性。然而如果有人打算凭借一连串的实验来检测它,那么他必须首先在内部的吸管口上安装另外一根镀银的布满很多小孔且顶部封闭的小管。这些小孔必须比那开口的吸管外部的那一支稍小,水将从那里流出。用这个方法,那些可能影响水有规律地流动的颗粒细小的杂质就无法进入吸管。其次,设有浮标浮动的水箱,它高度的尺寸应大于宽度的尺寸,也就是说,浮标的大小至少要差不多能覆盖水箱整个的长与宽,而四周只留下让水流动的很小的空隙。

大约在去年年底,闵明我神父用另一种非常简单的方法试制出一种水动机器[19]。它与附有埃斯开纳第(F.Eschinardi)神父一篇附录的贝提尼(M.Bettini)神父《哲学与数学宝库》一书中记录的水钟有不少的相同点[20]。但是闵明我神父不是用水,而是用水银来驱动。他的这一尝试简直可以称作是全新的发明。通过7到8个月的试验之后,这种计时器被证明在准确性和可靠性上远远超过了以往的仪器。仪器已经做好了,只是他还没有将它进献给皇帝。

注 释

[1]据《新牛津英语词典》,科学的这一个分支是以研究水或其他液体在通过管道或其他人造的通道传送时的运动规律为研究对象的,同时它也研究由流动的液体驱动的各

种机器的应用情况。

[2]对照1677年到1680年的耶稣会年信(*L.A.*见ARSI,JS 116,f°214ff.),这件事一定是发生在1677年。比较《欧洲天文学》原文第82—84页和档案文件ARSI,JS 116,f°221r.,在该档案文件中,在描述了过去的两种类型之后,提到了一种动力机器。文中对这种机器的介绍,在多方面都与《欧洲天文学》一书中介绍的机器相符。

[3]拉丁词汇"diaphragma"是"saeptum"的同义词,现在通行的称呼是在某件仪器中的"水平隔断"。又见A.KIRCHER的*Magnes Sive de Arte Magnetica*,p.275和G.SCHOTTUS的*Mechanica Hydraulico-Pneumatica*,pp.107-109。这里所描述的机器,其基本结构是多种复杂的水动应用机器的一种。

[4]南怀仁这里所用的"incubus"显然是与A.KIRCHER在*Magnes Sive de Arte Magnetica*,p.275和G.SCHOTTUS的*Mechanica Hydraulico-Pneumatica*,pp.276-277中所说的"incubus"是相同的,也就是指"一个浮标"。

[5]关于拉丁词汇"sacoma"(英文词汇counterweight,即重锤),我们在维特鲁威(Vitruvius)的名著《建筑十书》(*De Architectura* Ⅸ.8.8)中已经知道了,但是在南怀仁之前,没有人提到它。(中译者注:Vitruvius即古罗马恺撒时期的著名建筑师。)

[6]拉丁词汇"Alium"在这里是多余的,正如"orbis"一样,之前没人提起过它。

[7]"更"是中国人表示时间的一个单位。见安文思*N.R.*,pp.149-150,以及闵明我写的资料(ARSI,JS 163,f°107r.)。

[8]在耶稣会1677年至1680年的年信(见ARSI,JS 116,f°221r.)中,它有一个特定的名字,被称作excitatorium。

[9]当然,当它被正式地进献给皇帝之后,就被储存在皇帝的宝库里(见本书第二十六章注释5),那时,就没有人能够看到它了。

[10]见本章后面。

[11]这道圣旨下达的时间是康熙八年八月十六日(即1669年9月10日),见本书第十二章注释20—21。

[12]更确切地说,水钟(中国名字为漏壶)是安放在观象台内的一间房子里的(见本书第十二章注释46)。

[13]在这一行里,有一点不太清楚,即是什么将浮标与横轴连接起来的。

[14]拉丁词汇"labium"与"labrum"是同义词,这两个词的意思都是指某一物体的上部边缘。

[15]原书在这里出现一个印刷错误,将"Earum"误印成"Eorum"。

[16]根据1678年至1679年的耶稣会年信(ARSI,JS 117,f°165r.= 185v.),此事发生在1678年。

[17]中文里的"大王爷"显然是一个非正式的称呼。在这里指的是福全(中译者注:即爱新觉罗·福全,清世祖福临的次子)。他生于1653年9月6日,死于1703年8月8

日,于 1667 年封为裕亲王。他对来自欧洲的新式器具有着浓厚的兴趣,南怀仁曾多次提到这一点。例如:在 *Corr.*,p.178(Aug.20,1670);在本书的第二十一章、第二十四章。还有在 1678 年至 1679 年的耶稣会年信(ARSI,JS 117,f°165r. = 185v.)中记道:"南怀仁制造的一种新型水动机器和闵明我发明的一架水动机器,都是由这位王爷预订而做的。"

[18]出席早朝,或者向皇帝呈上奏章,是在早晨很早的时候。这种早朝称作"御门"。"御门"是"皇帝到大门听取大臣的奏报和处理政事"即"御门听政"的简称。[中译者注:"清朝御门听政早在顺治朝即已有之,及康熙朝形成定制。康熙帝每日清晨御乾清门听政;皇帝出巡则在行宫听政。皇帝听政时辰主要经历了'黎明进奏'与'定时视朝'两个阶段。御门听政是清朝治国最重要的措施,它不仅是康熙帝勤政的标志,更是清朝前期推行皇权统治,迅速走向强大统一的基本保证。"见王薇《南开学报》(哲学社会科学版)2003 年第 1 期。]

[19]将本段落与 1678 年至 1679 年耶稣会年信(ARSI,JS 117,f°165r.)进行比较,我们就能知道这一试验进行的日期,以及他们第一次获得成功(进献给两广副总督的兄弟)的时间,即 1678 年。同一年,闵明我开始一种特别复杂精密的机器的试制。这种机器是准备呈献给皇帝和他的兄长的。机器最终完成和进献是在 1679 年。当南怀仁在 1680 年的上半年修订本书和做些必要的补充的时候,他一定是忽视了这一段。

[20]南怀仁在这里几乎是逐字逐句地重复了 M.BETTINI 一篇短文(见 SOMMERVOGEL, *Bibliolhèque*,vol.3,col.432)的题目,这是 M.BETTINI 于 1648 年第一版的 *Aerarium Philosophiae Mathmiaticae*,3 vols 的一个单行本。

第二十四章[1]

气体动力学[2]

三年之前[3],当我研究蒸汽发动机[4]动力的时候,我用轻质木材制造了一辆2英尺长的小四轮车。在车的中间安装了一个小容器,里面填满了烧红的煤块,以此做成一个蒸汽发动机,凭借这个机器,我很容易地就驱动了这辆四轮小车。

在前轮的轴上,我安装了一个铜制的带有横向水平方向齿牙的齿轮。当它们转动另外一个小轮盘时,就带动了一个垂直方向的轴,小车与这个轴成联动关系,然后我将这个轴与一个直径为1英尺的水平轮盘相接,并且在这个轮盘的边缘上设置了两根小棒[5],像两个伸出的翅膀。这两根小棒受从蒸汽锅炉的细小的管子里发出的高压蒸汽流的驱动。气流驱使轮盘高速转动,同时就驱动了小车。小车可以持续行走一个多小时(小锅炉中能产生多长时间的高压蒸汽,小车就能行走多长时间)而不减速。

这样,为了防止小车走得太远,我在连接两个后轮的轴的中间安上了一个能够灵活地转向任何方向的舵柄,在舵柄的另一端安装一个轴。最后,我在这个轴上安了个直径较大并且能够灵活转动的轮子。于是当我将那舵轮转向偏左或偏右,并用螺丝固定住,这辆由蒸汽发动机驱动的小车就可以周而复始地做圆周运动。圆周运动的直径可以按照院子或大厅的大小,通过确定舵柄的偏离角度而进行调节。

我可以将这架蒸汽动力机所体现出来的力学原理,很容易地用来为其他任何一种机器提供动力。举例说,我制作了带有类似鼓足了风的风帆一样的一艘纸船,并且让它持续地沿着一个圆周航行[6]。我曾将这样一艘船进献给了皇帝的大哥[7]。我把这发动机完全隐藏在船身里,人们从外面只听到蒸汽机里发出的气流的声音,或者船舷周围打水的声音,就好像它真是被自然的风力推动的那样。

有几次我把机器排出来的高压气流,分出一部分导入焊接在发动机上的另一个小管,管子的尽头做成一个哨子,以此我成功地使它发出了夜莺般的歌声。我还多次使用这一装置让自鸣钟自动演奏出乐曲来。通过使用这一动力源,人们很容易发明出其他类型令人赏心悦目的应用仪器来。

注 释

[1]在《欧洲天文学》全书中,本章节无疑是非常值得注意的一章。因为它包含了一份关于最早的动力发动机装置的技术描述。据此记载,南怀仁可以宣称他就是蒸汽机车的发明人,而比丹尼斯(Denis Papin)的设计最少提早了10年。在做一种蒸汽发动机

的试验和在能量转换所体现的运动原理上,南怀仁可能是从 L.L.THWING 那里得到的灵感(可能得到第一次暗示),从一些前辈们的著作中,例如 G.BRANCA 于 1629 年在罗马出版的 *Le Machine Diverse del Signor Giovanni Branca* 一书,受到启发。更为直接的思想来源,可能可以追溯到南怀仁的耶稣会教士同伴基歇尔在 *Magnes*,p.542 提供的报告。的确,在 H.VERHAEREN(惠泽霖)编著的 *Catalogue* 中,收录了若干本 *Magnes* 这部书。前面的那部书虽然没有列在北堂书目中,但这不能说明南怀仁没有受到该书的影响。在 17 世纪中叶,关于蒸汽机的运动理论,可参见 W.L.HILDBURGH,*Aeolipiles*,p.50。

当看到本书中所记载的这一重大发明,在发动机发展史上没有给予更重要的地位,我感到非常震惊。然而,正如我在本书的每一个章节中曾强调的那样(耶稣会的年信中也提到这一点),绝大多数这类高科技的小发明都被用来进贡给皇帝。皇帝每每饶有兴趣地接受了这些贡品,然后贮藏在他的私人宝库中,其他人都见不到(参见本书第二十六章注释 5)。此外,能使我们对之有所了解的那仅存的记录,是这种机器的发明者在本书,即《欧洲天文学》的这一章里提供的,在耶稣会的年信中没有提到此事,在我所知道的任何一位当时的来华耶稣会士的资料中也没有看到。因为《欧洲天文学》并未广泛印刷发行过,所以这一关于最早的蒸汽发动机的描述,直到近期才被人们知晓一事,并不令人感到奇怪。

在欧洲,对南怀仁发明蒸汽发动机的这一描述的早期回应,是在 J.-B.DU HALDE 编辑的伟大著作——*Description Geographique*,*Historique*,*Chronologique*,*Politique et Physique de l' Empire de la Chine et de la Tartarie Chinoise*(中译者注:即杜赫德的《中华帝国全志》),Ⅲ,p.334。杜赫德对此事以法文做了摘译,这一资料又被转录在《巴黎国家图书馆书目》(见卷首"导言"6.2)。杜赫德在引述《欧洲天文学》一书的内容时,他常常不提及南怀仁的名字,而是故意将原文中的第一人称"我"改成了第三人称"他"(即北京的耶稣会士)。在接下来的内容里,在提及蒸汽发动机的发明时,可能正像 J.D.SCHEEL 在其著作第 14 页中所暗示的那样,纯粹是出于爱国,杜赫德将其归功于闵明我。(中译者注:闵明我的家乡是位于意大利西北部的皮埃蒙特。直到今天,法语和其方言变体仍然在皮埃蒙特的大部分地区使用。)正是由于杜赫德的错误,闵明我作为发明家出现在李约瑟的《中国科技发展史》一书中(4/2,p.226,fig. 472),同样因此而出现在 J.DEHERGNE,*Répertoire*,p.120。

将引自杜赫德书中有关此事的完整内容直接翻译成各种文字的著作有:法文版—— H.BOSMANS,"Ferdinand Verbiest",pp.401-402;英文版—— J.D.SCHEEL 的著作 pp.8-9;德文版——H.WALRAVENS in:*China Illustrata*,p.256;荷兰文版——P(AUL) D(EMAEREL) 的 *China.Hemel en Aarde*,p.374。除此以外,还存在一些主要都是来自杜赫德或 H.BOSMANS 的摘要文字,如:C.CARTON,*Notice Biographique sur le Père F Verbiest*,p.50; E.R.HUC,*Le Christianisme en Chine*,Ⅲ,pp.147-148; E.RABBA-

EY, *Eerw. Pater Ferdinand Verbiest*, pp.94–95; L.L.THWING, *Automobile Ancestry*, p.169; R.A.BLONDEAU, *Mandarijn en Astronoom*, pp.348–349; id., *Ferdinand Verbiest S.J als Wetenschapsmens*, pp.87–90。更进一步的书目还有:L.BAUDRY DE SAUNIER, *Histoire de la Locomotion Terrestre*, p.219; A.F.ROULEAU, *EI Automovil*, pp.308–313; J.ICKX, *Ainsi Naquît L'Automobile*, pp.13–22; J.BOUMAN, *Oude Auto's en Hun Makers*, p.24。

关于南怀仁的蒸汽发动机模型,当时没有图形数据保留下来。现在我们看到的该图形产生于近代,而且都是来自 J.L.Böckinann 所构建的模型(cf.*infra*)。

在关于发动机的发展史上,很少有人尝试去模仿再造南怀仁发明的机车。第一个南怀仁机车的复制品据称是由 Johann Lorenz Böckmann(1741—1802)于1775年完成的,但是现在也散失了。第二次尝试发生在20世纪30年代,是由 Charles E.Duryea(1861—1938)完成的。他根据本书的描述画了一张图,但是没有复制模型[此信息由瑞士巴尔(Baar)人 Max J.B.Rauck Ir.提供]。至今为止,最近一次的尝试是由 J.D.SCHEEL完成的。他成功地制造出南怀仁蒸汽机车的复制品。他从《欧洲天文学》中本章的文字叙述出发,但因为原书的描述不够完整,他在若干重要环节上作了推测和猜想。我们感谢 J.D.SCHEEL 在1991年1月3日一封十分友好的信函中所作的一些解释和说明。

[2]《新牛津英语词典》:物理学的这一个分支是以空气(包括空气的密度、张力和气压等)的力学性质,或者其他流体、气体的力学性质为研究对象的。

[3]因为《欧洲天文学》一书写于1679年至1680年年初,此事一定是发生在1676年至1677年间,而不会发生在1678年至1679年,如 R.A.BLONDEAU 在 *Mandarijn en Astronoom*, p.349 中和 *Ferdinand Verbiest S.J als Wetenschapsmens*, p.135 所假定的那样。J.D.SCHEEL在其著作(p.10)中非常谨慎地推测说:"应发生在1670年到1678年之间。"将此项发明确定在1676年至1677年之间,有助于解释为什么它被从中国发往欧洲数据忽略或遗漏的原因,即在1674年至1677年的这段时间,从北京经华南地区、澳门,再到欧洲的通信线路实际上被"平定三藩"的战争所打断(见本书卷首"导言"3.3)。而1677年至1680年的耶稣会年信,只是简要地概述了以往5年中发生的最重要的事件和取得的成就(见 ARSI, JS 116, f°214, 215)。这些事件都是经过严格筛选的。尽管如此,南怀仁非常有可能在这之前已经做了有关蒸汽动力的试验,特别是制造了这样的玩具小船(见本章注释5)。

[4]这个拉丁词汇"aeolipyle"的最初拼写应该是"Aeoli pila",在古罗马的典籍中只出现过一次,即在维特鲁威(Vitruvius)《建筑十书》Ⅵ,24,其最初的意思是"the ball of Aeolus(风神的球)"。由此而演变成17世纪拉丁文文献中的较规范的词汇"aeolipila"或"aeolipyla",虽然在有的场合也写成"aeolia pila"(见 A.KIRCHER, *Magnes*, p.542; *Musurgia*, Romae, 1650, p.373; G.SCHOTTUS, *Mechanica Hydraulico-Pneumatica*, p.237)。南怀仁写作"aeolopila"。17世纪法文写成"eolipile",而当时的英文(自1611年以后)

写成"aeolipyle"(见《新牛津英语词典》)。意大利文写成"eolipila"。关于专用词汇方面的问题,可以参考 W.L.HILDBURGH,*Aeolipiles*,p.27。《新牛津英语词典》对这一词汇作如下解释:"这是一种用蒸汽驱动的机器,即由一个密封的容器加热产生,从细小的管道喷出水蒸气,用此力量而驱动机器。"关于这种发动机的第一次试验,可以追溯到 Hero Alexandrinus,在他所著的 *Pneumatics*,Ⅱ,11 中有所描述。这些文字因 F. COMMANDINUS 的拉丁文著作 *Heronis Alexandrini Spiritualium Liber*(Urbini,1575)的问世而在 16、17 世纪被人们广泛地了解,所以南怀仁很可能就知道这本书,尽管也还有其他可能得到的数据。

(中译者注:英译者在这里用了"aeolipyle"这一拉丁词汇,据 Wiki 网上词典的英文解释,这是一种利用从容器的狭窄通道喷出的高温蒸汽的力量而驱动的机具。因此,我将它翻译成"蒸汽发动机"。)

[5]南怀仁完全符合当时使用拉丁语的习惯。一些试图理解发动机的技术概念的翻译者,以我的观点看,在翻译时误解了拉丁文措辞的真实意思。举例说,这种现象就发生在 H.BOSMANS 的 *Ferdinand Verbiest*,p.401 和 J.D.SCHEEL 的翻译文章中。其他人则将一些详细的技术忽略过去了,比如 J.-B.DU HALDE 和那位佚名的法文翻译者。我们必须设想,南怀仁在轮子上安装了两根成十字交叉的小棒。每根小棒的两端都伸出轮子的边缘。结果是,轮子周围形成了四个突出的翼片。这四个翼片受到高压气流的驱动,使轮子转动起来。然而,据 J.D.SCHEEL 的观点,仅仅具有 4 片叶片的涡轮是根本转不起来的。

[6]这里没有提到具体的日期,但是 LO-SHU FU 在他的著作Ⅱ,p.451(n.55)中讲了一个故事(没有引用中文的史料):"南怀仁的发明,一个可以驱动玩具小船的小型的蒸汽发动机,通过将水煮沸,还可以奏出乐曲。此物令皇帝的兄长,一位皇家的亲王,十分高兴。这位亲王帮助他们重返皇家的天文台。"显然这个故事说的与作者在这里提到的是同一件事。如果 LO-SHU FU 的信息是正确的,那么此事发生的时间应该是在耶稣会士们恢复名誉之前不久,也就是说,南怀仁试验这种蒸汽发动机应该是在他们被软禁期间,即 1665 年到 1669 年。

[7]见本书第二十三章注释 17。

第二十五章

音乐[1]

在闵明我神父向皇帝[2]进献上面提到的水动机器的同时,一位葡萄牙神父徐日升(Tomé Pereyra)[3]——他是于6年前被皇帝从澳门召入京城的[4],他一生都享有皇帝赐予的崇高荣誉[5]——曾经向皇帝进献了一项有独创性的、能发出美妙动听音乐的发明[6]。他制造的是一个能奏乐的球,中间设有几个能够奏出旋律悠扬的中国乐曲的铃铛,其音色极为美妙,且音调高度准确,同时还有几只小鸟在其中跳跃。这个直径约为1英尺的用铁丝制作的奇妙的球,在水平的轴上很好地保持着平衡。

这个轴的两极分别安装有一个小齿轮,齿轮又与两个较大的轮子相连,进而转动两个固定在它们上面且大小恰当的圆筒[7]。圆筒的表面划分为几首中国乐曲旋律的区域,上面分布的若干小钉[8]是根据乐曲所规定的不同音符与恰当间隔而巧妙设计的。当圆筒转动起来时,这些小钉就扳动与之相配合的联动杆,进而扳动和联动杆相连的小铁锤,小铁锤敲击以音色圆润的青铜铸造的铃铛,于是就准确地演奏出优美的乐曲。事实上,当那圆筒以设定的规则在里面转动的时候,这些铃铛就能够吟唱出很多首令人心旷神怡的中国乐曲。这仪器的外观则被做成一座华丽雄伟的宫殿,只有那些安放在钟楼里的铃铛能够从外面看到,其他的所有的机械装置都被隐藏在宫墙之内。皇帝对这一发明喜欢得不得了,他极力赞扬这一具有独创性的作品,还将另一首他喜欢听的乐曲也设置在那个圆筒上。

在1676年[9],皇帝命我将闵明我神父和徐日升神父带入他宫殿的内室。皇帝命徐日升神父演奏风琴[10]和我们以前进献给皇帝的那架欧洲古钢琴(又称大键琴)[11]。皇帝从欧洲音乐中得到极大享受。之后不久[12],皇帝让他自己的乐师演奏一首中国乐曲。在长时间练习演奏这首乐曲之后,皇帝自己也能用另一种乐器完美地进行演奏[13]。徐日升神父随着皇帝和他的乐师的演奏,一面跟着唱,一面用笔记下了曲谱。他使用我们的乐符或者欧洲的文字[14]直接记录下整首歌,并将这张记录了乐谱的小纸片展现在我们面前。这乐谱与乐曲的旋律,以及或长或短的节奏完全相符。因此,在皇帝的要求下,他以或长或短的节奏,或强或弱的音量,准确无误地哼唱出了整首歌的曲调(不唱歌词),就如同他练习过好多天一样,其实他以前从未听过这首歌!

皇帝见此极为惊讶,简直不能相信自己的耳朵[15]。他因此而用毫无保留的赞美语言来称颂欧洲艺术与音乐科学。对皇帝来说,尽管徐日升神父以前从未听过这首皇帝本人及其乐师练习了多日才能掌握的歌曲,但他却能在如此短的时间里,准确地重唱整首曲子,还有他所表现出来的这种用以记录乐曲从而可以永久不忘的方法,这一切无异于奇迹。正如我所说的,皇帝不敢相信自己的耳朵和眼睛,竟要求徐日升神父一而再、再而三地证明给他看。他自己又演奏和吟唱了一首又一首中国歌曲,然后非常和蔼和仁慈地命徐日升神父用笔记录下来,并且以适当的节奏将曲子重唱出来。

当经过若干次的试验,看到徐日升神父的演奏从各方面来说都是如此完美之后,他用满语说[16]:“欧洲的艺术确实是奇妙而不可思议的,欧洲人(他指的是徐日升神父)有如此非凡的才华,实在是令人钦佩!”之后不久,他赏赐给我们24匹绸缎——人们通常这样称呼这种衣料[17]——他说:“你们可以用这些衣料来缝制新衣裳了,因为你们现在穿的衣裳已经不能再穿了。”[18]由于我们以前进献给皇帝[19]的管风琴又小又不够好,徐日升神父现在正在制造一架新的,而且已经快要完工了。我希望不久就会将它安装在我们北京的教堂里[20]。我深信,在整个东方都找不到能与之媲美的管风琴了[21]! 它不需要其他乐器配合,就可以演奏出欧洲的和中国的乐曲。感谢那个具有独创性的机器和那个能奏出和谐乐曲的圆筒。

注 释

[1]在中国的耶稣会士们从他们传教活动的早期就开始关注欧洲的宗教音乐了。在利玛窦1601年第一次进献给万历皇帝的贡品中,就有欧洲的大键琴(见M.RICCI,N 524以及德礼贤的*Fonti Ricciane*,Ⅱ,p.123 n.5,9°)。利玛窦不仅进贡了乐器,还用中文撰写了歌词(见M.RICCI,N 599 with note 2 on p.132; N 601,with note 2 on p.132和note 6 on p.134)。关于这一点,H.BERNARD在“La Musique Européenne en Chine”, in:*B.C.P.*,22,1935,pp.40-43中做了描述。德礼贤在发表于*Civiltà Cattolica*,96,1945,pp.158-165的“Sonate e Canzoni Italiane Alla Corte di Pechino”一文和发表于*Rivista di Stu Ji Orientali*,30,1955,pp.13l-145的“Musica e Canti a Pechino”一文中也做了描述。

尽管汤若望在这一领域的活动不具有重要性,他仅仅做了修复利玛窦进贡的大键琴的事(参见*Infra*,n.10),但是在他所处的时代,北京已经得到了10年前即1650年在罗马出版的当时欧洲音乐学的鸿篇巨著——基歇尔编的*Musurgia Universalis*一书。我们知道安文思收到他的兄弟寄给他的这本书。该书至今收藏在北堂图书馆里(见H.VERHAEREN,*Calalogue*,nr.1922)。还有吴尔铎(A. d' Orville。中译者注:比利时籍耶稣会士,1622—1662年,1659年来华),携带了12本*Musurgia*于1657年离开里斯本,前往中国(见FLETCHER“Distribution”,p.110,112)。

欧洲音乐在中国造成的最为强劲的冲击,无疑是来自1673年到达北京的徐日升。他在这一领域的精彩成就被记录在《欧洲天文学》的本章中,同时也更为详细地记载在1678年至1679年的耶稣会年信中(ARSI,JS 117,ff° 167r.-168r./ 187r.-188r.)。关于康熙皇帝赞赏徐日升的音乐才华一事,尽管前者记于1676年而后者写于1679年,但上述两种史料的描写有惊人的相似之处。这样的重复,在南怀仁的文字中是常见的(见本书第十二章注释115)。但这里使我们感到意外的是皇帝对欧洲音乐学的惊诧和敬佩。关于这一点他在三年之前就已经发现了。除此之外,杜赫德在他的《欧洲天文学》的法译本的"音乐"一章中,采用了1679年之说,而没有采用《欧洲天文学》原本中1676年之说。无论如何,耶稣会年信和《欧洲天文学》都是在为徐日升安装在南堂的大型管风琴(即东方世界中最大的管风琴)举行隆重的首演仪式举行之后不久而完稿的。随后,也是在南怀仁时代,在徐日升的工作室里,为皇帝制造了更多的管风琴。最后,在南怀仁生命的最后时期,正如他在1685年8月1日的书信中写的(见 *Corr.*,p.491),他曾致力于将基歇尔的 *Musurgia* 一书有选择地翻译出来(见 H.BERNARD,*Les Adaptations*,p.382,nr.539)。

[2]也就是在1677年。可参见本书第二十三章注释2。

[3]徐日升出生于1645年,1672年到达中国,1673年1月6日进入北京,1708年在北京去世(见费赖之书,I,pp.381-386,J.DEHERGNE,*Répertoire*,pp.200-201)。

[4]在费赖之书的I,p.360、p.382中说到以下观点,但是没有说明出于何种史料,他说:南怀仁于1671年被康熙皇帝问及关于欧洲音乐之事,这以后唤起了南怀仁对徐日升的注意。很显然,是南怀仁将徐日升以一名历法专家的身份推荐给了康熙皇帝。圣旨是于康熙十一年闰七月二十日(即1672年9月11日)颁布的。圣旨中提到了1659年召用苏纳的先例。(见 L.VAN HEE,*Ferdinand Verbiest,Écrivain Chinois*,p.61)(中译者注:《正教奉褒》载:"康熙十一年闰七月二十日,奉上谕:着取广东香山堺有通晓历法之徐日升,葡萄牙人,照汤若望具题取苏纳例,速行兵部取去,此去同南怀仁下之人一同去,为此传谕礼部。钦此钦遵到部。差本部五品主事锡特库、七品笔帖式加一级禅布珠,钦天监衙门治理历法南怀仁下邹立山、庞大良,前取徐日升,伊等于本日起身,所用驿马,沿途口粮,照常发给,并差官一员,路上护送兵丁,相应给法,为此合咨兵部,烦为查照施行。"引自韩琦等校注《熙朝定案》,中华书局2006年9月版,第330页。)南怀仁在这里称,他(即徐日升)于6年之前到达北京,是《欧洲天文学》成书于1679年的若干证据之一,因为徐日升到北京是在1673年(见本书卷首之"导言")。

[5]徐日升得到的是与南怀仁到达北京时得到的类似等级的荣誉(见 *The Far Eastern Catholic Missions*,Ⅲ,p.107)。此书中出现了一个词汇"Kim tsiu",这可能是闵明我和恩理格在他们1671年从广州到北京的途中遇到的一个被误解了的词汇。(中译者注:此词汇疑为"钦赐"。)J.-B.MALDONADO 在1671年12月10的信中也引用了,称为"Kiu Ciu Cin Kim"(见费赖之书,I,p.373。中译者注:这四个字应为"举取进京")。

从广州到北京的行程需历时 5 个月(除了正规的"驿递"),又是在寒冷的冬季,因此非常艰苦(见 D.DE NAVARRETE,p.225ff.中的描述和在 *Corr.*,pp.338-339 中对 1671 年闵明我、恩理格的旅程的描述)。

[6]这是否就是在耶稣会 1677—1680 年的年信中提到的"音乐玩具"?(见 ARSI,JS 116,f°221r.-221v.)参考徐日升写于 1678 年 5 月 27 日的信件(见 ARSI,JS 199,f°34)。

[7]早在希腊、罗马时代,就有一种叫作"鼓"的文物,据称是一个表面平滑的圆筒式的装置,在古代就被赋予了多种科技功能(见 a.o.,CH.AVEZOU,in:CH.DAREMBERO-D.SAGLIO,*Dictionnaire des Antiquitds Grecques et Romaines*,vol.V,p.559 ff.,s.v.tympanum; O.REUTHER,RE Ⅶ A2,col.1749-1754)。到了 17 世纪,它有时被称作"圆筒盒儿",作为一种乐器使用。南怀仁在本书的第二十七章中提到了"天鼓",是另外一种类似的乐器。

[8]显然,这是一种很小的"钉子"。

[9]关于徐日升以欧洲音乐魅力及其个人非凡的才华使皇帝大感惊奇的相同故事,可以从其他多种提及了 1679 年事件的史料中看到。

A.闵明我(在本书的这一章中被描述为目击证人)撰写的载于耶稣会 1680—1681 年的年信中的 pontos。此信件保存在 ARSI,JS 163,f° 107v.。

B.聂仲迁写于 1680 年的一封信,他引用了前述的闵明我信中的内容,并将他的描述翻译成了西班牙文(参见 *The Far Eastern Catholic Missions*,I,p.193)。

C.一封由鲁日孟(J.DE IRIGOYEN。中译者注:此人为西班牙籍耶稣会士,1646—1688 年,1678 年来华)写的信件(参见 *The Far Eastern Catholic Missions*,Ⅱ,p.221)。

D.耶稣会 1678—1679 年的年信(ARSI,JS 117,f°167r.= 187r.)。

在后来的史料中,这一事件发生的时间被确定为 1679 年。这与 A 的 pontos 中所提到的 1680—1681 年并不矛盾。因为如此类似的事件发生在两个明显不同的时间,这是不可能的,所以我确信,《欧洲天文学》行文中的这个"1676 年"是作者的笔误,而正确时间应该是"1679 年"。在这之后,我们惊奇地发现,在佚名作者的法文译文中(*B.N.P.*,ms.FR.17239,f°30v.),以及在杜赫德的 *Description*,Ⅲ,p.329 中,都标明其时间为"1679 年"。法文译文与原始的《欧洲天文学》手稿之间,以及杜赫德的记载与这法文译文之间,显示出有趣的暗示。在这一点上请看本书卷首的"导言"。

[10]"风琴"这个词汇自古代以来被赋予了多种特别的含义。其中有"水动风琴",在此基础上经过简化和改造,又发明了"气动风琴"(简称为"管风琴")。见 B.LOESCHORN,"Die Bedeutungsentwicklung von Lat.Organum",发表在 *Museum Helveticum*,28,1971,pp.193-226。欧洲的管风琴传到北京是在 17 世纪初,举例说,在 1611 年 11 月 1 日利玛窦神父的葬礼上,有人用一架管风琴演奏了曲子(见 P.TACCHI VENTURI,*Opere Storiche del P.M. Ricci*,I,p.648; H.BERNARD,*Aux Origines*,p.441)。关

于欧洲管风琴的演奏艺术,南怀仁在1669年撰写的《御览西方要纪》一书中做了报道。该书的第5页中写道:“有由10根管子构成的小型管风琴,又有上百根管子构成的中型风琴,以及上千根管子构成的大型管风琴。每一根管子都发出它自己特有的音调。演奏管风琴的方法与演奏古钢琴的方法相同。但管风琴有一连串的调音器,因此可以分别演奏,也可以共同演奏。一架管风琴可以逼真地模仿风声、雨声、鸟鸣声以及其他动物的叫声,以至于达到以假乱真的地步。管风琴为演唱伴奏,其音色更加美妙。”关于南怀仁时代北京的管风琴制造一节,见*Infra*,注释19—21。

[11]欧洲的古钢琴是由利玛窦于1601年首次带到中国的,同一年他将此琴进贡给万历皇帝(见本章的开头)。1640年人们在皇帝的珍宝库里又发现了它,汤若望奉命对其进行了维修(见A.VÄTH,pp.124-125,该书引用的是写于1641年1月1日的耶稣会1640年年信,此信保存在ARSI,JS 161,f°227)。1656年7月17日,荷兰使者P.de Goyer和J.de Keyzer进贡给皇帝另一架古钢琴(见A.VÄTH,p.231,文中引用的是保存在ARSI,JS 126,f°179v.里汤若望与安文思的书信的意大利译文)。至于在1665年毕嘉被软禁期间有关古钢琴的工作,毕嘉在*Incrementa*,p.483中做了报告。最后,当恩理格和闵明我在1671年从广州被召回北京的路途中,还带有一架打算进贡给皇帝的古钢琴(见*Corr.*,pp.338-339)。据保存在ARSI,JS 127,f°39v.的聂仲迁写于1672的信件称,在北京的神父们后来将它进献给了皇帝。

[12]《欧洲天文学》中关于以下场景的描写,可以与耶稣会1678—1679年的年信(ARSI,JS 117,f°167r.)中的描写加以比较:“当皇帝听徐日升神父说,自己长时间勤学苦练才掌握的技能,通过我们(即欧洲传教士——编者注)的方法可以轻松地掌握时,他被吸引住了。皇帝选中了一种乐器,演奏了一支难度非常大的曲子,并命令神父复制这支曲子。神父不敢迟疑,马上拿出纸笔,迅速记下了皇帝演奏的整首曲子。当他据此重唱这支曲子时,竟与原曲丝毫不差。皇帝感到非常吃惊,大加赞赏欧洲的艺术,甚至说他不敢相信自己的眼睛。因为神父在如此短的时间内完成这样大难度的工作。当天他慷慨地赏给每位神父六件高级真丝衣服,并说他们的衣服远远不够。”

[13]一种中国乐器。关于康熙皇帝演奏乐器的技术,可见闵明我在ARSI,JS 163,f°107v.中的记载。有关他要亲自演奏管风琴的雄心壮志,我们掌握两种相互矛盾的史料:

A. F.FLETTINGER于1687年报告说:“他的威望也表现在学习音乐的极大的热情方面,表现在命令一些宫廷贵族学习唱歌、学习演奏管风琴方面。”(引自J.E. WILLS,Jr.*V.O.C.Dutch Sources*,p.289)。

B.另一方面,M.RIPA断然否认康熙皇帝热衷于演奏乐器(见L.FREDERIC,*Kangxi*,p.188)。

[14]这里所说的不是“音乐符号”的同义语,而是一种象形符号的名称,在16—17世纪,基歇尔在他的*Musurgia*,p.130a中曾提及此事。

[15]这一表情的全部意义在于,《欧洲天文学》在这里记载的是否也是康熙皇帝第一次接触这种欧洲音乐的场景。这就加深了我的印象,即耶稣会1678—1679年年信中所记载的与本书所记载的,是同一个事件(见本章注释9)。

[16]皇帝常常在自己最亲近的社交圈里说满语,在朝廷最高机构里也是一样。这一点在17世纪来华耶稣会士的史料中得到多方面的确认。如:南怀仁在本书的第十二章;*Corr.*,p.432,500,501;安文思在*Corr.*,p.141(见本书第二章注释13),142,144,149。事实上,在17世纪80年代初期,皇帝在与耶稣会士交谈时特别爱说满语。这也从1684年造访过北京的聂仲迁在1685年写的信件中得到证实,这封信保存在布鲁塞尔*Koninklijke Bibliotheek*,ms.21.028,p.3。涉及康熙时代有关将文学的或者科学的著作系统地翻译成满文的政策,可以参考本书的第二章;关于历法书籍的满文翻译,可以参考本书的第八章注释12;关于欧几里得几何学书籍的满文翻译,可以参考本书第十二章注释97。

[17]关于这种衣裳,利玛窦曾经谈到过。1676年,在北京的耶稣会士有5人:南怀仁、徐日升、安文思、闵明我、利类思。这可以在J.F.BADDELEY,*Russia*,*Mongolia*,*China*,Ⅱ,p.333中得到准确无误的证实。这与皇帝赐予的24匹衣料的数字匹配得不是很好。1679年,北京的耶稣会士只有4人(安文思死于1677年,参见耶稣会1678—1679年年信ARSI,JS 117)。因为皇帝是在这一年赐予每位神父6匹绸缎衣料,总计为24匹,所以本书所涉及这一事件发生在1679年的说法,比发生在当时有5位神父在北京的1676年更有说服力。这可以说是上面注释9中所谈到的将"1676年"更正为"1679年"的更进一步的证据。

[18]一个与1679年的事件相联系的相似的皇帝的评论,出现在两方面的史料中:一则是ARSI,JS 117(f°167r.-187r.),一则是在闵明我的报告里(ARSI,f°109r.)神父们穿的这些破衣裳大概反映出住在北京和其他地方的神父生活贫困的状况。一封1678年的信函也生动地说明了这一点(*Corr.*,pp.230-253)。无论如何,《欧洲天文学》和耶稣会1679年的报告再一次加强了我的认识,即见本章注释9中所谈到的关于"1676年"应该改成"1679年"。

[19]本章注释10所提到的,也是耶稣会1678—1679年年信(ARSI,JS 117,f°l67v.-188r.)中所多次提到的,南怀仁在他的简化、概括了的说明中,没有提及1679年徐日升在皇帝的帮助下至少制造了另外一架包括两个调整器和90根管子的管风琴,并且于这年年底将其进献给了皇帝。在1681年,徐日升制造了两架管风琴,其中一架的特色是结合了欧洲的管风琴和中国的钟乐各自的特点(见闵明我的书信ARSI,JS 163,f°109v.和南怀仁的书信*Corr.*,pp.366-367)。

[20]根据上述耶稣会的同一封年信,徐日升于1679年年底开始制造大型的教堂管风琴,直到1680年竣工。就在其工程即将完工时,南怀仁也正在撰写《欧洲天文学》最后的文稿。因此这份完成了的手稿在1680年的第一个月份时被放在了什么别的地

方。这架安装在“西堂”的乐器被描写成“第一流”的杰作(见 ARSI,JS 117,f°168r.=188r.):“这个乐器有 6 个调风器,一个用开口的管子做成,一个用封闭的管子,一个听起来像人发出的声音,另一个像鸟兽的声音;一共差不多有 200 个管子。”又参见闵明我的信件(ARSI,JS 163,f°104r.)和耶稣会 1680—1681 年的年信(ARSI,JS 163,109r.)。这架管风琴被安装在教堂的两个塔楼里(*Corr.*,p.305)。另一架管风琴则专为教堂的报时大钟演奏前奏曲而用,这将在下一章中详细描述。

[21]南怀仁 1681 年在 *Corr.*,p.305 中又重复了这句话。根据南怀仁的观点(见本章注释 10 中所提到的《御览西方要纪》),这是一架中型的管风琴。关于这一杰作所获得的巨大的成功,见第二十六章注释 19。

第二十六章

钟表计时术[1]

所有的中国人,特别是他们的皇帝和达官显贵们,总是对机件复杂的钟表[2]显示出极大的偏爱。因此我们的神父们也总是搜寻这样的钟表,并调试完好。慷慨捐赠钟表[3]的欧洲国王的仁慈和大方是如此令人称道,其结果是大量的欧式钟表被带进了中国[4]。皇帝热衷于拥有这些钟表并将它们深藏在自己的宝库里[5],不管其尺寸如何,是大型的,还是小巧的,只要是精致的和创意独特的就行[6]。

由于当今欧洲人的天才能力每年都能制造出各种新奇的产品,也由于已经过世了的国王们把他们的慷慨大方也传给了他们的后代,所以我们由衷地希望,从前辈身上继承了高贵美德的当今执政者们能继续为我们在中国的使命敞开大门,正如过去的国王为天主教敞开大门一样。正是因为有了一座这种类型的钟表,才使利玛窦神父得以第一次进入北京的大明朝廷[7]。

然而,如果没有一双能够修理和调试它们的灵巧的手[8],以便保证它们总能与天体运行规律相吻合的话[9],那么这些钟表所能提供的实际好处,或者说给人带来的快乐和满足将是极其有限的。在这方面,葡萄牙人安文思做了极其出色的工作。他灵巧的双手[10]是由我们的机械学理论操控的,甚至更进一步说是由我们的宗教所操控的。这是因为他对我们宗教的热爱使他明白了,在中国必须要学习这项艺术[11]。不论是在这方面,还是在任何一种其他类似的工作(或艺术)领域,他的手总是能够获得成功。特别是由于这一原因,他受到了皇帝和皇子们的厚爱,当安文思神父死后,皇帝在他亲自撰写的深切悼念的碑文中表达了这番意思[12]。

徐日升神父,同样也是葡萄牙人,他继承了死去的安文思神父的事业[13]。他一到达北京,就在富于创造性的机械学方面令人们刮目相看。他在北京城我们教堂的一个塔楼上建造了大型时钟,以及用音色优美的青铜铸造的铜钟,还有钟楼顶部表面上箭头形状的指针,这时钟的指针一天到晚不停地在塔楼标有大字的钟面圆盘上指示着小时和分钟[14]。

因为钟声传扬得遥远和广阔,使得我们的教堂也在帝国都城里名声远播。争相前来目睹的百姓挤得水泄不通。然而,最令他们惊奇的还是每到一个整点前钟楼所奏出的序曲音乐[15]。的确,因为徐日升神父特别精通音乐,他设计了很多能奏出和谐音乐的钟铃,用车床精密地制造出来,然后悬挂在钟楼正面最高的塔楼上,塔楼是敞开的。在每一个钟铃里,他按照欧洲方式(中译者注:中国式的铜钟都是从外面敲击发声的)用铁丝系上一个精心设计的钟锤,使它们能奏出美妙和谐的音乐。在钟楼的空隙间,他放置了一面圆柱形的鼓轮。在这鼓轮上,他用插上一些导致发出声音的,相互之间的间隔成一定规则的小钉的方法,预置了中国音乐的声调。当时间快到了该敲大钟的时候,这鼓轮就自动启动,借助它的重力旋转起来。鼓轮上的那些小钉把系钟锤的铁丝带动起来,敲击演奏出完美的中国旋律。当这前奏乐一结束,那大钟就立即以深沉厚重的音响敲起来。

我实在是无法用言语来形容这一新奇精巧的设计使前来观看的人们感到如何的狂喜。即使我们教堂前的广场是很宽敞的[16],但是都容纳不了聚集在这里的拥挤、失序的人潮。特别是在固定的公共节日里[17],我们的教堂和教堂前的广场里,每个小时都有不同的观光者潮水般地涌入、涌出。虽然其中绝大部分人是异教徒,但他们还是以屈膝下跪、反复叩头在地的方式向救世主[18]的塑像表示他们的敬意。正如我在前面提到的那样,此刻徐日升神父正在建造的管风琴即将完工,我期盼着,那时将会有更多的人聚集到这个新建的"剧院"前,进而通过这种方法,使每一个灵魂在管风琴和其他乐器的奏鸣声中赞美我们的天主![19]

注　释

[1]关于 17 世纪这一议题的历史回顾,见 G.BONNANT,*La Suisse Horlogère*,April 1960,pp.28-31 和 ib.,April 1962,pp.33-38。

[2]若干位传教士从中国发回的信件中都谈到,他们急切地需要从欧洲寄去自鸣钟,因为中国的高官显贵们非常欣赏这种欧洲独有的计时器(见南怀仁的书信 *Corr.*,p.238)。

[3]可以提及一个实例:根据金尼阁在 1616 年穿行德国的旅途中所写的信件(见 1940 年 E.LAMALLE 编辑的 *A.H.S.I.*,9,pp.49-120),捐赠钟表给中国传教团的有托斯卡纳(意大利)的公爵,巴伐利亚(德国)的公爵、马克西姆连(Maximilian)和他的妻子以及儿子艾伯特、女儿玛德莲娜,奥地利的利奥波德和菲丁南德,巴伐利亚的菲丁南德,科隆的伊莱科特,等等。另一座著名的时钟是由菲丁南德于 1655 年 8 月下令制造的。G.PASCHIUS 在 *De Novis Inventis*,Lipsiae,1700,pp.702-703 中描述了它的全部细节。

[4]给予南怀仁深刻印象的是,仅仅在 1670 年一年里,安文思就为北京的朝廷维修了所有的据称超过 80 座的钟表(Ajuda,JA,49-Ⅳ-62/128,f°745v.)。

[5]皇帝个人最为珍贵的收藏品,都贮存在他的"内库"里(见 A.SCHALL,*Historica Relatio*,f°192r.= p.47Born.)。就是在那里,1640 年 5 月那架由利玛窦在 40 年前进贡来的古钢琴被发现了(见 A.VÄTH,pp.124-125)。尽管皇家的藏品其特点是保密的和管理极其严格的,但是康熙时代的钟表没有一件保存至今。现存的钟表(仅有一小部

分是原始藏品)全都属于18世纪,而且绝大多数都是英国制造的(见S.HARCOURT-SMITH,*A Catalogue of Various Clocks,Watches,Automata,and Other Miscellaneous Objects of European Workmanship Dating from the XVIIIth and the Early XIIth Centuries,in the Palace Museum and the Wu Ying Tien,Peiping*,1933,p.2ff.)。

[6]在前面注释3中所提到的金尼阁的信件中,对托斯卡纳公爵赠送的时钟做了描述:"这个镀金的钟表外形似龙,它是中国的象征。钟摆动时,龙的嘴巴张开,身体会动,眼珠也会转,还有些别的动作。此钟高达两尺,在欧洲它的价钱是500金币。"对在波恩得到的为中国传教团捐赠的多座珍贵、奇特的钟表也做了描述:"有一座钟表看起来非常华丽,价值连城,胜过任何以往所见过的钟表。每次敲钟时它都打12下,它会在高处由一些小铜像展示耶稣诞生的故事:首先出来一个牧羊人,然后有三贤人恭敬地向一个婴孩做中国式的鞠躬礼,再然后玛利亚的胳膊会摆动起来。牛和驴不断地转动它们的头。与此同时,天父会从上面的一个球体里出来,伸出他的胳膊拥抱世界,好像在深深地祈祷。两个制作精巧的天使上下飞动,在天父约瑟夫摆动摇篮的同时,风琴自动演唱一首儿歌,简直神奇极了。这一切都是由内部的发条操控的。在德国这件物品需要1500磅(按照在印度出售的价格)。整个钟表是铜质的,顶部是一座六角的塔,还有好多别的装饰,在这里就不再赘述了。"

[7]利玛窦在1601年1月24日第二次进入北京时,向皇帝进献了几座自鸣钟(见德礼贤*Fonti Ricciane*,Ⅱ,p.123,n.5)。

[8]这一点在一开始就得到证明。当利玛窦进贡了自鸣钟几天之后,这时钟就发生了故障,于是就立即为他提供了进入紫禁城的机会(见M.RICCI,N 622.)。安文思和他的继承者对若干座装饰华丽的时钟的日常保养,通常是在朝廷内启祥宫的如意馆。"那里设有一个画室和修理作坊。皇帝将画师、机械师、建筑师召集在那里。欧洲的传教士们在那里从事绘画、雕版等项工作,以及修理那些由他们或其他人从欧洲带来作为礼物进献给皇帝的钟表和机械玩意儿。"(FANG CHAO-YING in:A.W.HUMMEL [ed.] p.329,see nr.48,On H.BITCHURIN's plan in L.C.ARLINGTON-W.LEWISOHN)

[9]也就是说,调试并核准这些时钟与太阳到达正午的位置的时刻相符合。

[10]安文思的"灵巧的手"几乎是众所周知的(关于他的生平资料,见本书前言部分的注释1)。当我们被软禁在东堂期间,他制造了创意绝妙的时钟。我们可以从ARSI,JS 162,f°194r.-v.中看到制造者本人对此所做的详细的描述。这一描述与恩理格在1670年11月23日写的一封信(f°7r.)中说到的基本相同。在同一时期,自嘲为"钳工"的他还制造了一个机器小人。在ARSI,JS 162,f° 194中,恩理格对这个机器小人做了描写:"它全部是机械制造,可以自动地移动和行走。它是一名率领军队的将军,它右手挥动着剑,左手拿着盾,在地上能行走十五分钟的时间。皇帝看到这个机器小人后惊叹不已。"

[11]安文思的确是名自学成才的工程师,促使他这样做的动机完全是他的宗教和传教事

业。见 DUNYN-SZPOT, in ARSI, JS 104, f°206r.。南怀仁在 *Corr*. p.151 中将安文思在这方面的努力对传教事业所起的作用做了表述:"凭着热情、创造精神和慈善心,他自学了多种技术。这一方面是为了吸引帝国中那些王爷和贵族皇帝对天主教产生兴趣,另一方面也为在穷人中传播福音而排除障碍。"

[12]安文思于 1677 年 5 月 6 日去世(见 ARSI, JS 124, f°107、147; ARSI, JS 199, I, ff°32-34)。他的碑文,正如利类思在他的 *Abrégé de la vie et de la mort du R.P.G.de Magaillans*(见 MAGALHAES, *N.R.*, p.380)所写的那样,是在第二天,即 5 月 7 日(康熙十六年四月六日)就写成了。收录在 MAGALHAES, *N.R.*, p.380-381 中的对他表示称颂的碑文的法文文本,注明的日期为:康熙十六年四月六日。J. DEHERGNE 在 *Répertoire*, p.162 中写到碑文成文于 5 月 6 日,似乎有误。(中译者注:安文思碑文如下:"上谕:'谕今闻安文思病故,念彼当日在世祖章皇帝时,营造器具有孚上意,其后管理所造之物无不竭力,况彼从海外而来,历年甚久,人质朴夙着。虽负病在身,本期愈治痊可,不意长逝,朕心伤悯。特赐银二百两、大缎十匹,以示朕不忘远臣之意。特谕。'康熙十六年四月初六日。安先生讳文思,号景明,大西洋路□大尼亚国人也。自幼入会真修。明崇祯十三年庚辰,来中华传教。大清顺治五年戊子入都。卒于康熙十六年丁巳。寿六十有九。在会真修五十二年。"引自高智瑜、林华、余三东等编《历史遗痕》,人民大学出版社 1994 年版,第 31 页。)

[13]实际上,安文思在徐日升于 1673 年到达北京后不久,就将自己制造的一件仪器转交给了他。见 G.DE MAPALHAES in: ARSI, JS 162, f°356v.。其很可能是由于安文思恶劣的健康状况。根据 MAGALHAES *N.R.*, p.379 所述,特别是在他生命的最后三年里,他脚上的旧伤复发,使他备受折磨。

[14]关于教堂的时钟和乐曲,南怀仁在 *Corr.*, p.305-306 也做了描述:"时钟驱动两个大的、用来显示每一小时和每一刻钟的钟铃。每一个大钟铃又带动很多小铃。钟铃全部是铜做的。根据事先设定的和谐的规则,在每一个小时到来之前,就会响起一支中国乐曲。我们称之为报时的序曲。"对这一时钟和另外两座大型时钟以及它们演奏的乐曲,曾在 1694 年参观过"西堂"的 E.Y.IDES 做过陈述,见 *Driejaarige Reize Naar China*, p.102。在这之前,根据南怀仁在 *Argoli's Ephemerides* 上写下的旁注文字,我们得知,在 1684 年 5 月 11 日到访南堂的康熙皇帝也对此有过赞美之词(见 H. BERNARD, *Ferdinand Verbiest*, p.111 的引用语)。我怀疑,最初属于南堂的,直至 1863 年仍然保存在北堂(参见 P.BORNET,"Les Anciennes Églises", p.181)的钟,与人们在这里描述的是一样的。至于那架管风琴,正如南怀仁所说的,是安装在另外一边的塔楼上的(见本章注释 19)。

[15]关于教堂钟乐在中国人中间产生的令人惊异的效果,见 1677 年耶稣会的年信(ARSI, JS 116, f°221v.):"同是这位徐日升神父,为我们的钟塔做了另一个更大的、全新的而且是完美的创造。为此,吸引了很多民众来到我们在北京的教堂参观,特别是

新年初始之际。就像在德国、比利时及其他欧洲国家发生的一样，人们往往等不到正点时刻的来临，所以在一小时之内，它必须呈现出多次的演奏。尽管我们委托在教堂工作的人去规劝前来者信教，但是来参观的民众并不相信我们的律法和宗教，只是因为好奇，然而即使如此，徐日升神父也感到非常欣慰，至少他觉得自己付出的全部艰苦的劳动得到了极大的回报。”

[16]参见安文思 JA 49-V-16，f°159v.，南怀仁 *Corr.*，p.306。作为南堂的“建筑师”的汤若望，对这里所说的街区的形状和大小做了描述（见 A.SCHALL，*Historica Relatio*，p.321 Born）。E.Y.IDES，*Driejaarige Reize Naar China*，p.102 中谈到对这一场景的总体印象时，他估计有两三千人。

[17]举例说，在中国的元旦日（见 ARSI，JS 116，f°221v.和 DUNYN-SZPOT，ARSI，JS 104，f°290r.），在皇帝的生日（见汤若望 *Historica Relatio*，f°193r. = p.51 Born）以及在一些天主教的节日里。

[18]救世主是南堂的守护神，他被供奉在教堂内的主祭坛上（见汤若望 *Historica Relatio*，p.321 Born.）。

[19]根据 *Corr.*，pp.305-306（1681），这一成功甚至超过了南怀仁的预期。另见闵明我在 ARSJ，JS 163，f°104r.中所做的描述：“从这一乐器公开与人们见面开始，特别是在最初的 16 天里，在教堂里及教堂门前相当大的空地上，从早到晚都挤满了来来往往的巨大的人流，熙熙攘攘，几乎难以移动。此后有更多人进入教堂。很多异教徒在这个场合里，也纷纷下跪，或鞠躬，以此表达对上帝的崇敬。因为我们教堂的名声显赫，很多中国艺术家纷纷前来，以教堂、钟塔和西洋乐器这些奇特而从未见过的东西为题材作画。现在这些画作在北京多处地方销售，也卖到了帝国的其他省份。画作上面写着：天主堂。他们就是这样称呼我们的神和在北京建造的教堂的。”

第二十七章

气象学[1]

每一次当天空出现一些特殊、反常的天象时，例如，太阳周围出现非常圆的光环，以及五色的彩虹持续出现几个小时，或者整个夜晚月亮都被彩色晕轮所环绕，还有，当太阳被云层遮挡住的时候，我们可以观测到[2]云层呈现出丰富的、我们称之为“apparent”[3]的自然色彩等现象的时候，皇帝总是向我询问这些天象的成因[4]。因为中国的一些书籍将这些异常天象幻想成无中生有的预兆。他们之所以这样想，是因为不了解这些天象产生的真实原因[5]。

在我尽可能清楚明白地解释了这些异常天象产生的原因，包括出版有关的书籍[6]之后，我制造了一件能够使我实际地演示这些自然现象并证实我先前所作解释的仪器。这一仪器包括一个类似大鼓的“天鼓”，里面涂成白色，四周都严丝合缝地封闭起来，密不见光。圆筒内部表示“天”的凹面。这一仪器放置在底座上，磨光得像镜子似的圆筒，其中轴就像地球的轴一样倾斜着，代表倾斜的赤道平面。

太阳光从一个小窗射进来，经过玻璃三棱镜折射，照在这圆筒的轴上，就像照在镜子上一样，照在圆筒内部所谓“天”的黑暗凹面上。在天的凹面上，那光线像变魔术似的成为明亮的并行线。白天，太阳运行在自己的轨道上，将光线通过小窗射进这圆筒。同时还有另外一束更为自然的光线和圆形的影像，从圆柱周边平的部分反射进来，指示着太阳的位置和白天的一个特定的时辰。这同一束阳光通过在同一时刻的折射和反射，给我们显示出日晕和月晕的清晰影像，也能显示出其他表现为不同颜色的气象现象。

当光线通过三棱镜折射照在圆筒上时，在圆柱形内凹面不同位置的曲面和倾斜度的作用下，这同一束光线产生了鲜明的色彩，形成了一幅令人赏心悦目的图画。此外，当把两片不同颜色的玻璃重叠着放在小窗前，让光线射进来时，就会在这个装置内黑暗的表面上，奇迹般地产生第三种颜色，一种将那两种颜色混合在一起的颜色。

我还可以在那黑暗的圆筒中，利用阳光和阴影轻而易举地显示出日食和月食，显示出月食“初亏”“食甚”等不同的阶段，其真实度就像在天上实际发生的一模一样，与这一天月球与太阳的距离和相互位置完全符合。皇帝非常喜欢这一仪器装置，在我们向他进献这一仪器的那天，我们向他当面说了很多关于我们宗教的事情。这架“天鼓”为天堂的科学性提供了证据！

与气象学有关系的还有温度计[7]，这是我在欧洲天文学被恢复名誉后的第一年进献给皇帝的[8]。我将一本解释它的工作原理和用途的小册子也进献给了皇帝[9]。我的这支温度计是用中国玻璃吹制而成的[10]。它的构成是:一根细长的玻璃管,插在有两个鸡蛋大小的虹吸管里,下面是一个大玻璃球。它可以让人们用眼睛就能看到瞬时的即使是最微小的气温变化。眼睛是人最为敏锐的感官,这就在很大程度上补偿了触觉不敏感的缺陷。触觉往往不能够感觉到如此微小的冷热变化[11]。

除了温度计,后来[12]我还制造了另一种仪器,有了它,我们就能用眼睛清晰地了解到任何瞬间空气的干湿度[13]。这是将一根精密计算而确定了直径的圆筒用长而粗的线悬挂起来,与地平面平行。因为当空气的干湿度发生最微小的变化时,那绞绕成螺旋状的线绳就会放松或拉紧那用铁皮制成有着特定直径的圆筒,那线绳系在圆筒中央,它转动那圆筒分别向右或向左做圆周运动,即靠近圆筒中心的一个很微小的运动。这样,它就拉紧或放松一根在圆筒边缘的细线,当细线悬挂的位置分别上升或下降时,用这一方法就显示出空气的干湿程度。我已将显示这两种仪器的图收在我的《仪象志》拉丁文本中,关于它们的工作原理和用法的解释,则记录在进献给皇帝的一本数学书中[14]。

注 释

[1]气象学是研究大气现象的科学,举例说,低层大气层的运动和现象,以及它们的成因,特别是与之相关联的对未来天气情况的预报。在经过了若干世纪的停滞之后,借助了一些必要的测量仪器的发明,诸如温度计、湿度计等,17 世纪见证了在这一领域实质性的进步。科学仪器的使用,标志着气象学成为了一门科学(见 G.HELLMANN, *Die Entwicklung der Meteorologischen Beobachtungen bis zum Ende des XVIII*.Jhdts.,p.3ff.)。考察这一新兴科学的发展在何种程度上被传播到北京,以及南怀仁的工作对其产生的影响的课题,十分令人感兴趣。一些史料证明,答案是肯定的。在这一领域的大量和主要的工作几乎可以肯定是完成于耶稣会士在北京的居住地。举例说,这些史料有 F.BONAVENTURA,*Anemologia Sive de Causis et Signis Pluviarum*,*Veniorum*,*Serenitatis et Tempestatum*,Urbini,1592-1593(见 H.VERHAEREN,*Catalogue*,nr.1091);G.DELLA PORTA,*De Aeris Transmutationibus Libri* III,Romae,1614(ib.,nr.2500);J.GERALDINUS,*De Meteoris Tractatus Lucidissimus*,Lutetiae Parisiorum,1613(ib.,nr.1675);L.FROMONDUS,*Meteorologicorum Libri Sex*,Antwerpiae,1672(ib.,nr.1648)。

在南怀仁之前,其他在北京的耶稣会士也偶尔应用到气象学,特别是王丰肃(A.VAGNONI,1568—1640 年)编译了两卷本的《空际格致》。A.WYLIE 在 *Notes on Chinese literature*,p.174 说道:"这是一篇有关构成宇宙的元素的论文,表达了作者解释天上、地下的多种自然现象的观点。”(又见 PH.COUPLET,*Catalogus*,p.122vol.“Meteora”以及 H.BERNARD,“Les Adaptations”,p.348,nr.227)。在这同一时期,王丰肃的书也是南怀仁在他的《仪象志》第四卷中气象学部分的重要资料来源。

[2]《明实录》中记录了钦天监所观测到的“幻日环”“日月晕轮”“北极光”“异色云”等气象学现象。关于中国在更早时期记录了这些现象的先人的情况,见李约瑟书第3卷,p.467,pp.482-483。这些观测记录,正如本书第八章和第十二章中所谈及的,是由钦天监的官员们完成的。这些记录资料经筛选后,被归入档案。不幸的是,这些记录现在都遗失了(见 HO PENG YOKE,pp.145-146)。

[3]关于“apparent”,也就是真实的颜色,参见 A.KIRCHER,*Ars Magna*,I,3,2,pp.48-50,以及南怀仁在《仪象志》第四卷中的说明。

[4]有关康熙皇帝关注气象学一事,见 J.SPENCE,*Emperor of China*,p.15。

[5]显然,关于多种多样的天象的书籍其实完全就是带有占星术特点的书籍,将观测到的自然现象作出占星术的预言。在南怀仁眼中,这些都属于“迷信占星术”一类(见本书第十章注释2),因此他对这类书籍是持批判态度的。除此之外,还有另外一种在由杨光先主持钦天监时期(1665—1669年)创立的“天象预言”。杨光先回复到远古时代早已过时的天象观测方法,如“候气”(见 D.BODDE,*The Chinese Cosmic Magic Known as Watching for the Ethers*,pp.14-35)。关于“候气”与气象观测之间的关系,见 R.HSIAO-FU PENG,p.62,n.34,and the petitions。南怀仁在说服康熙皇帝不要相信这种“伪科学”,并使之明了“伪科学”对历书的计算毫无用处方面非常成功。他在康熙八年六月二十九日(1669年7月26日)呈上的关于废止“候气”一说的奏折,两天后,即在康熙八年七月一日(1669年7月28日)得到皇帝的批准。见W.VANDE WALLE,*Bureaucracy*,p.7。(中译者注:《熙朝定案》中存“礼部代题事一疏”,称:“据南怀仁供称:候气因系自古以来之例,故此候气推算历日,并不相涉,应将候气并访求候气之人停止。”“康熙八年六月二十九日题,七月初一日奉旨:依议。”引自韩琦等校注《熙朝定案》,中华书局2006年版,第72页。)

[6]符合作者这一说法的书籍一定是1670年的《妄推吉凶之辩》(见 B.N.P.,ch.4995),见 L.VAN HEE,*Verbiest*,*Écrivain Chinois*,p.43; H.BOSMANS,*Ecrits Chinois*,p.289。在那本书中,南怀仁以西方建立在科学基础上的气象学,反对他虚弱的对手。南怀仁关于气象学的科学知识发表在《仪象志》中。该书的第四卷或多或少地涉及了关于这一领域的广泛课题,如:温度计,湿度计,测量彩虹和日、月晕轮的光谱的方法,测量天空云层高度的方法。南怀仁撰写的其他关于气象学方面的文章还有:

a.一篇记述发生在1668年3月7日的异常天象的论文,这一论文被确定为是西方最早的关于“黄道光”的描述。这篇文章现已遗失(见 *Corr.*,pp.123-125,ib.,n.3)。(中译者注:黄道光是地球高空之大气层中的微尘气体质点被太阳光照射,产生反射的现象,造成一个微弱的发光区域,轴心刚好位于黄道上而得名。黄道光沿黄道呈一个三角锥形,如舌状朦胧的光芒,越接近地平线,则越扩展也越明亮。在中纬度地方,通常在春秋两季,此时黄道面恰好垂直于地平线,所以在春季日没后的西方天空或秋季日出前的东方天空可见,通常在地平线附近部分较易观测到。)

b.在他 1672 年撰写的《坤舆图说》中有关于“空气”“风”“雨”和“云”的段落。

c.在他给皇帝写的关于天文和气象的报告中(见本书第十章注释 2)。

d.在保存于北堂图书馆的一些书籍的页边空白处偶尔草草写下的一系列关于气象观测的手记(见 H.BERNARD, *Ferdinand Verbiest*, p.111and n.28-29)。

除了这些,还有在 1677 年 7 月 16 日的信中的一些文字,J.-P.OLIVA 将它逐字逐句地引述在 DUNYN- SZPOT(ARSI,JS 109,vol.2,pp.128-129)里,南怀仁报怨说,在钦天监至今也没有一本可用的关于气象学方面的欧洲书籍的中文译本。“我们要随时准备回答皇帝提出的不是有关天象的就是有关气象的问题。但是教会的有关当局还没有出版任何这方面的书籍。看来我们出版当局并非尽善尽美,就像我们的对手所反复指责的那样。我担心皇帝因此而对我再次产生怀疑。魔鬼肯定密谋反对我们的出版当局。他知道我们对于天主教的传播很大程度以此为根基。因此我感到非常不安,想要向皇帝上一份奏折,我来写一本关于气象学的书籍,由朝廷出钱刻印出版。”我们没有关于这种书籍的进一步的信息,所以很可能传教士们从来也没有编辑和撰写过此类书籍。

下面描述的这种仪器,其构造没有出现在《仪象志》第四卷中。南怀仁发明这个仪器是为了模仿所描述的自然现象,同时证明自己所作的解释的正确性。

[7]在 17 世纪的气象学研究中,最初出现于 1620 年的“thermoscopium”是很普通的术语(见 G.BIANCANI, *Sphaera Mundi seu Cosmographia Demoristrativa*, Bononiae, 1620。这部书的 1653—1654 年版本被收藏于北堂图书馆中,见 H.VERHAEREN, *Calalogue*, nr. 1018)。它与一个简单的同义词“thermometrum”一样被经常使用(1624 年首次出现于 J.LEURECHON, *Hilaria Mathematica*, p.101)。可是有时候,在 J.H.ZEDLER, vol.43, col. 1235s.v.和 *Vocabulario Universale Della Lingua Italiana*, 1856, s.v.,它们被分别赋予了各自的含义。在以下关于南怀仁的仪器的描写中显示,“thermometrum”是一个含义狭窄的词汇,即一个可以测量冷暖程度的、有刻度的仪器装置。

[8]恰好是在 1669 年的上半年,一封写于 1670 年 8 月 20 日的信中的一个段落,确认了这一点(见 *Corr.*, p.176)。然而在聂仲迁和恩理格于 1669 年至 1670 年间的信函中都没有提及这件仪器,他们在有关温度计方面的文章中也没有说及它。

[9]这就是《验气图说》一书。柏应理说,南怀仁称其为“de usu thermometriae”,但在另一版本中被改成了“de usu thermometri”(见 *Catalogus*, p.42)。显然这本书有两种不同的版本,第一种版本,署名的只有南怀仁一人,卷首附有图片;而另外一种版本,还署有中国修订者的名字,同样的图片被附在了书后(见 L.VAN HEE, *Ferdinand Verbiest, Écrivain Chinois*, pp.23-26, B.N.P.N.F.*Chinois* 3039、3040,以及 H.BOSMANS, *Les Écrits*

Chinois, p. 280)。此书的第一版标明的时间是 1671 年(见 H. BERNARD, *Les Adaptations*, p.373, nr.447),其文字经过三位中国学者的修订后,于 1674 年在《仪象志》第四卷中重印。其图片于《仪象图》第 99 页,图 108 重印。这些文字和图片介绍了《验气图说》清晰的内容摘要,显示出此书不仅解释了该仪器的用法、原理,也介绍了其结构。

[10]参见本书第二十八章。南怀仁这里指的是著名的"琉璃"(见 *Corr.*, p.176,手稿中拼写为"liu li"。关于琉璃,见李约瑟 4/1, p.104ff.;关于中国玻璃的易碎性,参见卫匡国 *Novus Atlas Sinensis*, p.132。

[11]参见 CO-CHING CHU, *Meteorology*, pp.138-139,最近关于这种仪器起源的研究,是由 U.LIBBRECHT 的"On the Introduction of the Thermometer into China"作出的,此论文提交于 1984 年在北京召开的"第二届中国科学史国际研讨会",以及 N.HALSBERGHE 的博士论文。G. HELLMANN,在 *Die Entwicklung der Meteorologischen Beobachtungen bis zum Ende des XVIII. Jhdts.*, p.43 指出,我们不知道南怀仁是否将这种仪器用于日常的气温测量。

[12]由于没有其他可参考的资料,虽然《仪象志》证实了 1674 年之前有了这件仪器,但是我们不知道它在什么时候得到了改进。

[13]从这里的描述看,根据我对南怀仁其他著作的了解,很明显在这里他说的是湿度计,尽管没有提到这个名称。此处可能有出现矛盾的地方:"湿度计"这一词汇,最早出现在法文中,要追溯到 1666 年和 1687 年(见 *Trésor de la Langue Française*, vol.9, p.1016: hygroscope and hygromètre);出现在英文中,要追溯到 1665 年和 1670 年(NED s.v.: hygroscope and hygrometer);意大利文词汇的出现是在 1681 年(igroscopio, -metro)。在 1679—1680 年,南怀仁还没熟悉这一词汇这一点,已不再被否定。总之,"湿度计"的拉丁词汇直到 18 世纪中叶都被交替地使用着(FEW IV, Basel, 1952, p.524, n.1)。

早些时候,南怀仁在《仪象志》第四卷中涉及这一仪器。在书中,他插入了一篇题为《测气燥湿分》的论文;《仪象图》中收录了一幅图,即第 99 页,图 109。其正文和图片后来又在 1726 年编纂的百科全书《古今图书集成》中重印。关于这一仪器由来和这些史料的真正研究,开始于 CO-CHING CHU, *Meteorology*, p. 139, U. LIBBRECHT 的"Introduction of the Hygrometer in China"则更进了一步,这篇论文是作者在 1986 年悉尼召开的"第四届中国科学史国际会议"上宣读的。还有就是 N.HALSBERGHE 的博士论文。前者试图证明,南怀仁手头有多部涉及这领域的参考书,他可以从这些著作中找到"湿度计"的原理,如:E.MAIGNAN, *Perspectiva Horaria Sive de Horographia Gnomonica*, Romae, 1648 和 R.HOOKE, *Micrographia*, London, 1665(见 H. VERHAEREN, *Catalogue*, nr.2163, and nr.4080)。

[14]这一提法不可能被误解。必须提到《仪象图》(对此书与拉丁文的 *Liber Organicus* 之

间的相同之处,见卷首“导言”3.2),该书中的图 108 和图 109,以及与拉丁文本 *Libri Mathematici* 一书内容相同的《仪象志》。因此,我们可以得出以下的推论:本书中提到的仪器与《仪象志》中所记述的是同样的仪器,但是比较两者的拉丁文和中文的措辞,与这一结论似乎又并不完全吻合,可能《仪象志》是经过删节的《欧洲天文学》。

第二十八章

借助上述各项科学的力量，在中国的传教士获得了崇高的威望

以上提到的这些科学,不仅仅提供了这些只是让人们的感官得到愉悦的艺术品,他们通常以口头的方式,或是用撰写文章和出版书籍的方式,对这些科学发明的方法和原理进行解释,或者至少谈到从他们这些成果所体现的基本原理,使人们认为,这些发明成果是来自神秘的艺术之宫,或者是来自科学殿堂的最深之处[1]。

这就是为什么朝廷官员和其他人(其人数毫无疑问比整个欧洲都多)[2]都倾心于那些在各个领域都得到高度评价的欧洲人(他们就是这样称呼我们的)的学问的原因[3]。他们一再公开地宣称,我们是绝顶聪明的人士,谙熟各个门类的科学,精通各种事物。其他一些对我们只有一般了解的人,凡见到我们总是发问:是不是在欧洲所有的人都像你们一样在这些领域深有造诣?在北京这个帝国的都城,有很多人当想要赞美一些事物,比如赞美一种以特殊技能制造出的出色作品时,就说这是从欧洲进口的,或者说这是欧洲人制造的,或者说这至少很像是欧洲的艺术品。这一习惯竟然是如此的普及,甚至波及中下阶层的民众[4],诸如手工工匠和商人。特别是那些经营高档次和稀有商品的商人,为了多赚钱,把很多原产于中国的货物和从日本及周边国家进口的货物贴上虚假的欧洲商标[5]。

这里有一个实例,是关于中国眼镜的[6]。它们是由中国玻璃(称为琉璃)熔制而成的[7]。中国玻璃虽然比不上欧洲的玻璃,但是非专业人士是无法辨认的。工匠们常常巧妙地以这种眼镜装饰以银环、象牙,甚至还有皮革,就像它们是在欧洲生产的一样。这些商人用这些装饰品缀在眼镜框上,以此方法使人们比较容易上当受骗。为了使这些商品更具欺骗性,他们还用带有冒充欧洲字母的怪异字符的纸张来包装商品,就好像这些商品(如眼镜)真的是来自欧洲,或者是从欧洲人手里得来的。还有其他一些在到处销售的类似的制成品,被他们贴上了伪造的欧洲商标,然后卖上较高的价钱。比如:水钟、由两个玻璃圆锥组成的沙漏、圆柱形的画片[8]、以透视画法画成的美术作品、望远镜、纺织品[9]、衣料和自鸣钟[10]。

这实在是令人惊诧的!在北京城只有我们修会很少的几个人住在这儿,除此以外连暂时逗留的欧洲人都没有。但是欧洲的产品却在这里赢得了交口称赞的好名声,而且还不仅是在这宏大的帝国都城,甚至闻名于整个中国。相比之下,我们实在是自叹不如。这是因为,在全国各省的官员们,还有数不清的企图以自己的文笔博得一官半职的人们中间,几乎每个人在一生中都要不止一次地来到帝国的都城北京[11]。他们中的很多人受到欧洲物品的吸引,每天都聚集在我们的教堂和居所,来一饱眼福。在我们居所的图书馆[12]、教堂和花园里,他们处处都感到惊奇。他们对我们有意放在那里展出的油画[13]和其他欧洲物品,特别是对显示出超群技艺的那些西洋奇器[14],更是兴趣盎然,长久地驻足凝视,赞不绝口。

利用这样的机会[15],我们很容易地就见到一些高官显贵,把有关我们宗教的书籍和其他与“奇妙”科学[16]相关联的物品一道赠给他们。用这一方法,我们还会见到一些原来对我们一无所知的官员,以及很难接触到我们宗教的官员。他们回到他们所在的省份,回到他们的故乡,就会将这些消息传播给那里的人民,或者在家里休闲时阅读这些书籍。这样[17],我们仅仅花一刻钟所得到的,就要比与他们在一起待好多天所得到的还要多。因为这些书籍所包含的内容,对他们来说没有任何可怕的。但是如果我们当面直接地批评他们的贪婪、发怒以及官员们[18]通常沾有的其他种种恶习,就会深深地刺痛他们[19]。

因为中国人经常是傲慢地鄙视外国人,自认为高人一等,也因为中国人骄傲地自认为是世界上最有智慧的人[20]。除非让他们在阅读我们关于高尚美德和各种科学[21]的书籍时,像照镜子一样无言地看到自己的无知和卑鄙,是没有办法使他们轻易收起傲慢地向人炫耀的羽毛的。这种辩论是具有理性力量的。

这的确是个高明的主张。比起我们通常在鼓吹与天主教相关联的事情时表现出的常规的说服力来,中国人对欧洲科学的向往对我们传教士的帮助要更大些。机敏而博学的中国人不得不信服一个显而易见的观点,即使当他们充满嫉妒心理和邪恶情感,成为我们的敌人时,也不得不承认这个观点,即“当欧洲的所有制成品和所有的科学是如此的发达,基于这个理论,那么欧洲人如此虔诚地信仰着,他们对之的热爱超过一切科学的天主教,必然是建立在伟大而坚实的基础上的”[22]。

在过去的岁月里,保禄博士——中华帝国一位卓越的“阁老”[23]——就已经确信了这一道理,并且最终拥抱了我们的宗教。在他尚未熟悉我们的宗教之前,这位聪明睿智的人就经常问自己:“欧洲人带来一切,不管是表现为艺术的,还是发表在书籍里的,都比我们中国的要好,既然如此,他们的宗教毫无疑问也是比较好的!”[24]在这种理论指导下,他要求我们给他一些涉及我们宗教的书籍。他阅读这些书籍,非常认真地思考书中的道理,最后皈依了我们的宗教。

当我们递交了一份奏折，而促成欧洲的天文学的名誉得到恢复之后，在议政王贝勒九卿会议上讨论软禁在广州的神父能否被召回，并且再回到他们原来所驻地的教堂的时候，这同样的想法也出现在作为会议成员的满族官员头脑中。他们的理由是："如果南怀仁的天文预测与实际发生的天象能够如此精确地相吻合，为什么还要怀疑他们的宗教呢？"

因为圣母玛丽亚是通过天文学而最早被介绍到中国的，因为她也曾随着天文学一道而遭遗弃，同时也因为在多次被抛弃之后，她总是一次又一次地被召回，而且成功地由天文学恢复了她的尊严，所以天主教就被合乎逻辑地描绘成[25]最具威严的女王，依靠着天文学的帮助公开地出现在中国大地上。而欧洲其他各种精密的科学，也紧紧地站在圣母玛丽亚一边，围绕着她，成为她最具魅力的同伴。甚至在今天，以所有站在她一边的科学为伴侣，她比以前容易得多地在中国各处漫游。

光荣属于唯一的天主！

注　释

[1]类似的情况在第十七章的开头也曾表达过。

[2]南怀仁在这里指的是秀才、举人和进士。关于这些人的人数，见安文思 *N.R.*，p.109；另外可参考南怀仁 *Corr.*，p.246（August 15，1678）。

[3]在中国的史料中，他们通常被称为"西域人"或者"西洋人"，中国人不愿意区分这中间的各种不同的国家和民族。另一方面，这也是耶稣会士从中国写回来的书信中所通用的称呼（见本书前言部分和汤若望、柏应理、鲁日满、毕嘉的书信）。此外，《明史》里也说："来到中国的西洋人都称自己为'欧罗巴人'。"（引自 G.H.C.WONG，*China's Opposition*，p.36）关于这一术语，见德礼贤 *Il Domma Cattolico*，p.47，n.4。

[4]关于本书中的这一社会学名词的真实含义，可以参考南怀仁 1678 年 8 月 15 日的信件（*Corr.*，p.246）："几乎没有任何一个中国人，即使是底层的穷人，不愿意送他们的孩子去读书。因此整个帝国的下层人民可以通过读书而进入上层社会，去担任官员和掌管公共事务。"因为根据法律，参加全国的科举考试，是不分阶级、贫富差别的（见 P.HOANG，*Mélanges sur L'Administration*，pp.120-134 的描述）。换句话说，这就意味着从事农业、手工业、商业等职业的人们，都属于社会的下层。因此我做了这样的翻译。

[5]这种风气起始于利玛窦时代，见安文思 *N.R.*，p.98。这比南怀仁在本书中所关注和表述的中国人假冒欧洲产品的记录（如欧洲的油画和水利机械）要更早些。见 D.DE NAVARRETE，p.154 所述："中国人在模仿上很有天才，不管是从欧洲带来的什么物

品,他们都能近乎完美地仿造出来。在广东省,他们仿造的多种产品是如此逼真,以至于可以在内地当作从欧洲带来的货物出卖。”

[6]这一事例,特别是出现在广州,不是来自利玛窦的报道。它第一次出现是在卫匡国(M.MARTINI)的 *Novus Atlas Sinensis*,p.132。又见 D.DE NAVARRETE,*Cummins*,p.154 和 J.GRUEBER,*Kundschafter*,pp.112-113。当卫匡国和南怀仁明确地谈及中国的玻璃时,后者说到了欧洲的进口玻璃。

[7]关于这种“琉璃”,见本书第二十七章注释 10,以及德礼贤的 *Fonti Ricciane*,I,p.23,n.2。

[8]这里所说的是一种贴在圆柱上的变形图画,由于反射原理原本怪异的图画变得清楚正常了。见 J.BALTRUSAITIS,*Anamorphosec*,p.131ff.。

[9]利玛窦已经提到他将“tele fine e lavorate”进献给皇帝[见 M.RICCI,*N.* 565 和德礼贤 *Fonti Ricciane*,Ⅱ,p.123,n.5(nr.15)]。

[10]见本书第二十六章。

[11]在这里,作者提到了中国高级官员流动性,他们根据规定离开北京到地方上去,又在规定的时候回到北京。参见南怀仁保存在 ARSI,JS 109,I,p.124 的信件:“所有部门的官员,无论是各部的尚书,还是掌握一些权力的其他官员,他们都聚集在朝廷里,人数往往超过 3 万。他们频繁地被派到各个地方去任职,然后又回到北京,就像潮水一样时而涨潮,时而退潮。”此外还有大量的读书人来到北京,以参加每三年举行一次的官方考试,来博得秀才、举人和进士的功名(见南怀仁 *Corr.*,p.75)。(中译者注:只有参加选拔进士的“会试”才在北京进行,选拔秀才的“院试”和选拔举人的“乡试”都在各省省会进行。)

[12]在南堂和东堂耶稣会士的两处居所的图书馆,至少能够不时地对中国的高官显贵们发生影响。在其中的一次,几位官员发现了一本关于军事工程学方面的图画书,于是就导致汤若望极不情愿地陷于为明朝军队铸造火炮的事务中。康熙皇帝本人也对欧洲的书籍很感兴趣。1675 年 7 月 12 日,他单独参观了耶稣会士的图书馆(见 *L.A.*1678/1679:ARSI,JS 117,f° 163r. = 184r.和本书第十五章注释 27),关于他对图书馆的高度评价,我们可以在 *L.A.*1678/1679 这同一封信中读到。“根据他们对欧洲知识分子的了解,他们认为世上所有的知识领域他们都尽在掌握,他们已经有了所有领域的书籍,而这一观念通过他们对神父们的咨询和得到的回答的经验,不断地得到证实与肯定。”

[13]有关类似的记载,见本书第二十章。

[14]关于“轮盘水车”,见本书第二十二章。至于水利机械,汤若望在其 *Historica Relatio*,f°235r. =p.267Born 中有所论述。一些偶然造访的参观者写下了他们的印象,如谈迁(1594—1657)的日记以及陆陇其(1630—1693)。陆某在 1675 年多次造访耶稣会士驻地,南怀仁向他展示了西式钟表、天球仪和自撰的《不得已辩》一书等。这位参观

者后来写道:"除了亚当、夏娃的故事和耶稣的诞生之外,西学一般都是可信的。"(引自 FANG CHAO-YING in:A.W.HUMMEL [ed.],p.547)(中译者注:谈迁在《北游录》中谈道:三月初三日"晨入宣武门,稍左天主堂元顺承门,俗因之。访西人汤道未若望,大西洋欧罗巴国人。去中国二万里,万历戊午,航海至广州。其舟载千人,历二年。同辈十二人,至者七人,从浙江入燕。故相国上海钱文定龙锡以治历荐。今汤官太常寺卿,领钦天监事,敕封通玄教师,年六十有三,霜髯拂领"。"其徒先后至,筑堂。其制狭长,上如覆幔,傍以疏藻,绘诡异,供耶稣像,望之如塑,右像圣母。"随后他写了在南堂的所见所闻:"登其楼,简平仪、候钟、远镜、天琴之属。钟仪俱铜制,远镜以玻璃,琴以铁丝。琴匣纵五尺,衡一尺,高九寸,中板隔之。上列铁丝四十五,斜系于左右柱,又斜梁,梁下隐水筹,数如弦,缀板之下底,列雁柱四十五,手按之,音节如谱。其书叠架,蚕纸精莹。劈鹅翎注墨横书,自左向右,汉人不能辨。"他又谈到西洋书籍和绘画:"制蚕纸洁白,表里夹刷,其画以胡桃油渍绢抹蓝,或绿或黑,后加彩焉。不用白地,其色易隐也。所画天主像,用粗布,远睇之,目光如注。近之则未之奇也。汤架上书颇富,医方器具之法具备。"谈迁还看到一些玻璃瓶:"莹然如水,忽现花,丽艳夺目。盖炼花之精隐入之。值药即荣也。"见谈迁《北游录》,中华书局 1981 年版,第 278 页。)

[15]耶稣会士们还抓住其他机会,每个月南怀仁都造访即将离开北京而到各省任职的新任官员,将有关天主教和欧洲科学方面的书籍赠予他们(见前言注释 51)。

[16]关于用出版书籍的方法传播宗教的策略,见利玛窦 *N.* 253,又见 N.STANDAERT, *Note on the Spread of Jesuit Writings in Late Ming and Early Qing China*,pp.22-26。以出版书籍和建立图书馆的方式传播天主教,是耶稣会士应对欧洲宗教改革和在欧洲以外的非天主教地区开拓传教事业的"策略"的一部分("Bibliothekenstrategie",参见H.KRAMM,*Deutsche Bibliotheken Unler dem Einfiuss von Humanismus und Reformalion*,*Passim*,或"Apostolat der Presse",参见 J.BETTRAY,*Die Akkommodationsmethode des P.Maiteo Ricci S.J.in China*,p.181ff.)。这一策略特别适合在中国文人中传布福音的事业,因为中国的文人有喜爱读书和藏书的悠久传统。参见 *Corr.*,pp.245-246:"我们都觉得,与我们在东、西印度(中译者注:即印度和美洲)的传教事业来说,没有比中国更加合适我们的修会的了。因为我们修会宣称:学习以及对各类科学的研究,这是符合人类的天性的,也是引导人们接近真理和完善道德的手段。在东、西印度,没有任何一个国家对知识的尊重、对科学的学习,能和中国相提并论。中国人对于道德的重视也是非常明显的。举例说,在他们的图书馆,就存有大量有关修身养性的书籍。"

[17]这一段文字可以在南怀仁的一封写于 1678 年 8 月 15 日的著名的信函(*Corr.*,p.248)中几乎逐字逐句地读到。这封信还包含有另一个比较长的段落,被南怀仁逐字逐句地写入了本书的第七章。详情见第七章注释 1)。

[18]从语法的观点看“offenderent”是唯一正确的形式,也确实出现在这一段的第一稿中,即出现在 1678 年 8 月 15 日的信函(*Corr.*,p.248)中。这是很多被忽视的印刷错误之一。

[19]关于这一话题,可见安文思 *N.R.*,p.200 中的事例。

[20]关于中国人的文化优越感,见本书第六章注释 5。

[21]见利类思 *Summa Theologica* 的中文译本(中译者注:即《超性学要》)。

[22]耶稣会士们凭借着逻辑上的两难推论法反驳了中国高官显贵们的观点,使他们中的一些人认识到自己传统观点的荒谬和不合时宜。又见安文思 *N.R.*,p.107。

[23]“保禄”是徐光启(1562—1633)的教名,在 1603 年罗如望给他施洗之后,1604 年至 1607 年他一直与利玛窦合作翻译数学著作,在 1611 年他的事业达到了顶峰,出版了欧几里得几何学的中文译本——《几何原本》(见本书第十二章注释 97)。1629 年,他创立了“新局”(从 1634 年起称为“西局”,又称“西司”,见本书第八章注释 6),目的是为介绍西方的历法计算方法做准备。他还是这一机构所编译的由 100 多卷构成的《天文学百科全书》(中译者注:即《崇祯历书》)的总主编人。1632 年,他被任命为“大学士”(亦称“阁老”),成了“仅次于皇帝的第二人”。他于 1633 年去世。当时的有关徐光启的资料有:汤若望 *Historica Relatio*,f° 185v.-186v.;柏应理 *Histoire d'une Dame*,p.19ff.。近年来的有关他的论著有:J.C.YANG in:A.W.HUMMEL(ed.),pp.316-319;M.üBELHÖR,*Hsü Kuang-ch'i (1562-1633) und die Einstellung zum Christentum*,pp.191-257;ib.,16,1969,pp.41-74;K.HASHIMOTO,*Hsü Kuang-ch'i and Astronomical Reform*,*passim.*。

[24]与此类似的辩论也出现在本书的序言和第七章里。根据恩理格写于 1670 年 11 月 23 日的信件,那是发生在 1669 年 7 月 2 日(即圣依纳爵日的第八天)的一次会议上:“经过多次试验证明,欧洲天文学是准确无误的,至今还没有发现其存在任何错误。无疑,这也证明了欧洲的宗教是好的,是真理。因为这些都是产生在欧洲,以及由同样的教授天文学的欧洲人所鼓吹的。这个观点被王公贵族和其他满族鞑靼官员接受是非常重要的。不需要更多的争论,他们就会被我们的宗教所吸引。”

[25]思考一下本书所载附图 22 董其昌的画,我们保证能够更好地理解这一文字的表述。

原书附图

原书附图所对应的章节分别是：

前言——图 3

第二章——图 4

第三章——图 5

第九章——图 6-9

第十章——图 10-11

第十二章——图 12-21

第十三章——图 22

第十四章——图 23-24

第十五章——图 25-26

第十六章——图 27-29

第十七章——图 30

第十八章——图 31

第十九章——图 32

第二十章——图 33

第二十一章——图 34-35

第二十三章——图 36-37

第二十四章——图 38

第二十五章——图 39

第二十六章——图 40-41

第二十七章——图 42

第二十八章——图 43

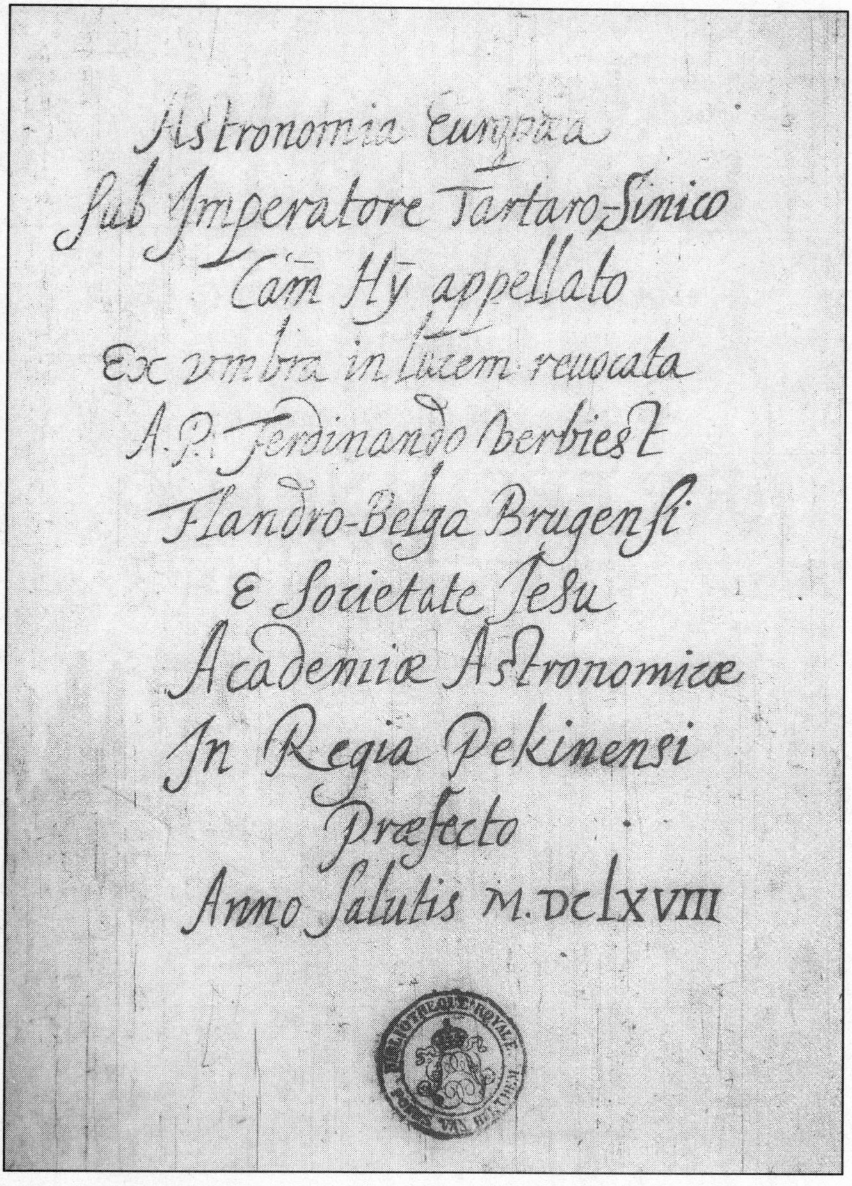

Astronomia Europæa
Sub Imperatore Tartaro-Sinico
Cam Hȳ appellato
Ex vmbra in lucem reuocata
A. P. Ferdinando Verbiest
Flandro-Belga Brugensi
E Societate Jesu
Academiæ Astronomicæ
In Regia Pekinensi
Præfecto
Anno Salutis M.DCLXVIII

图 1:南怀仁拉丁文《简介》的首页

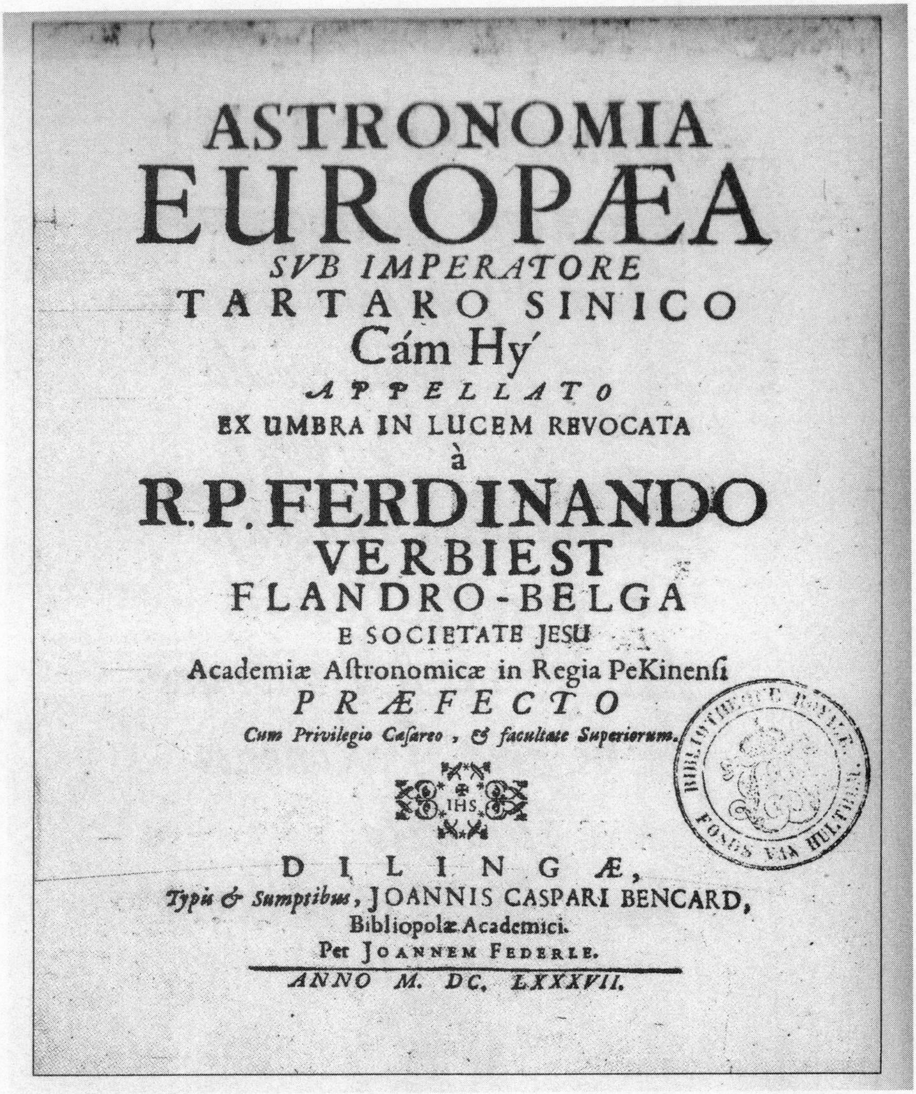

ASTRONOMIA
EUROPÆA
SUB IMPERATORE
TARTARO SINICO
Cám Hý
APPELLATO
EX UMBRA IN LUCEM REVOCATA
à
R.P. FERDINANDO
VERBIEST
FLANDRO-BELGA
E SOCIETATE JESU
Academiæ Astronomicæ in Regia PeKinensi
PRÆFECTO
Cum Privilegio Cæsareo, & facultate Superiorum.

DILINGÆ,
Typis & Sumptibus, JOANNIS CASPARI BENCARD,
Bibliopolæ Academici.
Per JOANNEM FEDERLE.
ANNO M. DC. LXXXVII.

图 2:1687 年迪林根出版的《欧洲天文学》一书首页

图 3:J.Paul Getty 博物馆藏的反映耶稣会天文学家在北京的挂毯

图 4:南怀仁时期年轻的康熙皇帝画像

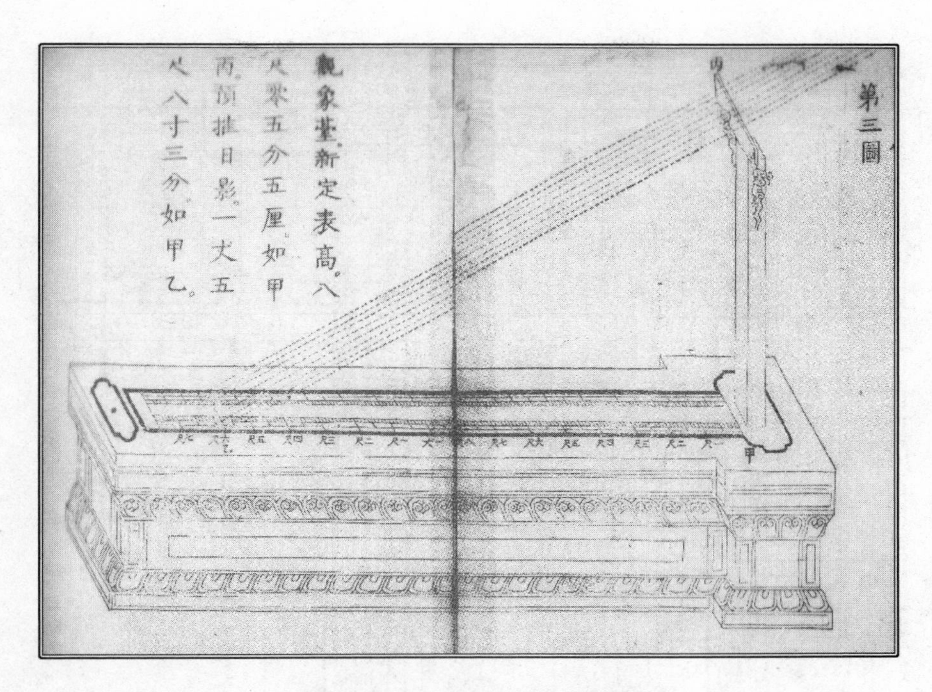

图 5:南怀仁所画的第三次测验日影图

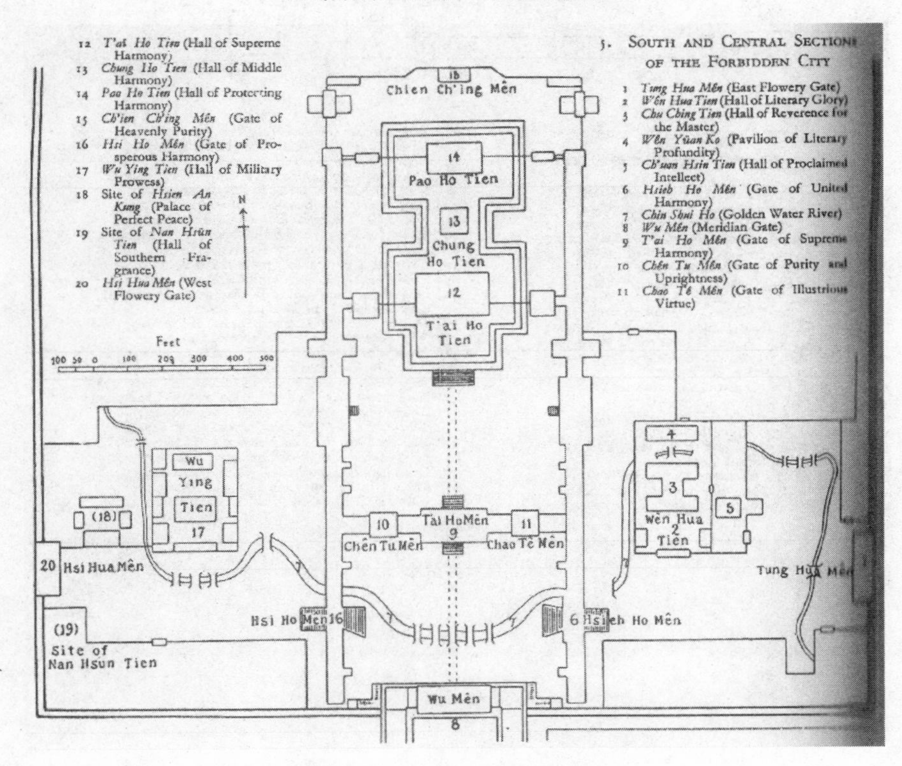

图 6a:紫禁城图(南部中路)

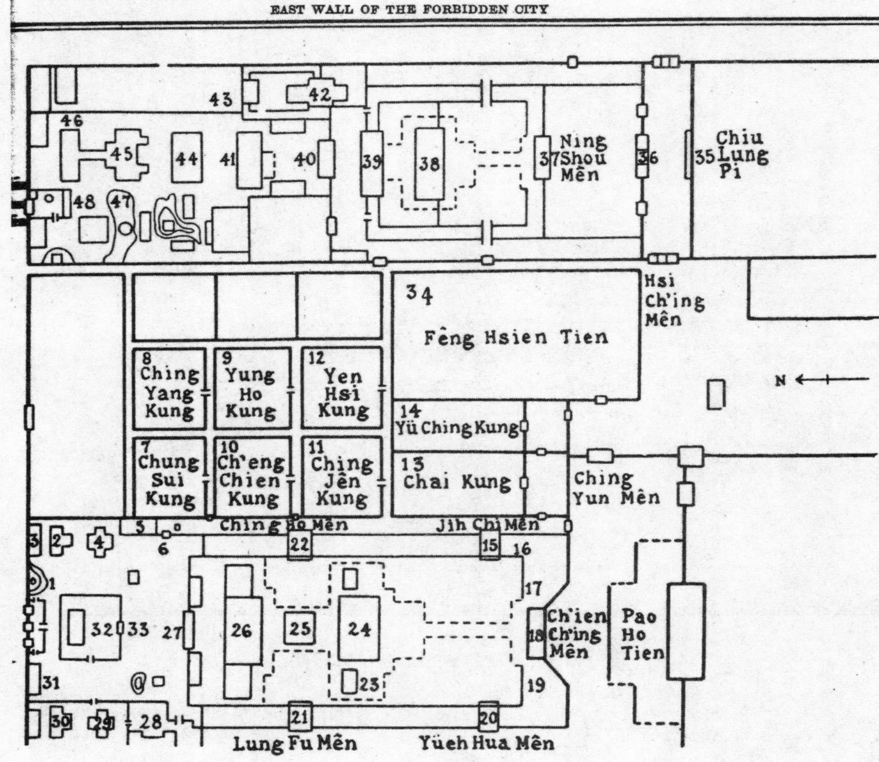

6. North-Central and Eastern Section of the Forbidden City

1 *Yü Ching T'ing* (Pavilion of Imperial View)
2 *Fou Pi T'ing* (Jade-green Floating Pavilion)
3 *Li Tsao T'ang* (Hall of Pears and Pondweed)
4 *Wan Ch'un T'ing* (Pav. of Ten Thousand Springs)
5 *Chiang Hsüeh Hsüan* (Porch of Red Snow)
6 *Ch'iung Yüan Mên* (Beautiful Park Gate)
7 *Chung Sui Kung* (Palace of Pure Affection)
8 *Ching Yang Kung* (Palace of Southern View)
9 *Yung Ho Kung* (Palace of Eternal Harmony)
10 *Ch'êng Ch'ien Kung* (Palace of Heavenly Favour)
11 *Ching Jên Kung* (Palace of Benevolent Prospect)
12 *Yen Hsi Kung* (Palace of Prolonged Happiness)
13 *Chai Kung* (Palace of Refinement)
14 *Yü Ch'ing Kung* (Palace in Honour of Talent)
15 *Jih Chi Mên* (Gate of Sunbeams)
16 *Yü Yao Fang* (Imperial Drug Store)
17 *Shang Shu Fang* (Upper Library)
18 *Ch'ien Ch'ing Mên* (Gate of Heavenly Purity)
19 *Nan Shu Fang* (South Library)
20 *Yüeh Hua Mên* (Flowery Moon Gate)
21 *Lung Fu Mên* (Gate of Abundant Happiness)
22 *Ching Ho Mên* (Gate of Complete Harmony)
23 *Hung Tê Tien* (Hall of Vast Virtue)
24 *Ch'ien Ch'ing Kung* (Palace of Heavenly Purity)
25 *Chiao T'ai Tien* (Hall of Vigorous Fertility)
26 *K'un Ning Kung* (Palace of Earthly Tranquillity)
27 *K'un Ning Mên* (Gate of Earthly Tranquillity)
28 *Yang Hsing Chai* (Studio of Character Training)
29 *P'ing Ch'iu T'ing* (Pavilion of Equable Autumn)
30 *Ch'êng Jui T'ing* (Pavilion of Auspicious Clarity)
31 *Yen Hui Ko* (Pavilion of Prolonged Glory)
32 *Ch'in An Tien* (Hall of Imperial Peace)
33 *T'ien I Mên* (Heaven's First Gate)
34 *Fêng Hsien Tien* (Hall of Worshipping Ancestors)
35 *Chiu Lung Pi* (Nine Dragon Screen)
36 *Huang Chi Mên* (Gate of Imperial Supremacy)
37 *Ning Shou Mên* (Gate of Peaceful Old Age)
38 *Huang Chi Tien* (Hall of Imperial Supremacy)
39 *Ning Shou Kung* (Palace of Peaceful Old Age)
40 *Yang Hsing Mên* (Gate of the Culture of Character)
41 *Yang Hsing Tien* (Hall of the Culture of Character)
42 *Ch'ang Yin Ko* (Pavilion of Pleasant Sounds)
43 *Yüeh Shih Lou* (Tower of Inspection of Truth)
44 *Lo Shou T'ang* (Hall of Pleasure and Longevity)
45 *I Ho Hsüan* (Porch of Combined Harmony)
46 *Ching Ch'i Ko* (Pavilion of Great Happiness)
47 *Pi Lo T'ing* (Jade-gre en Porch Pavilion)
48 *Chên Fei Ching* (Well of teh Chên Concubine)

图 6b:紫禁城图(东北部)

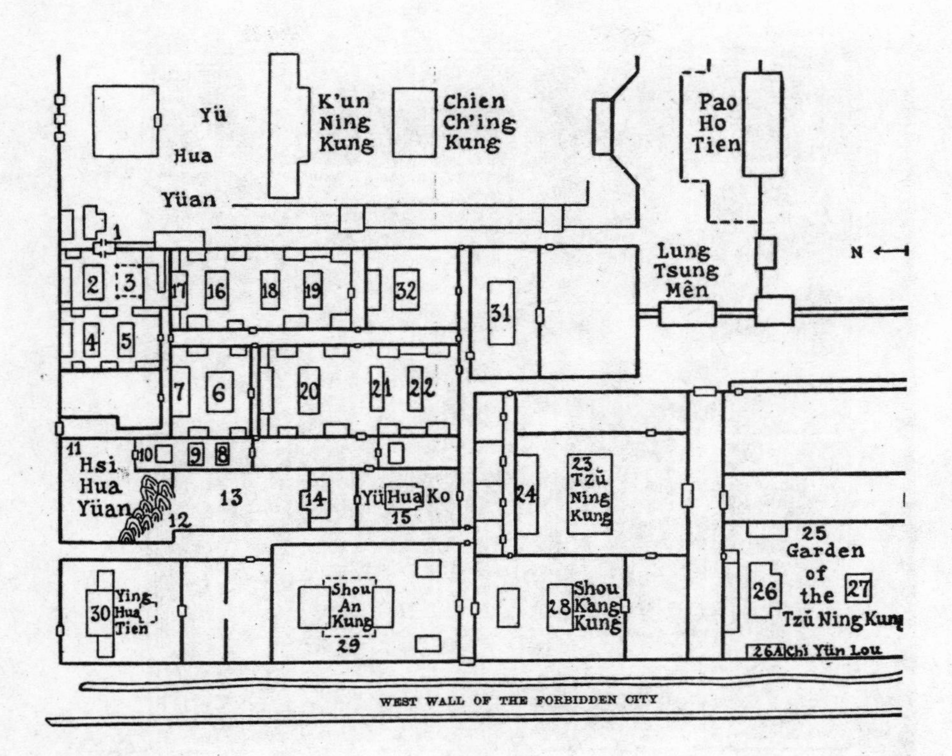

7. Western Section of the Forbidden City

1 Entrance from *Yü Hua Yüan* (Imperial Flower Garden)
2 *So Fang Chai* (Studio of Pure Fragrance)
3 Theatrical Stage
4 *Ch'ung Hua Kung* (Palace of Mighty Glory)
5 *Ch'ung Ching Tien* (Hall of Honour)
6 *Hsien Fu Kung* (Palace of Complete Happiness)
7 *T'ung Tao T'ang* (Hall of Common Principle)
8 *Fu Ch'ên Tien* (Hall of Controlling Time)
9 *Chien Fu Kung* (Palace of Established Happiness)
10 *Hui Fêng T'ing* (Pavilion of Favorable Winds)
11 *Hsi Hua Yüan* (West Flower Garden)
12 Rockery
13 Site of the *Chung Chêng Tien* (Hall of Righteousness and Equipoise)
14 *Pao Hua Tien* (Hall of Precious Splendour)
15 *Yü Hua Ko* (Rain Flower Pavilion)
16 *Chu Hsiu Kung* (Palace of Accumulated Elegance)
17 *Li Ching Hsüan* (Porch of Beautiful View)
18 *T'i Ho Tien* (Hall of Sympathetic Harmony)
19 *I K'un Kung* (Palace of Emperor's Assistant)
20 *Ch'ang Ch'un Kung* (Palace of Eternal Spring)
21 *T'i Yüan Tien* (Hall of the Basis of Propriety)
22 *T'ai Chi Tien* (Hall of the Most Exalted)
23 *Tz'ŭ Ning Kung* (Palace of Peace and Tranquillity)
24 *Ta Fo T'ang* (Large Buddha Hall)
25 Garden of the *Tz'ŭ Ning Kung*
26 *Hsin Jo Kuan* (Home of Public Welfare)
26A *Chi Yün Lou* (Tower of Auspicious Clouds)
27 *Lin Hsi T'ing* (Pavilion on the Brink of the Burn)
28 *Shou K'ang Kung* (Palace of Vigorous Old Age)
29 *Shou An Kung* (Palace of Longevity and Peace)
30 *Ying Hua Tien* (Hall of Heroic Splendour)
31 *Yang Hsin Tien* (Hall of the Culture of the Mind)
32 *Yung Shou Kung* (Palace of Eternal Longevity)

图 6c：紫禁城图(西部)

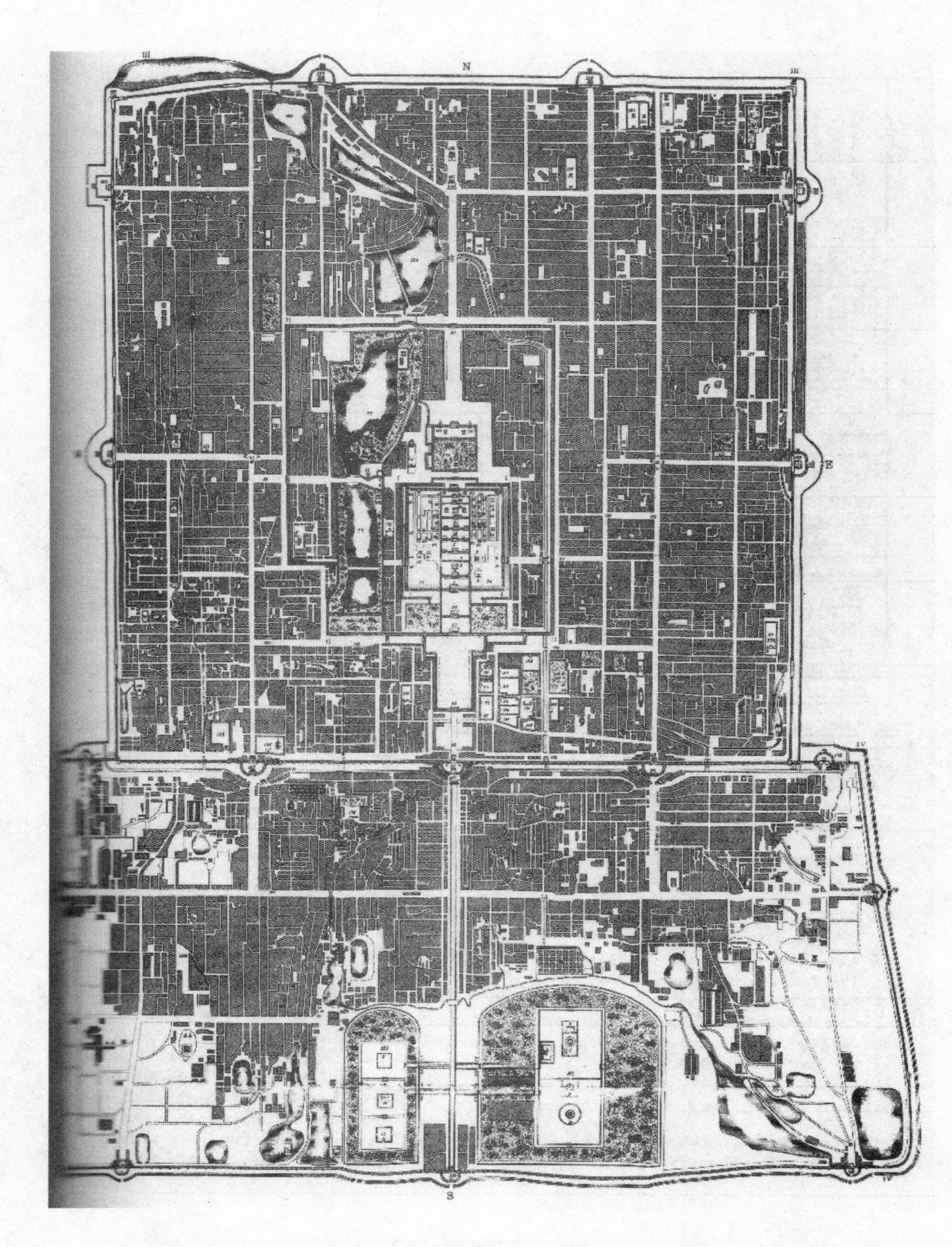

图 7：1829 年 H.Bitchurin 所绘制的北京城地图

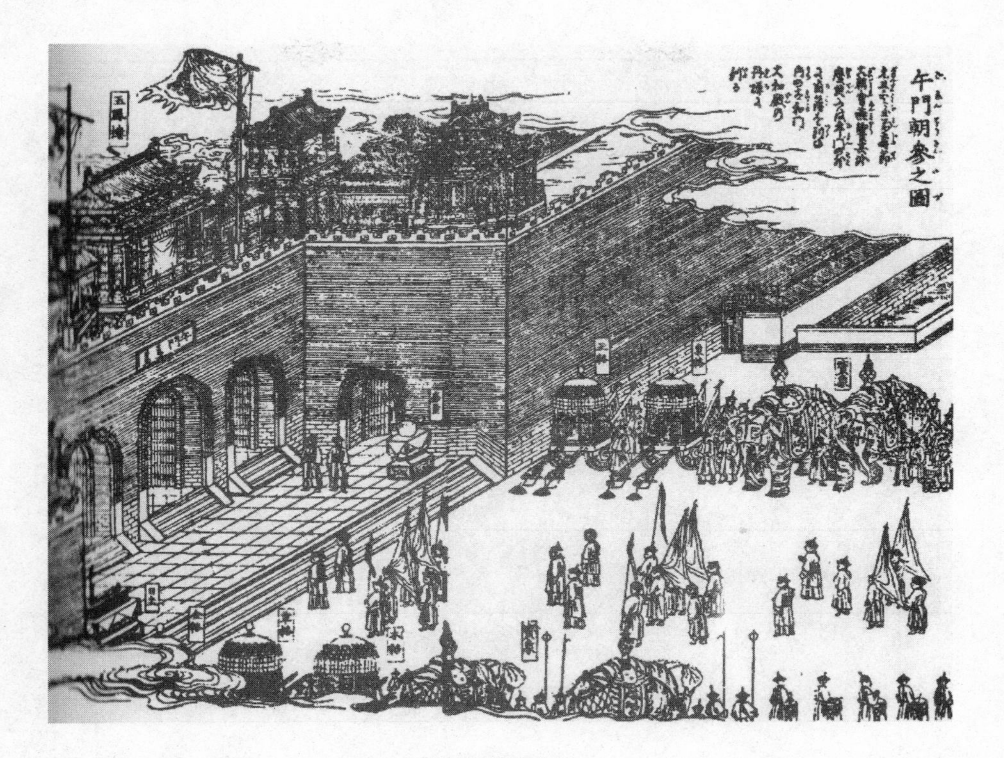

图 8:午门朝参图

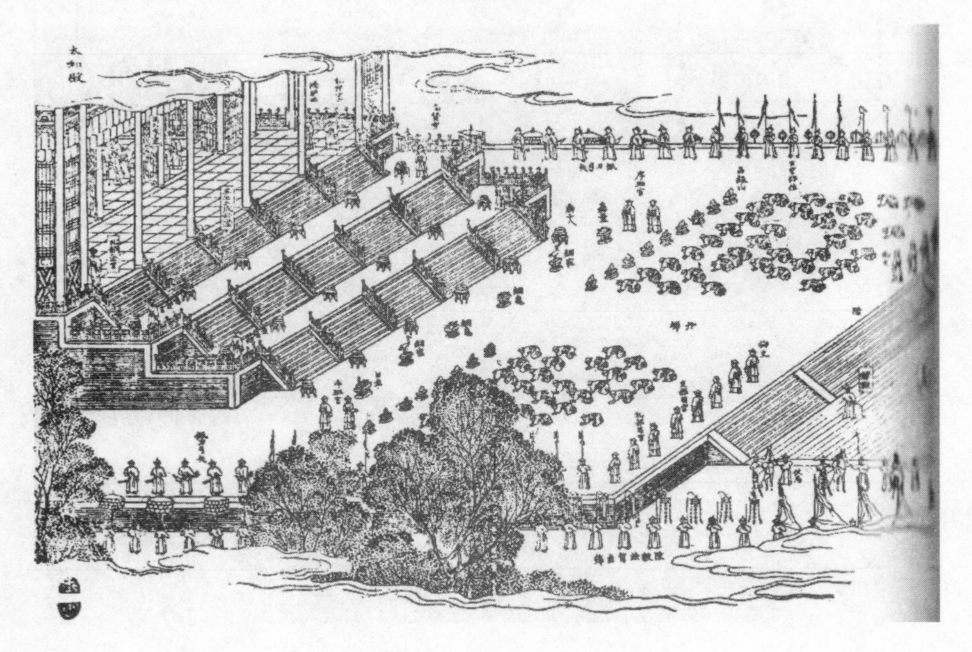

图 9:太和殿典礼图

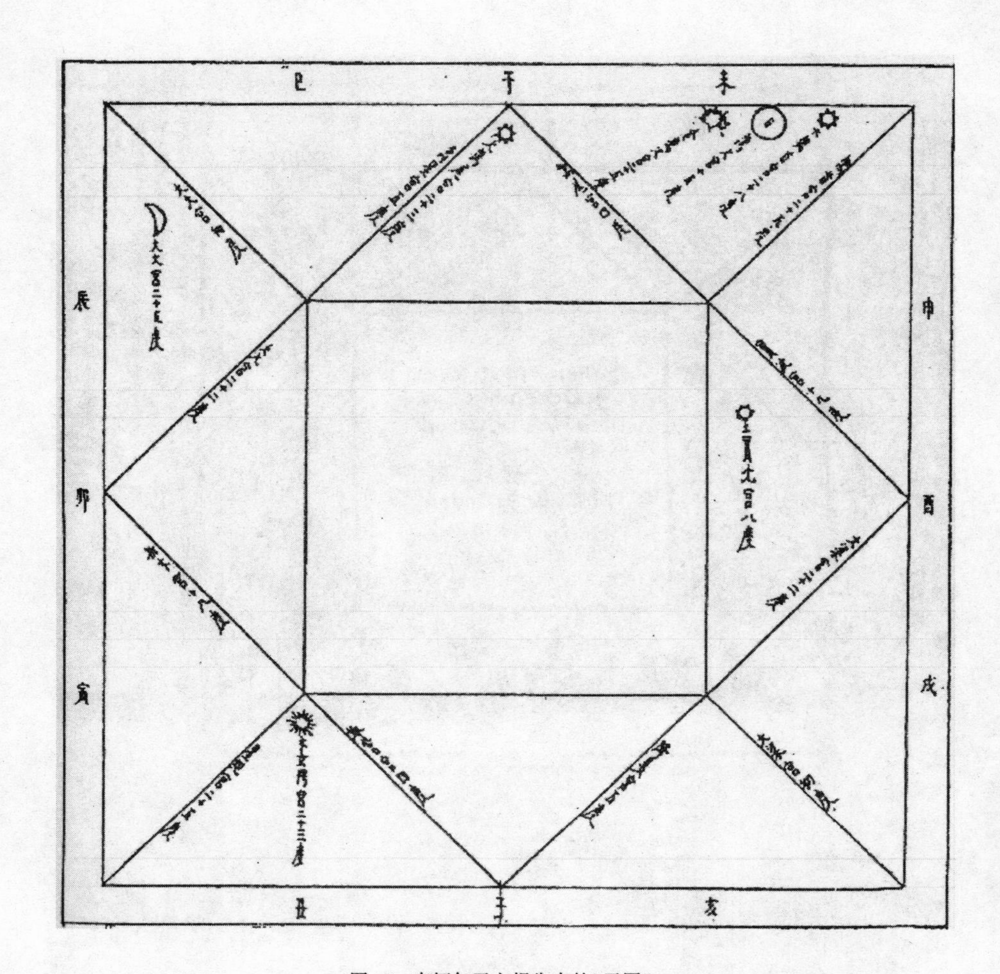

图 10a:南怀仁天文报告中的“天图”

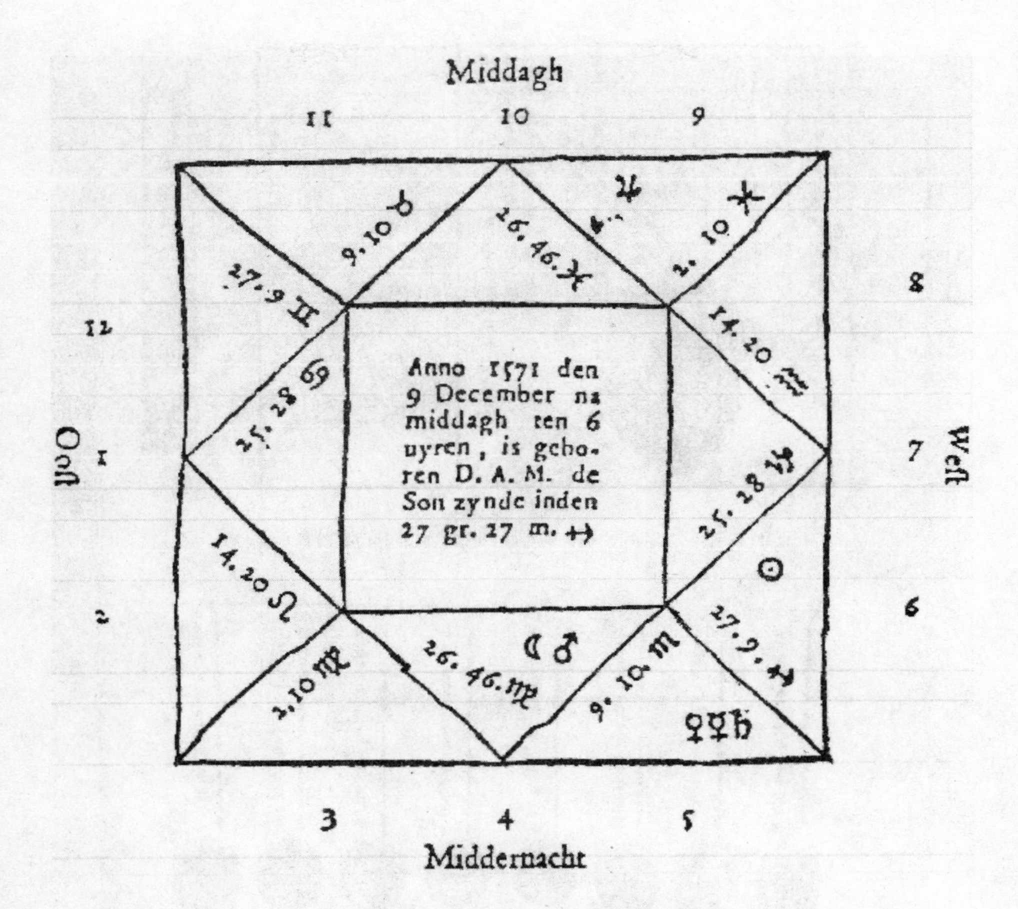

图 10b:南怀仁天文报告中的欧洲模式的“天图”

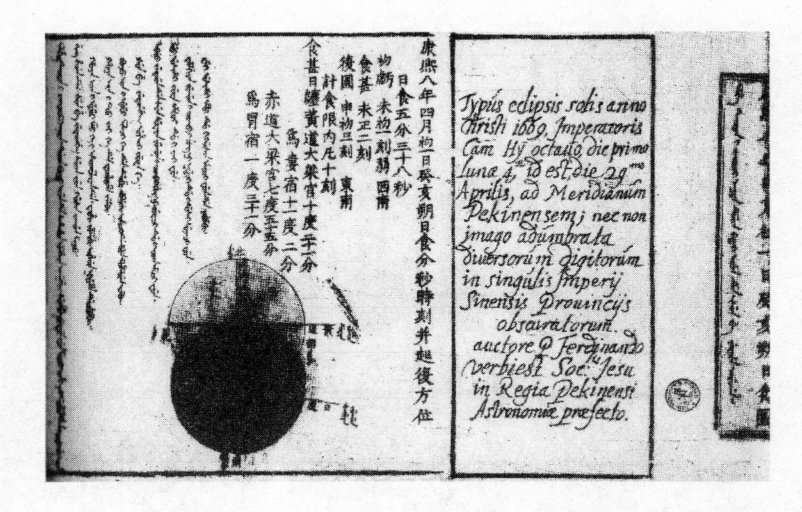

图 11a:南怀仁绘制的 1669 年 4 月 29 日北京及其他省份日食图(1)

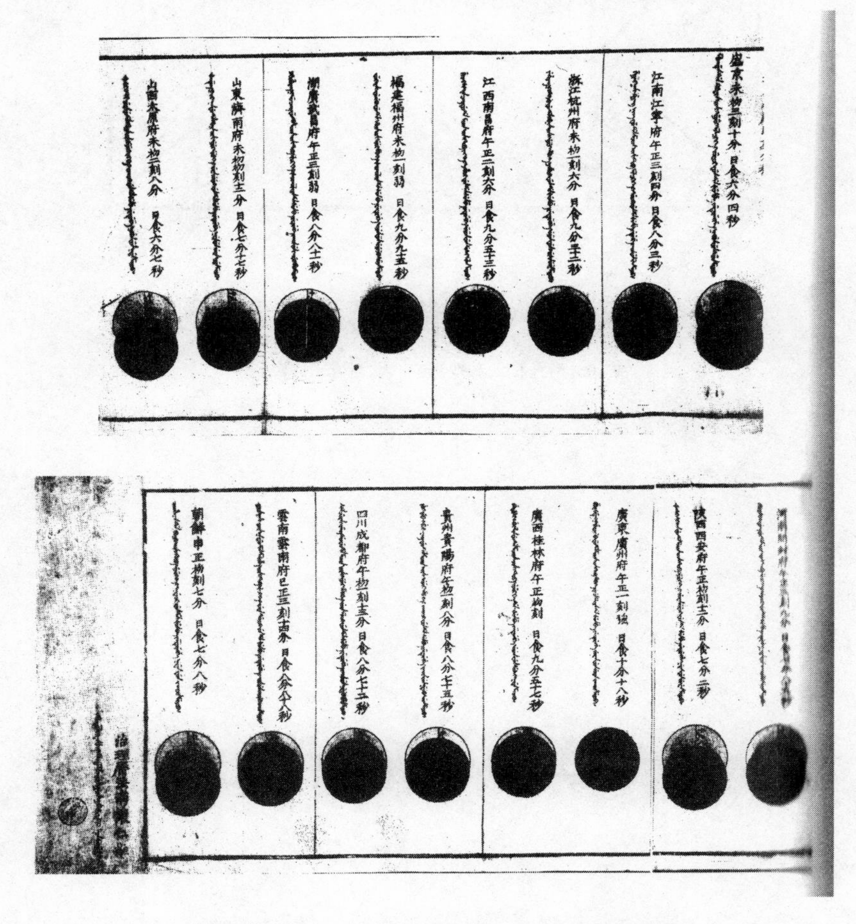

图 11b:南怀仁绘制的 1669 年 4 月 29 日北京及其他省份日食图(2)

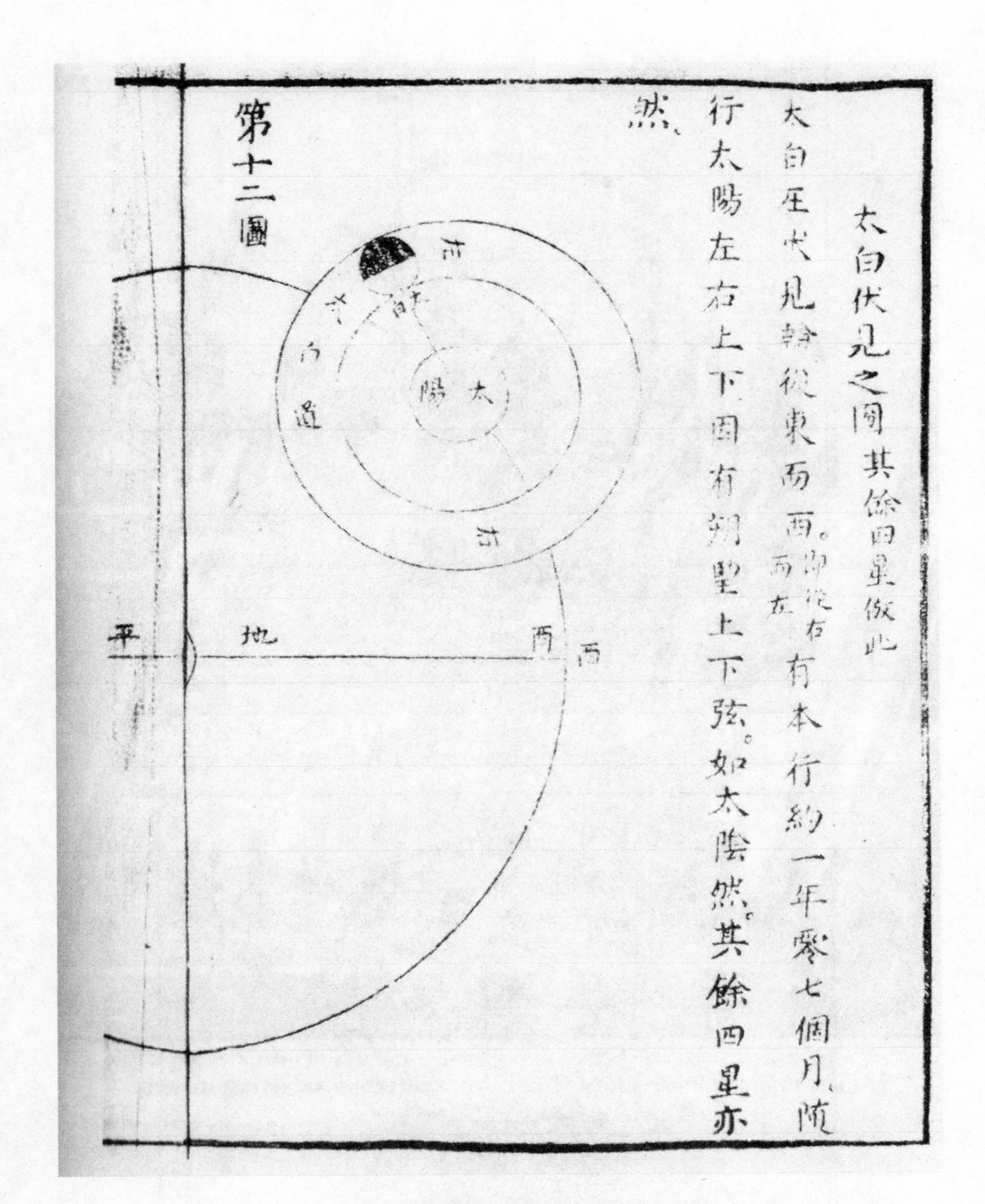

图 12:用以解释金星运行轨道的图

图 13:陈列了南怀仁铸造的新式天文仪器的北京观象台图(此图来自《仪象志》)

图 14:黄道经纬仪图(此图来自《仪象志》)

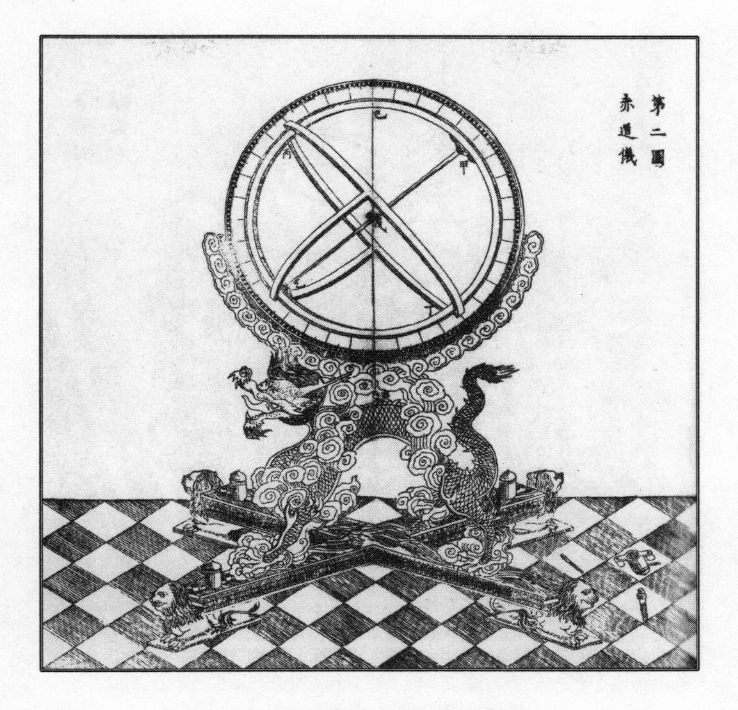

图 15:赤道经纬仪图(此图来自《仪象志》)

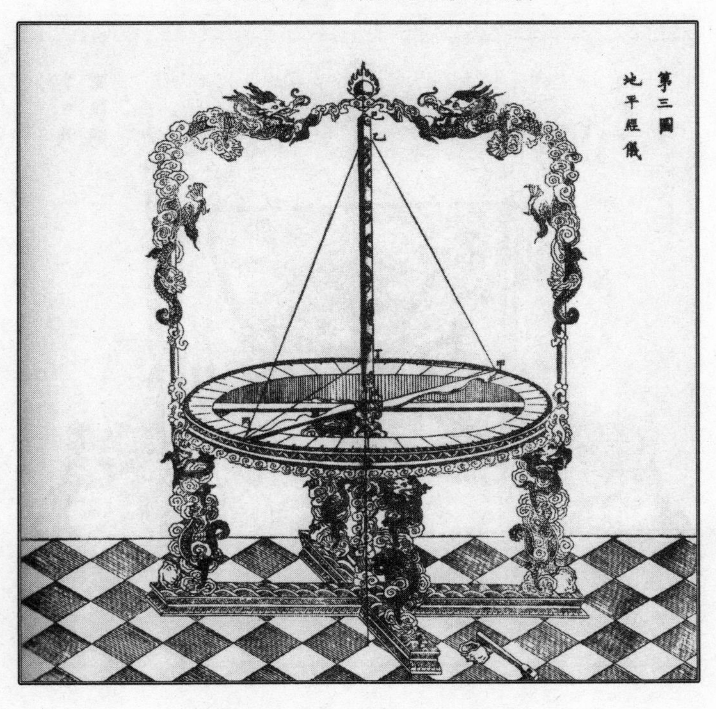

图 16:地平经仪图(此图来自《仪象志》)

图 17:象限仪图(此图来自《仪象志》)

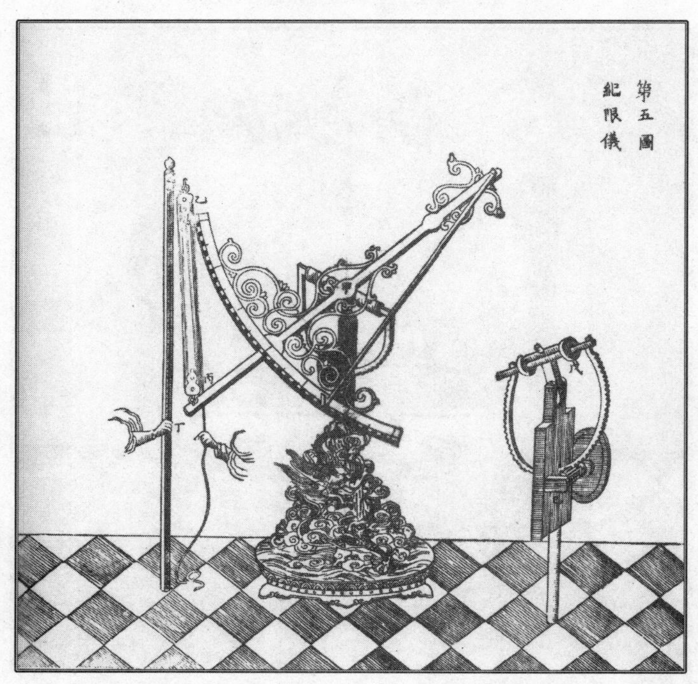

图 18:纪限仪图(此图来自《仪象志》)

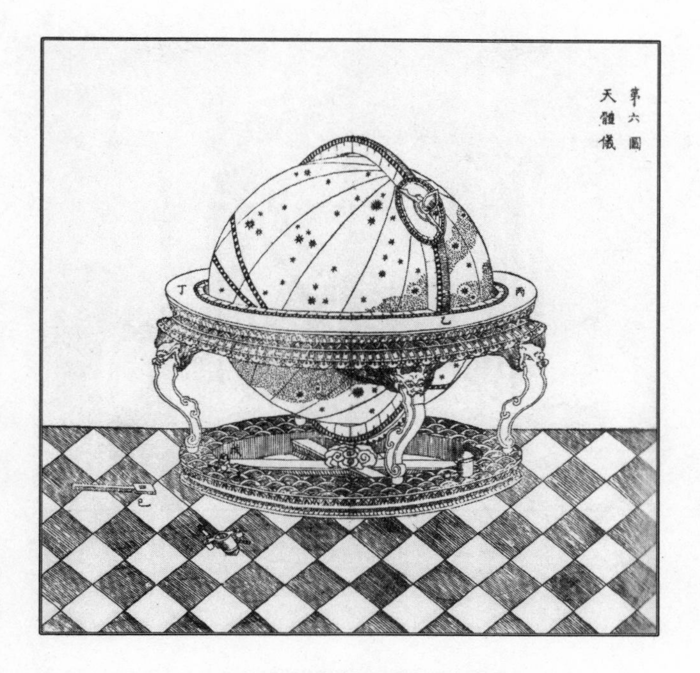

图 19:天体仪图(此图来自《仪象志》)

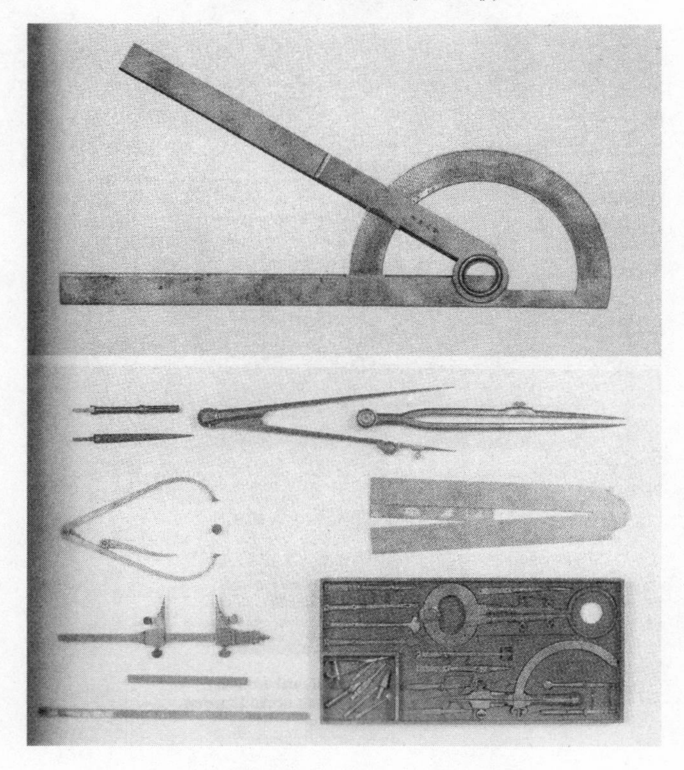

图 20:献给皇帝的 17—18 世纪欧洲的绘图仪器

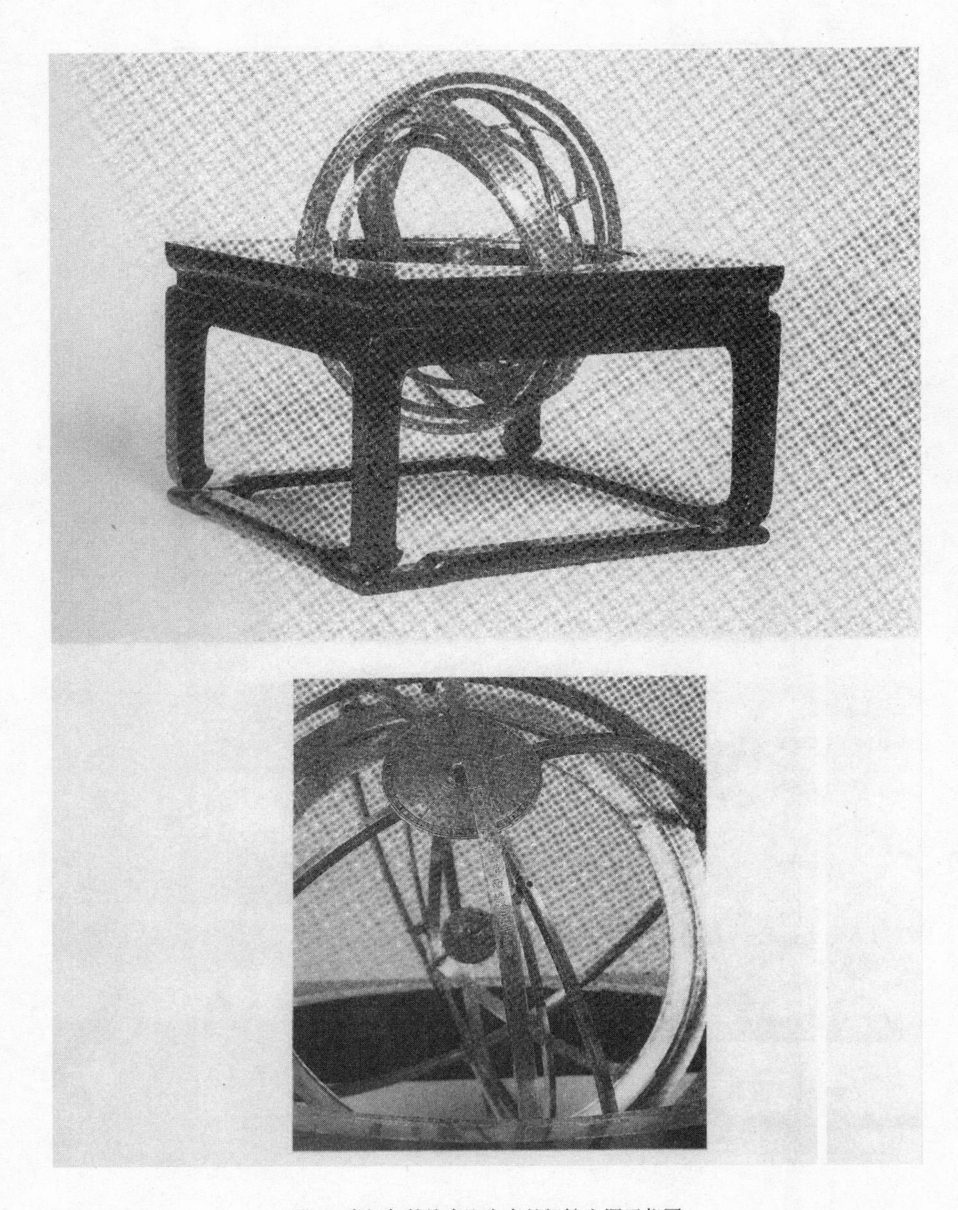

图 21:南怀仁献给康熙皇帝的银镀金浑天仪图

图22:中国人所作的模仿西方的寓言画:欧洲科学的女神们。中间持圆规的代表几何学,左边持镜子和长笛的代表光学和声学,前排持书卷的代表算学,右边持地球仪和地图的代表天文学和地理学

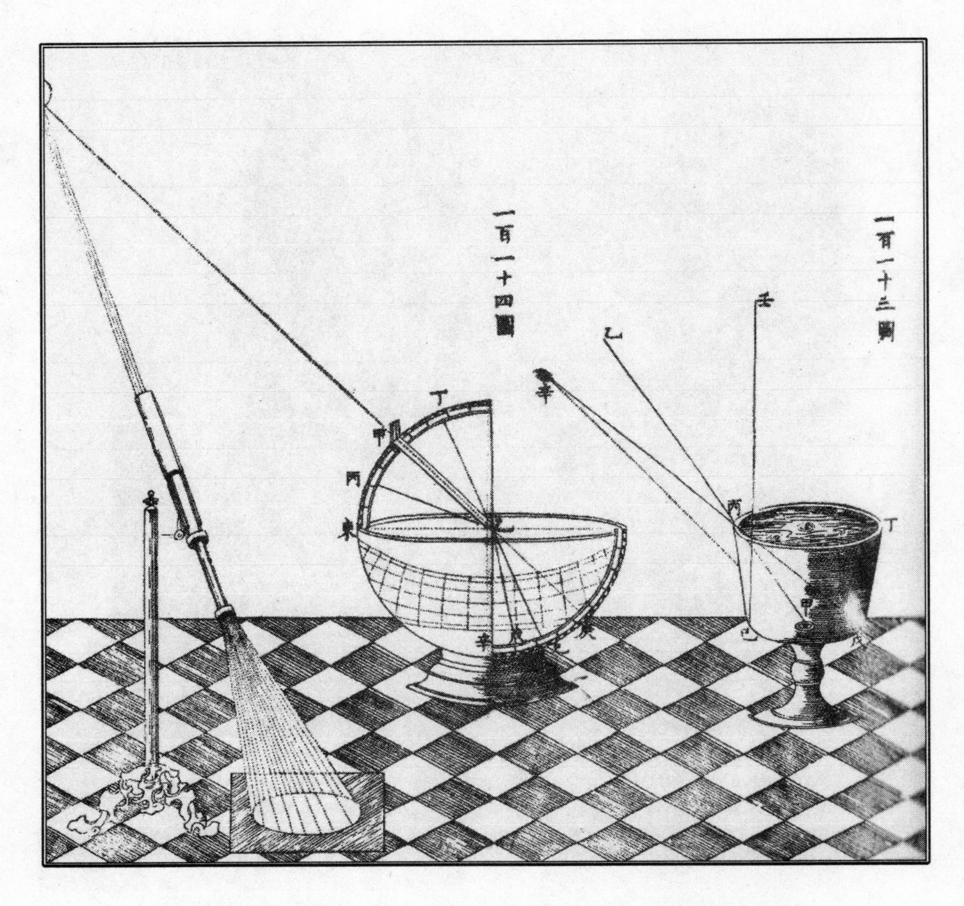

图 23：南怀仁所绘图解光线在水中折射的现象和望远镜图（此图来自《仪象志》）

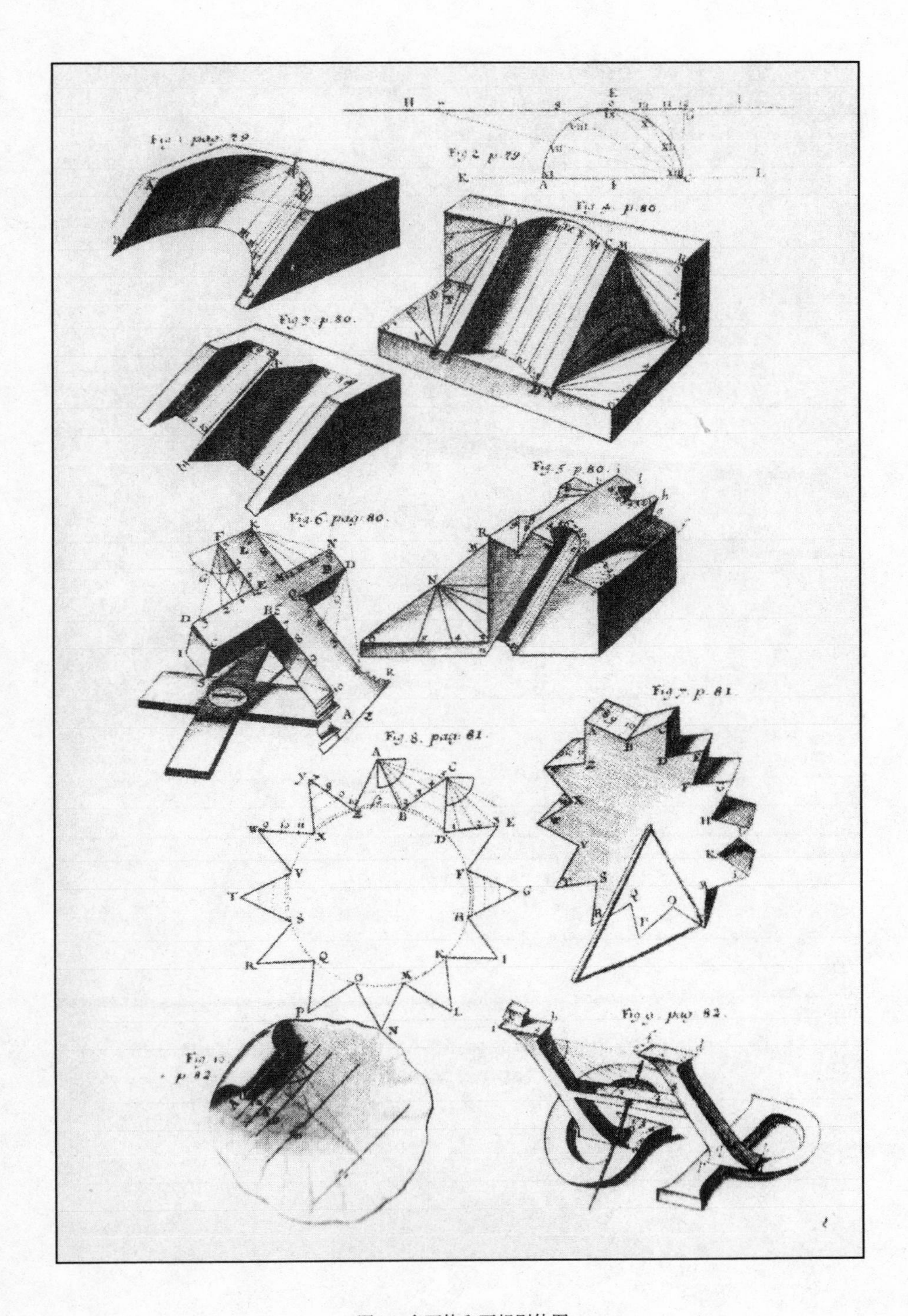

图 24:多面体和不规则体图

图 25:抛物线示意图(此图来自《仪象志》)

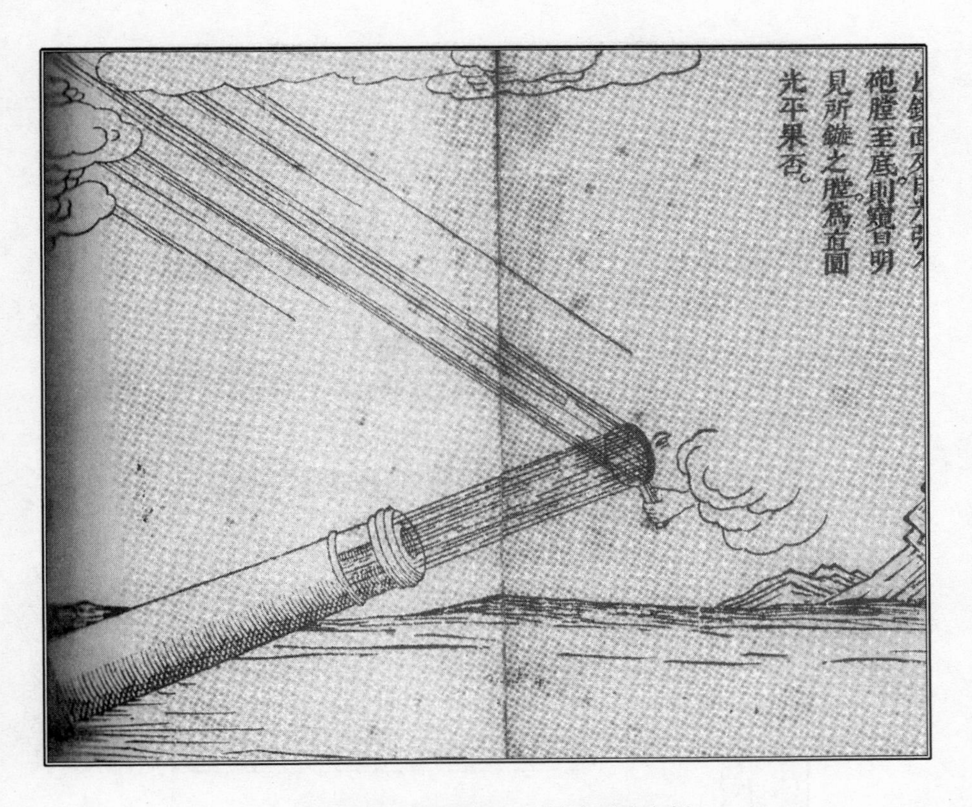

图 26：反射阳光观测炮膛图（此图来自《熙朝定案》）

图 27:南怀仁用以测量水平面的仪器图(此图来自《仪象志》)

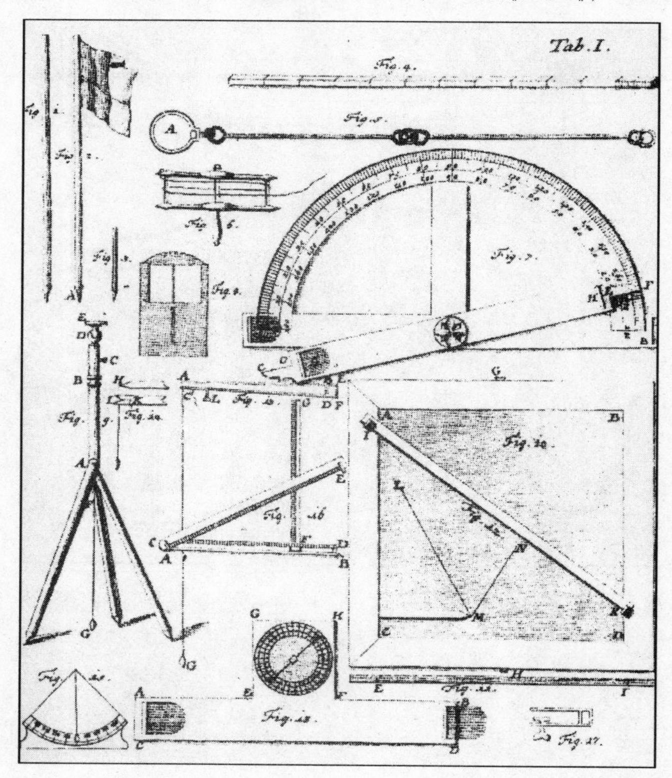

图 28:17 世纪欧洲的大地测量仪器图

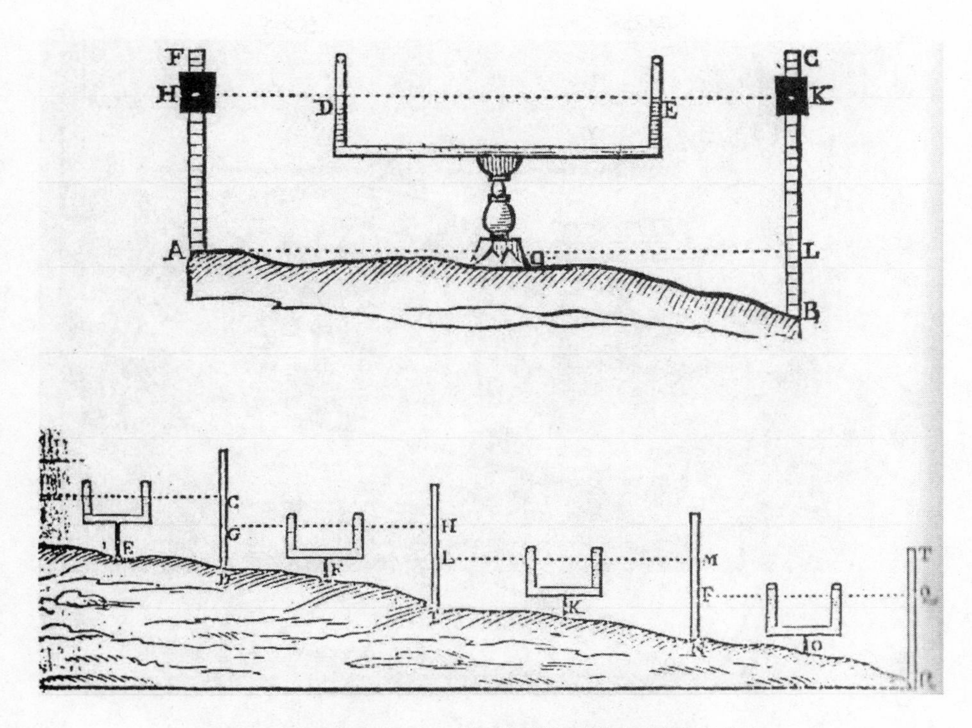

图 29：根据南怀仁《欧洲天文学》中所描绘的情况绘制的示意图

图 30：1670 年南怀仁主持的运送大型石料过卢沟桥图

图 31：反映欧洲人生活的图景

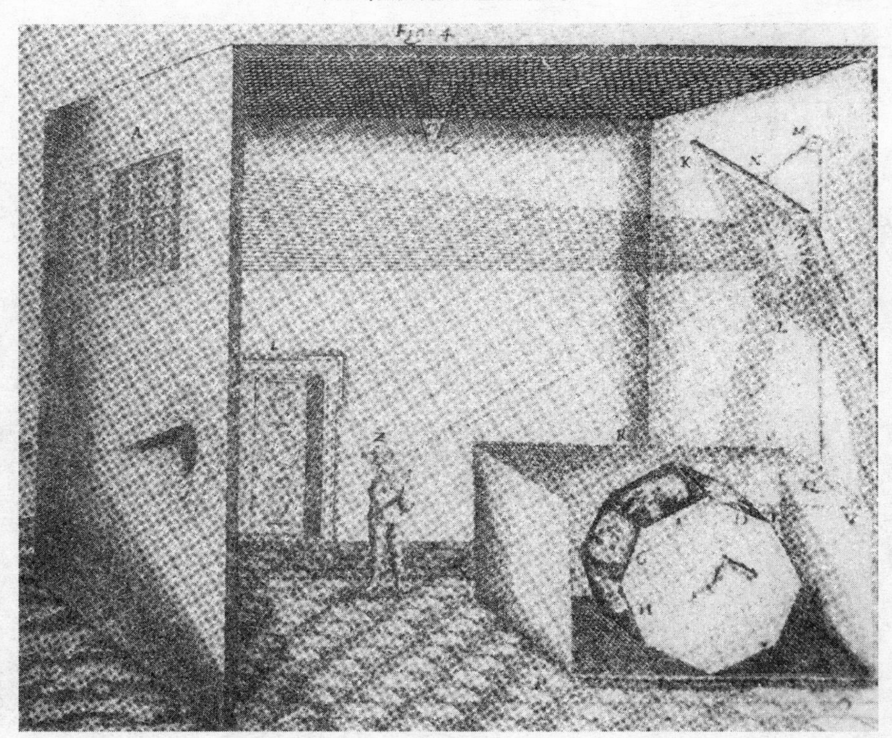

图 32a：光学仪器和光的反射效果图

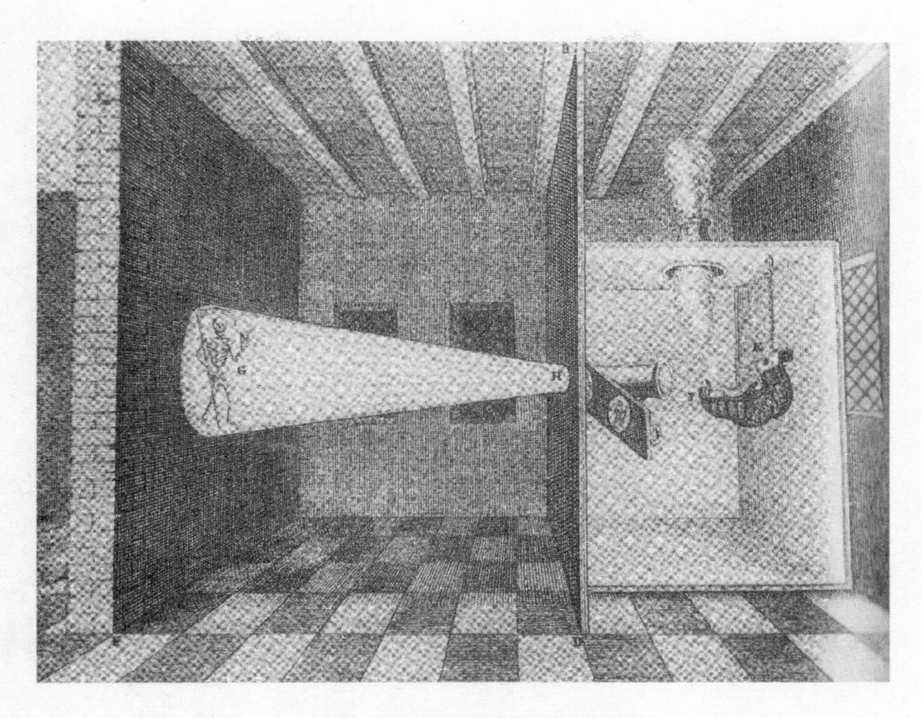

图 32b:光学仪器和光的反射效果图

图 32c:光学仪器和光的反射效果图

图 33:欧洲点透视图画示意图

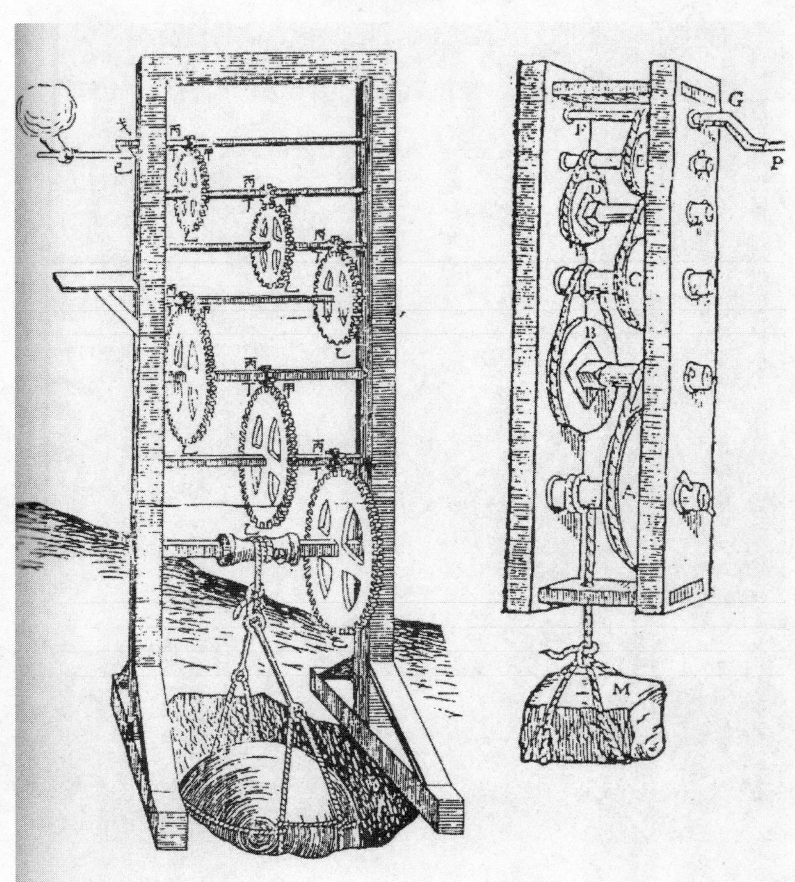

图 34a:南怀仁的滑轮组图(左)与 P.Casati 的滑轮组图(右)

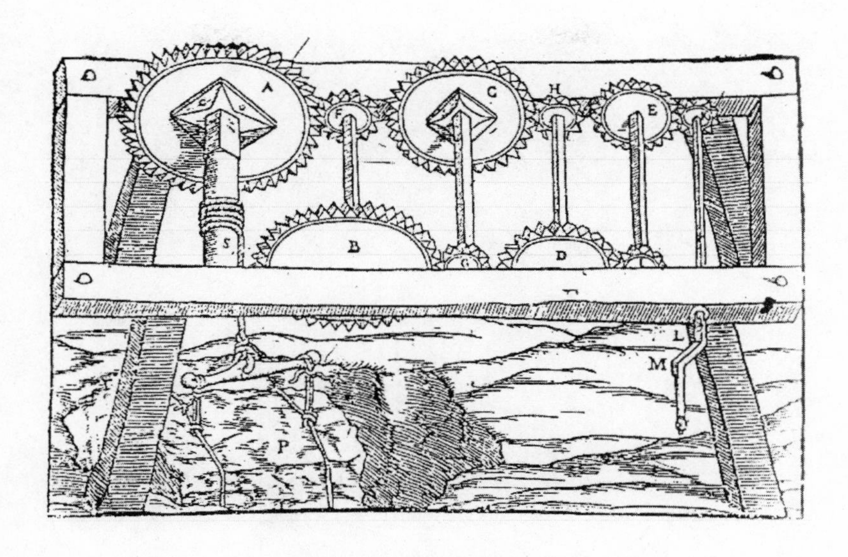

图 34b:P.Gasati 的齿轮组图

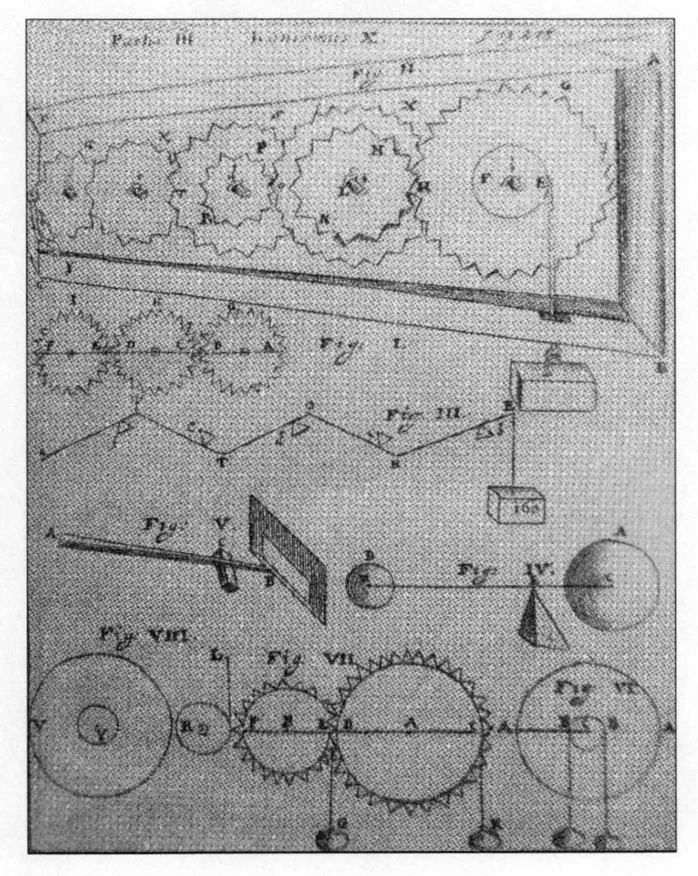

图 35:M.Bettini 的齿轮组图

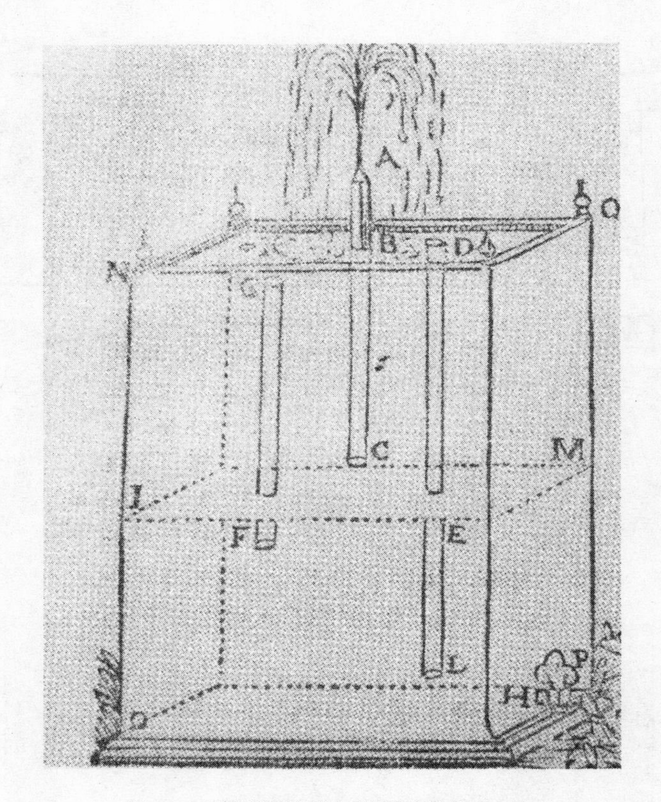

图 36:水压驱动器图,源自闵明我制造的水力钟

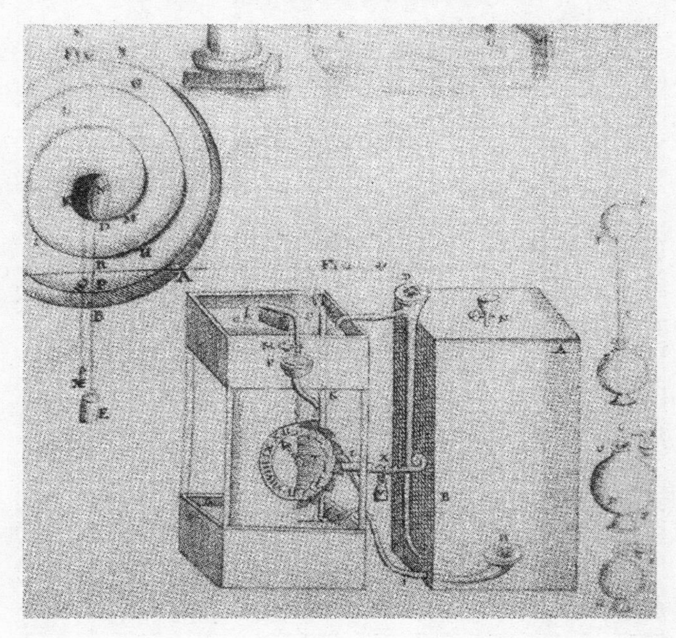

图 37:根据南怀仁的描述绘制的水力钟原理图

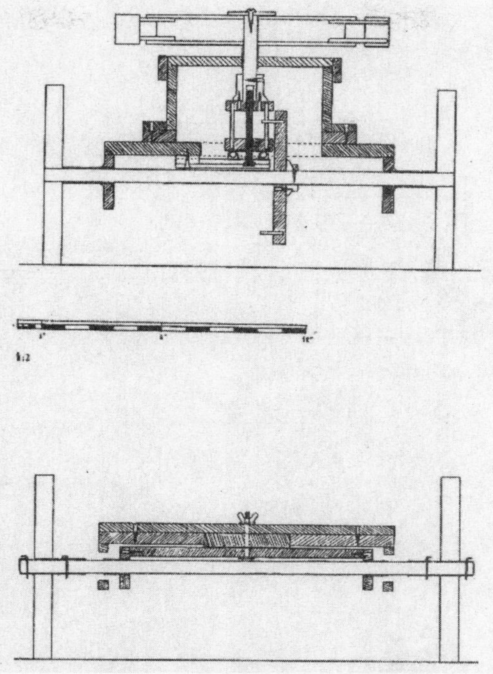

图 38a:根据南怀仁的描述制造出来的蒸汽驱动车图

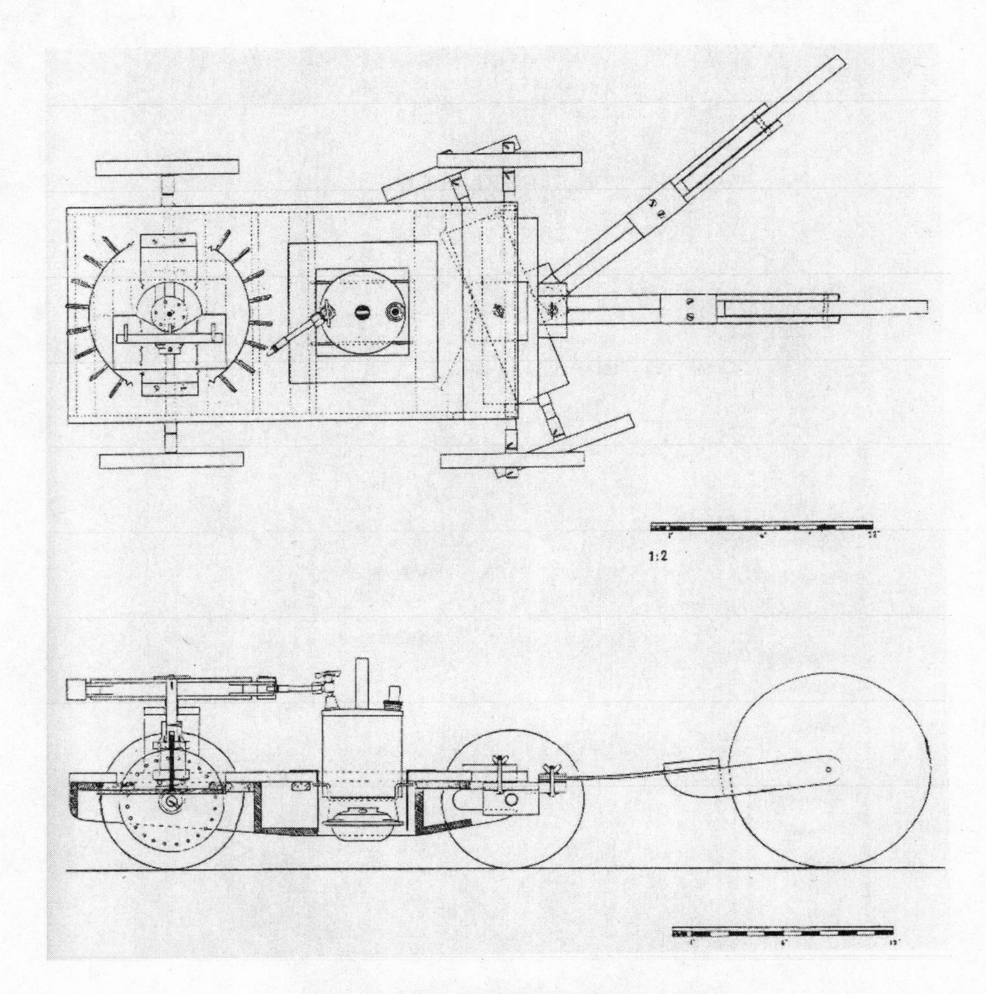

图 38b:根据南怀仁的描述绘制的蒸汽驱动车图

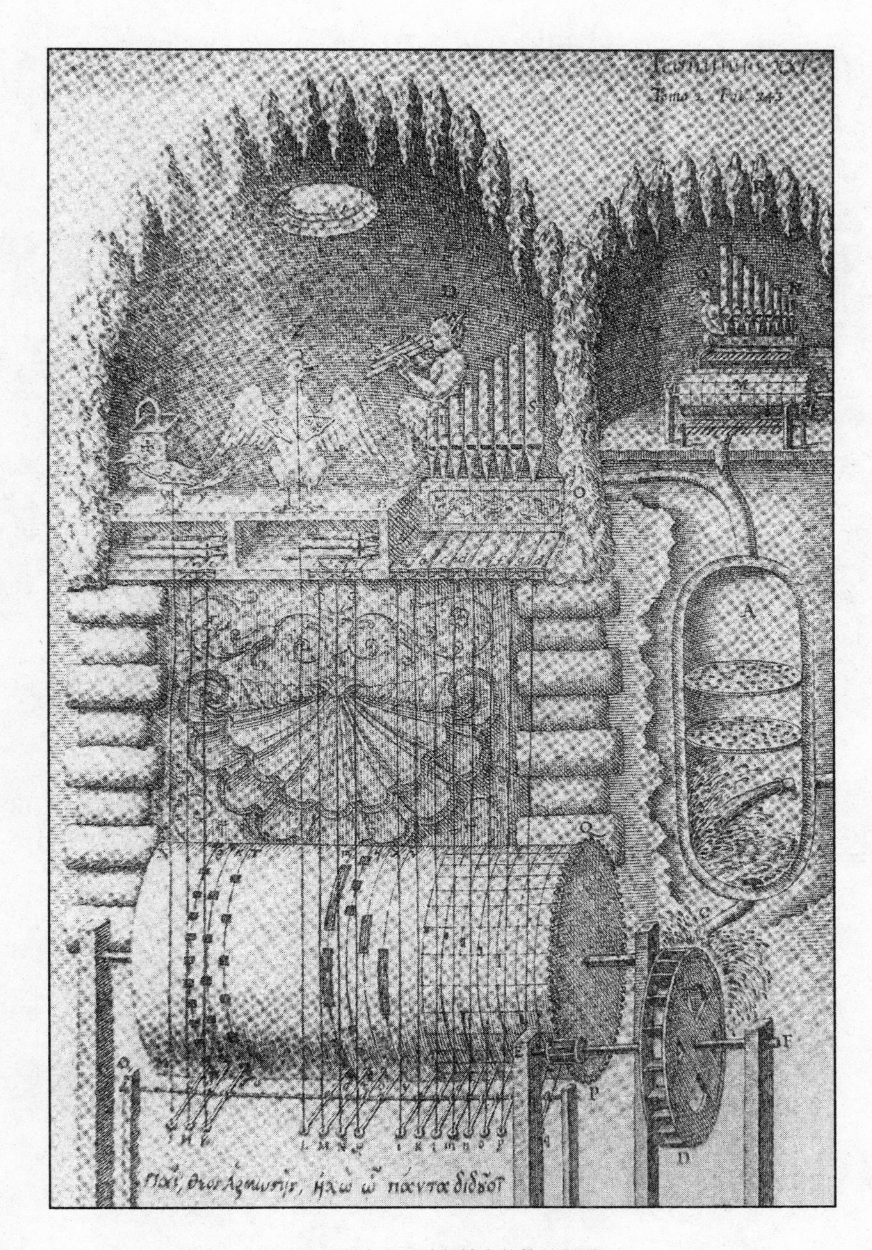

图 39:用水力驱动的神奇的管风琴图

图 40:18 世纪英国人制造的音乐钟表图

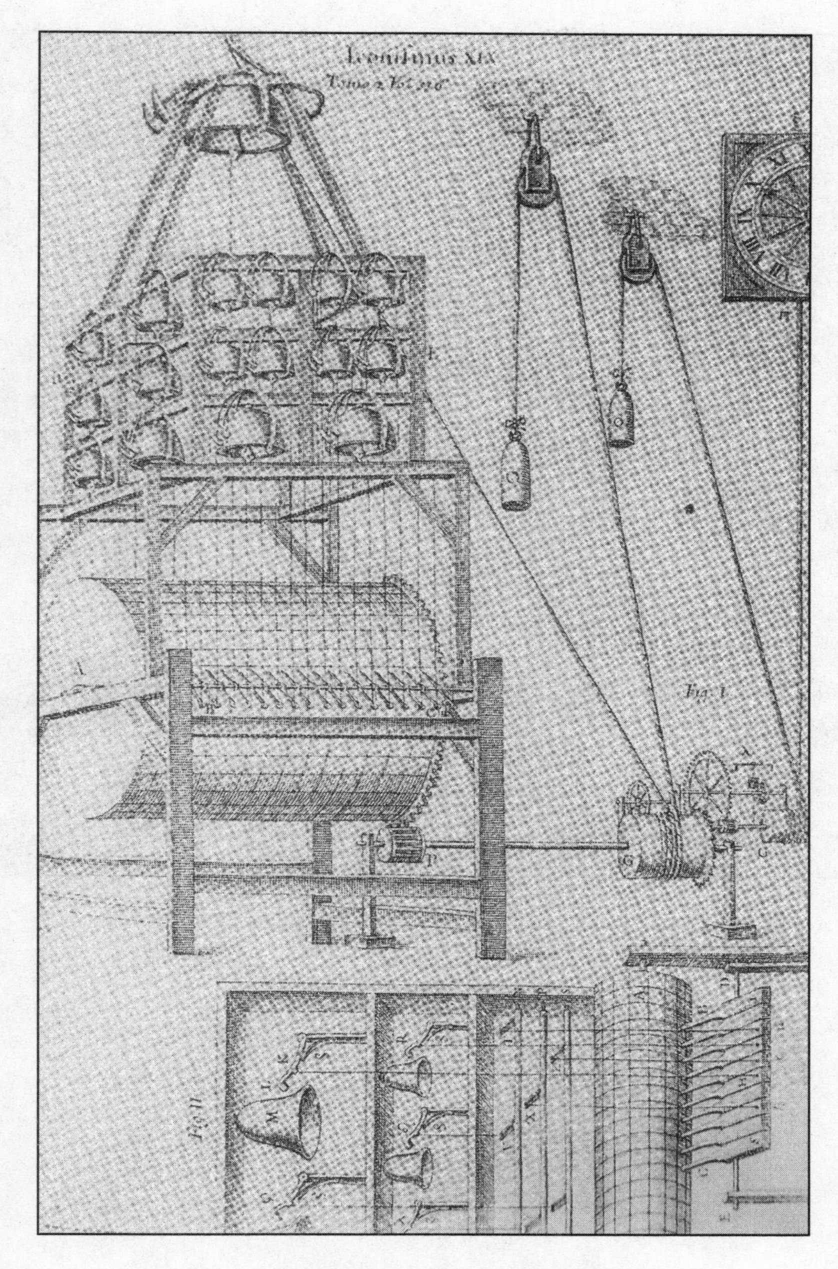

图 41:类似徐日升在南堂安装的、带有鼓的音乐钟铃图

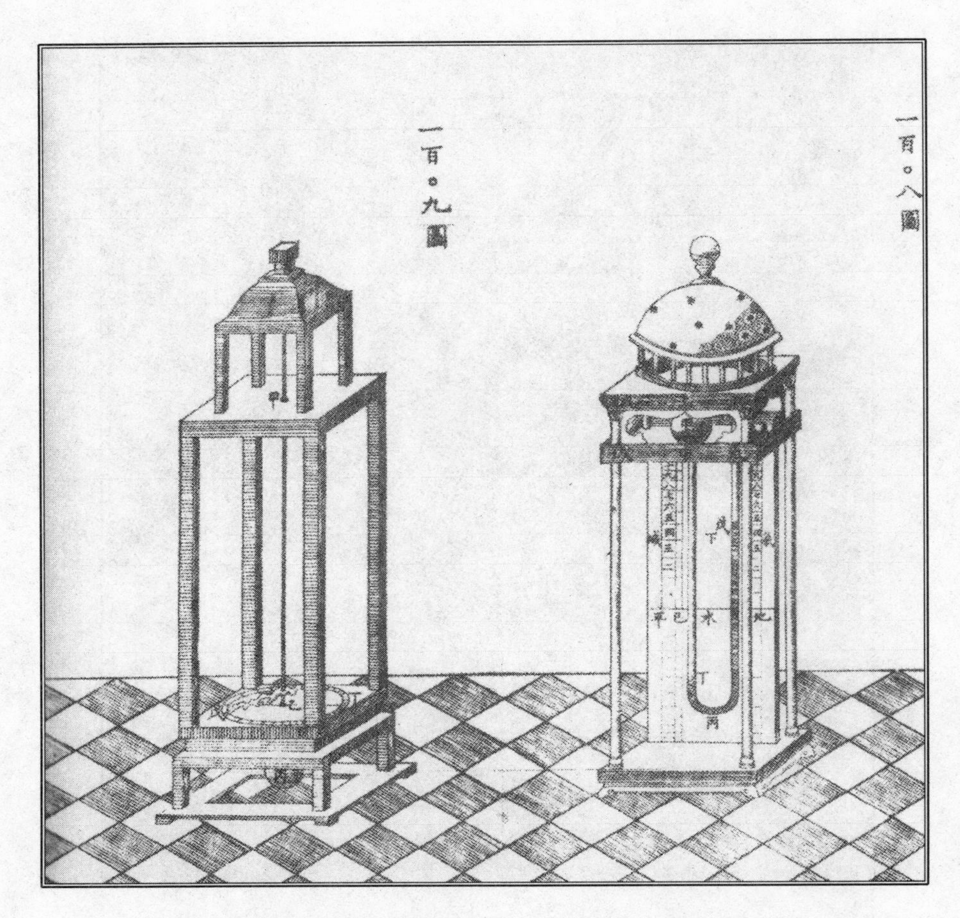

图 42:南怀仁制造的湿度计(左)和温度计图(此图来自《仪象志》)

图 43：巴黎国家图书馆藏的描绘紫禁城的中国画

附　录

附录一　钦定新历测验纪略[①]

奉旨对杨光先、吴明烜所造各历并测验诸差纪略

治理历法极西耶稣会士南怀仁述

仁当查对吴明烜所用回回历法诸差者，原奉特旨，为以参订得失，不得不条分缕析，据实详复也。在彼初非有摘发之事，在仁原亦无汲引之人。先是，杨光先保用大统授时诸历，以为较之回回历法远天特甚。故康熙七年奉旨：诸历交吴明烜推算。及至仁查对明烜所用回回历法，仍复大谬，与大统授时诸历无异。此辩论之所由起，而是非之所由明也。无征不信，乌容已于记述。谨奉旨查对测验之巅末，并赐对天语，为陈其梗概，质诸大方，与天下共晓。则一时知遇之隆，自堪千载。非故揭其短以自诩也。

概自康熙四年，仁等被诬之后，杜门暗修，谢绝一切。不意于七年十一月二十一日，忽蒙皇上钦遣四学士：多公讳诺、吴公讳格塞、卓公讳令安、范公讳承谟，到寓传旨问南怀仁，现所颁各历合天与否？仁对：今所颁各历，大不合天，具有实据，即面指各历差处。多公等回奏。随传利类思、安文思、南怀仁于次日（即二十二日）到东华门候旨。至期，并传钦天监堂上官马祜、杨光先、吴明烜等皆至。大学士李同四学士，即以怀仁所指，驳各历差处，示杨光先、吴明烜，云“这是你们所造各历错处：如一年两春分、两秋分等项，你怎么说？”吴明烜云“太阳行黄道，由黄道之春分；太阳行赤道，有赤道之春分”等语。仁辩云：“太阳从冬至往夏至，到黄道与赤道相交去处即为春分。彼时太阳在赤道上，亦在黄道上。所以黄道之春分即赤道之春分。所谓分者，昼夜平分。从无先后两三日昼夜始平分之理。秋分亦然。”

杨光先见所辩诸差，即惶惧咆哮。彼时中堂李同多、吴、卓、范四公奉上谕，谕杨光先、吴明烜、胡振钺、李光显、安文思、利类思、南怀仁：“天文最为

---

① 《欧洲天文学》一书英译者高华士先生在注释中多次引用了南怀仁著《测验纪略》的资料，且认为《测验纪略》是《欧洲天文学》一书最早的版本。因该书系以中文撰写，因此对本书的中文翻译必定大有裨益。但笔者多方寻找，没有找到此书。直到本书的中文翻译完成之后，才于 2011 年找到被收入《法国国家图书馆明清天主教文献（第五册）》（钟鸣旦、杜鼎克、蒙曦编，台北利氏学社 2009 年出版）中的《测验纪略》文稿及附图，备觉珍贵，特录于此，以飨读者。

精微,历法关系国家要务。尔等勿怀宿仇,各执己见,以己为是,以彼为非,互相争竞。孰者为是,即当遵行,非者更改,务须实心将天文历法详定,以成至善之法。"

南怀仁等对曰:"怀仁等见今有四十余年,修正过历法。屡经奉旨,命部院大臣同监、局各官历年共同测验。前奉有世祖皇帝尽善尽美、密合天行、永远遵守之旨,今不必再行修正。承诸公以仁等之言回奏,当蒙皇上赐见,即问南怀仁,历法合天与否有何明显的据?怀仁奏云:要考验历法合天与不合天,从古以来皆以测验为据。如要知历上所定节气之日时刻度分合天与否,无过于勾股表影之法。请先定一表,不拘长短,令两家预推某日某时刻表影。"

有远西臣南怀仁谨奏,为遵旨查对历本,谨据实列册回奏事。本年十一月二十六日,蒙皇上发下钦天监监副吴明烜所造康熙八年七政民历二本,着臣查对差错。切念臣远方孤旅荷蒙皇上特知之隆,敢不竭力殚心,以求无负我皇上宪天授时之至意。今以臣所推历法查对本历所载,相去甚远。如本历载:有康熙八年闰十二月应是九年正月者,有一年节气或先天或后天一二日者,有一年两春分两秋分者,有每月昼夜长短概不合于日出入时刻者,有五星伏见日失天至三十日有余者,如此等错,据已条详册内。即使本历所定无差,亦只为直隶一方之历,不可通用之天下各省,况为一方且错误种种乎?盖一年昼夜长短、日出入时刻与节气时刻,随地不同。并交食时刻、食分多寡。"

上谕:"尔等同礼部尚书布颜、郝惟纳等,往观象台去测验日影。"

次日内院大学士李,学士多、吴、卓、范,礼部尚书布、郝等传谕云:"据你们昨日所奏,用表影测验。今与你们一表,不拘长短,你们两家就将今日正午时表影长短尺寸,预先推定写明。至期公同测验,合与不合,以定是非。"光先、明烜见要实据,即推诿曰:"这个我们不晓得,不能预先推定。但能看日影已到指出,已后方知推算。"众学士曰:"你昨日自认晓得,今日就推不晓得。分明是你们法差情虚了。"时即回奏,奉旨:"杨光先、吴明烜,先问尔等,既称能推日影,今又怎说不知。着伊等一并带去,将日影测验。钦此。"

本日遂到观象台,令杨光先、吴明烜预退本日正午时日影尺寸。杨光先、吴明烜仍说不能预推。因令南怀仁自己测验。时怀仁查验旧制圭表,歪斜不合法,言:"此表乃伊等历年所凭测验,以报天象、以存定案者。今伊等既用过数年,尚不知表之斜正,将何所恃以推历乎?"乃另立一表,高八尺四寸九分,预推本日正午日影一丈六尺六寸六分。划定日影所到界限(见第一图)。至期,共同测验,毫忽不差。本日具题,奉圣旨:“二十五、二十六日再测。将吴明烜所造七政及民历,俱交与南怀仁,若有差错之处写在旁边。钦此。”

本日众官公定一表,高二尺二寸。令怀仁将此尺寸造成一表,预先推定明日(即二十五日)正午时日影长短若干,于午门前公同测验。仁依法预推,二十五日正午时表影四尺三寸四分五厘,划定界限(见第二图)。至二十五日公测,满汉诸位同见正午日影正合所定界限,毫忽不差。即光先、明烜仇口,亦称羡不差。本日仍同往观象台,另立一表,高八尺零五分五厘,预定二十六日之表影一丈五尺八寸三分,划定界限(见第三图)。至二十六日,正午公测,亦复如前恰合。光先、明烜俱目击随众叹扬者也。本日具题,奉旨:“知道了。将吴明烜所造七政及民历着南怀仁验看,差错之处写出。俟报部之日,尔等议奏。钦此。”怀仁遵旨,将吴明烜所造七政及民历详查,差错实据今开清册一本回奏。附疏并旨具后。

……无不如之故。据本历有外省日日失天至十五度有余者矣。今我皇上德威远播,拜玉帛数十国,奉正朔者几万里,自京师以至四讫,岂可使一年俱不得其真昼夜、真时刻、真节气哉?该天下之理,惟不明其所以然。则已然者茫茫不知何来,其当然者昧昧不知何往。今本历差错之所以然,诚非疏内数言可尽其详。俱在臣所较对历法书百余卷内。且此法非一时一人之力所能全备。远方诸历学专家,互相考订,其来已久。自入中邦,部监公测密合者屡矣。若闰月节气等差,即以本年十一月所验表影可据。凡欲定某日表影之长短,必先定本日时刻。太阳所躔某节气度分,正午之刻在地平高下日日不同,表影之长短随之。前臣所预定表影长短,合天即已如此,则是日所预定太阳躔节气度分不得不和明矣。以臣九万里外之孤旅,无家无亲,且自幼学道,口不言人之短长。兹叨奉……

远西臣南怀仁奉旨查对钦天监监副吴明烜所造康熙八年七政民历,谨列款开后:

计开:

一、凡闰月,以本月无中气,即为闰月。此人人共知也。今明烜所推回回历,载八年闰十二月,而本月有中气,何以为闰?盖本月二十九日午初二刻六分,太阳交雨水。是回回历后天一日零七十一刻有余矣。雨水从来为正月中气,则八年闰十二月系九年正月明矣。乃回回历失于后天之过也。

盖回回历所定闰月之不合天,从回回历所定一年节气度分可据。从来历家,无有不平分天上之节气度数。即大统、授时等法,与臣等所推之法无不相同。所不同者,在平分节气日数与天上节气度数耳。而周天三百六十五度平分,与周年三百六十五日。然彼之气日策,为十五日二十一刻八十四分三十七秒半;彼之气度策,为十五度二十一分八十四秒三十七微半。所以不同之故在此,而彼之节气大不合天之故亦在此(另有本论详之)。今回回历分周天三百六十度,理应每节气平分十五度,两气合三十度。今乃借用授时法周天三百六十五日分与周天三百六十度,不独天上之节气度分不平分与节气日数,并回回历之前节气度数,与后节气度数亦大不均平矣。如回回历,八年正月从立春至雨水有十五度二十分二十二秒,从惊蛰至春分有十五度五分四十秒,已相差十四分四十二秒,即失天二十四刻矣。从雨水至春分,太阳在赤道南;从处暑至秋分,太阳在赤道北,彼此相去赤道,两气之度数俱同。今依回回历,从雨水至春分有三十度十九分四十六秒,又从处暑至秋分有二十九度三十七分二十八秒,已相去差四十二分有余,失天行六十八刻有余矣。立春在春分冬至之正中,即使黄道九十度之正中,理宜从冬至至立春有四十五度正。近依回回历,有四十六度二十九分有余。此等之法不知何所凭仿。然则八年宜有闰月否?但凡闰月从节气度数而定。今节气度数既错乱如此,岂可恃错乱之法以定闰哉?再请以本月之立春证之。盖本月十四日申正初刻十三分立春,而回回历以本月十六日丑初初刻为立春,又后天一日零三十三刻十二分有余。然本月之立春、雨水,既失于后天如此,则八年正月之立春、雨水可知矣。今回回历八年正月初四日戌正初刻为立春,后于臣等历法所推立春一日零三十六刻有余。所以一年每月第一节气之日既失于合天,则一年三百六十五日无一日合天者也。

一、一年有两春分两秋分。所谓春分秋分者,昼夜平分之谓也。今回回历所载二月十九日昼夜各五十刻,应为春分矣。乃逾两日,至二十一日始为春分。八月二十九日昼夜各五十刻,应为秋分矣。乃反前二日于二十七日为秋分。则一岁之内岂有两春分两秋分耶?若明烜如前所云,有赤道之春分,有黄道之春分,秋分亦然。非也。盖春分之日,太阳正在赤道与黄道相交之一点。则本日在黄道之上,亦在赤道之上。而赤道之春分即黄道之春分业,宁有两乎?

一、正月初四日戌初一刻,回回历为立春;臣等所推历法,正月初三日巳初二刻八分为立春;则回回历后天一日零三十八刻有余。

一、正月二十日子正二刻，回回历为雨水；臣等所推历法正月十八日卯初三刻二分为雨水；则回回历后天一日零七十四刻有余。

一、二月初六日卯初三刻回回历为惊蛰；臣等所推历法二月初四日卯初初刻十分为惊蛰；则回回历后天二日零十五刻。

一、三月初六日申正一刻回回历为清明；臣等所推历法三月初四日午初三刻六分为清明；则回回历后天二日零十七刻有余。

一、三月二十一日亥初二刻回回历为谷雨；臣等所推历法三月十九日亥初一刻十一分为谷雨；则回回历后天二日有余。

一、四月初八日丑正三刻回回历为立夏；臣等所推历法四月初六日辰初二刻为立夏；则回回历后天一日零七十六刻。

一、四月二十三日辰正初刻回回历为小满；臣等所推历法四月二十一日夜子初初刻为小满；则回回历后天一日零三十六刻。

一、五月初八日未初一刻回回历为芒种；臣等所推历法五月初七日申初三刻为芒种；则回回历后天八十六刻有余。

一、五月二十三日酉正二刻回回历为夏至；臣等所推历法五月二十三日巳初二刻为夏至；则回回历后天三十六刻。

一、六月初九日夜子初三刻回回历为小暑；臣等所推历法六月初十日寅正一刻七分为小暑；则回回历先天十八刻有余。

一、六月二十五日寅正四刻回回历为大暑；臣等所推历法六月二十五日亥正初刻为大暑；则回回历先天六十八刻有余。

一、七月初十日巳正初刻回回历为立秋；臣等所推历法七月十一日申初初刻为立秋；则回回历先天一日零二十刻。

一、七月二十五日申初二刻回回历为处暑；臣等所推历法七月二十七日卯初一刻八分为处暑；则回回历先天一日零五十七刻有余。

一、八月十一日戌正三刻回回历为白露；臣等所推历法八月十三日申正三刻八分为白露；则回回历先天一日零八十刻有余。

一、八月二十七日丑初四刻回回历为秋分；臣等所推历法八月二十九日丑初初刻九分为秋分；则回回历先天一日零九十二刻有余。

一、九月十二日辰初初刻回回历为寒露；臣等所推历法九月十四日卯正初刻为寒露；则回回历先天一日零九十二刻有余。

一、九月二十七日午正一刻回回历为霜降；臣等所推历法九月二十九日辰初二刻为霜降；则回回历先天一日零七十七刻有余。

一、十月十二日酉初二刻回回历为立冬;臣等所推历法十月十四日卯正初刻五分为立冬;则回回历先天一日零五十刻有余。

一、十月二十七日亥正三刻回回历为小雪;臣等所推历法十月二十九日丑正二刻为小雪;则回回历先天一日零十三刻。

一、十一月十四日寅正初刻回回历为大雪;臣等所推历法十一月十四日戌正初刻为大雪;则回回历先天六十三刻十四分有余。

一、十一月二十九日巳初一刻回回历为冬至;臣等所推历法十一月二十九日午正三刻为冬至;则回回历先天十四刻有余。

一、十二月十四日未正二刻回回历为小寒;臣等所推历法十二月十四日寅初三刻为小寒;则回回历后天四十二刻有余。

一、十二月二十九日戌初三刻回回历为大寒;臣等所推历法十二月二十八日亥初三刻为大寒;则回回历后天八十七刻十二分有余。

一、每月所定日躔宫次与七政历所载日入宫,同是一理,具有阔狭长短之差。

一、民历所载一年昼夜之长短,与日出入分,自相矛盾者甚多。凡本日昼夜长短,悉以本日太阳出入推算。今就回回历昼夜长短而论,多与太阳出入不相合。如三月初一日日出卯初三刻,日入酉正一刻,理宜本月本日昼五十二刻,夜四十八刻。今回回历前二月三十日载昼五十二刻,夜四十八刻。又四月初十日,日出寅正四刻,日入戌初初刻,而四日前昼五十八刻,夜四十二刻。又本月二十七日,日出寅正三刻,日入戌初一刻,而前六日昼六十刻,夜四十刻。又六月二十一日与六月二十六日相矛盾如此。又十月二十八日昼四十刻、夜六十刻,与十一月初四日日出辰初一刻、日入申正三刻相矛盾。又十二月二十四日与十二月二十九日,亦如前差。总之,正月至十二月日出入分与昼夜长短大概舛错。况太阳每日约行一度,六七日之间已行过六七度。今日出入分与昼夜长短相差如此,抑日出入分差乎?昼夜长短差乎?己法既不合与己,岂能和于天耶?

论七政历

七政历为诸历之根源。错则不止七政已也。必横流于民历、凌犯天象等项,俱无所不错矣。今总论,宫界宿钤,回回历之黄道宫宿,比赤道宫宿,各有阔狭,与授时历法无二。盖于春秋二分之交前后宫阔,与冬夏二至宫狭。宫与二分近远若干,则阔狭加减若干。此其本法之论也。今因岁差宫宿与冬夏春秋或近或远，与古时大不相同，理宜有阔狭不同，而年年宜有加减之差（见第十图）。然从郭守敬三百八十余年，俱无加减。即年年所减者，不过岁差在冬至之箕宿而已，而宫宿之阔狭如故，未有加减。杨光先自认其错云“古宿之长者，今则减而为短。古宿之短者，今增而为长。十二宫之阔狭尽不同矣，差已五度”等语。然则日月五星每日入宫入宿，岂得合于天乎？岂能免三百八十年之差乎？宿愈近春秋二分，依其本法似宜稍长；近冬夏二至，似宜稍短。今乃反是，回回历以长为短。如：翼宿，郭守敬时相距轸宿二十度有余，从郭守敬至今，年年相近于秋分之交，宜加长。今回回历反短之，不过十七度二十五分。又室宿，郭守敬时相距毕宿十八度三十分，从郭守敬至今，年年相近于春分之交，宜加长。今回回历反短之，为十七度四十四分。其所借用黄赤率以通变之，更显其非，阅图即明。何况黄赤率所能通变者，不过两道之经度以定昼夜之长短弧等，不可以定历上黄道之经纬度，而得合在天之真度。今以黄道之宿度，对回回历之宿度，每月举七政历数条，以推其概，如下：

计开：

一、正月十五日太阴先天五度五十分有余。

十六日太阴先天八度有余。

十七日太阴先天八度八分有余。

十八日太阴先天八度二十分有余。

二十日太阴先天七度三十分有余。

初一日土星先天二度十七分。

初一日木星先天一度二十二分。

初一日火星先天八度三十分有余。

二十八日金星先天二度二十分有余。

二十九日水星先天十度。

一、二月十三日昏刻太阴先天六度二十分。

十四日昏刻太阴先天八度三十分有余。

十六日昏刻太阴先天八度三十分。

十八日晨刻太阴先天七度五十分。

二十九日晨刻太阴先天八度三十分。

初一日木星先天一度十八分。

初二日火星先天九度十六分有余。

二十八日水星先天十二度十分有余。

三十日金星先天八度四十分有余。

一、三月十一日昏刻太阴先天九度有余。

十三日昏刻太阴先天九度二十分有余。

十五日昏刻太阴先天八度二十分有余。

初一日水星先天十二度二十分有余。

初九日金星先天八度四十分有余。

二十三日火星先天四度二十分有余。

从三月至十二月土星先天或二度或三度、一度之差,既有或七日或十日之差有余。

一、四月初十日昏刻太阴先天九度二十分有余。

十一日昏刻太阴先天八度十六分有余。

十三日昏刻太阴先天九度十六分有余。

初一日金星先天九度四十分有余。

初九日水星先天十一度五十分有余。

一、五月初六日昏刻太阴先天五度二十分有余。

初九日昏刻太阴先天九度四十分有余。

二十四日晨刻太阴先天九度有余。

本月因参觜二宿颠倒,则木、火、津、水等星因先入觜后入参,为之错乱。参觜颠倒,有顺治十四年原辨已明存证。

一、六月初五日昏刻太阴先天八度。

初七日昏刻太阴先天八度十六分有余。

初九日昏刻太阴先天八度五十分有余。

十九日水星先天五度四十九分。

二十六日金星先天二度十七分有余。

一、七月初四日昏刻太阴先天八度四十五分有余。

初六日昏刻太阴先天七度四十五分有余。

十八日晨刻太阴先天六度三十分有余。

初五日水星先天四度四十分有余。

初九日金星先天六度有余。

一、八月初四日昏刻太阴先天八度有余。

十六日昏刻太阴先天四十分有余。

十八日晨刻太阴先天八度八分有余。

初七日木星先天九度十二分有余。

初九日火星先天五度三十八分有余。

二十五日金星先天八度三十分有余。

一、九月初二日昏刻太阴先天八度七分有余。

十三日昏刻太阴先天八度四分有余。

十五日昏刻太阴先天八度五十分有余。

初四日金星先天一度半。

三十日火星先天八度八分有余。

初十日水星先天八度四十分。

一、十月初十日昏刻太阴先天七度五十分有余。

十三日昏刻太阴先天九度四十分有余。

十五日昏刻太阴先天三度四十五分有余。

二十七日晨刻太阴先天八度五十分有余。

初七日火星先天八度八分有余。

二十日金星先天八度三十分有余。

一、十一月初九日昏刻太阴先天七度二十八分有余。

十一日昏刻太阴先天九度十八分有余。

二十五日晨刻太阴先天九度三十五分有余。

十二日火星先天七度二十分有余。

二十三日木星后天一度。

一、十二月初六日昏刻太阴先天七度四十分有余。

初八日昏刻太阴先天九度九分有余。

二十一日晨刻太阴先天七度五十分有余。

初一日火星后天二度。

十二日水星先天二度十八分有余。

二十九日金星先天八度十九分有余。

论回回历所载日月五星入宫,与臣等所推历法,其差甚大。如太阳依回回历,四月初三日入酉宫。以臣等所推历法,三月十九日入酉宫,相差十三日。

木星依回回历从正月初一日至三月二十三日在酉宫内。依臣等所推历法,一年俱在酉宫之外,相差八十三日。

金星依回回历从正月初一日在寅宫。依臣等所推历法九月尽始在寅宫，相差九月。

水星依回回历从正月初一日在丑宫。依臣等所推历法从正月至十二月俱在丑宫之外，相差一年。

两法大不同之所以然，由两法宫钤大异故也。盖臣等所推宫钤在宗动天，与节气界相同。依分别日月五星，相去春夏秋冬等节气近远若干。所云宗动着，不依七政列宿，而能为七政列宿之准则。历家谓之天元道、天元极、天元分，至终古无变异也。以下诸天，如流水东行，日月诸星因之。十二宫钤在节气界，犹植树于水变，水流而树不易也。若依回回历十二宫钤在列宿天上，列宿天因岁差既动，则十二宫钤必因而皆动矣。何以用宫宿以定行动起止之根源哉！

五星伏见。

以五星伏见，或先或后，历上所定之日，臣不敢遽为回回历之大错。因历法所定伏见日果否有验，大半非历之所能确推，如交食、五星经纬度等。历法所能推者，星在天之实度也。今伏见时之星，从来不显于天之实度，皆显于人之视度，无实差而有视差。盖凡星与地平相近，必在清蒙气之中。其气一年四季厚薄清浊不同，早晚更多，使星隐蔽，能映小为大，升卑为高，故有实高、视高之别。然实高常在视高之下（见第十一图）。所以仪度所测星经纬度出入分等，必不合于在天之实度。从来历家所测地平相近之星，不敢以定其为在天之真度，与为准表之实据也。由此观之，若因五星之一，预定某日不见，即为诸历皆妄，是不识真错之所以然，而与不知历者同也。盖五星伏见，原系其离太阳近远若干（见第十二图）。然其近远若干，以天顶之高弧为立论。黄道之行各宫各度，五星伏见之近远不同，不可以为定限。今回回历法以为定限，此其错之一也。外五星有南北之纬度，故其黄道之经度，必有加减，以定伏见之近远（一见天球即明）。今回回历法不论南北之纬度，只看各星自行定度，在一定伏见度数上否。此其错之二也。

如从六月初五日至初十日，依回回历木星晨见，依臣等所推之历不见。又从三月十八日至四月二十日共三十一日，依回回历水星晨见，依臣等所推之历不见。又从九月二十六日至十月二十二日共二十七日，依回回历水星夕见，依臣等所推之历不见。

若七政末所载紫气、罗睺、计都等，顺治十四年礼部奉旨测验，俱已辨明，不敢再渎。

和硕康亲王臣杰淑等题为遵旨查对等事

该臣等会议得南怀仁因吴明烜推算历日差错具题之处。奉旨差出大臣赴观象台测验李春、雨水、太阴、火星、水星。南怀仁测验与伊所指仪器逐款皆符。吴明烜测验逐款皆错。南怀仁测验既已相符,应将康熙九年一应历日交与南怀仁推算。吴明烜交与吏部议处。南怀仁应授钦天监何官,听礼部请旨具题可也。康熙八年正月二十四日题。本月二十六日奉旨:南怀仁授钦天监何官,着礼部议奏。吴明烜着吏部议处。杨光先前告汤若望,议政王大臣会议历法以杨光先何处为是准行,汤若望何处为非停止。历法系要务,其以为非停止款项复用,与不用之处,不向马祜、杨光先、吴明烜、南怀仁等问明,酌量划一,详议具奏,乃草率具奏,不合。又李光显、胡振钺,但以知天文任用。今知天文历法与否,并未询问。着再行明白确议具奏。

测验时呈语:

吴明烜测天法其大不同之处有二,与南怀仁测天法其大不同之处亦有二。其一在用三百六十五度之仪器,以测伊历三百六十度之推算。是如拙匠先以用小尺扣数,后用大尺较量。此不通一也。

其二,在以黄道推算,以赤道测验。夫测验不过查在天之度,与所算历上之度合否。今七政历所算之度,皆黄道之度,无赤道度也。况赤道之行系正西正东,黄道之行,或西北东南,或东北西南。今明烜用赤道之度测黄道之行,不谙变通之法。又如盲人,原欲行正东之路,误认东北之路。此不通二也。

其一,在安对仪器。盖测天之最难,在将仪器中各圈对准天上各圈,毫忽不差。今明烜所用仪器,皆系前人在台已经对定之仪器。明烜全不谙安对之法,不过坐守一时一地之旧制而已。南怀仁所用之仪器,各有新制,随时随地俱可依法安置,对准于天。此不同一也。

其二,在预先推定。盖本监测验旧例,台上官生每年月日皆有测过表影长短、太阳去极度分等项,具呈存案。今明烜所预推者,全恃旧案,以旧测之日影高下,为见测之日影高下,不过依样葫芦揣摩影响而已。今南怀仁另用新仪,随时随地对之于天,无旧案旧测可以揣摩,必以测天正理预推。此不同二也。

内院大学士图等奏测验节略

问南怀仁:正月初三日,测验火星木星,用何时以何仪器为凭?南怀仁供称,测验火、木二星,已昏刻定时刻,用某星离子午圈若干度分。论仪器,或用黄赤仪,或用赤道简仪。仪器皆系三百六十度。惟两家预先推定。本时本星离赤道若干度分,又离春夏秋冬四正若干度分。其火、木二星差出,初一、二、三、四、五日,皆可测验。依吴明烜七政历,康熙八年正月初三日,火星在室宿十五度五十八分;依南怀仁历法,本日火星在室宿七度五十分。则吴明烜历先天八度八分。依吴明烜七政历,正月初三日木星在昴宿七度十五分;依南怀仁历法,木星在昴宿五度五十四分。则吴明烜历先天一度二十一分。以日计之,则差有二十三日矣。正月初三晚,众官公同上台,测看木星、火星,悉与南怀仁所定黄、赤仪上界限(见第四图)相符合。

又问南怀仁:正月初三日立春,用何时以何仪器为凭测验?南怀仁供称:凡欲知所推节气合天与否,必预先推定某日某时刻太阳在地平线上若干度分,一也。太阳纬度在赤道上或南或北若干度分,二也。太阳离春夏秋冬四正若干度分,三也。又定北极出地若干度分,四也。以上四端,皆关系历法之最要者。今南怀仁预推康熙八年正月初三日,即立春本日正午时,太阳在地平上三十三度四十二分(见第五图),太阳在赤道南十六度二十一分(见第六图),太阳在冬至后四十五度零六分(见第七图),太阳在春分前四十四度五十四分,北极出地三十九度五十五分。其侧器,用象限仪、纪限仪。若本日天阴,看不见太阳,不拘何日皆可测验。正月初一日,公同上台,将南怀仁所推正月初三日立春正午时,太阳在地平上三十三度四十二分预先在仪器上划定界限。初三日公同上台,测看太阳在三十三度四十二分,正与南怀仁所定界限吻合无差。

问南怀仁:正月十八日测太阴,以何时何仪器为凭?南怀仁供称:正月十八日角宿离天中之西二十五度时,即寅正二刻(见第八图)。据明烜黄道算太阴,与本时刻在翼宿十度二十三分有余;依南怀仁在翼宿一度二十三分,相差九度。依南怀仁所算太阴,于本时刻在秋分前九度二十七分,而轸宿在秋分后六度零十分,则彼此相距十五度三十七分(见第九图)。依吴明烜相距不过七度,则差八度三十六分。依怀仁算,大角星在秋分后十九度三十七分,而太阴在秋分前九度二十七分,则彼此相距二十九度四分。依吴明烜相距四十二度二十分,则相差十三度十三分。至期公测太阴,正与南怀仁所定黄、赤仪上界限吻合无差。

问正月十八日测验雨水凭据,南怀仁供称:本日午正,太阳离地平三十八度三十八分,在赤道南十一度二十五分,太阳在冬至后六十度十六分,在春分前二十九度四十四分,北极出地高三十九度五十五分。正月初四日上台,预先在象限仪上照原供划界。至期公同上台,验看象限仪上原划界限,吻合无差,等因。看得吴明烜于未测验之前,曾对众白称:我所推历法吻合天象,决不差错。若有一毫差错,将我立斩等语。及至公同测验之后,众目共见。吴明烜所测火、木等星,及立春、雨水、太阳、太阴等项,种种差错,不合原推度分界限。为此公同具题。

康熙八年正月二十二题

内弘文院大学士都统加一级臣图海

太子太保工部尚书内弘文院大学士加二级臣李蔚

内秘书院学士加一级臣吴格塞

内弘文院学士加一级臣多诺

吏部右侍郎臣索额图

户部尚书臣黄机

礼部尚书臣布颜

尚书加一级臣郝维纳

左侍郎加一级臣董安国

右侍郎加一级臣曹申吉

刑部侍郎臣明珠

右侍郎加一级臣王清

工部尚书加一级臣王熙

左侍郎臣科尔可代

礼科给事中加一级臣吴国龙

兵科给事中加一级臣叶木济

给事中加一级臣王曰高

工科给事中加一级臣李宗孔

掌山东道事广东道监察御史加一级臣田六善

山东道监察御史加一级臣徐越

本日奉旨:着交与议政王、贝勒子、大臣等奏。

光先等借选择欺诳节略:

杨光先、吴明烜自屡经公同测验之后,见所用授时历与回回历俱已大不合天,各有案证,无可混赖,乃遁词云:历法关系选择。今南怀仁不习选择,则是南怀仁之历法有何用乎？斯言也，其心有二诡焉。一为伊历既经测破，再难欺诳，乃思选择，不用测验，易以混赖，或可借以欺诈当事，并可欺诈朝廷。一因选择为当时急务，以南怀仁既不习此，或可趁机而阻历法之行。缘彼时，奉旨命钦天监选择起建太和殿日期，内院令南怀仁同选。南怀仁回称：凡关系天文历法，如某日日月五星在某宫某宿某度，某日时刻，相合相对，顺行逆行等项诸凡有据者，南怀仁可以预定，并可以测验。又凡天下与天上相应之效验，如某日宜疗病针刺、宜沐浴、宜伐木、宜栽种与收成等项，南怀仁依天象实理实据，亦可以预定。若云某日吉、某日凶等项，则南怀仁未见有何实据，故不敢妄定。等因回明在案。光先、明烜一闻此言，即高声曰：若然，则南怀仁历法何用？南怀仁回称：钦天监有四科，每科各有专司。今选择系漏刻科专司，而不习历法则专于选择，而不专于历法者可知。又有专于历法而不专于选择。如元郭守敬创立授时历法，而不专于选择。今南怀仁专于历法而不专于选择，同是一理。且历法深微，故精于历法者甚少。从元至今三百八十余年，独郭守敬为首出。选择较历法最易，故知选择者甚多。由此可知，历法重且要于选择。况选择系于历法，历法不系于选择。杨光先自称通选择而不知历法，即钦取漏刻科之官亦然。如郭守敬不专于选择，则谓其历法无用可乎？况历法乃国家首务，周年节气、日月交食、朔望上下弦、闰月与不闰月、七政凌犯天象，上合于天，下利于民，种种要端皆系于历法。故凡选择者必根本于历法。等因回明在案。本日首相辅国公班传旨云：皇上不叫你选择，只闻历日下补注与你历上所用之支干相同与否。南怀仁对曰：若论支干，新旧二历如一。若论补注，原不关系天行，非从历理所推而定，为从明季以来沿袭旧例而行。今南怀仁所习者，皆天文实用历法正理而已。此二端实南怀仁所用选择之根本也。如定兵农医贾诸事，宜忌从此而定。务期日后与天有相应之效验，与历年所报各节气天象历历可证。若光先、明烜之选择，悉随伊等所习之天文历法，前已种种颠倒错乱，则选择之差缪盖可知矣。如康熙七年四月内，奉有杨光先颠倒神煞，任意更换吉凶之神之旨。吴明烜于顺治十四年八月内，部复水星出现一疏内云：吴明烜既涉虚罔。其一应推算俱涉虚罔可知。奉有依议之旨。康熙八年二月内，奉有吴明烜颠倒是非之旨。即此益知光先、明烜不惟历法之虚罔。即选择亦无不虚罔矣。

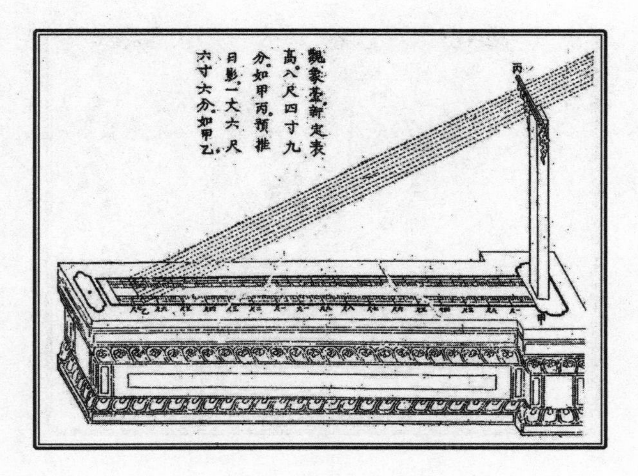
觀象臺新定表高八尺四寸九分。如甲丙。預推日影一丈六尺六寸六分。如甲乙。

图一

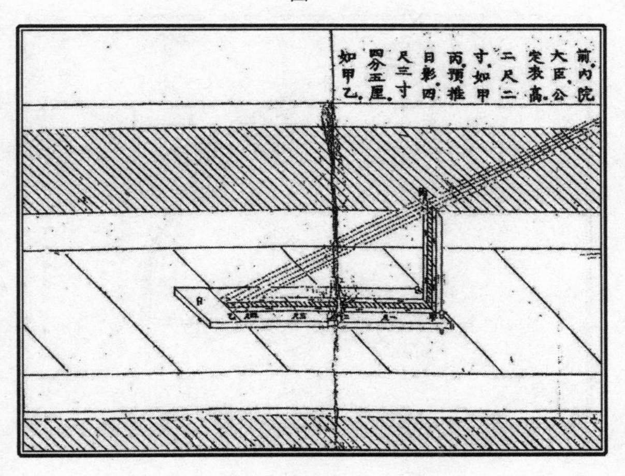
前內院大臣公定表高。二尺二寸。如甲丙。預推日影四尺三寸四分五厘。如甲乙。

图二

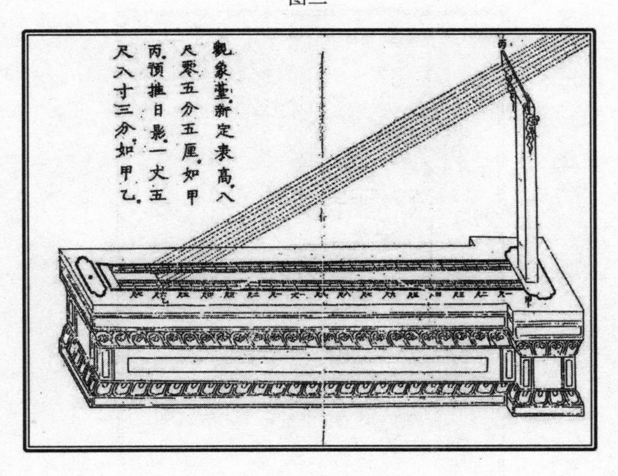
觀象臺新定表高八尺零五分五厘。如甲丙。預推日影一丈五尺八寸三分。如甲乙。

图三

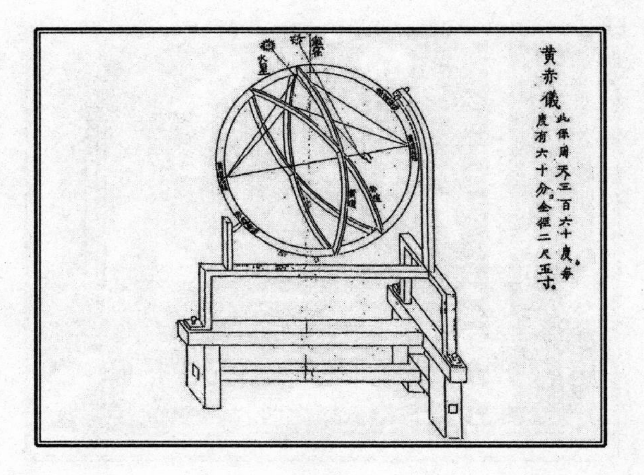
黄赤儀
此儀周天三百六十度。每度有六十分。全徑二尺五寸。

图四

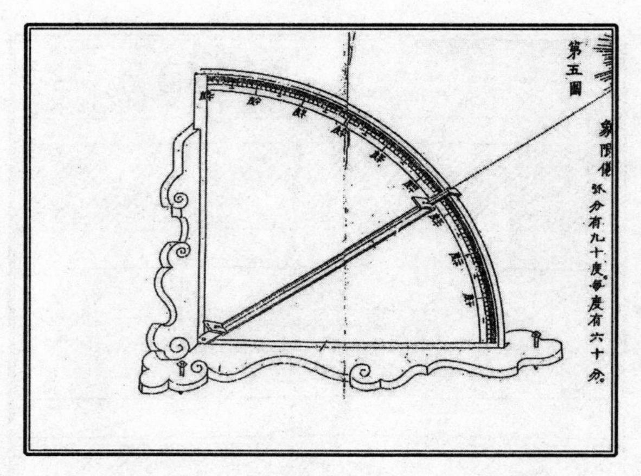
第五圖
象限儀
弧分有九十度。每度有六十分。

图五

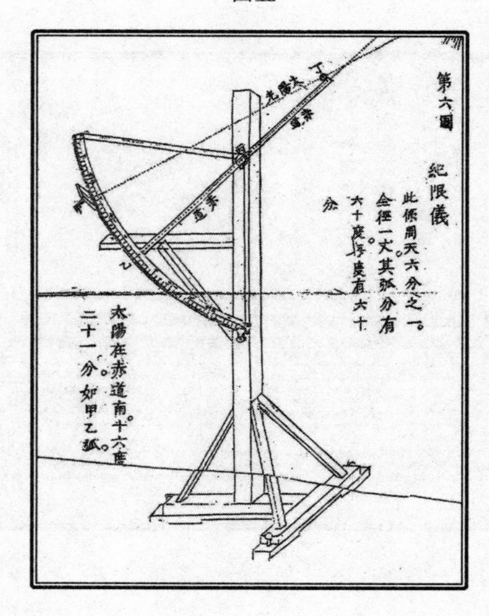
第六圖
紀限儀
此儀周天六分之一。全徑一丈。其弧分有六十度。每度有六十分
太陽在赤道南。十六度二十一分。如甲乙弧。

图六

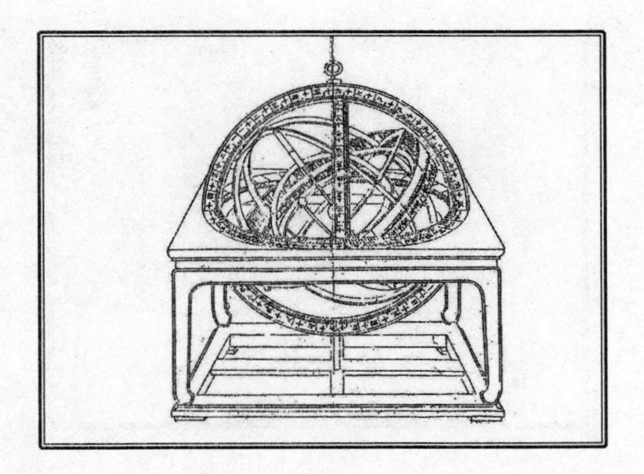

图七

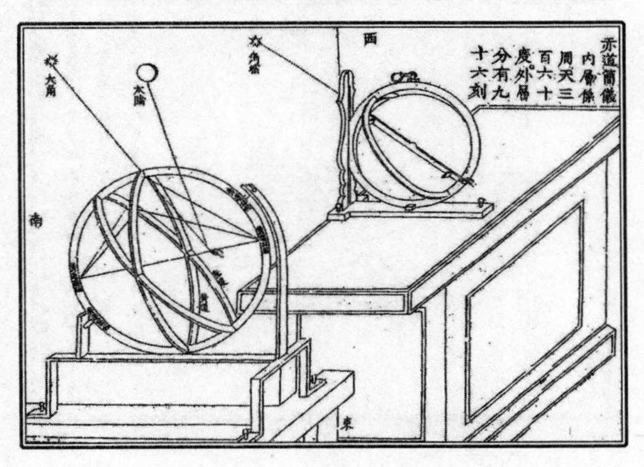

图八

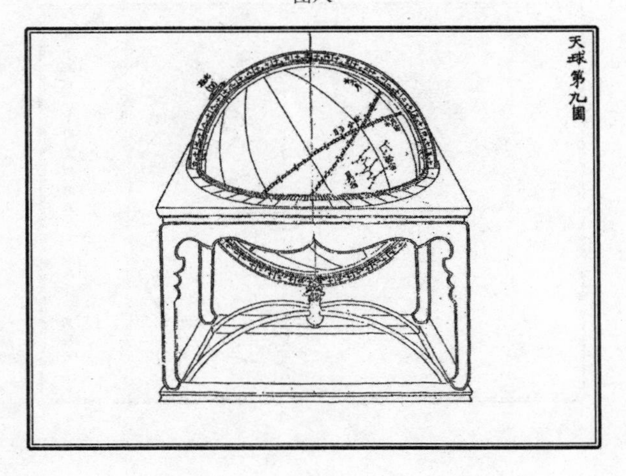

图九

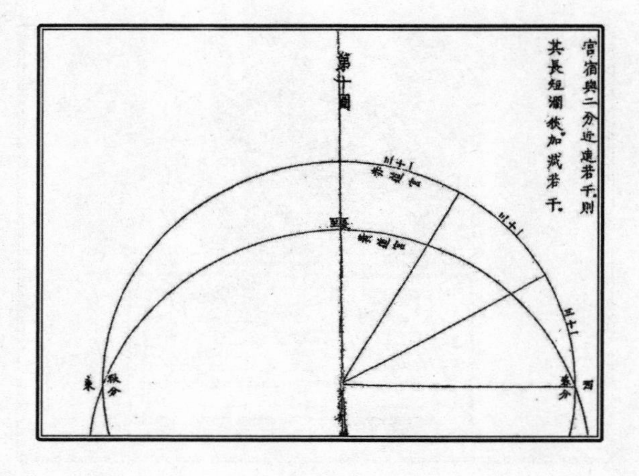
宮宿與二分近遠若干。則
其長短濶狹。加減若干。
第十圖

图十

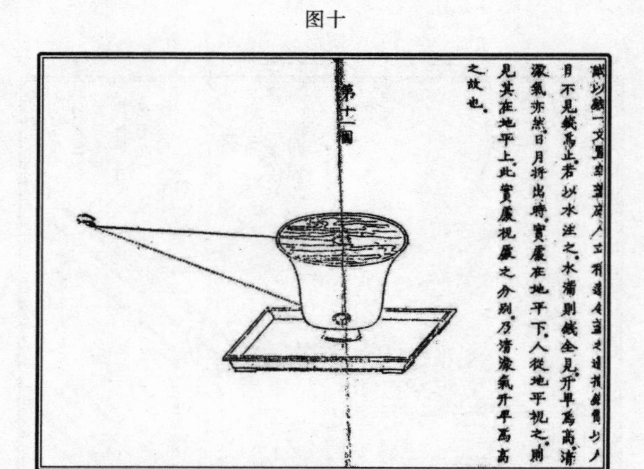
月不見錢爲止。若以水注之。水滿則錢全見。升卑爲高。清
濛氣亦然。日月將出時。實處在地平下。人從地平視之。則
見其在地平上。此實處視處之分別。乃清濛氣升卑爲高
之故也。
第十一圖

图十一

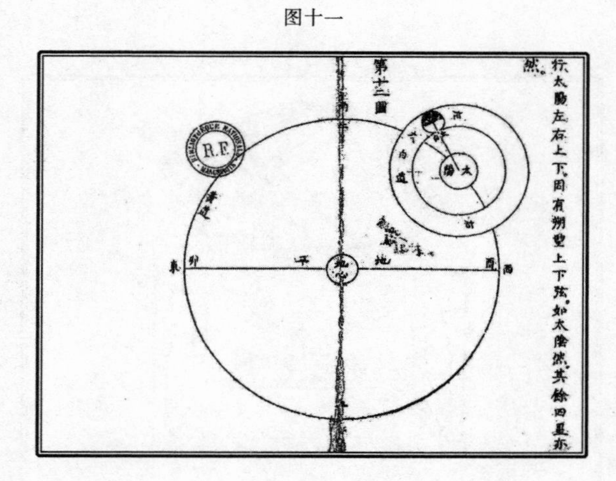
行。太陽左右上下。固有朔望上下弦。如太陰然。其餘四星亦
然。
第十二圖

图十二

附录二 关键词索引

附录三　灵台仪象志图①

弁言

靈臺諸儀有作法有用法乃安法異乃形方堅圓與夫輕重之理匪繪圖明之鮮乃不夢然者且六儀外尚有各器名法將通神明於矩矱而舍圖莫由貫徹纖忽兹總挈顛末彙爲圖凡百一十有七幅學之士或先取是覽之圖明則理明庶令初步有門可入或研揣前人論説遇有參差訂漫處一展視而奧窾立解是又扶心之一助夫

大清康熙甲辰歲日躔娵訾之次極西南懷仁譔

山陽閻若璩校一通

丁未歲余從魯卿處索贈此冊余夙重象緯測算之學乃繪事之精妙又如此從事斯術者曉是然省許多苦思也　光地識

錫鬯 寅旭 同觀

宣城梅文鼎借覽

是書以新意貫古法而明且當時方奉命校正律呂書乃爲君摹一副本都五十日始歸之

李鍾倫校刊

① 《灵台仪象志图》系南怀仁亲自主持编绘的，对理解他的《欧洲天文学》一书有着重要的参考价值。英译者高华士先生在注释中多次提及此。现将《灵台仪象志图》附录于此，供读者参阅。此版本取自《中国科学技术典籍通汇·天文卷七》，大象出版社 1993 年出版。

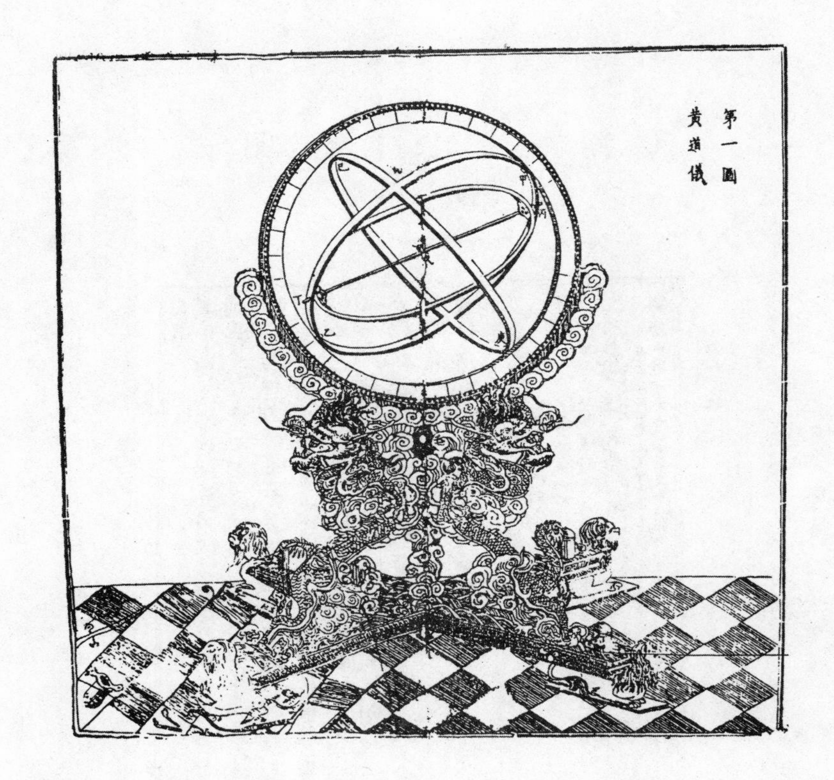
第一圖
黄道儀

第二圖
赤道儀

第三圖
地平經儀

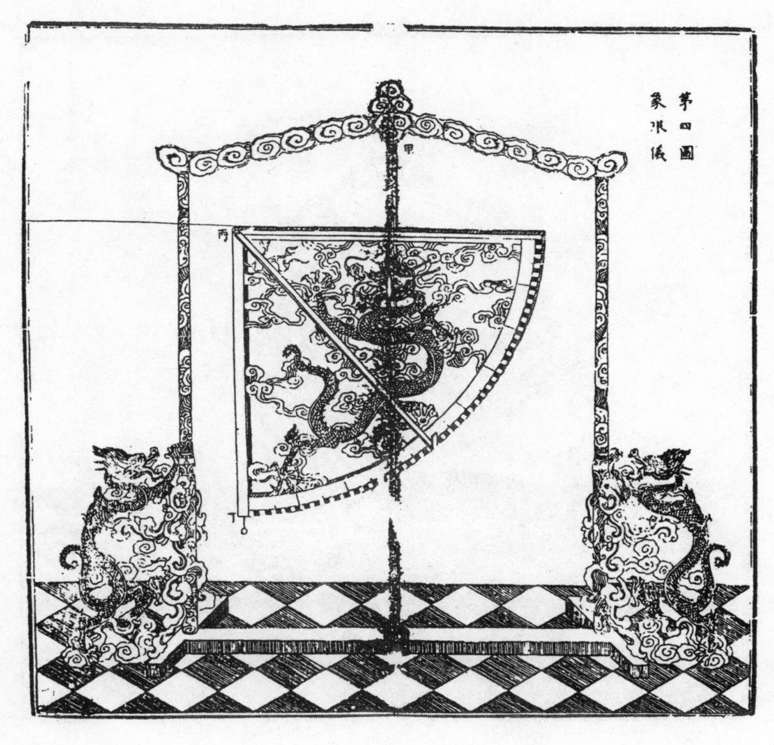
第四圖
象限儀
甲
丙
丁

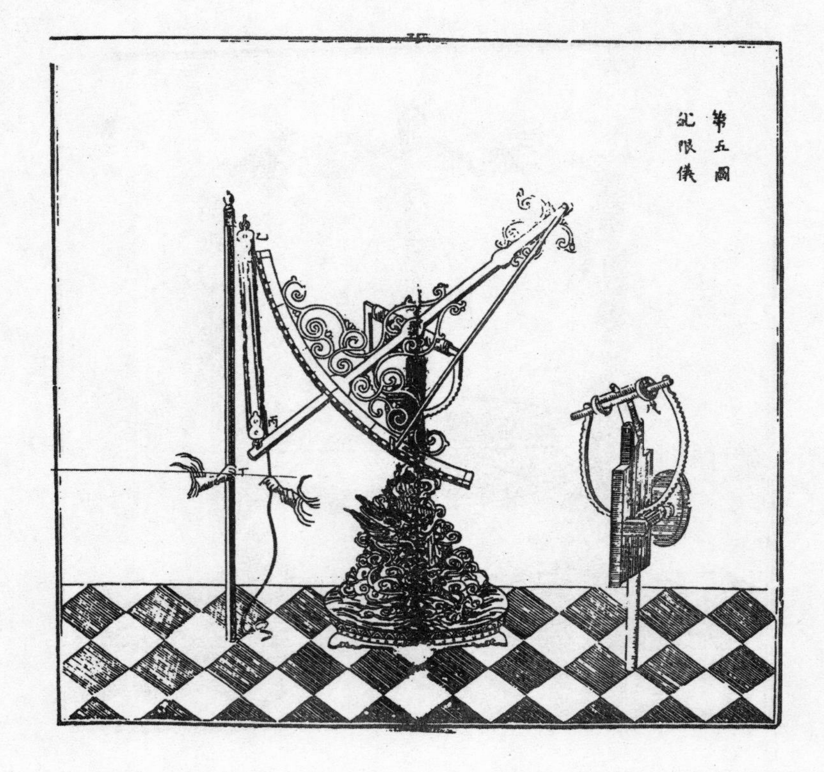
第五圖
紀限儀

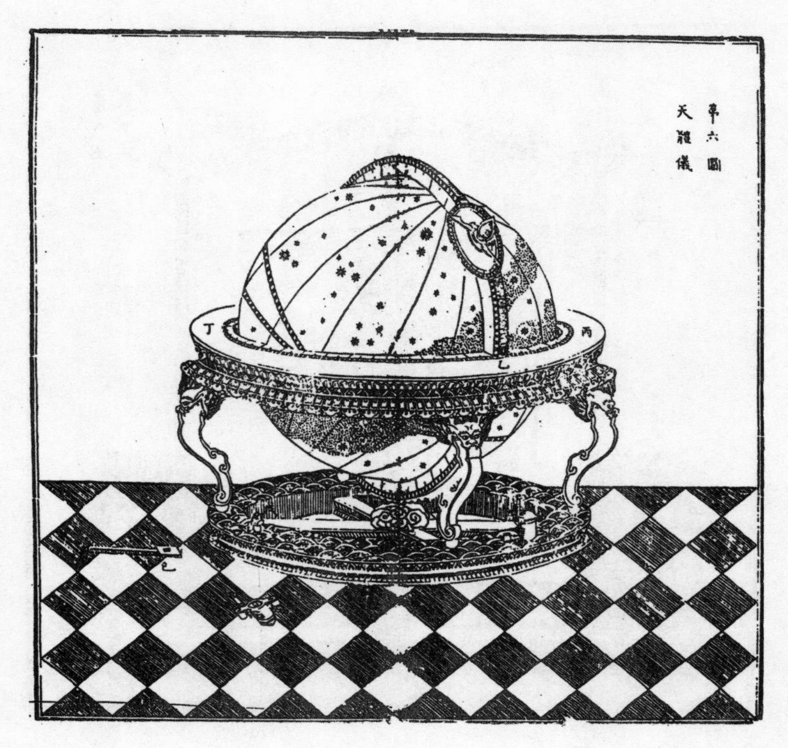
第六圖
天體儀
丁
丙
乙

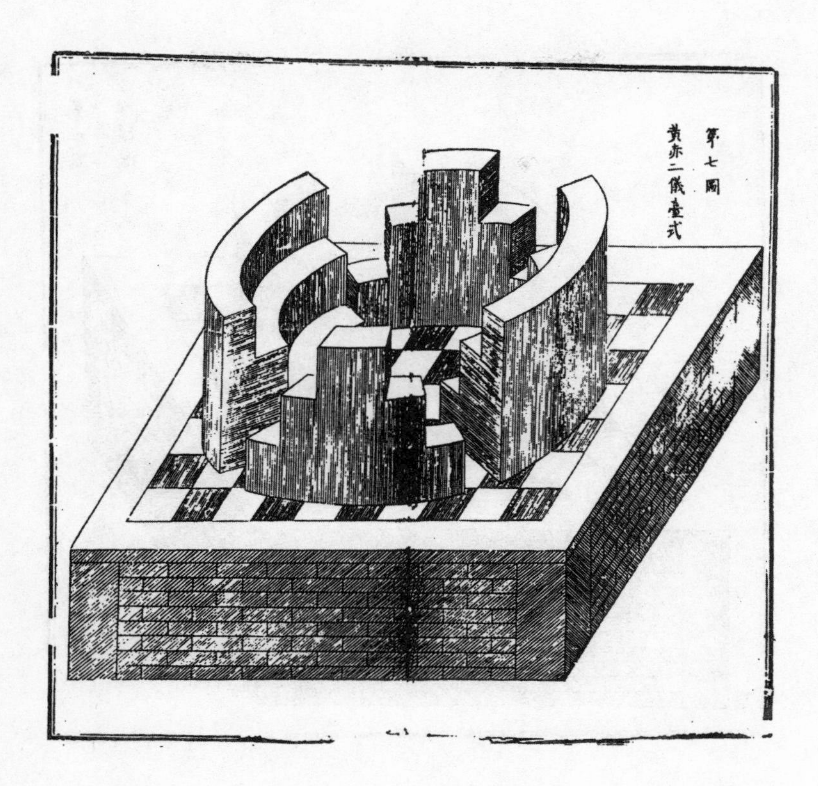
第七圖
黄赤二儀臺式

第八圖
象限儀臺式

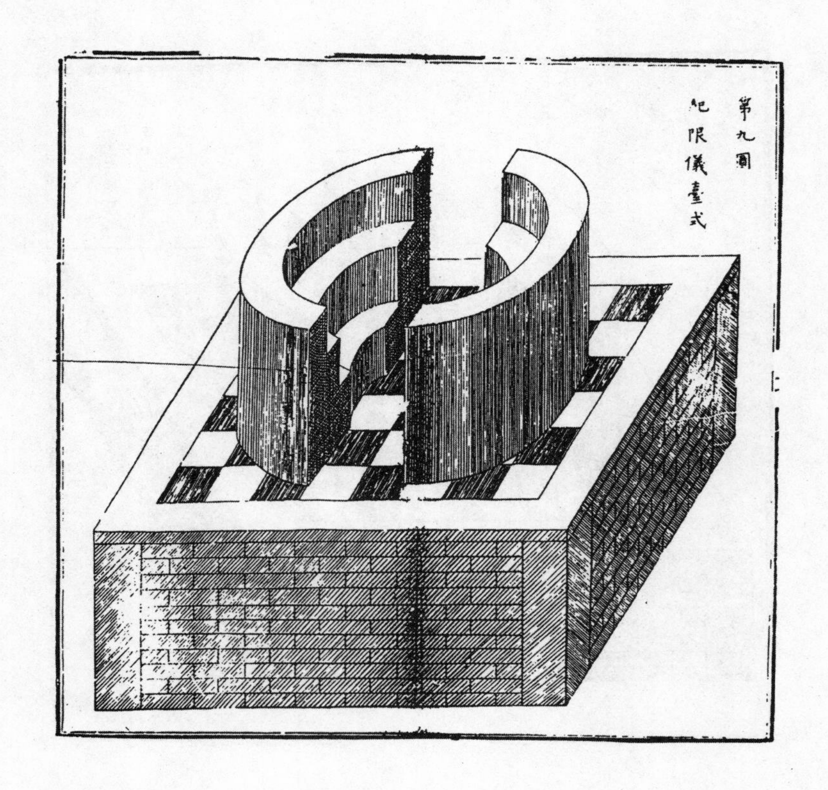
第九圖
紀限儀畫式

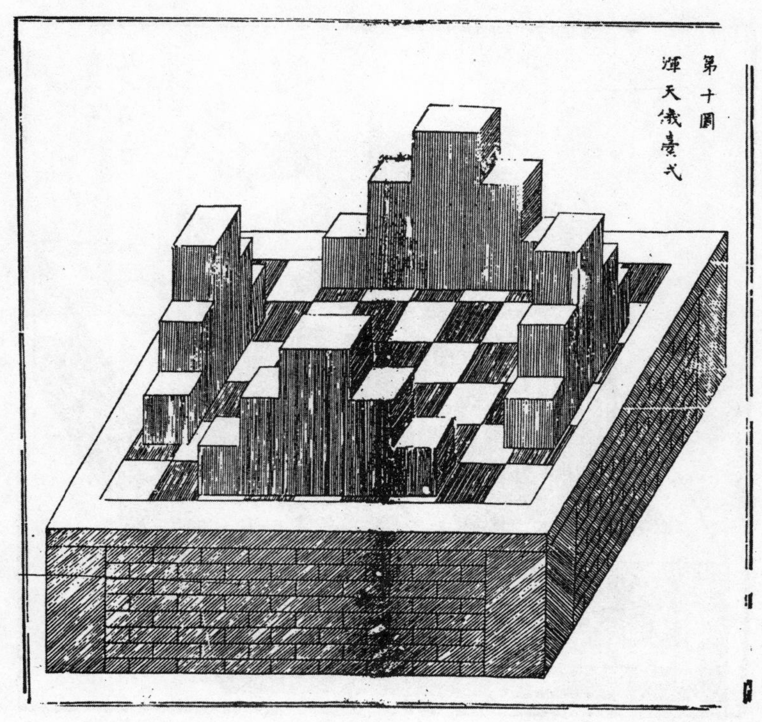
第十圖
渾天儀畫式

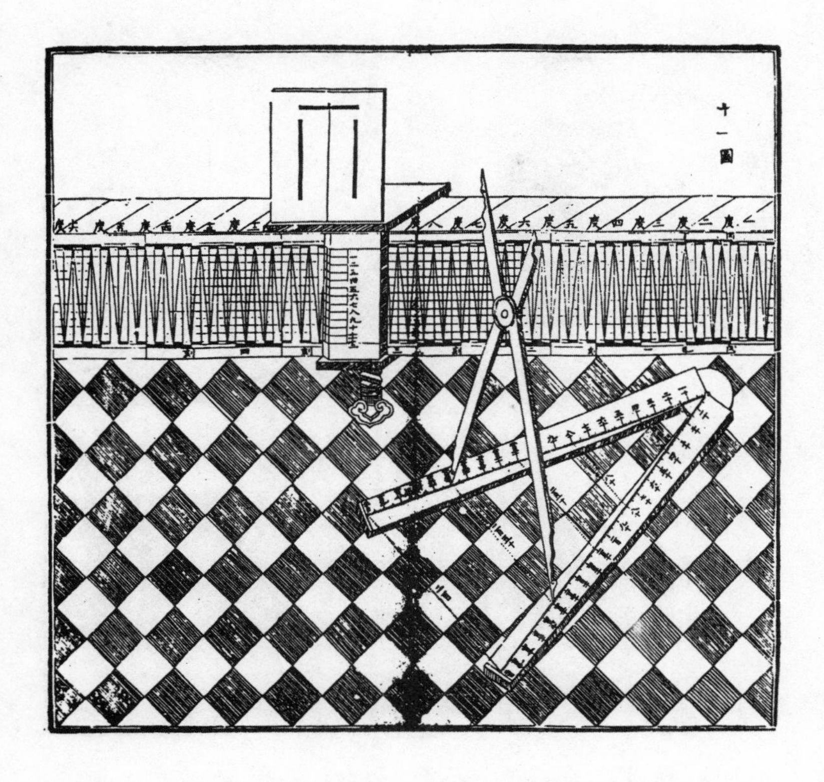
十一圖

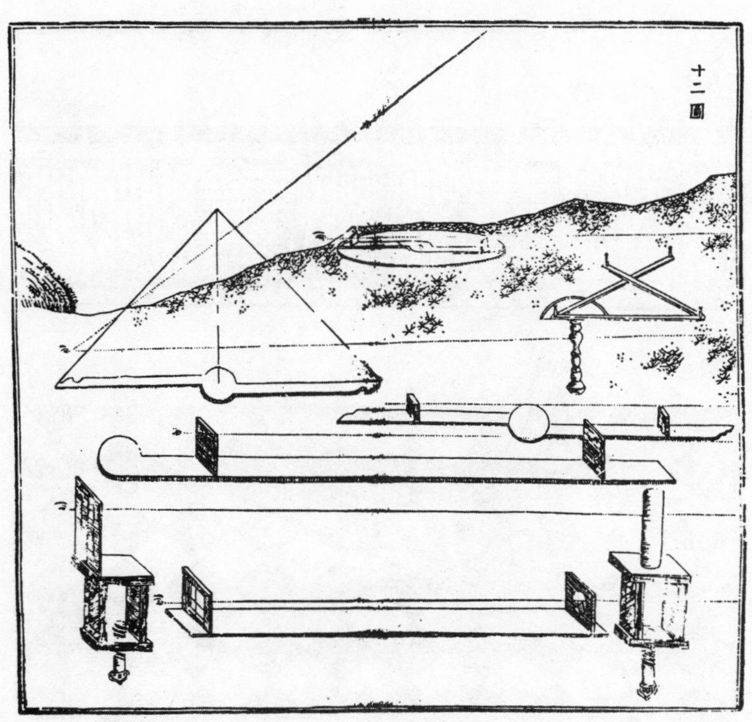
十二圖

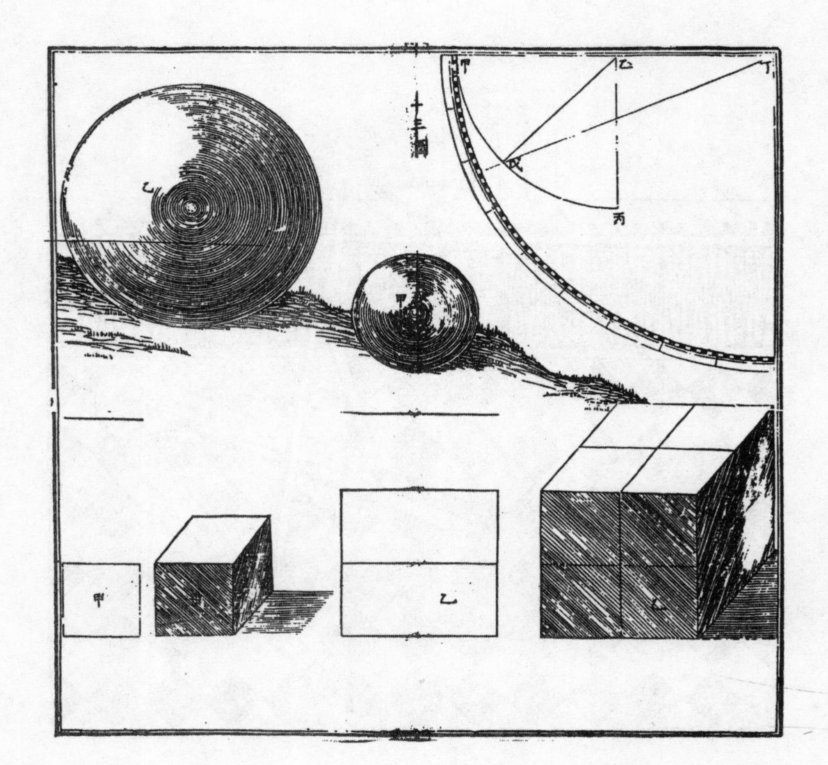

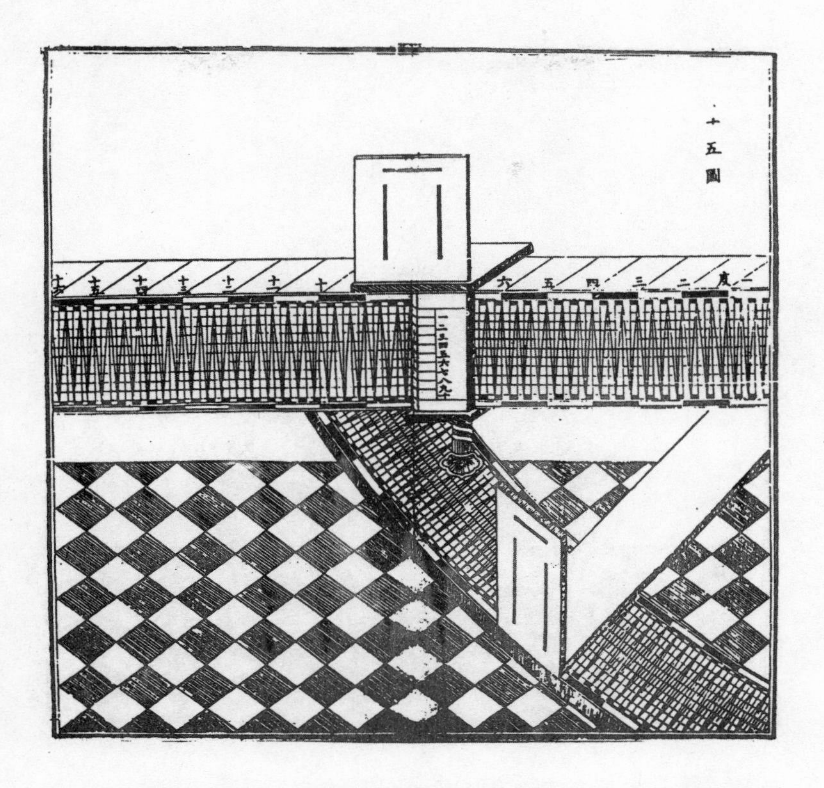
十五圖
度
一
二
三
四
五
六
十
一二三四五六七八九十

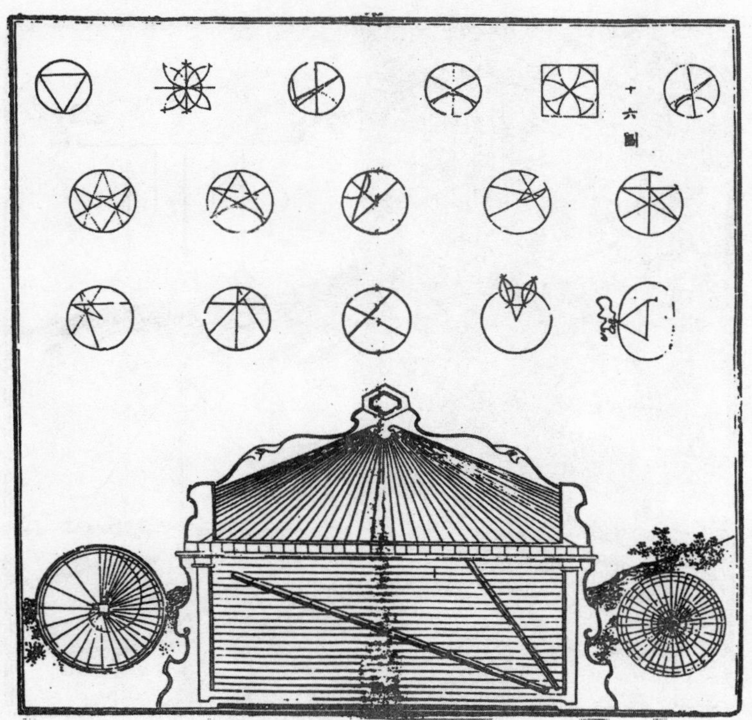
十六圖

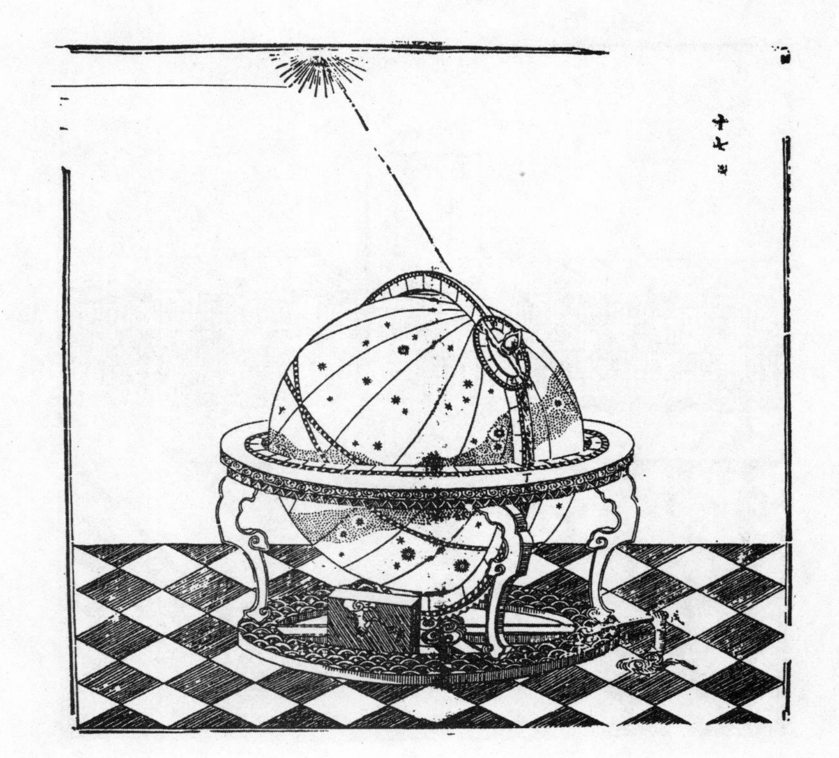
十七圖

十八圖

十九圖
辛
甲
乙

二十圖
乙

二十一圖
甲
丙

二十二圖

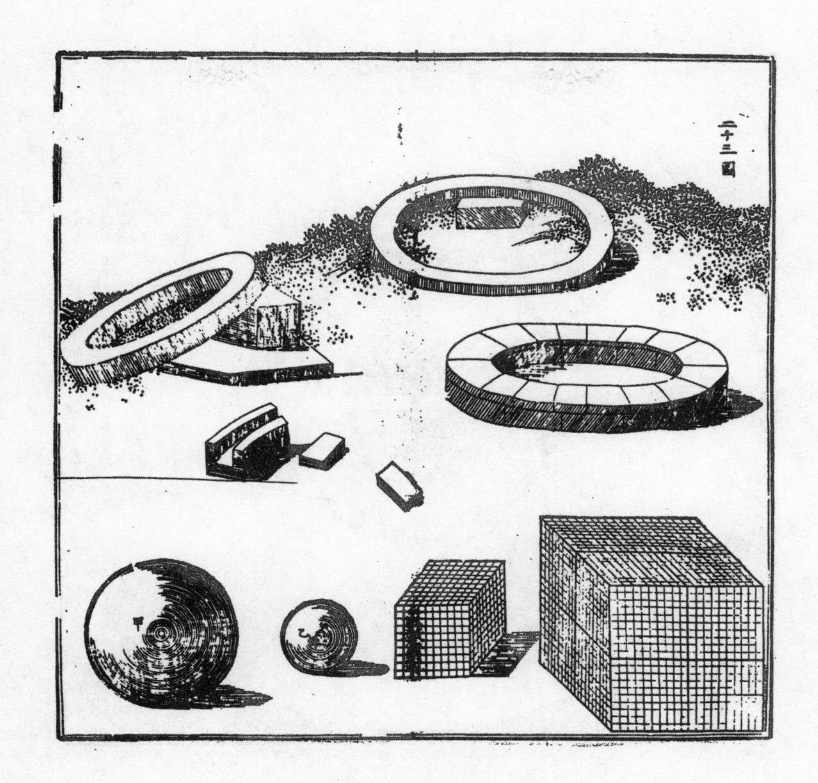
二十三圖
甲
乙

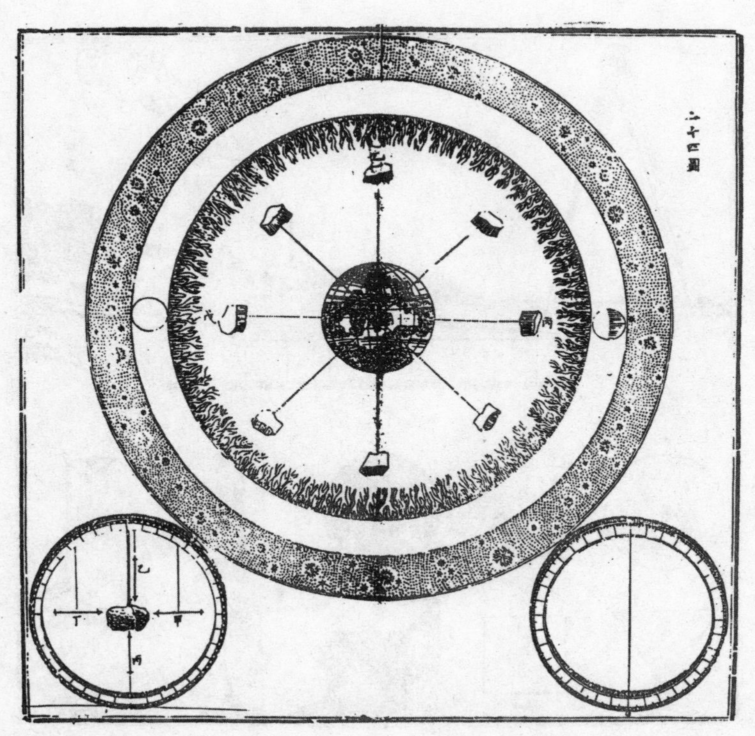
二十四圖
戊
丙
乙
丁
甲
丙

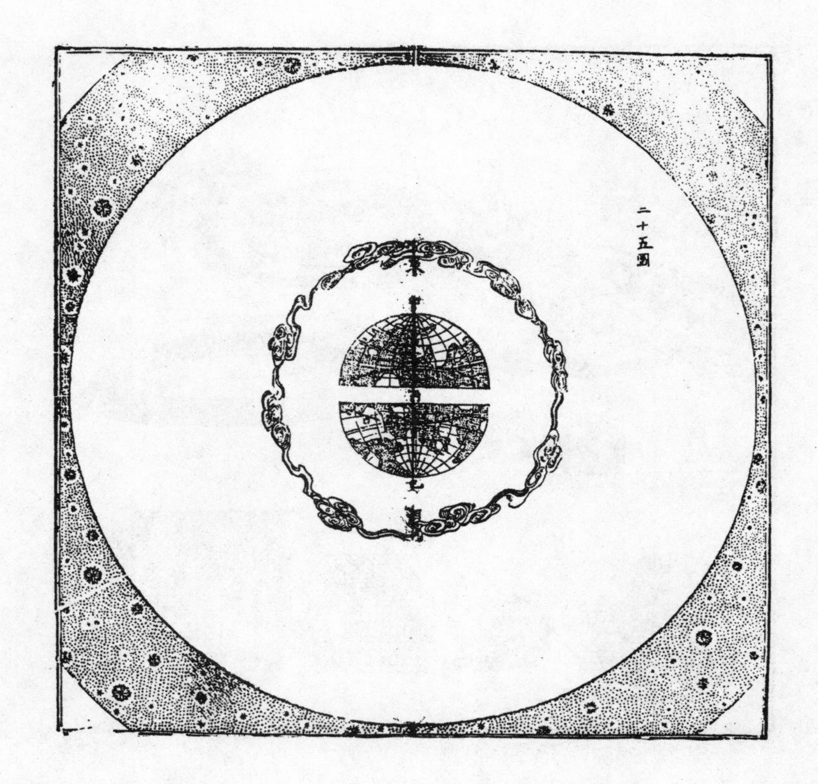
二十五圖

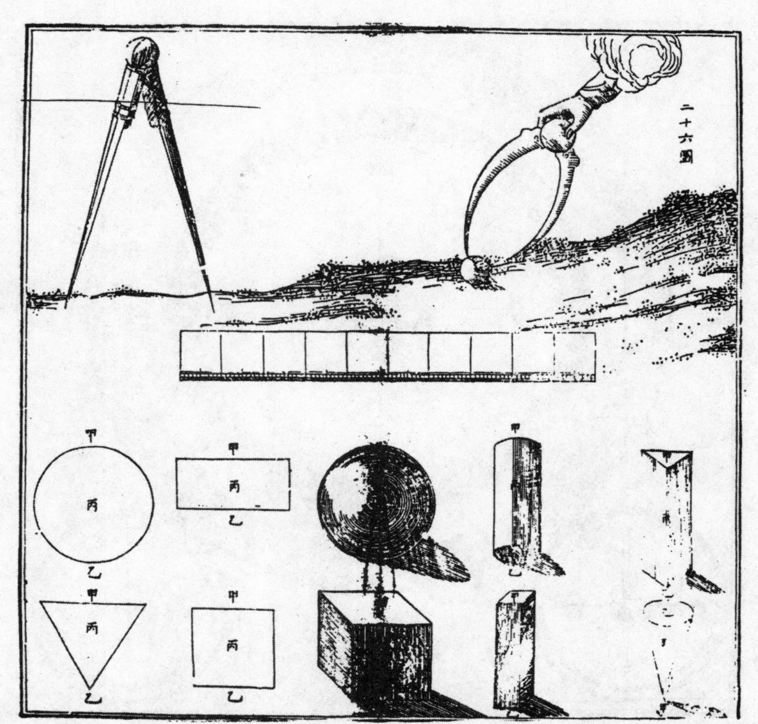
二十六圖
甲
丙
乙
甲
丙
乙
甲
丙
乙
甲
丙
乙
甲
乙
甲

二十七圖

二十八圖

二十九圖
三十圖
三十一圖
丙
丁

三十三圖
三十二圖
丙
丁

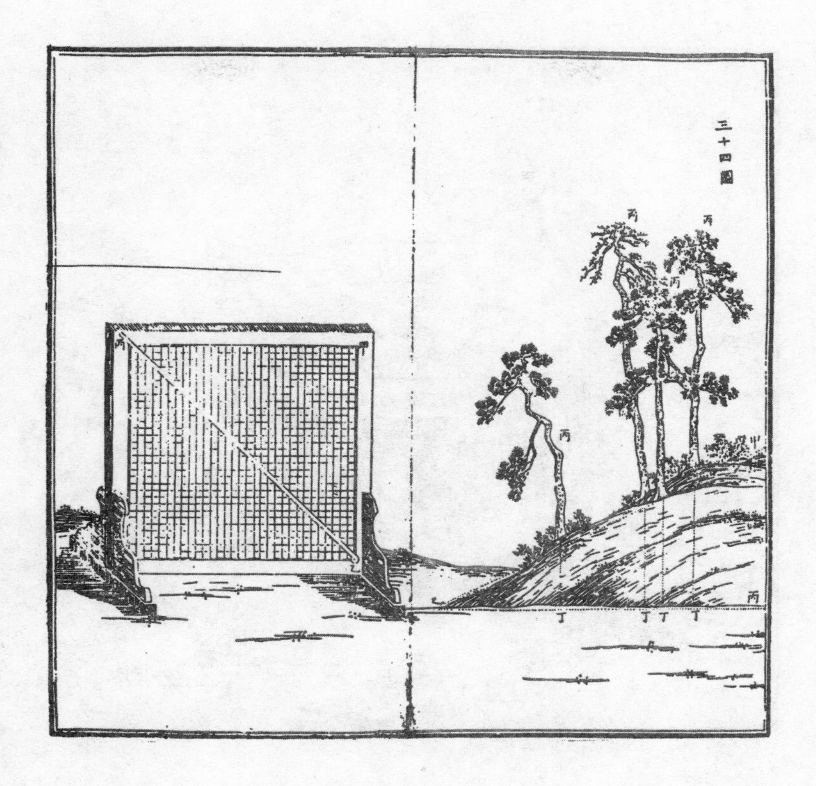
三十四圖
丙
丁

三十五圖

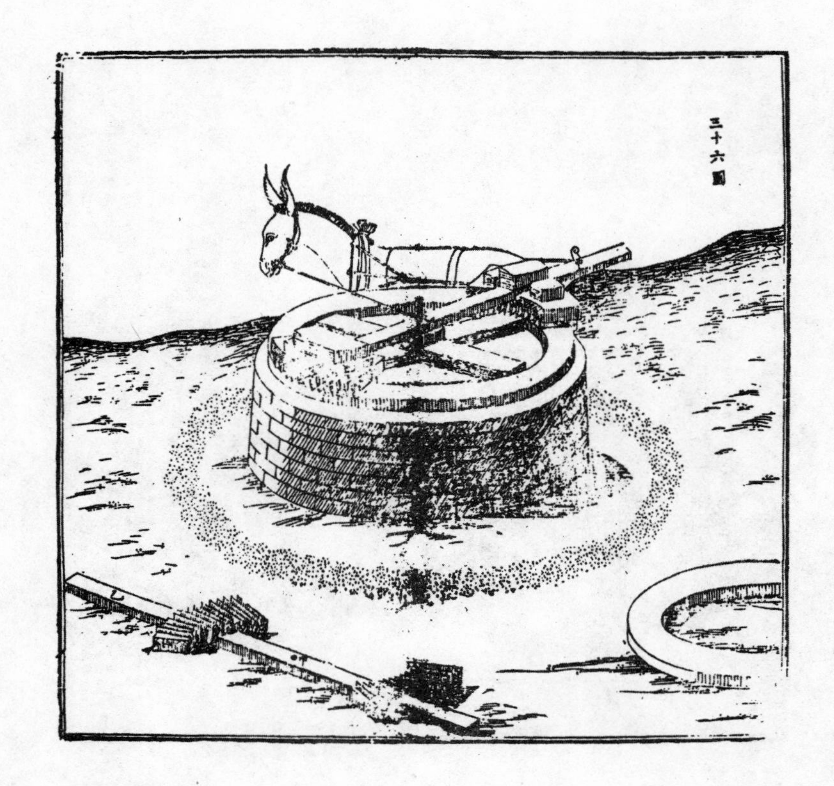
三十六圖

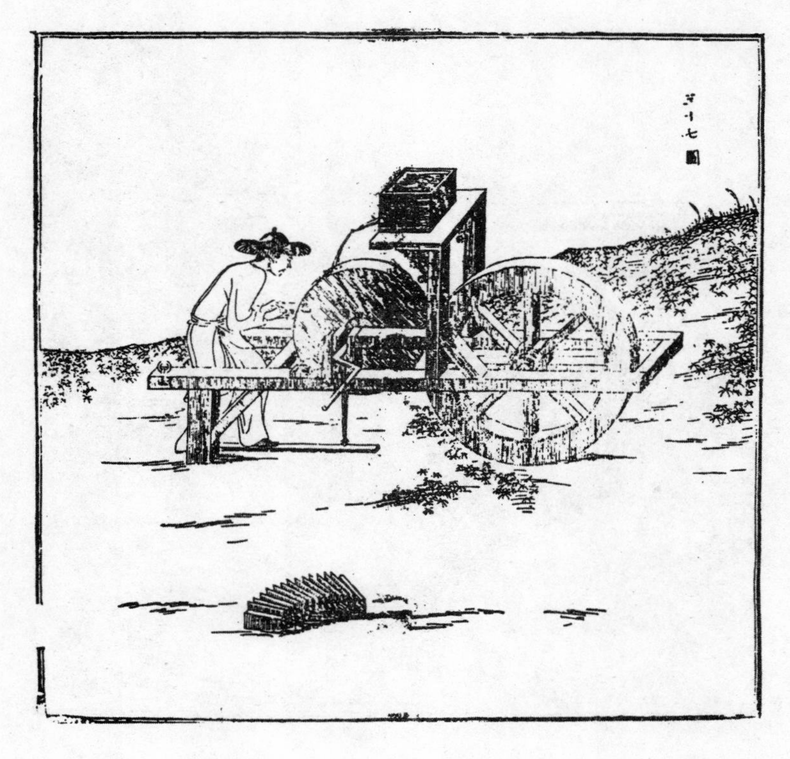
三十七圖

三十八圖

三十九圖
四十圖

四十一圖

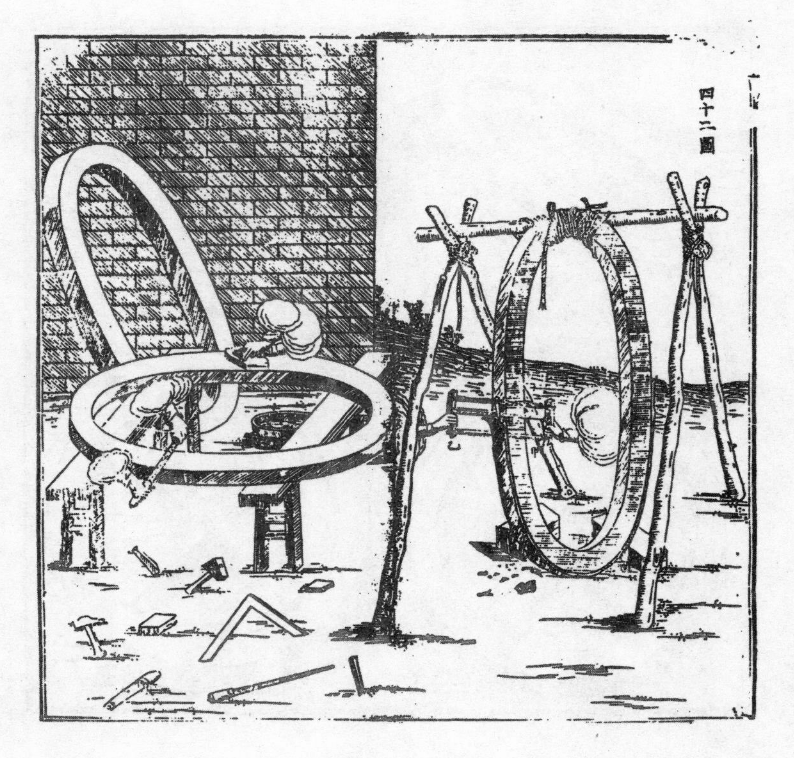
四十二圖

四十三圖

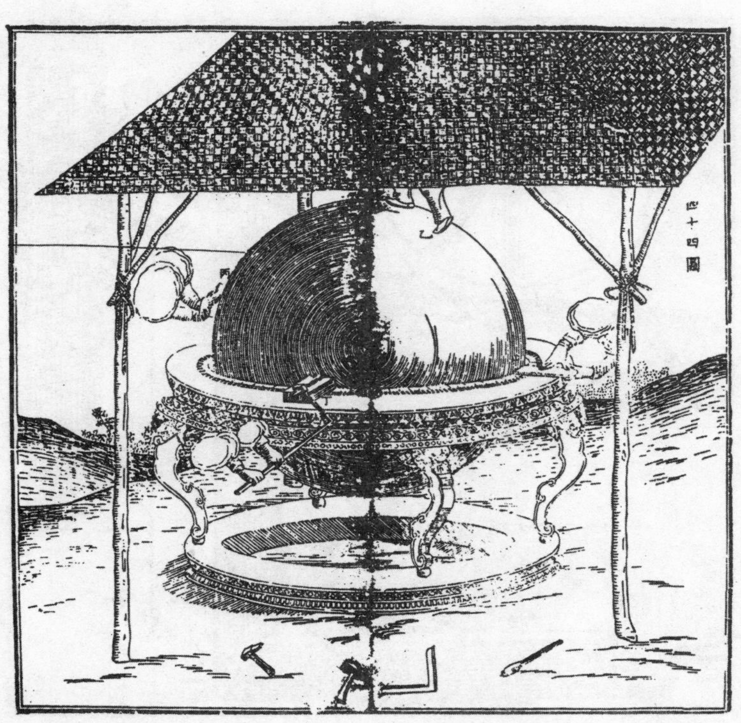
四十四圖

四十五圖

四十七圖

四十八圖

四十九圖

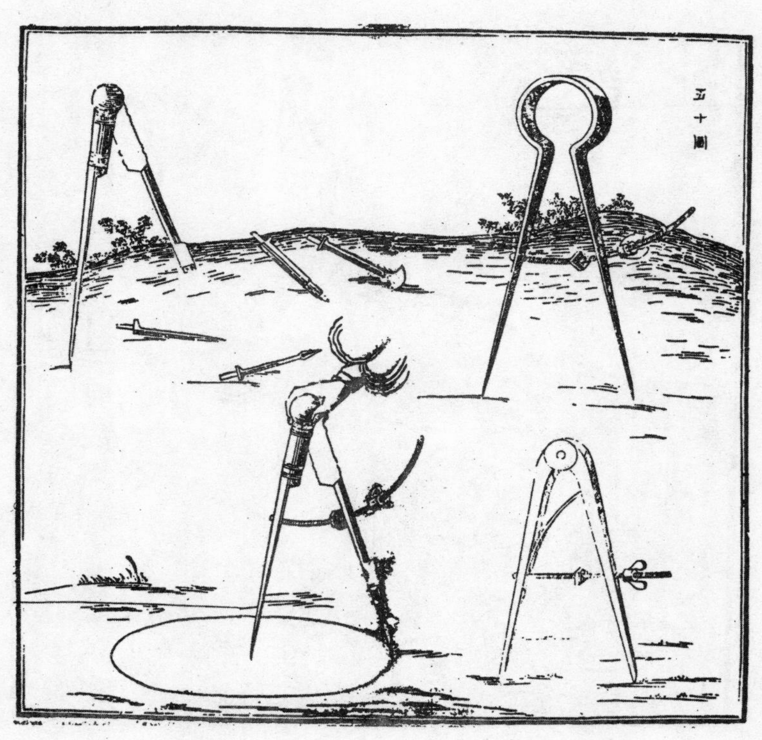
五十圖

五十一圖

五十二圖

五十三圖

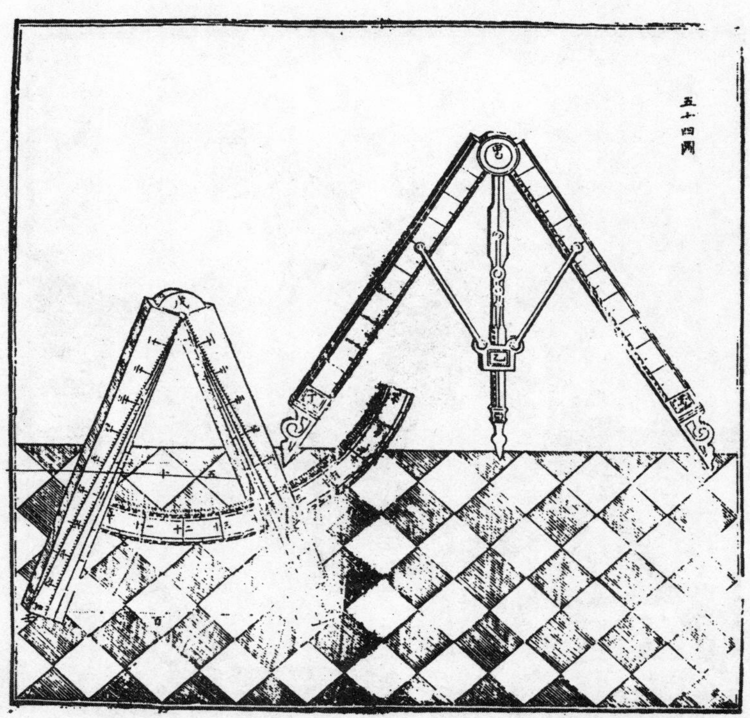
五十四圖

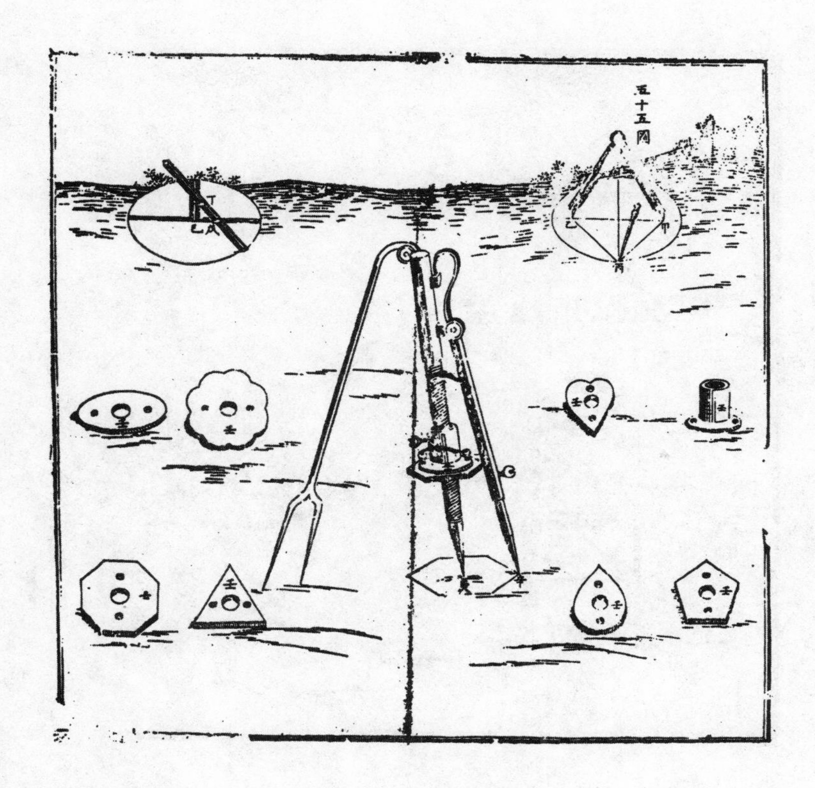
五十五圖

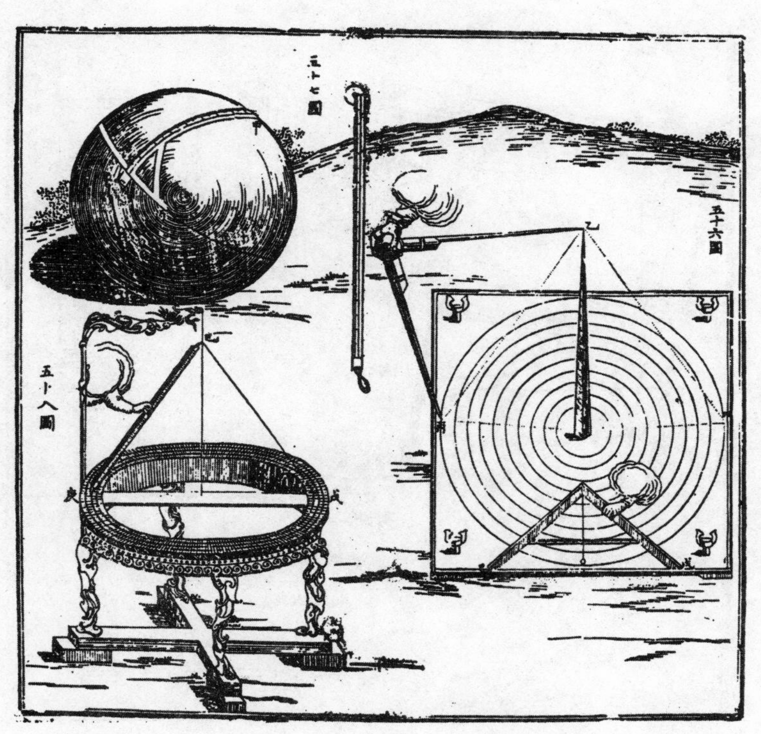
五十七圖
五十六圖
五十八圖

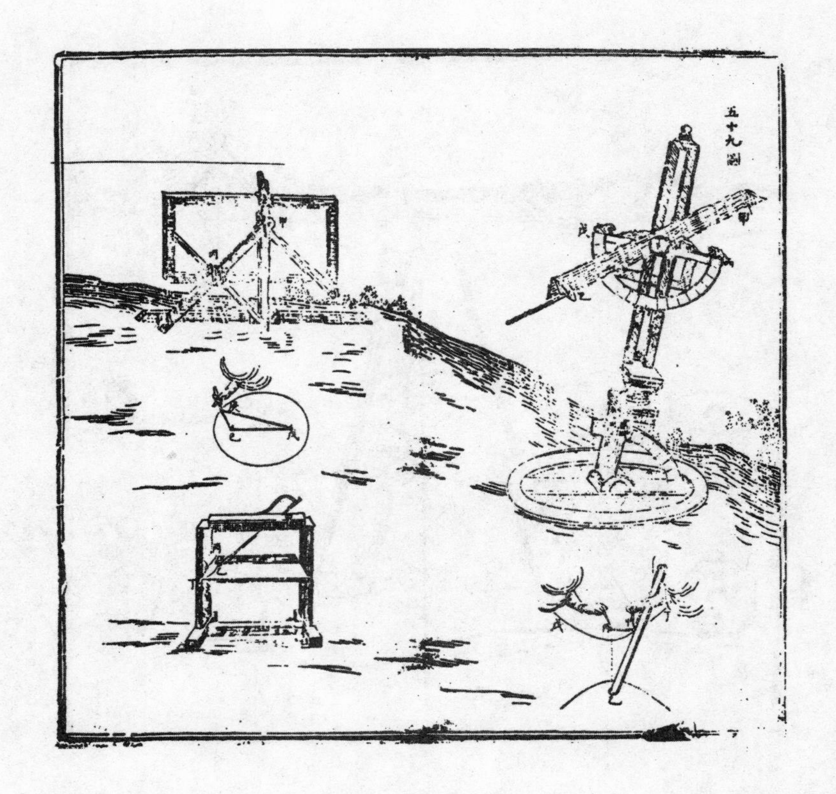
五十九圖

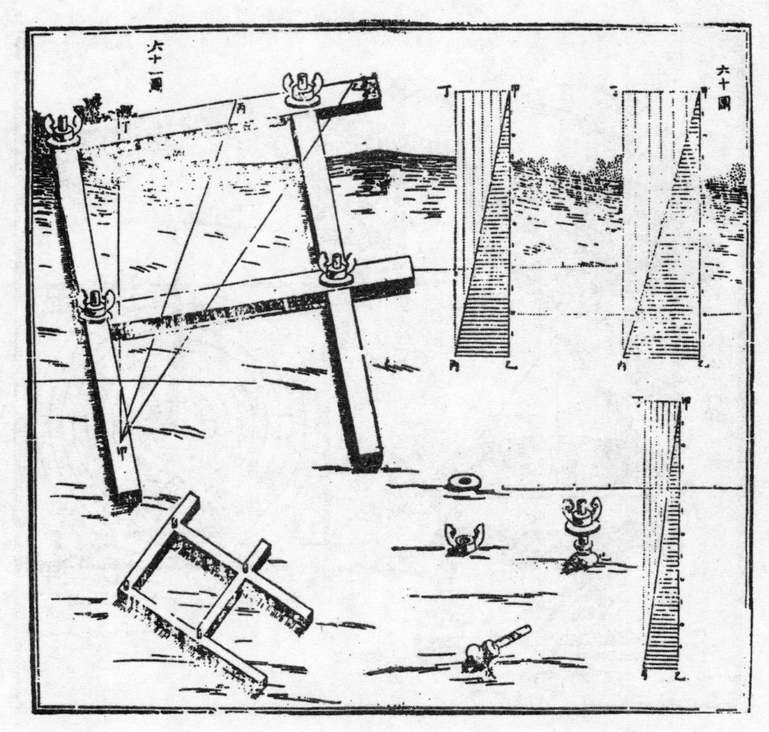
六十一圖
六十圖

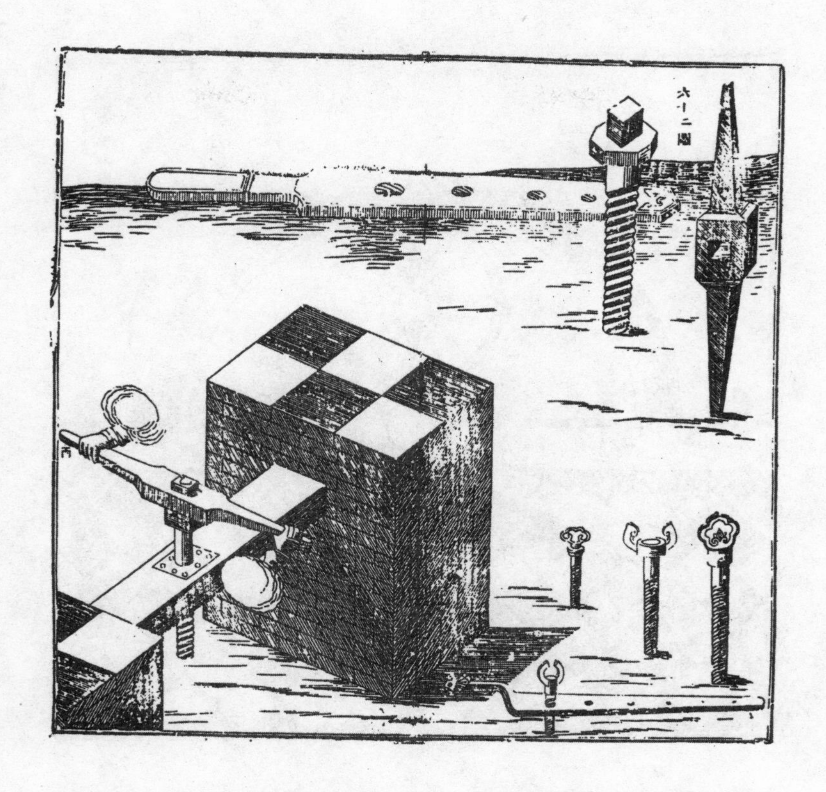
六十二圖
丙

六十二圖
甲
乙
丙

六十三圖

六十五圖
六十四圖

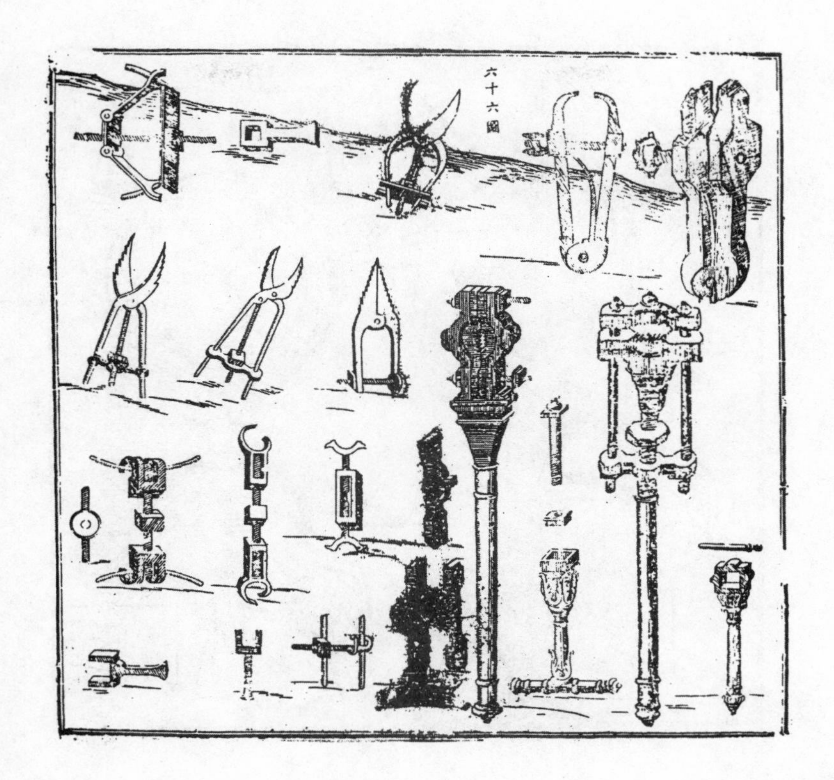
六十六圖

六十七圖

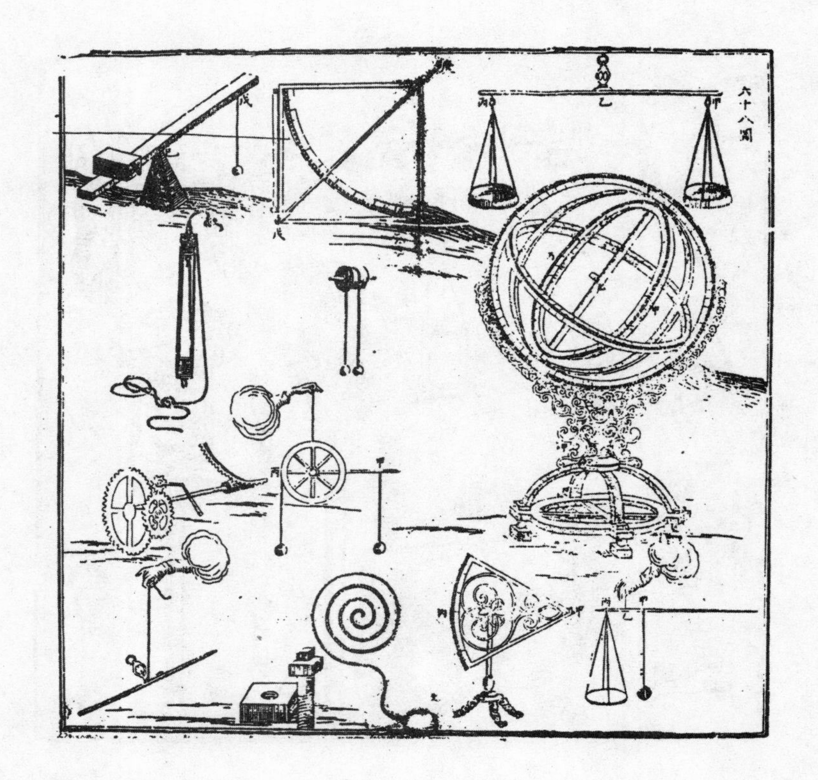
六十八圖

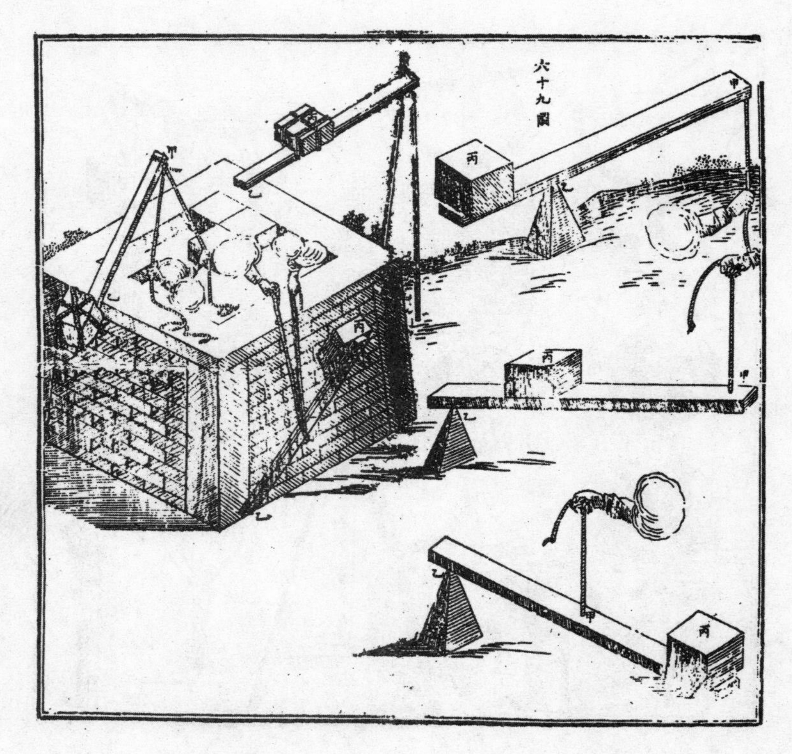
六十九圖

七十圖

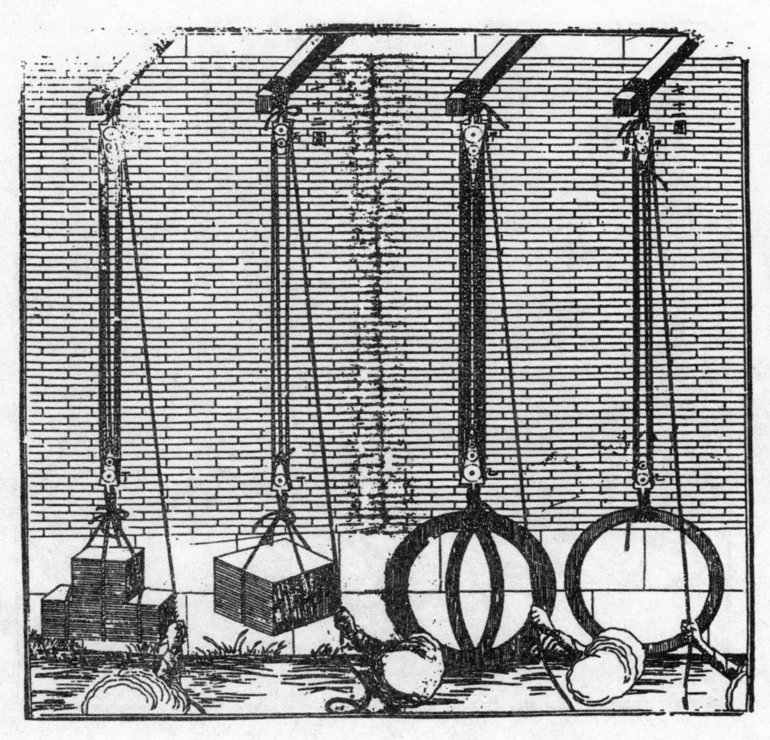
七十二圖
七十四圖

七十二圖
戊
辛
庚
己

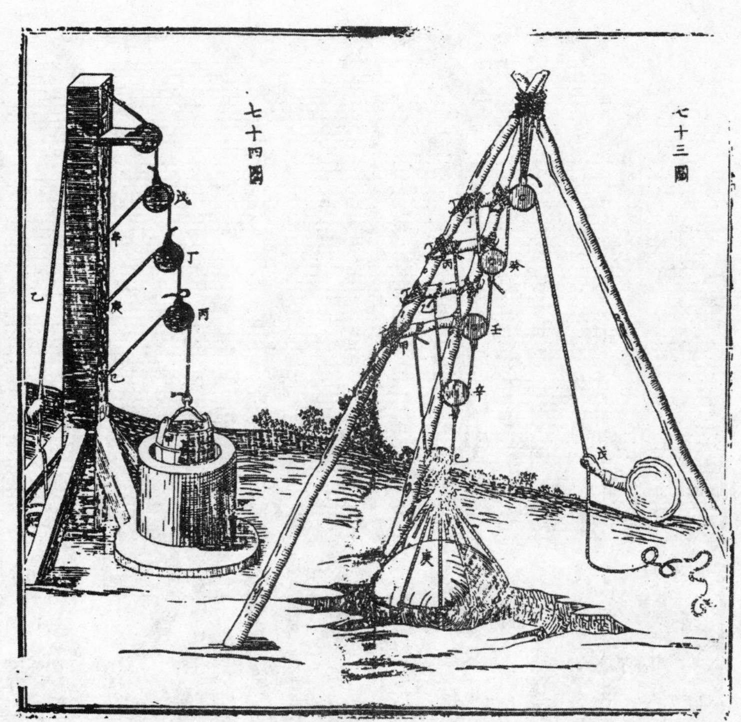
七十四圖
七十三圖
戊
丁
丙
乙
庚
辛
壬
癸

七十五圖
丙
乙

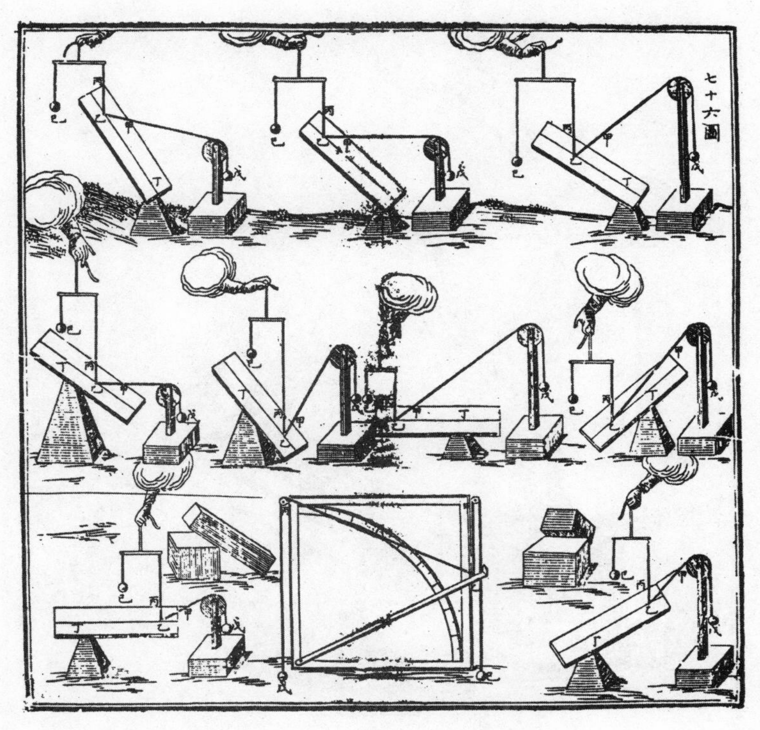
七十六圖

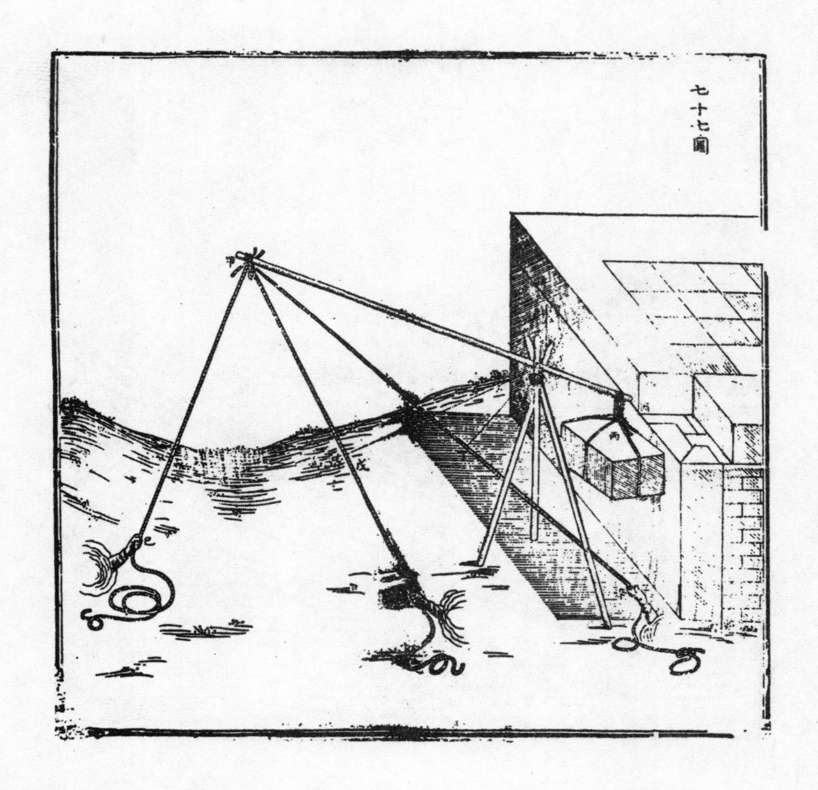
七十七圖

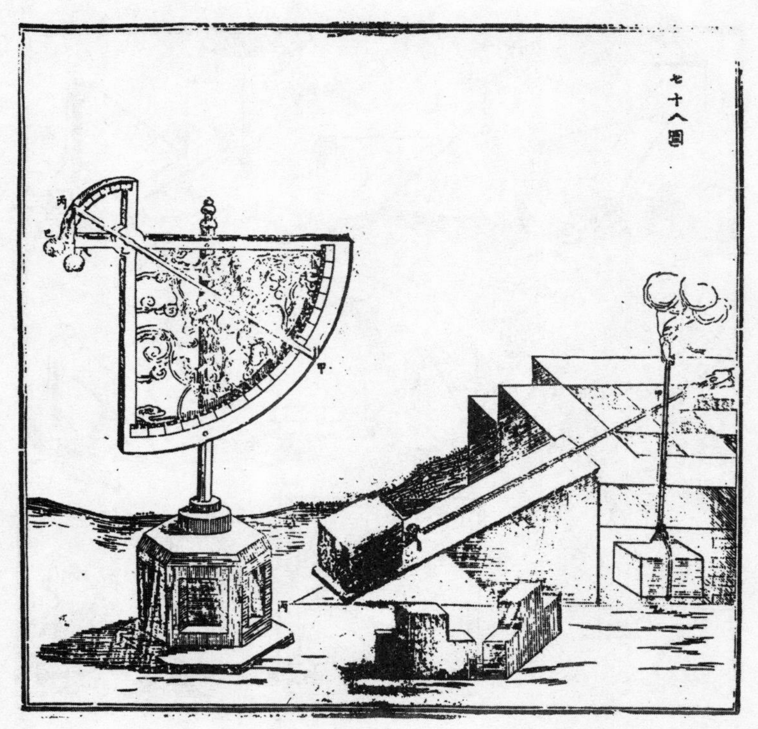
七十八圖

七十五圖

八十圖

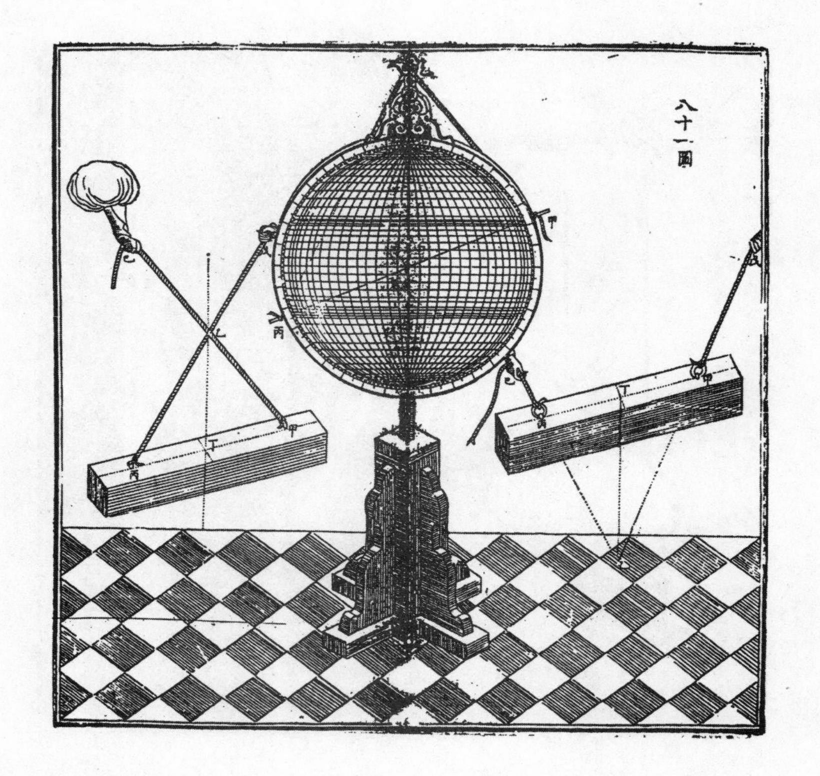
八十一圖

八十二圖

八十三圖

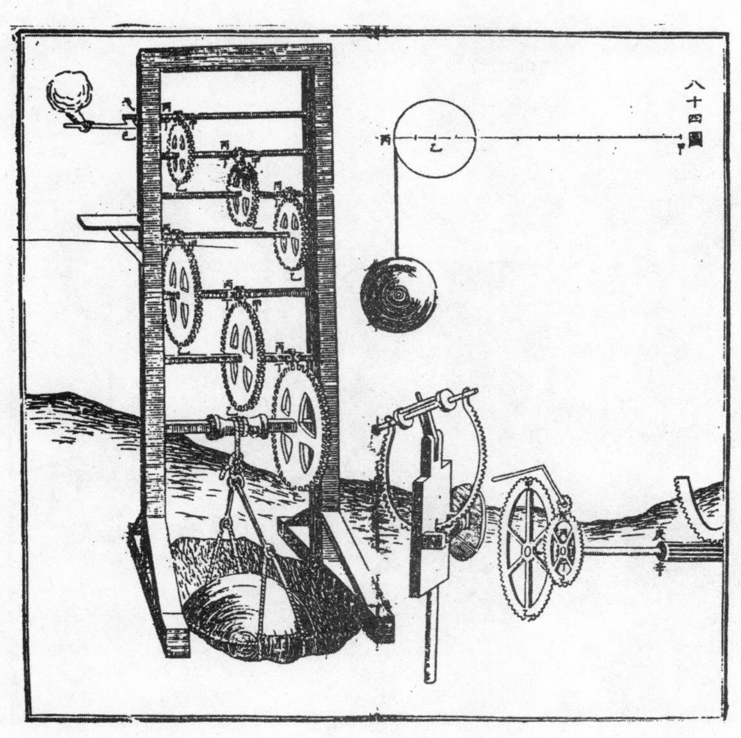
八十四圖

八十五圖
丙
甲

八十六圖

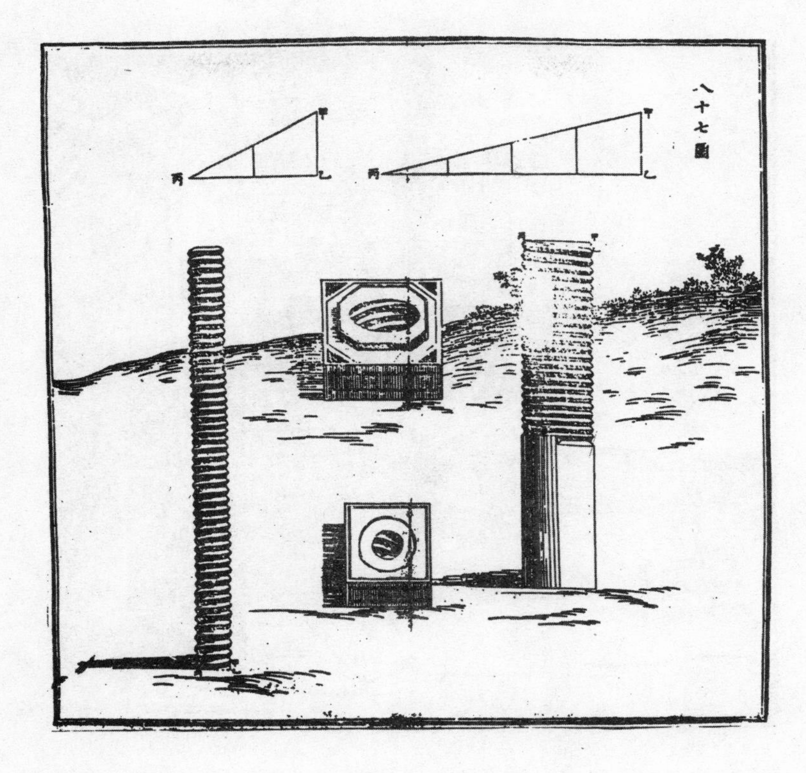
八十七圖
甲
丙
乙
甲
丙
乙

八十八圖

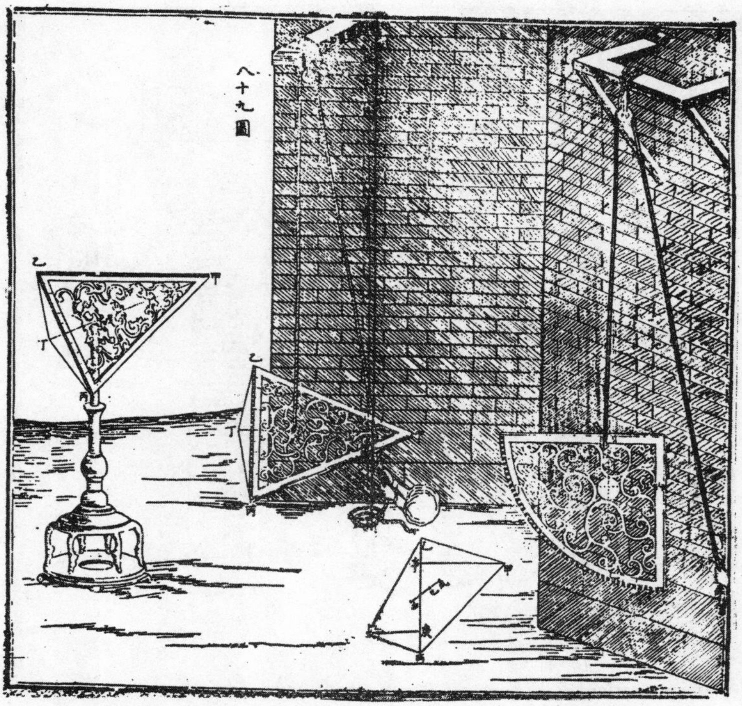

八十九圖

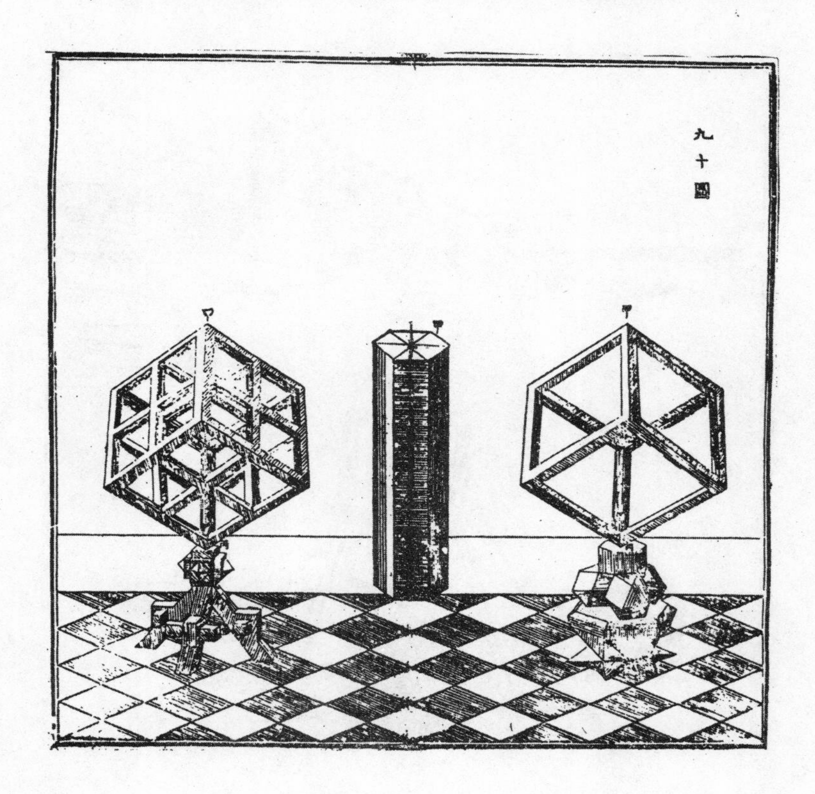

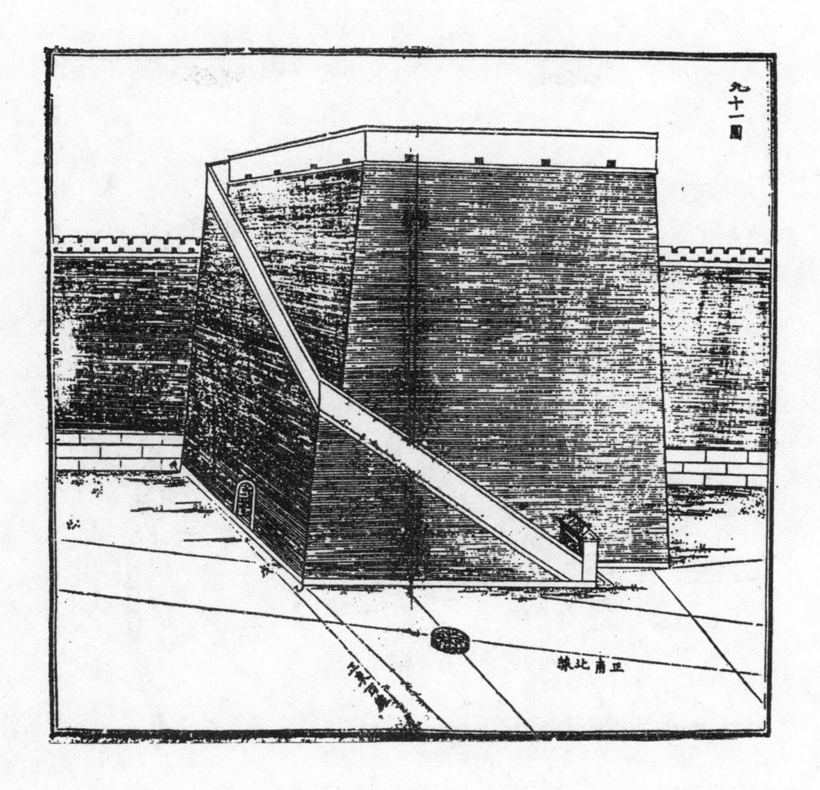
九十一圖
正南北綫

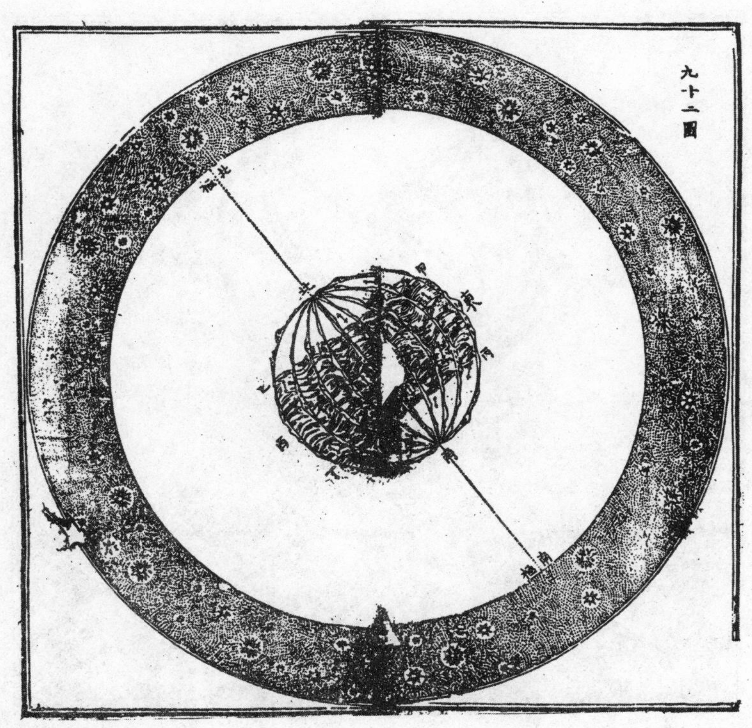
九十二圖
北極
南極
東
西

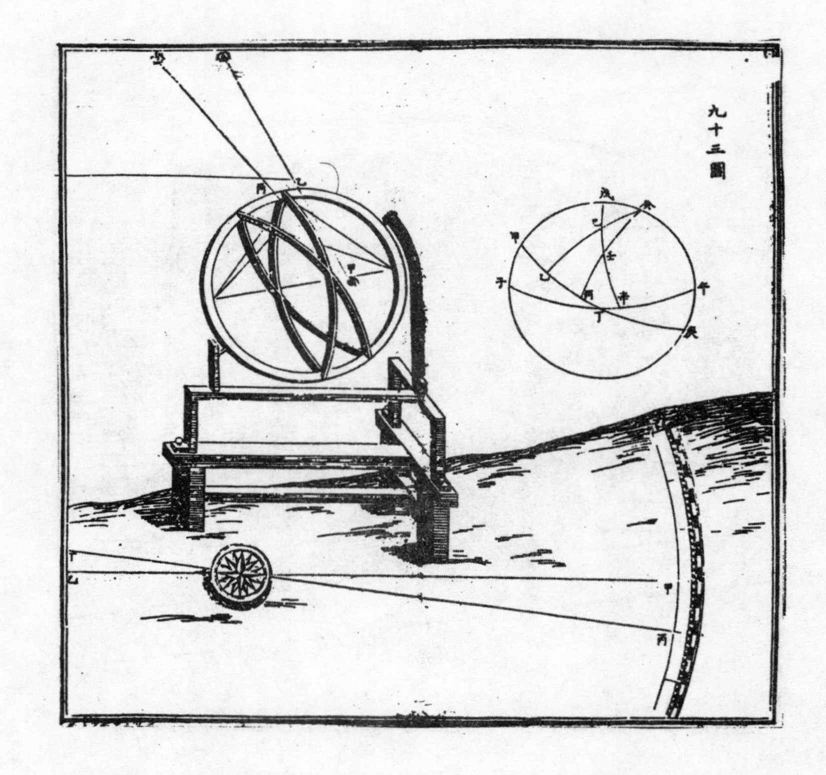
九十三圖

九十四圖

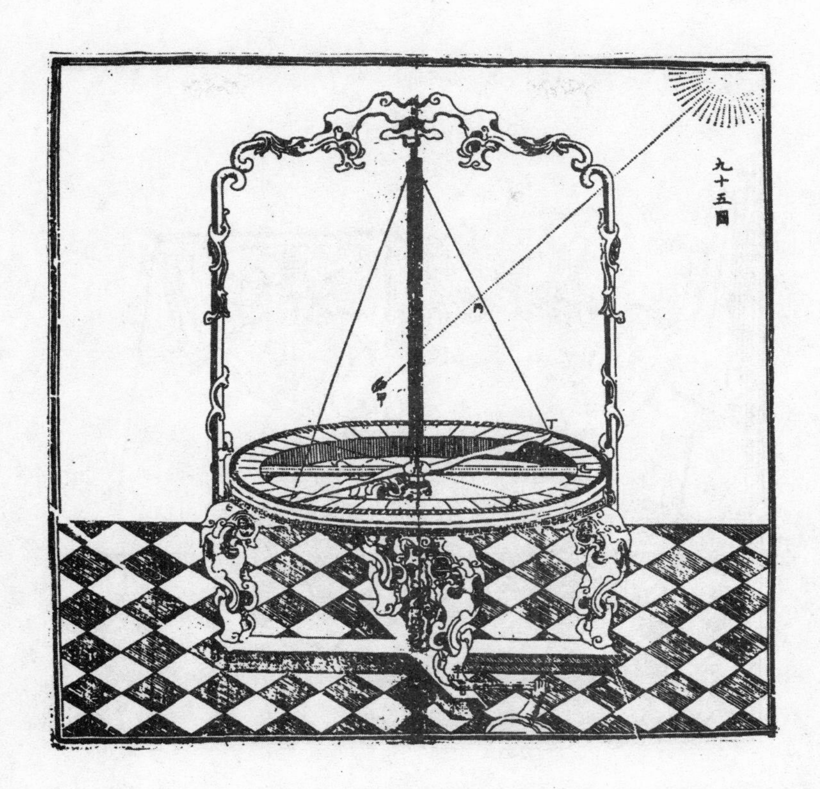
九十五圖

九十六圖

九十七圖

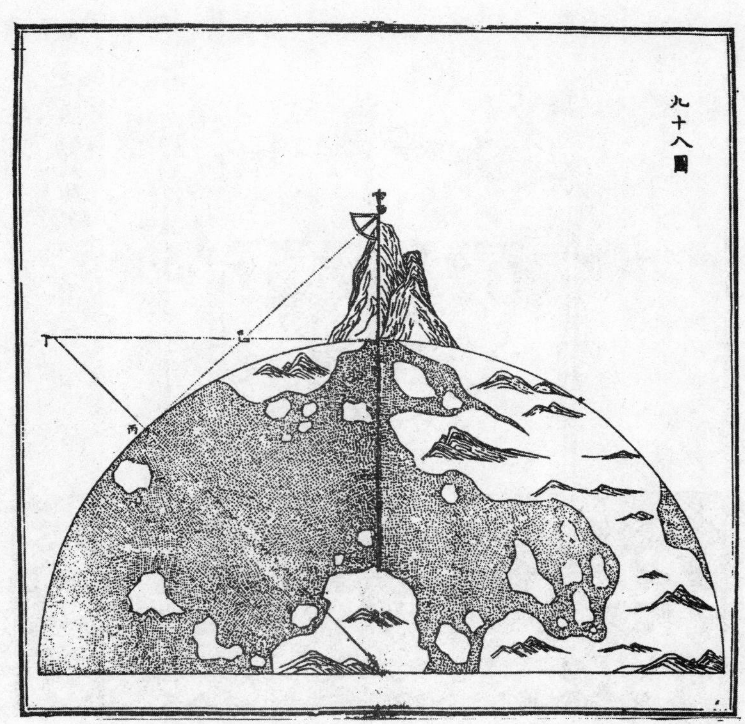
九十八圖

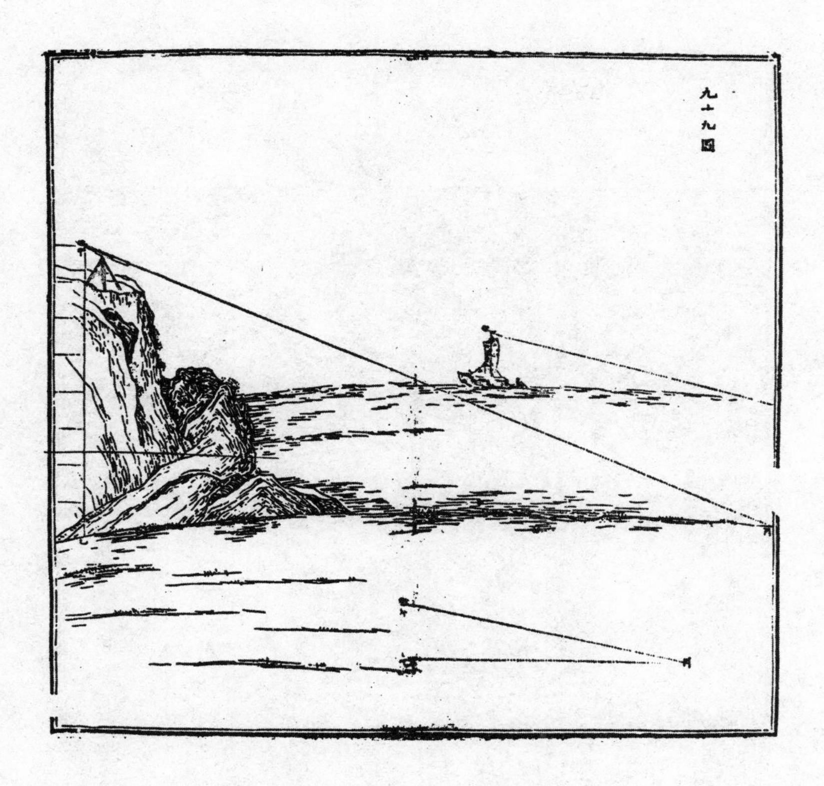
九十九圖

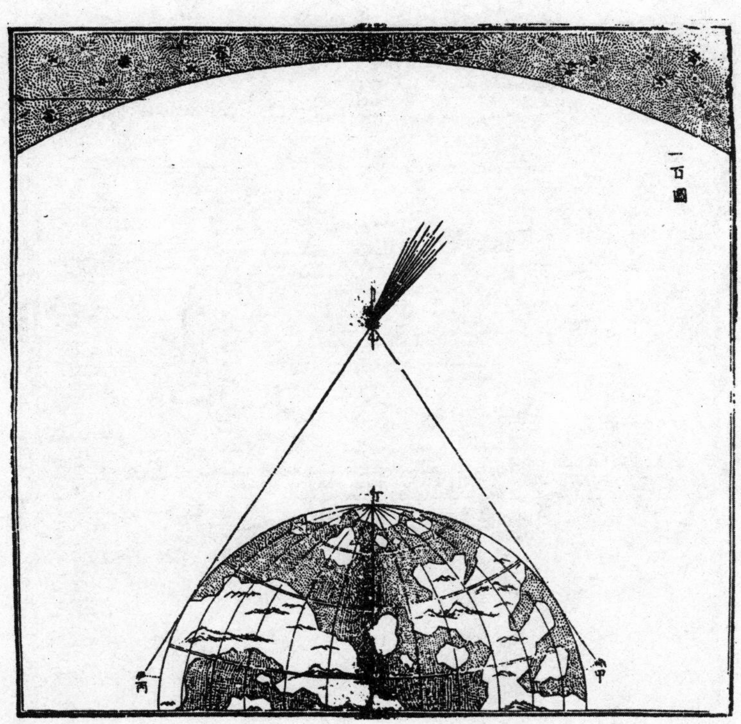
一百圖
丙
甲

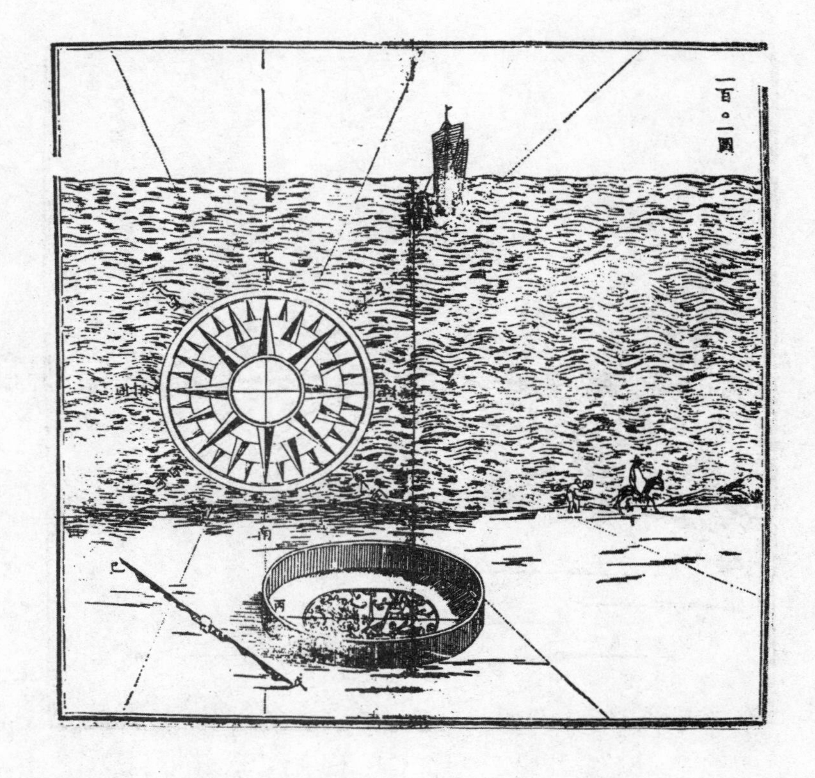
一百○一圖
南

東
西

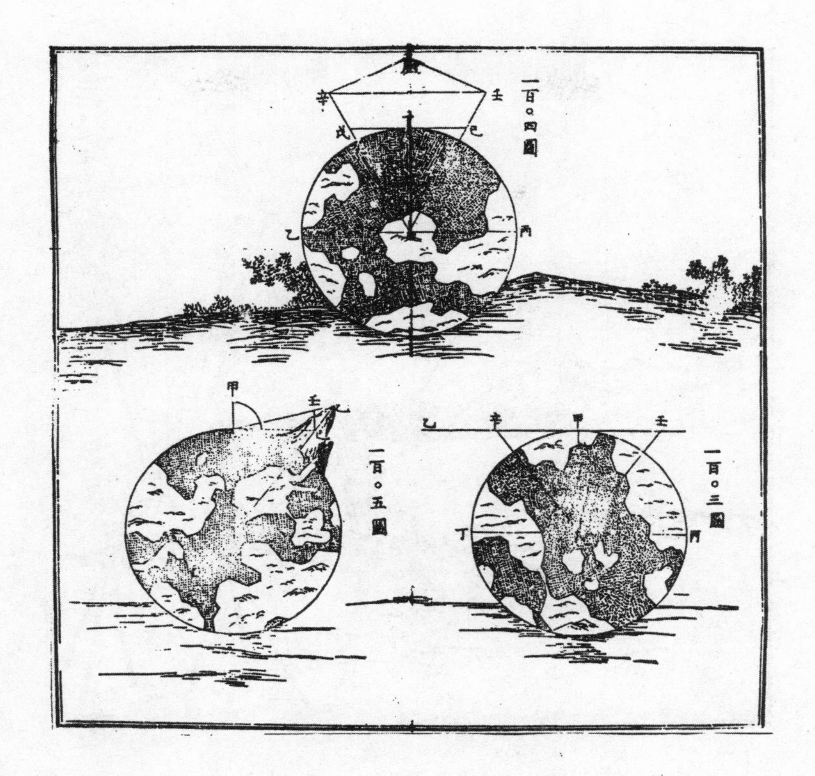
一百○四圖
一百○五圖
一百○三圖

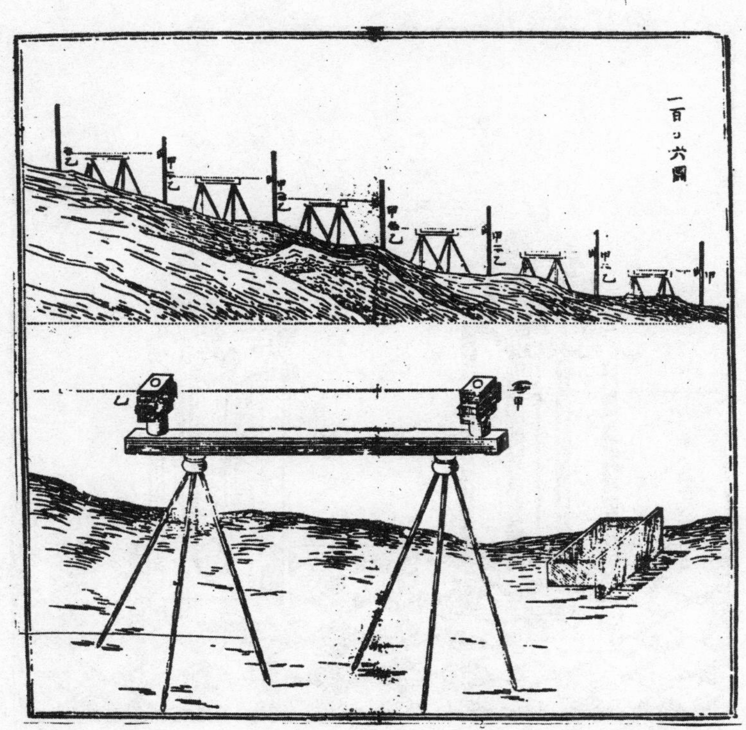
一百○六圖

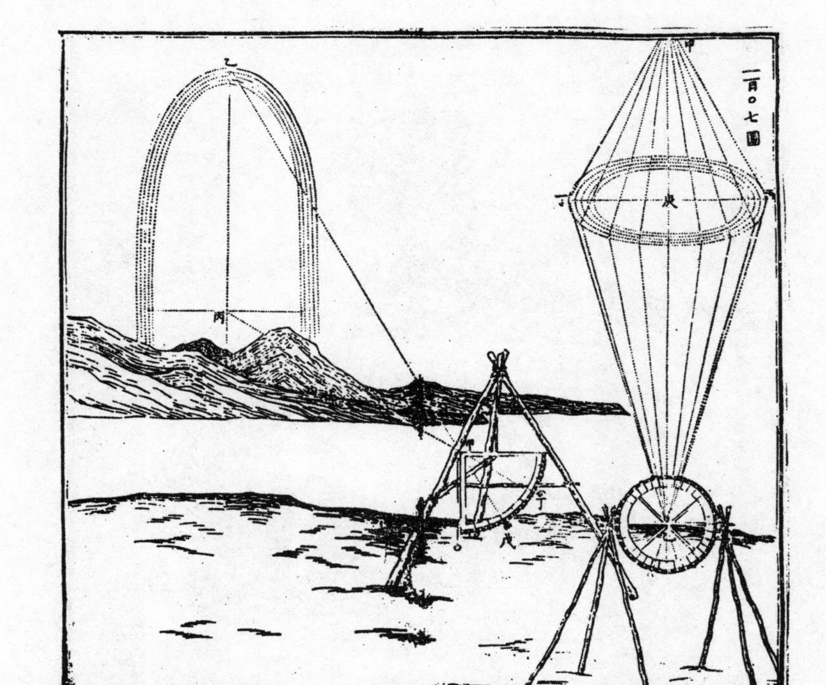
一百〇七圖

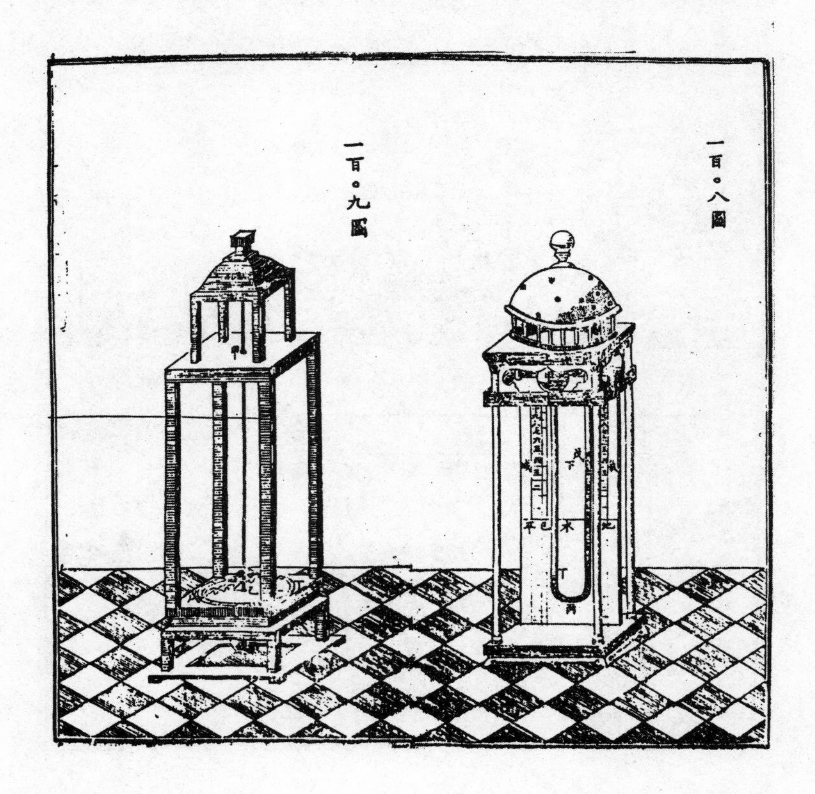
一百〇九圖
一百〇八圖

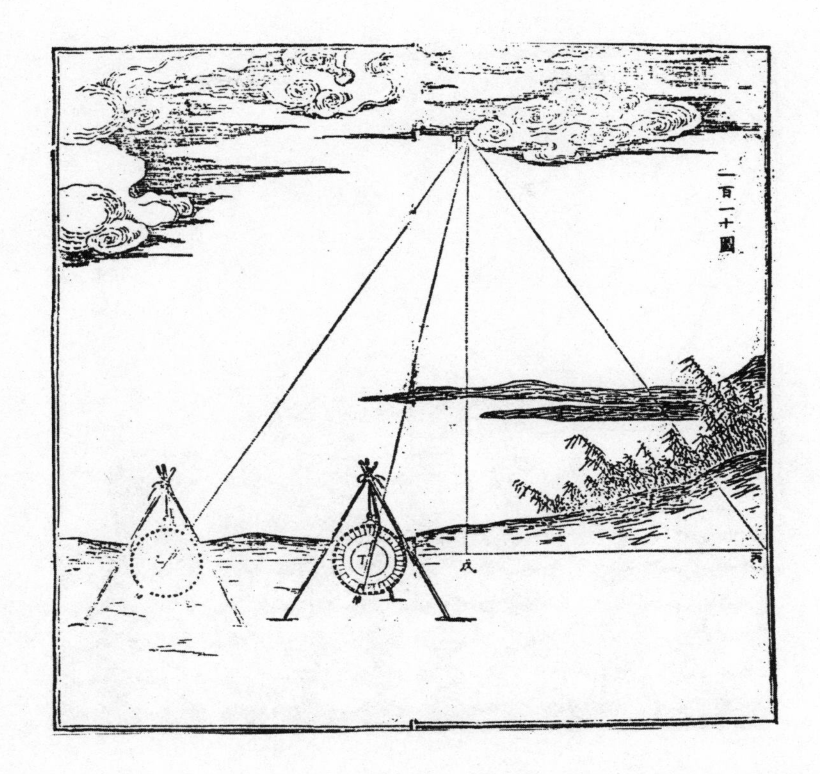
一百一十圖

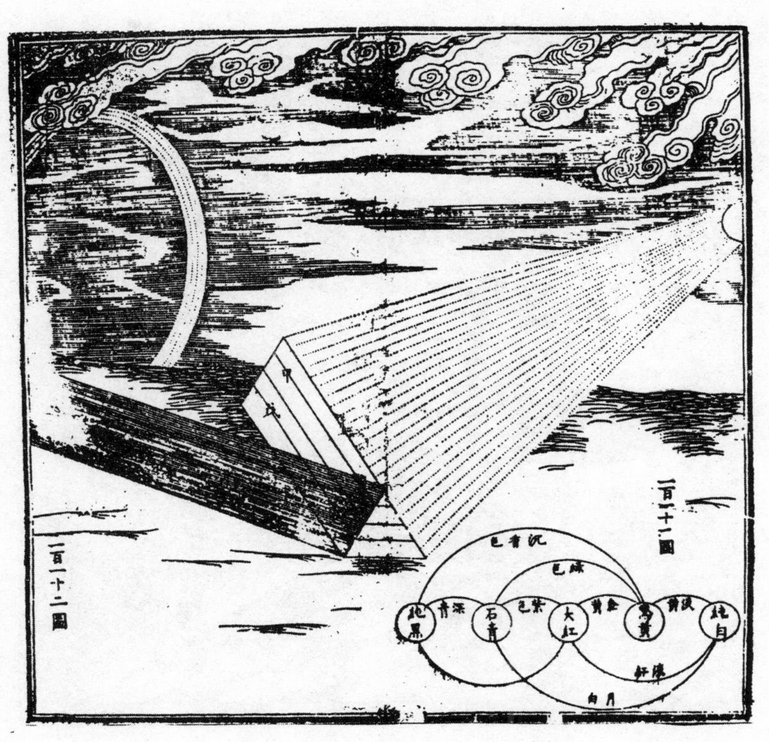
一百一十二圖
一百一十二圖

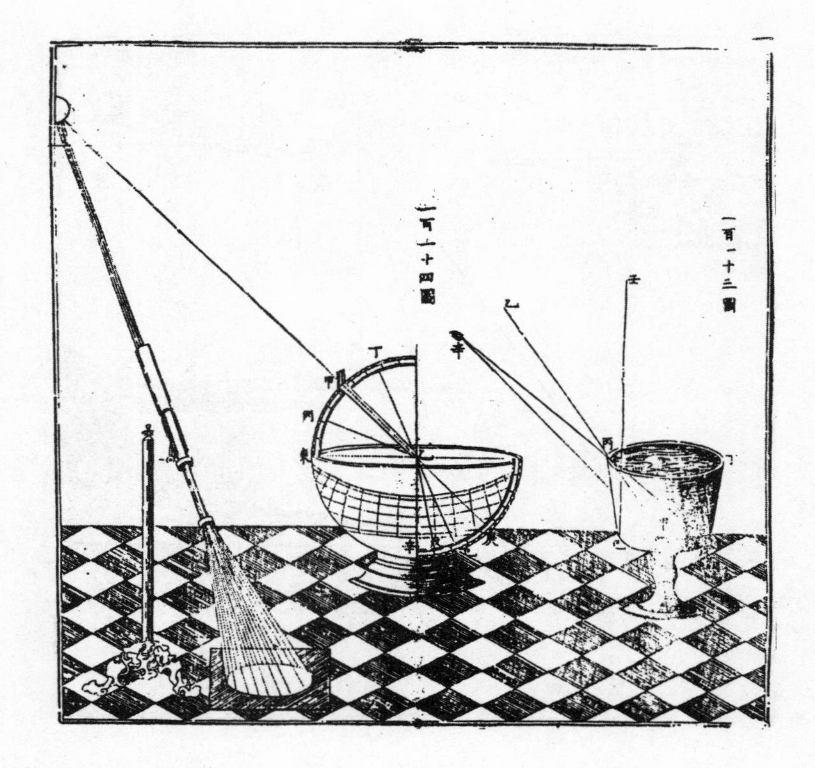
一百一十四圖
一百一十三圖

一百一十五圖

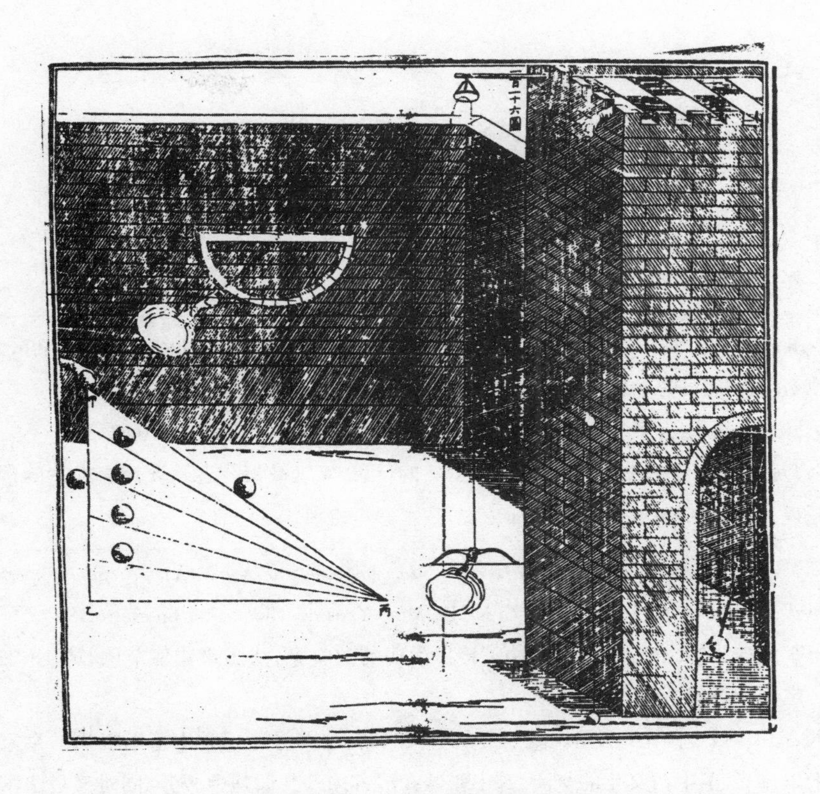
一百一十六圖

一百一十七圖

附录四　南怀仁研究中心外文出版品简介

鲁汶中国研究丛书

Historiography of the Chinese Catholic Church(Nineteenth and Twentieth Centuries).Ed.by Jeroom Heyndrick,1994(F.Verbiest Foundation:Leuven).
《19、20世纪中国天主教史学论集》。韩德力编,丛书之一。定价34.70欧元。
此书乃近代有关天主教在中国的传教策略的反思、宗教政策及各重要修会在华的传教史概说,见解精辟,内容丰富,引证翔实,颇富参考价值。

*Jean-François Gerbillon,S.J.(1654-1707).Mathématicien de Louis XIV.Premier Supérieur Général de la Mission Française de Chine.*By Mme Yves de Thomaz de Bossierre.1994.《耶稣会士张诚神父传(1654—1707):法王路易十四的数学家,法国来华使节团长》,丛书之二。定价16.11欧元。
17世纪后半叶,中国及法国均处于贤君当政之时,法国派遣了学术造诣极深的皇家院士来华,扩大了中西文化的交流,其中张诚在清方的外交谈判中服务,同时又是法国来华团体的领导,对天文地理及科学知识之传播有极大贡献,本书即其传记。

The China Archives of the Belgian Franciscans-Inventory.By Sara Lievens,1998.
《比利时圣方济会的中国档案》,1998年,丛书之三。定价32.23欧元。
比利时的方济会在19世纪后半叶来华传教多年,湖北西南部一带为其责任区,历经成功至失败,后在20世纪中叶被迫离华,转向他国及台湾传教,留下不少珍贵的档案资料。本书即其档案目录,有数种索引,检索便利,极其参考价值。

Antoine Mostaert(1881-1971)CICM Missionary and Scholar,Volume Ⅰ.Ed.By Klaus Sagaster.《田清波(1881—1971)圣母圣心会传教士与学者》,卷一,1999,丛书之四。定价29.50欧元。
只要对于蒙古研究稍有涉猎的人都知晓田清波大师,他被称为是"蒙古的宗徒,蒙古研究的元老",他在蒙古文字语言方面的造诣前无古人。此书两卷,其中有今人为此传教士一生功业的回顾与评价,也有他的旧作新编及著作目录。蒙古学的研究者,允宜人手一册。

Antoine Mostaert(1881-1971) CICM Missionary and Scholar, Volume Ⅱ. Ed. By Klaus Sagaster, 1999.
《田清波(1881—1971)圣母圣心会传教与学者》,卷二,丛书之五。定价 49.33 欧元。

The Christian Mission in China-in The Verbiest Era: Some Aspects of The Missionary Approach. Ed. By Noël Golvers, 1999. 丛书之六。定价 14.75 欧元。
此为六篇文章所集成的论文集,作者分别为比国的钟鸣旦、杜鼎克、高华士及美国的魏若望、中国的徐海松及韩琦,就南怀仁的作品及清人的反应、清代的钦天监及 17 世纪鲁日满在江南常熟的传教事业有所探讨。

François de Rougemont, S.J., Missionary in Ch'ang-shu—A Study of the Account Book(1674-1676) and The Elogium. By Noël Golvers, 1999. 丛书之七。定价 72.24 欧元。
此书是 1992 年所发现鲁日满之私人杂记、账册手稿及灵修笔记之分析研究,极富历史价值之史料,堪称与 18 世纪四川李安德神父之拉丁文日记媲美,填补了历史空白的遗憾。

Footsteps in Deserted Valleys-Missionary Cases, Strategies and Practice in Qing China. Edited by Koen De Ridder, 2000. 丛书之八。定价 17 欧元。
此书由六位著者之论文结集而成,两位比利时、一位法国、一位意大利及两位台湾学者所写有关清末民初民教冲突、传教士在防疫方面、甘肃及河南省的工作、国籍神职的培养及角色等专题,有两篇专论台湾教会史之文,尤其具有意义。

Authentic Chinese Christianity: Preludes to Its Development(Nineteenth and Twentieth Centuries). Edited by Ku Wei-ying and Koen de Ridder, 2001. 丛书之九。定价 17.23 欧元。
本书乃集合七篇文章而成,讨论近代中国基督徒皈依的背景、环境及情况,作者为 J.G. Lutz, J.-P. Wiest, R.G. Tiedemann 等名家,内容精彩,自不待言。

Missionary Approaches and Linguistics in Mainland China and Taiwan. Edited by Ku Wei-ying, 2001. 丛书之十。定价 20 欧元。
本书集合十一篇论文而成,主要讨论传教政策及传教语言的策略及相关问题,其中有三篇是有关 17 世纪的台湾。作者还包括 Cl. Von Collani, J.-P. Wiest, G. Stary 以及 G. Criveller 等人。

Mon Van Genechten(1903-1974), Flemish Missionary and Chinese Painter, Inculturation of Christian Art in China. By Lorry Swerts and Koen De Ridder, 2002.《方希圣(1903—1974),佛兰芒传教士与中国画家,中国圣艺的本地化》,丛书之十一。定价 16.15 欧元。
此书乃叙述并分析讨论一位致力于圣艺中国化的比利时传教士兼画家方希圣的作品,除了对其作品有精辟的分析,并附有多幅画作供欣赏与参照。

Ferdinand Verbiest, S. J. (1623-1688) and the Chinese Heaven. By Noël Golvers, 2003.《南怀仁的中文天际》,丛书之十二。定价 67 欧元。

本书包含了南怀仁在欧洲约 220 篇的天文学著作,并且针对天文、汉学、历史、语言以及藏书学的各个层面进行讨论。其中丰富的图解(60 个图片,6 个图表,以及 4 个地图),对于我们了解西方天文学在东亚的历史发展,以及耶稣会保留在欧洲的出版作品,将有相当助益与贡献。

Etienne Fourmont (1683-1745) Oriental and Chinese Languages in Eighteen Century France, By Cecile Leung, 2002.《依天·傅蒙(1683—1745),18 世纪法国的东方与中国语言》,丛书之十三。定价 27.75 欧元。

此书介绍第一位在法国有系统地研究中国的学者依天·傅蒙,他曾向一中国人黄氏学习中文音节之发音以及 214 个中文部首,其中最大的成就是将 8 万个中文字在巴黎加以镂刻,以备其拟编的字典之用。

The History of the Relations between the Low Countries and China in the Qing Era (1644-1911), By Vande Walle, 2003.《清代低地国与中国的关系》,丛书之十四。定价 45.50 欧元。

此为 21 篇文章所集成的论文集。其中一些文章探讨文化交流、科技传播等议题,传教修会在中国活动的情况,也有一些是评估中比在外交、政治、经济和商业各方面的重要性。借助本书按时间的先后安排与宽广的讨论层面,我们对中国和西方的历史关系有更深一层的领悟。

Han-Mongol Encounters and Missionary Endeavors—a History of Scheut in Ordos (Hetao) 1874-1911, By Patrick Taveirne, 2004.《汉蒙相遇与传教努力——司各特在鄂尔多斯(河套)的历史(1874-1911)》,丛书之十五。定价 52 欧元。

本书探讨比利时司各特(圣母圣心)传教修会,在清末汉蒙边区河套一带的传教源起及发展经过。作者并且分别叙述了在清帝国和欧洲民族的背景之下,鄂尔多斯蒙古人和传教工作的历史变迁。书中涵盖天主普世教会和修会的互动、一国内政和海外传教的关系、在清帝国社会经济状况下的传教动机、当地地方教会的生活实况、该地逐渐沙漠化以及义和团事件的余波荡漾等问题。

Chronique du Toumet-Ortos:Looking through the Lens of Joseph Van Oost,Missionary in Inner Mongolia,1915–1921.By Ann Heylen Leuven,2004.《土默特–鄂尔多斯大事纪要:彭嵩寿神父日记精选集(1915–1921)》,丛书之十六。定价 39 欧元。

本书根据圣母圣心会彭嵩寿神父的日记,叙述了 1915—1921 年间内蒙古的日常生活情况,包含的主题如下:1.气候;2.社会习俗;3.当地传教士团体(圣母圣心会)以及 1917 年的瘟疫;4.盗匪之成为当地的社会、政治现象;5.民国初年的政治发展;6.从鸦片政策看官僚改革;7.一次大战时的国际关系与中国的近代化。内容生动,史料丰富。

A Lifelong Dedication to the China Mission,Edited by Noël Golvers & Sara Lievens,2007.《一生传教为中华——祝贺圣母圣心会韩德力神父七五华诞暨南怀仁文化协会成立二十五周年纪念》,丛书之十七。定价 49 欧元。

本书是为祝贺圣母圣心会韩德力神父 75 华诞既南怀仁文化协会成立二十五周年纪念而征集编成,由 23 位学者执笔撰写成的学术论文。题材多元,内容丰富,为日后研究中华传教史或中外交流史的学者提供了一本很好的参考书。

History of Catechesus in China,Edit by Staf Vloeberghs,2008.《天主教要理讲授史》,丛书之十八。定价 39.99 欧元。

本书包含了 17 篇文章,是 2001 年九月与辅仁大学合作召开的第七次中国天主教传教史会议的论文选辑。要理问答是天主教向外福传的入门书,历来传教士极为重视,此书介绍许多来华修会的要理书编纂工作,可看出如何将其调适为中国人能接受的论述,内容丰富,精彩可读。

Ferdinand Verbiest and the Jesuit Science in 17th century China,By Noël Golvers and Efthymios Nicolaidis,2009.《南怀仁与十七世纪在中国的耶稣会科学》,丛书之十九。定价 37 欧元。

深埋在古老图书馆数百年的两部南怀仁手稿终于在本书中重见天日。此乃南氏于 1676 年写于北京,通过斯帕法里使节团携回莫斯科,希冀引起俄国沙皇注意的珍贵文献。译者将拉丁文本重新编排、翻译成英文,并且加上注解。

Silent Force:Native Converts in the Catholic China Mission,Edited by Rachel Lu Yan & Philip Vanhaelemeersch,2009.《中国教会史上的无名英雄》。丛书之二十。定价 39.50 欧元。

历史研究愈来愈重视许多幕后无名英雄的角色,他们才真是值得歌颂的无声的力量。本书介绍许多不同的国籍人士,包括圣职者、修女及平信徒对教会所做的各种贡献,这 21 篇文章是第八次会议的论文选辑,有助于从另一角度来认识中国天主教史。

About Books, Maps, Songs and Steles: The Wording and Teaching of the Christian Faith in China. Ed by Dirk Van Overmeire & Pieter Ackerman, 2011.《关于书籍、地图、歌曲和传教碑——中国基督徒信仰的用语与训导》,丛书之二十一。定价 29.50 欧元。

此书为 2007 年夏在鲁汶举行的第九届中华天主教史的国际学术会议中,在所有 27 篇与会论文中选出了 12 篇在此刊出。除了两篇是讨论南怀仁在清朝钦天监的继承人安多的文章,其余的文章包含各种主题。从明末抗清活动到民国的雷鸣远传入的教会音乐,有当时入华的欧洲教会灵修书籍的影响,有皇舆全图的讨论,景教碑与明末传教碑之间的关联性的论述,传教士与士人信徒间的伦理对话,有《觉斯录》的介绍,有对于奇迹,18 世纪欧人对华形象的负面化以及在四川马青山主教的行迹等,内容丰富,多姿多彩。

From Antoine Thomas S.J., to Celso Costantini, Multi-aspect Studies on Christanity in Modern China. Ed by Ku Weiying & Zhao Xiaoyang, 2011.《从安多到刚恒毅——近代中国的基督徒史的多元研究》,丛书之二十二。定价 29.50 欧元。

本书是 2009 年与北京社科院近史所合作召开的国际学术研讨会论文集,其中有 3 篇是关于清初比利时传教士托马·安多(Thomas, Antoine, S.J.)的研究,其他的诸篇也都是从这些新角度、出现的新史料及前人忽视的项目研究而完成的。从 17 世纪到 20 世纪,举凡由西往东的书籍流通、中国语言学的初起、传教士与主流学术界的互动、宗教艺术的发展、民教冲突的宏观与微观分析,乃至于利用中外文资料细探保教权的松动等,都是以往的时空环境下很难企及的学术研究成果。

Libraries of Western Learning for China. Circulation of Western Books between Europe in the Jesuit Mission (ca.1650–ca.1750) Logistics of Book Acquisition and Circulation. Ed by Noël Golvers, 2012.《为中国而设的西学图书馆:欧洲与中华耶稣会传教站间的西书流通(大约 1650 到 1750 年间),第一部,书籍的取得与流通机制》,丛书之二十三。定价 75 欧元。

此近 700 页的书如其名,是处理目前方兴未艾的"书路"(Book Road,取代以前的"丝路")在中外交流间所扮演的角色,但本书并非讨论中日之间,而是论述"西书东渐"的过程。此事反映出极为有趣但又迄今未为人知的问题:有哪些传教士想引进哪些书,为何他们认为这些书应该引进,书籍如何取得以及如何流通,中国人如何方能参考这些图书,有无阅读流通网的建立,以及这些书籍最后的落脚处等。此外,更可经此而对当时来华耶稣会的传教方式及心态有进一步了解。此书为三部曲中的首部,预期将受到相关学界的重视,有兴趣的读者何不先睹为快?

附录五　英译本参考文献及参考书目

未出版文献

Anon., *Supplementum Historiae Collegii et Domus Probationis Soc^tis^ Jesu a 1684 Mechliniensis*:Brussels, Algemeen Rijksarchief, F. Jez., Prov. Fl.-Belg., nr. 986, f°168r.-168v.

Anon. (= CHR. HERDTRICH ?), s.l., s.d.
Vienna: Österreichische Nationalbibl., cod. 10.144* (= rec. 978).

ANTWERP
Museum Plantin-Moretus: Ms. M30, f°20; M200.

BERLIN
Preussische Staatsbibliothek: Germ. Handschr.:
nr. 132-135;
nr. 1479, f°31.

BRUSSELS

1. Koninklijke Bibliotheek, Afd. Handschriften:
Ms. 3510
Ms. 4026 (20209)
Ms. 21.028

2. Algemeen Rijksarchief, Fonds Jezuïeten, Prov. Flandro-Belgica:
cah. nr. 872-915, ff°105-112;
cah. nr. 973, ff°142-143;
cah. nr. 986, f°168r.-168v;
cah. nr. (1431-)1437.

3. Musaeum Bollandianum:
Ms. 64, f°202; 208.

Catalogi tertii Personarum Prov(inci)ae Flandro-Belgicae, a° 1645:
Brussels, Kon. Bibl., ms. 4026 (20209).

CHANTILLY
ASJP, Fonds Brotier, 111, f°89r.-v.

COPENHAGEN
Royal Library: Monog. 522

COUPLET, PH., S.J.
- Letter of Apr. 24, 1681: ARSI, JS 163, f°161r.
- Letter of Dec. 29, 1683: Sacra Congregatio de Propaganda Fide, SOCP (1679-1683), f°446.
- *Brevis relatio de statu et qualitate missionis Sinicae* (1685): Madrid, Arch. Hist. Nac., Jes. Leg. 272, nr. 43.
- Letter of April 26, 1687:
    - autogr.: Berlin, Preuss. Kulturb., Germ. Handschr., 1479, f°31.

- CT: Glasgow, Univ. Libr., Spec. Coll. Dept., ms. Hunter, 299 (U.6.17, f°2).
- Letter of June 3, 1686: Brussels, Mus. Boll., ms. 64, f°202.
- Letter of Aug. 20, 1686: Brussels, Mus. Boll., ms. 64, f°208.

DE MAGALHAES, G., S.J.
- Letter of Oct. 11, 1666: Madrid, Real Ac. Hist., Jes., Leg. 22, ff°204-209v.
- Letter of April, 1667: ARSI, JS 162, ff°169-174v. (borrâo)
- Letter of Jan. 2, 1669:
  - autograph: ARSI, JS 162, ff°269-273.
  - CT: Ajuda, JA, 49-IV-62, nr. 89, ff°526-533.
  - It. transl.: Brussels, Alg. Rijksarch., F. Jez., Prov. Fl. Belg., 872-915, ff°105-112.
  - Fr. transl.: Paris, B.N.P., Ms. Franç. 14.688.
- Letter of 1674 ("Pontos da Rezidencia da Corte de Pe Kim pera a Annua de 1674"): Ajuda, JA 49-V-16, f°182v.
- *Breve narraçâo da vinda do Imp(erad)or (...)*, 1675:
  - Port. CT: ARSI, JS 124, ff°100r.-100v.
    Ajuda, JA, 49-V-16, ff°159r.-160v.
  - Lat. transl.: München, Bayer. Hauptstaatsarch., Jes. 590, ff°28-29r.
    Paris, Bibl. Mazarine, Ms. 1667, ff°84r.-85v.
  - It. transl.: ARSI, JS 124, ff°98r.-99v.
    JS 125, ff°160r.-162v.

D'ORVILLE, A., S.J.
- Letter of Oct. 18, 1656: APUG, *Misc. Epist. Kirch.* XIV (568), f°73.

DUNYN-SZPOT, TH.I., S.J.
- *Collectanea Historiae Sinensis ab anno 1641 ad annum 1700 e variis documentis in Archivio Societatis existentibus excerpta, duobus tomis distincta*: ARSI, JS 104-105.
- *Collectanea pro historia facta*: ARSI, JS 109.

GABIANI, G., S.J.
- Letter of Sept. 22, 1680: JS 199, I, ff°40r.-41r.
- Letter of Dec. 11, 1681: ARSI, JS 163, f°161-164.
- Letter of Dec. 20, 1681: ARSI, JS 163, f°165r.

GLASGOW

University Library. Special Collections Dep.: Ms. Hunter 299 (U.6.17), p.2

's-GRAVENHAGE

Algemeen Rijksarchief: Kol. Archief, 1162 = VOC 1272, f°1225ff.

GRELON, A., S.J.:

Brieve Relation des faveurs que les Peres de la Compagnie de Jesus qui sont dans la Chine reçoivent de l'Empereur: Brussels, Kon. Bibl., ms. 21.028. See also *Litterae Annuae*, 1669-1670.

GRIMALDI, F., S.J.
- Letter of May 5, 1678: ARSI, JS 124, ff°141r.-145v.
- Letter of October 1681: ARSI, JS 163, ff°104-110v.

HANNOVER

Niedersächsische Landesbibliothek, Leibniz-Archiv, L. Br. 306, ff°18r.-19r.

HARTOGHVELT, I., S.J.
- Letter of May 23, 1655: Brussels, Alg. Rijksarch., F. Jez., Prov. Fl. Belg., 1437, f°1v.

HERDTRICH, CHR., S.J.
- Letter to Ph. Miller of Nov. 23, 1670: Köln, Archiv der Norddeutschen Provinz S.J.: Abt. O., nr. II. 12, 2, ff°1-16v.
- See also *sub* Anon.

KINDERMANN, E. CHR.

Physica Sacra oder die Lehre der gantzen Natur: Berlin, Preuss. Kulturb., German. Handschr., nr. 132-135.

KÖLN

Archiv der Norddeutschen Provinz S.J.: Abt. O., nr. II, 12, 2.

LE FAURE, J., S.J.

Tractatus P. Jacobi Le Faure e Soc. Jesu de Tribunali Mathematico Pekinensi: ARSI, FG, Tit. VIII, 722/23.

LEIBNIZ, G.W.

Relatio de libro Sinico-Latino R.P. Verbiestii: Hannover, Niedersächsische Landesbibliothek, Leibniz-Archiv, L. Br. 306, ff°18r.-19r.

LISBON

Ajuda: JA (Jesuitas na Asia)
49-IV-62, ff°526-533; 752v.
49-IV-63, f°13r.-v.; 37r.-v.
49-V-14, ff°376-436;
49-V-16, ff°159r.-160v.; 181v.-182v.; 411v.
49-V-17, ff°480-485r; ff°503-504; ff°547-551r.
49-V-19, f°517v.

Litterae annuae V.-Provinciae Sinensis
- 1669-1670 (A. Grelon):
  - autogr.: ARSI, FG, 722/3,4.
  - CT: ARSI, JS 122, ff°326r.-363r.
- 1677-1680: ARSI, JS 116, ff°214-275.
- 1678-1679: ARSI, JS 117, ff°161r.-182v.; 183r.-198.

Litterae annuae Collegii Antverpiensis Soc^{tis} Jesu anno 1684
Brussels, Alg. Rijksarch., F. Jez., Prov. Fl.-Belg., nr. 973, f°142.

MADRID

1. Archivo Histórico Nacional:
Jes., Leg. 270, nr. 87;
Jes., Leg. 272, nr. 43, f°3r.-3v.; ff°7r.-9r.

2. Real Academia de la Historia:
Jes., Leg. 22, ff°204-209.

MARTINI, M., S.J.
Le signe de la croix en langue chinoise, écrit à Louvain en 1654:
Brussels, Kon. Bibl., ms. 3510.

MÜNCHEN
1. Bayerische Staatsbibliothek: Clm 27.323, ff°14r.-15r.
2. Bayerisches Hauptstaatsarchiv: Jes., 590, ff°28r.-29v.

PARIS

1. Bibliothèque Nationale (B.N.P.), Ms. Français:
14.688;
17.329, ff°1-34; 108-114.

2. Bibliothèque Mazarine:
Ms. 1667, ff°84r.-85v.

3. Observatoire:
Port. B 5,2, p. 673.

PEREYRA, TH., S.J.
Letter of May 27, 1678: ARSI, JS 199 f°34.

ROMA

1. ARSI
1) F(ondo) G(esuitico):
Tit. VIII: 722/3,4 (L.A. of 1669: autograph of A. Grelon);
Tit. VIII: 722/23 (Tractatus P. Jacobi Le Faure e Soc. Jesu de Tribunali Mathematico Pekinensi);
Tit. IX: 752/194.
2) J(aponica) S(inica):
104-105 (I. DUNYN-SZPOT, *Collectanea Historiae Sinensis ab anno 1641 ad annum 1700 ex varijs documentis in Archivo Soc^{tis} existentibus excerpta, duobus tomis distincta*);
109 (*ID.*, *Collectanea pro Historia facta*);
113, f°288r.;
115, II, f°323v.;
116, ff°214r.-275 (L.A. of '77-'80);
117, ff°161-182v.; 183r.-188r. (L.A. of '78 and '79);

119, f°24v.;
122, ff°326r.-363r. (L.A. of '69-'70);
124, ff°98r.-99v.; 100r.-100v.; 107; 143r.; 147; 195r.;
125, ff°160r.-162v.; 201-202;
142, nr. 13;
142, nr. 14, f°8;
143, f°102r. (*Apologia* of Schall);
145, f°118-119;
161, f°152f°;
162, f°55; 56v.; 194r.-v.; 269-273v.; 169-174v.
163, f°120-121; 104r.-110v.; 161-164; 165-168.
193;
199, I, f°34; 40r.-41r.

3) JS II, 72, 73, 67/3, 67/5.

2. Archivio della Pontificia Università Gregoriana (APUG):
567 (Kircher, *Misc. Epist.*, XIII), f°188;
568 (Kircher, *Misc. Epist.*, XIV), f°71; 73.

3. Archivum S. Congregationis de Propaganda Fide:
S(critture) O(riginali) (delle) C(ongregazioni) P(articolari) (della Cina), a°1679-1683: vol. 16, f°446.
Misc(ellanea) Cina 1, ff°658-664.

4. Biblioteca Angelica:
Fondo Antico, 7, 26, ff°167-189.

SCHALL, A., S.J.:
Apologia (March 7, 1652): ARSI, JS 143.

VERBIEST, F., S.J.:

- Letter of Jan. 5, 1645: Roma, ARSI, FG, Tit. IX, 752, n. 194.
- Letter of Aug. 3, 1654: APUG, *Misc. Epist. Kirch.*, XIII (567), f°188.
- Letter of Dec. 18, 1656: APUG, *Misc. Epist. Kirch.*, XIV (568), f°71.
- Letter of Sept. 4, 1670: Ajuda, JA 49-IV-62, f°752v.
- *Typus eclipsis lunae anno Christi 1671 (...)*: Lat. translation. Chantilly Les Fontaines, F. Brotier,111, f°89r.-89v. ; Paris, Observatoire, Port. B 5, 2, p. 673.
- Letter of July 7, 1677: copy in DUNYN-SZPOT, JS 109, II, pp. 120-129.
- Letter of Aug. 24, 1678:
  - autogr.: Madrid, Arch. Hist. Nac., Jes. Leg. 270, nr. 87.
  - CT: Ajuda, JA, 49-V-17, nr. 110, ff°502-504.
- Letter of Sept. 7, 1678:
  - CT: Ajuda, JA 49-V-17, nr. 104 (ff°480-485r.)
    nr. 143 (ff°547-551).
- Letter of Sept. 7, 1678: München, Bayer. Staatsbibl., Clm. 27.323, ff°14r.-15r.
- *Histoire des progrès de l'astronomie en Chine*: anon. French transl. in

Paris, B.N.P., Ms. Français, 17.239, ff°1-34 ; 108-114.

- *Compendium Historicum de Astronomia apud Sinas restituta, auctore F. Verbiest (...).*
- *Astronomiae apud Sinas restitutae Mechanica, centum et sex figuris adumbrata, auctore F. Verbiest (...).*

WIEN

Österreichische Nationalbibliothek:
Cod. 10.144* (= rec. 978).

已出版文献

Anon., "Der Kampf zwischen der chinesischen und europäischen Astronomie am Kaiserhofe zu Peking", in: *Die katholischen Missionen*, 30, 1901-1902, pp. 25-31; 53-55; 105-107; *ib.*, 33, 1904-1905, pp. 4-7; 56-62.

ARGOLUS, A., *Exactissimae caelestium motuum Ephemerides*, Padua, 1648².

AVRIL, PH., S.J., *Voyage en divers états d'Europe et d'Asie*, Paris, 1692.

BADDELEY, J.F., *Russia, Mongolia, China*, 2 vols., New York, 1919.

BARTEN, J., "Hollandse kooplieden op bezoek bij Concilievaders", in: *Archief voor de geschiedenis van de katholieke Kerk in Nederland*, 12, 1970, pp. 75-120.

BARTOLI, D., S.J., *Dell'Istoria della Compagnia di Gesu: la Cina. Terza parte dell'Asia*, Roma, 1663.

BAYER, T.S., *Museum Sinicum*, Petropoli, 1730.

"De Ferdinandi Verbistii S.J. scriptis, praecipue vero de ejus globo terrestri sinico", in: *Miscellanea Beroliniensia ad Incrementum Scientiarum ex Scriptis Societatis Regiae Scientiarum*, 6, 1740, pp.180-192.

BERNARD, H., S.J., *Lettres et Mémoires d'Adam Schall s.j.*, édités par le P. Henri BERNARD S.J.; *Relation Historique*. Texte latin avec traduction française du P.P.BORNET S.J., Tientsin, 1942.

BETTINI, M., S.J., *Apiaria universae philosophiae mathematicae*, Bononiae, 1642.

Bibliotheca Asiatica. Part II., *The Catholic Missions in India, China, Japan, Siam, and the Far East, in a Series of Autograph Letters of the Seventeenth Century. Cat. Maggs Bros, nr. 455,* London, 1924.

BLAEU, W.I., *Tweevoudigh Onderwijs van de hemelsche en aerdsche globen*, Amsterdam, 1647.

BOSMANS, H., S.J.,

La correspondance inédite du P. Jean de Haynin d'Ath, Louvain, 1908.

"Correspondance de J.-B.Maldonado de Mons", in: *A.H.E.B.*, 36, 1910, pp. 39-86; 187-239.

"Documents sur Albert Dorville, de Bruxelles (...)", in: *A.H.E.B.*, 37, 1911, pp. 329-383 ; 470-497.

"Documents relatifs à Ferdinand Verbiest. Les Lettres annuelles de la viceprovince de la Compagnie de Jésus en Chine, Année 1669, par Adrien Grelon", in: *A.S.E.B.*, 62, 1912, pp. 15-61.

"Lettres inédites de François de Rougemont", in: *A.H.E.B.*, 39, 1913, pp. 21-54.

"Sur les lettres manuscrites des PP. Verbiest et Thomas, analysées dans le catalogue nr. 455 de la librairie Maggs Bros de Londres", in: *A.S.S.B.* (A. Sc. Math.), 47, 1927, pp. 14-19.

BOUVET, J., S.J., *Portrait historique de l'Empereur de la Chine*, Paris, 1698.

BRAHE, T., *Astronomiae instauratae mechanica*, Wandesburgi, 1598 (transl. H. RAEDER - E. & B. STROEMGREN, Köbenhavn, 1946).

BRAUMANN, F., *Als Kundschafter des Papstes nach China, 1656-1664*, Stuttgart, 1985.

CARLETTI, F., *Ragionamenti del mio viaggio intorno al mondo*, Torino, 1958.

CASATI, P., S.J., *Terra machinis mota eiusque gravitas et dimensio*, Romae, 1655.

CLAVIUS, CHR., S.J., *Euclidis Elementorum Libri XV*, Roma, 1589².

COLLIADO, L., *Prattica manuale dell'artiglieria*, Milano, 1641.

COMMANDINUS, F., *Heronis Alexandrini spiritualium liber*, Urbini, 1575.

COUPLET, Ph., S.J.,

Catalogus Patrum Societatis Jesu qui post obitum S. Francisci Xaverii primo saeculo, sive ab anno 1581 usque ad 1681, in Imperio Sinarum Jesu-Christi fidem propagarunt, (Paris), 1686.

Tabula chronologica monarchiae Sinicae, Parisiis, 1686.

"Catalogus Patrum Societatis (...)", in F. VERBIEST, *Astronomia Europaea*, Dilingae, 1687, pp. 100-126.

(cum aliis), *Confucius Sinarum Philosophus*, Parisiis, 1687.

Histoire d'une dame chrétienne de la Chine, Paris, 1688.

Historia de una gran señora christiana, Madrid, 1696.

COUVREUR, S., *Choix de documents, lettres officielles, proclamations, édits, mémoriaux, inscriptions...*, Ho kien fou, 1906⁴.

CUMMINS, J.S. (ed.), *The Travels and Controversies of Friar Domingo Navarrete, 1618-1686* (Hakluyt Society. Series II, vols. 118-119), London, 1962.

DAPPER, O., *Gedenkwaerdig bedrijf der Nederlandsche Oost-Indische Maatschappye (...)*, Amsterdam, 1670.

DE GOUVEA, A., S.J., *Innocentia Victrix*, Quam Chéu, 1671.

D'ELIA, P.M., S.J., *Fonti Ricciane. Storia del cristianesimo in Cina*, 3 vols., Roma, 1942; 1949; 1949.

DE MAGALHAES, G., S.J., *Nouvelle Relation de la Chine, contenant la description des particularitez les plus considerables de ce grand Empire*, Paris, 1688.

DE NAVARRETE, D., *Tratados historicos, politicos, ethicos y religiosos de la monarchia de China*, Madrid, 1676.

DE NAVARRETE, D., see also CUMMINS, J.S. (ed.).

DE ROUGEMONT, F., S.J., *Relaçam do estado político e espiritual do Império da China*, Lisboa, 1672.

Historia Tartaro-Sinica Nova, Lovanii, 1673.
DU HALDE, J.-B., S.J., *Description géographique, historique, chronologique, politique et physique de l'Empire de la Chine et de la Tartarie Chinoise*, 4 vols., Paris, 1735.

The Far Eastern Catholic Missions 1663-1711: The Original Papers of the Duchess d'Aveiro, 3 vols., Tokio, 1975.
FU, LO-SHU, *A Documentary Chronicle of Sino-Western Relations (1644-1820)*, 2 vols., Tucson, 1966.
GABIANI, G., S.J., *Incrementa Sinicae Ecclesiae a Tartaris oppugnatae (...)*, Viennae, 1673.
GABRIELI, G., "Giovanni Schreck Linceo, Gesuita e missionario in Cina e le sue lettere dall'Asia", in: *Rendiconti dell'Accademia dei Lincei, Cl. scienze morali, storiche e filologiche*, s. VI, vol. 12, 1936, pp. 462-514.
GAUBIL, A., S.J., " Description of the Plan of Peking, the Capital of China, sent to the Royal Society by Father Gaubil, è Societate Jesu. Translated from the French", in: *Philosophical Transactions, giving some account (...) of the Ingenious in Many Considerable Parts of the World*, 50, 1758 (1759), pp. 704-726.
Correspondance de Pékin, 1722-1759 (Etudes de Philologie et d'Histoire, 14), Genève, 1970.
GRELON, A., S.J., Letter of Nov. 10, 1669: see BOSMANS, H., "Documents relatifs à Ferdinand Verbiest".
Histoire de la Chine sous la domination des Tartars, Paris, 1671.
Suite de l'histoire de la Chine imprimé en 1671, Paris, 1672.
GRUEBER, J., see BRAUMANN, F.

HAZART, C., *Kerckelijcke Historie van de gheheele werelt, naemelyck vande voorgaende ende teghenwoordige eeuwe*, vol. 4, Antwerpen, 1671.
HYDE, TH., *Epistola de mensuris et ponderibus Serum seu Sinensium (...)*, Oxonii, s.a.

IDES, E.Y., *Driejaarige reize naar China, te land gedaan (...)*, Amsterdam, 1710[2].
INTORCETTA, Pr., S.J.,
Compendiosa narratione dello stato della Missione Cinese, cominciando dall' anno 1581 fino al 1669 (...), Roma, 1672.
Compendiosa narratio de statu missionis Chinensis, Ratisbonae, 1672.
Instructiones ad munera Apostolica rite obeunda perutiles missionibus Chinae, Tunchini, Cochinchinae atque Siami accomodatae, a missionariis S. Congregationis de Propaganda Fide, Iuthiae regiae Siami congregatis a D[i] 1655 concinnatae, Romae, 1669.

JOSSON, H., S.J. & WILLAERT, L., S.J., *Correspondance de Ferdinand Verbiest*, Bruxelles, 1938.

KIRCHER, A., S.J., *Magnes, sive de arte magnetica opus tripartitum*, Romae, 1641[1] (1642[2]; 1643[3]).

Musurgia, Romae, 1650.
China monumentis qua sacris qua profanis (...) illustrata, Amstelodami, 1667.
Ars magna lucis et umbrae, Amstelodami, 1671².

LAMALLE, E., S.J., "La propagande du P. Nicolas Trigault en faveur des missions de Chine (1616)", in: *A.H.S.I.*, 9, 1940, pp. 49-120.

LE COMTE, L.-D., S.J., *Nouveaux mémoires sur l'état présent de la Chine*, Paris, 1696.
Les cérémonies de la Chine, Liège, 1700.

LEIBNIZ, G.W., *Das Neueste von China (1697). Novissima Sinica.* Hrsg. von H.G. NESSELRATH - H. REINBOTHE, Köln, 1979.

Le Progrèz de la Religion Catholique dans la Chine, Toulouse, 1681.

Lettre ecrite de la Chine ou l'on voit l'état présent du christianisme de cet Empire et les biens qu'on y peut faire pour le salut des ames, Paris, 1692.

MAIGNAN, E., *Perspectiva horaria*, Romae, 1648.

MERSENNE, M., O.F.M., *Ballistica et acontismologia*, Paris, 1644.

NICERON, J.F., S.J., *La perspective curieuse*, Paris, 1663.

NIEUHOF, J., *Het Gezantschap der Neêrlandtsche Oost-Indische Compagnie aan den grooten Tartarischen Cham*, Amsterdam, 1665.

PASCHIUS, G., *Tractatum de novis inventis*, Lipsiae, 1700².

RICCI, M., S.J. - TRIGAULT, N., S.J., *De Christiana expeditione apud Sinas*, Augusta Vind., 1615.

RICCIOLI, G.B, S.J., *Almagestum Novum*, Bononiae, 1651.
Geographiae et hydrographiae reformatae l. XII, Bononiae, 1661.

SCHALL, A., S.J., *Historica Relatio de ortu et progressu fidei orthodoxae in regno Chinensi (...)*, Ratisbonae, 1672. See BERNARD, H., *Lettres et Mémoires d'Adam Schall S.J.*

SCHOTTUS, G., S.J., *Mechanica hydraulico-pneumatica*, Coloniae Agrippinae, 1643².
Arithmetica practica, Herbipoli, 1653.
Technica curiosa, Herbipoli, 1657.
Magia Universalis, pars II-III, Bambergae, 1672, 1674.

SOUCIET, E., S.J., *Observations mathématiques*, Paris, I, 1729; II, 1732.

SPATHARIJ, M., See BADDELEY, J.F.

STOECKLEIN, J., *Der Neue Welt-Bott mit allerhand Nachrichten dern Missionariorum Soc. Jesu (...)*, 3 Bde., Augsburg, 1728-1732.

TACCHI VENTURI, P., *Opere storiche del P. M. Ricci*, Macerata, 1911.

THEVENOT, M., *Relations de divers voyages curieux (...)*, vol. 2, Paris, 1696.

THOMAS, A., S.I., Letter of March 28, 1678: *The Far Eastern Catholic Missions*, II, p. 151ff.

Letter of July 4, 1678: *The Far Eastern Catholic Missions*, II, p. 157ff.

VERBIEST, F., S.J.
Yü-lan hsi-fang wai-chi, Peking, 1669.
Wang t'ui chi-hsiung pien, Peking, 1669.
Ts'e-yen chi-lüeh, Peking, 1669.
Li-fa pu-te-i pien, Peking, 1670.
K'un-yü t'u-shuo, Peking, 1672.
I-hsiang chih/I-hsiang t'u, Peking, 1674.
Compendium Latinum (...), Peking, 1678.
Elementa Linguae Tartaricae, Peking, 1677/1678. See THEVENOT, M.
Hsi-ch'ao ting-an ("Petitions"), Peking.
See also JOSSON, H., S.J. & WILLAERT, L., S.J.

VER EECKE, P., *Pappus d'Alexandrie*, Paris-Bruges, 1933.

VISSCHERS, P., *Onuitgegeven brieven van eenige Paters der Societeit van Jesus, Missionarissen in China, van de XVIIde en XVIIIde Eeuw, met aanteekeningen*, Arnhem, 1857.

VISSIERE I. et J.-L. (eds.), *Lettres édifiantes et curieuses de Chine par des missionnaires jésuites, 1702-1776*, Paris, 1979.

VOSSIUS, I., *Dissertatio de vera aetate mundi*, Hagae Comitum, 1685[1].
Variarum observationum liber, Londini, 1685.

VREDEMAN DE VRIES, J., *Perspective*. With a new Introduction by A.L. PLACZEK, New York, s.d.

WALDACK, C.F., S.J., "Le Père Ph. Couplet, Malinois, S.J., missionnaire en Chine (1623-1694)", in: *A.H.E.B.*, 9, 1872, pp. 5-31.

WEIDLER(IUS), J.F., *Historia astronomiae sive de ortu et progressu astronomiae liber singularis*, Wittenberg, 1741.

WILLS, J.E., Jr., "Some Dutch Sources on the Jesuit China Mission, 1662-1687", in: *A.H.S.I.*, 54, 1985, pp. 267-294.

WORM, O., *Museum Wormianum*, Lugduni Batavorum, 1655.

YULE, H., *The Book of Ser Marco Polo, the Venetian*, London, 1929[3].

ZUCCHI, N., S.J., *Optica philosophia experimentis et ratione a fundamentis constituta*, 2 vols., Lugduni, 1652.

近期出版的书籍

AALTO, P., "The *Elementa Linguae Tartaricae* by F. Verbiest, S.J.", in: *Tractata Altaïca D. Sinor sexagenario (...) dedicata*, Wiesbaden, 1976, pp. 1-10.

AQUILLNO, B., *Dizionario etimologico di tutti i vocaboli usati nelle scienze, arti e mestieri che traggono origine dal greco*, Milano, 1819-1821.

ARICKX, V., "De familie van Ferdinand Verbiest, S.J. (...)", in: *Vlaamse Stam*, 26, 1990, pp. 185-221.

ARLINGTON, L.C. - LEWISOHN, W., *In Search of Old Peking*, Peking, 1935.

BALTRUSAITIS, J., *Anamorphoses ou Thaumaturgus Opticus*, Paris, 1984[3].
BARBERA, M., "Il P. Ludovico Buglio della Compagnia di Gesu missionario in Cina nel secolo XVII", in: *Civiltà Cattolica*, 78, 1927, pp. 301-310 ; 504-513.
BAUDRY DE SAUNIER, L., *Histoire de la locomotion terrestre*, Paris, 1936.
BEDINI, S.A., "The Tube of Long Vision", in: *Physis*, 13, 1971, pp. 147-204.
BENTLEY DUNCAN, T., "Navigation between Portugal and Asia in the 16th and 17th Centuries", in: *Encounters and Exchanges from the Age of Explorations. Essays in Honor of D.F. Lach*, Notre Dame, 1986, pp. 3-25.
BENZING, J., *Die Buchdrucker des 16. und 17. Jahrhunderts im deutschen Sprachgebiet*, Wiesbaden, 1982[2].
BERNARD, H., S.J.,
"Aux originies du cimetière de Chala. Le don princier de la Chine au Père Ricci (1610-1611)", in: *B.C.P.*, 21, 1934, pp. 253-256; 316-329; 378-387; 429-443; 483-493.
"Ricciana II. La musique européenne en Chine", in: *B.C.P.*, 22, 1935, pp. 40-43; 78-94.
"L'encyclopédie astronomique du Père Schall", in: *M.S.*, 3, 1937-1938, pp. 35-77; 441-527.
"Ferdinand Verbiest, continuateur de l'oeuvre scientifique d'Adam Schall", in: *M.S.*, 5, 1940, pp. 103-140.
"Les sources mongoles et chinoises de l'Atlas Martini (1655)", in: *M.S.*, 12, 1947, pp. 127-144.
"La science européenne au Tribunal Astronomique de Pékin (XVIIe-XIXe siècles)". Conférence faite au Palais de la Découverte, le 16 Juin 1951, Paris, 1952.
"Les adaptations chinoises d'ouvrages européens", in: *M.S.*, 10, 1945, pp. 1-57; 309-388; *M.S.*, 19, 1960, pp. 349-383.
BERTUCCIOLI, G., "Buglio, L.", in: *Dizionario biografico degli italiani*, vol. 15, Roma, 1972, pp. 20-25.
"A Lion in Peking", in: *East and West*, n.s. 26, 1976, pp. 223-238.
BETTRAY, J., *Die Akkommodationsmethode des P. Matteo Ricci S.J. in China*, Roma, 1955.
BIERMANN, B., "Die chinesische Übersetzung der theologischen Summa des Heiligen Thomas von Aquin", in: *Divus Thomas*, 9, 1931, pp. 337-339.
BLONDEAU, R.A., *Mandarijn en astronoom*, Brugge-Utrecht, 1970.
Ferdinand Verbiest S.J. als wetenschapsmens, 1688-1988, Roesbrugge, 1988.
BOCKSTAELE, P., "Astrologie te Leuven in de zeventiende eeuw", in: *De Zeventiende Eeuw*, 5.1, 1989, pp. 172-181.
BODDE, D., "The Chinese Cosmic Magic known as Watching for the Ethers", in: *Studia Serica B. Karlgren dedicata*, Copenhagen, 1959, pp. 14-35.
BONNANT, G., "L'introduction de l'horlogerie occidentale en Chine", in: *La Suisse horlogère*, April 1960, pp. 28-31.
"Notes sur l'introduction de l'horlogerie occidentale en Extrême Orient", in: *La Suisse horlogère*, April 1962, pp. 33-38.

BONTINCK, F., C.I.C.M., *La lutte autour de la liturgie chinoise aux XVIIe et XVIIIe siècles* (Publications de l'Université Lovanium de Léopoldville, 11), Louvain, 1962.

BORNET, P., S.J.,
"Les anciennes églises de Pékin. Notes d'histoire", in: *B.C.P.*, 31, 1944, pp. 490-504; 527-545; 32, 1945, pp. 22-31; 66-74; 118-132; 172-187; 239-246; 246-251; 293-300; 339-349; 391-401.
"Au service de la Chine. Schall et Verbiest, maîtres fondeurs", in: *B.C.P.*, 33, 1946, pp. 1-25.
"La Préface des Novissima Sinica", in: *M.S.*, 15, 1956, pp. 328-343.

BOSL, K., "Stellung und Funktionen der Jesuiten in den Universitätsstädten Würzburg, Ingolstadt und Dillingen", in: F. PETRI (ed.), *Bischofs- und Kathedralstädte des Mittelalters und der frühen Neuzeit*, Köln, 1976, pp. 163-177.

BOSMANS, H., S.J.,
"Ferdinand Verbiest, directeur de l'observatoire de Péking (1623-1688)", in: *R.Q.Sc.*, 71, 1912, pp. 195-273; pp. 375-464.
"Les écrits chinois de Verbiest", in: *R.Q.Sc.*, 74, 1913, pp. 272-298.
"Le problème des relations de Verbiest avec la Cour de Russie", in: *A.S.E.B.*, 63, 1913, pp. 193-223; 64, 1914, pp. 98-101.
"Notes et documents. A propos de l'état politique de la Chine au temps du Père Verbiest", in: *A.S.E.B.*, LXVII, 1924, pp. 181-195.
"Tacquet A.", in: *Biographie Nationale*, vol. 24, Bruxelles, 1926-1929, col. 442.

BOUMAN, J., *Oude auto's en hun makers*, Bussum, 1964.

BOXER, C.R., "Some Sino-European Xylographic Works, 1662-1718", in: *J.R.A.S.*, 1947, pp. 199-215.
South China in the Sixteenth Century, London, 1953.
The Great Ship from Amacon, Lisboa, 1959.

BREDON, J., *Peking*, Chang-hai, 1931[3].

BRETSCHNEIDER, E., "Die Pekinger Ebene und das benachbarte Gebirgsland", in: *Petermann's Geographische Mittheilungen, Ergänzungsheft* 46, 1876, pp. 9-42.

BROM, G., *Archivalia in Italië, belangrijk voor de geschiedenis van Nederland*, 's-Gravenhage, 1914.

BRUCKER, J., S.J., "Episode d'une confiscation de biens congréganistes (1762). Les manuscrits de Paris", in: *Etudes*, 88 (38), 1901, pp. 497-519.

Das Buch im Orient. Ausstellung der Bayerischen Staatsbibliothek, 1982-1983, Wiesbaden, 1982.

Catalogue de la bibliothèque de M.C.P. Serrure, Bruxelles, 1872.

CARTON, C., *Notice biographique sur le Père F. Verbiest*, Bruges, 1839.

CHAO CHIN-YUNG, *A Brief History of the Chinese Diplomatic Relations, 1644-1945*, Yangmingshan, 1984.

CHAPMAN, A., "Tycho Brahe in China: the Jesuit Mission to Peking and the Iconography of European Instrument-making Processes", in: *Annals of Science*,

41.5, 1984, pp. 417-443.
CHEN, V., *Sino-Russian Relations in the XVIIth Century*, The Hague, 1966.
China. Hemel en Aarde. 5000 jaar uitvindingen en ontdekkingen (Catalogue of the Exposition in Brussels), Brussel, 1988.
China und Europa. Chinaverständnis und Chinamode im 17. und 18. Jahrhundert, Berlin, 1973.
CHU, CO-CHING, "Some Chinese Contributions to Meteorology", in: *Geographical Review*, 5, 1918, pp. 136-139.
CORDIER, H., *Bibliotheca Sinica*, Paris, 1904-1924 (repr. Taipei, 1966).
Histoire générale de la Chine, vol. III, Paris, 1920.
COSENTINO, G., "Le matematiche nella *Ratio Studiorum* della Compagnia di Gesù", in: *Miscellanea storica ligure*, 2, 1970, pp. 169-213.

DAMRY, A., "L'astronome Verbiest, S.J., et l'astronomie sino-européenne", in: *B.S.B.A.*, 34, 1913, pp. 13-37.
D'ARELLI, F., "P. Matteo Ricci S.J.: Le 'Cose Absurde' dell'astronomia cinese. Genesi, eredità ed influsso di un convincimento tra i secoli XVI-XVII", in: IANNACCONE, I. & TAMBURELLO, A. (eds.), *Dall'Europa alla Cina: contributi per una storia dell'Astronomia*, Napoli, 1990, pp. 85-123.
DAUMAS, A., *Les instruments scientifiques aux XVIIe et XVIIIe siècles*, Paris, 1953.
DEBERGH, M., "Une carte oubliée du P. Ferdinand Verbiest (1674) dans la Collection Sturler de la Bibliothèque Nationale de Paris", in: *Journal Asiatique*, 277, 1989, pp. 159-220.
DE DAINVILLE, F., *L'éducation des jésuites (XVIe-XVIIIe siècles)*, Paris, 1978.
DEGERING, H., *Kurzes Verzeichnis der germanischen Handschriften der Preussischen Staatsbibliothek*, 3 vols., Graz, 1970.
DEHERGNE, J., S.J.,
"Fauconnerie, plaisir de roi", in: *Bulletin de l'Université l'Aurore*, 7, 1946, pp. 522-556; 8, 1947, p. 620.
"Les archives des jésuites de Paris et l'histoire des missions aux XVIIe et XVIIIe siècles", in: *Euntes Docete*, 21, 1968, pp. 191-213.
Répertoire des jésuites de Chine de 1552 à 1800 (Bibliotheca Instituti Historici S.I., vol. XXXVII), Roma-Paris, 1973.
DE JAEGHER, K., C.I.C.M., "Le Père Verbiest, auteur de la première grammaire mandchoue", in: *T.P.*, 22, 1923, pp. 189-192.
DELAMBRE, J.B.J., *Histoire de l'astronomie du Moyen Age*, Paris, 1819.
De landt-meeters in onze provincien van de 16e tot de 18e eeuw, Brussel, 1976.
D'ELIA, P., S.J.,
"Il domma cattolica integralmente presentato da Matteo Ricci ai letterati della Cina (...), in: *Civiltà cattolica*, 86, 1935, pp. 35-53.
"Sonate e canzoni italiane alla corte di Pechino", in: *Civiltà cattolica*, 96, 1945, pp. 158-165.
Galileo in Cina (Analecta Gregoriana, vol. 37), Roma, 1947.
"Musica e canti a Pechino", in: *Rivista di Studi Orientali*, 30, 1955, pp. 131-145.

"Presentazione della prima traduzione cinese di Euclide", in: *M.S.*, 15, 1956, pp. 161-202.

DELISLE, L.V., *Inventaire général et méthodique des manuscrits français de la Bibliothèque Nationale*, 2 vols., Paris, 1876-1878.

DENUCE, J., *Museum Plantin-Moretus. Catalogus der Handschriften*, Antwerpen, 1927.

DE THOMAZ DE BOSSIERRE, Y., *Un belge mandarin à la Cour de Chine aux XVIIe et XVIIIe siècles*, Paris, 1977.

De Verboden Stad. The Forbidden City, Rotterdam, 1990.

DEVERIA, G., *Histoire des relations de la Chine avec l'Annam - Viëtnam du XVIe au XIX siècle*, Paris, 1880.

DE VISSER, M.W., *The Dragon in China and Japan*, Amsterdam, 1913.

DICKINSON, G. and WRIGGLESWORTH, L., *Imperial Wardrobe*, London, 1990.

DI GIOVANNI, V., "In to çe kio-sse, ovvero il primo traduttore europeo di Confucio", in: *Archivo storico siciliano*, 1, 1873, pp. 35-48.

DOBLHOFER, E., "Die Sprachnot des Verbannten am Beispiel Ovids", in: *Lateinische Poesie von Naevius bis Baudelaire Fr. Munari zum 65. Geburtstag*, Hildesheim, 1986, pp. 100-116.

DOEPGEN, H., "Johann Adam Schall von Bell", in: *Rheinische Lebensbilder*, 9, 1982, pp. 133-157.

DRACHMANN, A.G., *The Mechanical Technology of Greek and Roman Antiquity*, Copenhagen, 1963.

DUBS, H.H., "Chinese Imperial Designations", in: *J.A.O.S.*, 65, 1945, pp. 26-33.

DUPONT-FERRIER, G., *Du Collège de Clermont au Lycée Louis-le-Grand [1563-1920]*, I, Paris, 1921.

DUYVENDAK, J.J.L., "Early Chinese Studies in Holland", in: *T.P.*, 32, 1936, pp. 293-344.

EITEL, E.J., *Feng Shui. On the Rudiments of the Natural Science in China*, Hong Kong, 1873. (The quotations are from the French translation: "Feng-shoui ou principes de science naturelle en Chine" in: *Annales du Musée Guimet, 1. Mélanges*, 1880).

ELFFERS, J. - SCHUYT, M. - LEEMAN, F., *Anamorphosen. Ein Spiel mit der Wahrnehmung, dem Schein und der Wirklichkeit*, Köln, 1981.

FAIRBANK, J.K. - TENG, S.Y.,
"On the Transmission of Ch'ing Documents", in: *H.J.A.S.*, 4, 1939, pp. 12-46.
"On the Types and Uses of Ch'ing Documents", in: *H.J.A.S*, 5, 1940, pp. 1-71.

FAVIER, A., *Péking, histoire et description*, Paris, 1902.

FERGUSON, J.C., "Painters among Catholic Missionaries and their Helpers in Peking", in: *Journal of the North China Branch of the Royal Asiatic Society*, 65, 1934, pp. 21-35.

FLETCHER, J., "Athanasius Kircher and the Distribution of his Books", in: *Library*, 23, 1968, pp. 108-117.

FLOROVSKY, A., "Maps of the Siberian Route of the Belgian Jesuit A. Thomas (1690)", in: *Imago Mundi*, 8, 1951, pp. 103-108.

FOSS, TH.N.,

"Reflections on a Jesuit Encyclopaedia (...)", in: *Actes du IIIe Colloque International de Sinologie*, Paris, 1980, pp. 67-77.

"A Western Interpretation of China: Jesuit Cartography", in: RONAN, CH.E. - OH BONNIE B.C. (eds.), *East meets West, The Jesuits in China, 1582-1773*, Chicago, 1988, pp. 201-251.

FRANKE, O., "Leibniz und China", in: *G.W. Leibniz. Vorträge der (...) Wissenschaftlichen Tagung*, Hamburg, 1946, pp. 97-109.

FRANKE, W., "Patents for Hereditary Ranks and Honorary Titles during the Ch'ing Dynasty", in: *M.S.*, 7, 1942, pp. 38-67.

FRANKLIN, A., *Les anciennes bibliothèques de Paris*, Paris, 3 vols., 1867-1873.

FREDERIC, L., *Kangxi. Grand Khân de Chine et Fils du Ciel*, Paris, 1985.

FU, LO-SHU, "The Two Portuguese Embassies to China during the K'ang-hsi Period", in: *T.P.*, 43, 1954, pp. 75-94.

FURETIERE, A., *Dictionnaire universel contenant tous les mots français tant vieux que modernes, et les termes de toutes les sciences et des arts*, La Haye, 1690.

GACHARD, M., *Les Bibliothèques de Madrid et de l'Escurial*, Bruxelles, 1875.

GAILLARD, A., *Inventaire sommaire des archives de la Compagnie de Jésus, conservées aux Archives Générales du Royaume à Bruxelles*, Bruxelles, s.d.

GARDNER, CH.S., *Chinese Traditional Historiography* (Harvard Historical Monographs, XI), Cambridge, 1938.

GARRUCCI, M., "Origini e vicende del Museo Kircheriano dal 1651 al 1773", in: *Civiltà Cattolica*, 30, 1879, pp. 727-739.

GILES, H.A., *An Introduction to the History of Chinese Pictorial Art*, London, 1918.

GILTAIJ, J. - JANSEN, G., *Perspectiven: Saenredam en de architectuurschilders van de 17e eeuw*, Rotterdam, 1991.

GOLVERS, N., "The Latin Youth Poetry of F. Verbiest, S.J. (°1623- +1688) rediscovered", in: *Humanistica Lovaniensia*, XLI, 1992, pp. 296-322.

GOLVERS, N., - LIBBRECHT, U., *Astronoom van de Keizer. Ferdinand Verbiest en zijn Europese Sterrenkunde*, Leuven, 1988.

GOMES TEIXEIRA, F., *Historia das Mathematicas em Portugal*, Lisboa, 1943.

GOTO, S., "Le goût scientifique de K'ang-hi, Empereur de Chine", in: *Bulletin de la Maison Franco-Japonaise. Série française*, t. IV. 1-4, 1933, pp. 117-132.

GREGORY, J.C., "Astrology and Astronomy in the Seventeenth Century", in: *Nature*, 159, 1947, pp. 393-394.

GROSS, W.H., "Museion", in: *Der Kleine Pauly. Lexikon der Antike*, III, Stuttgart, 1969, col. 1482-1485.

HALSBERGHE, N., "The Resemblances and Differences of the Construction of F. Verbiest's Astronomical Instruments with these of Tycho Brahé based on their Writings". Unpubl. contribution read to the Verbiest Conference, Leuven-Heverlee, 1988.

HAO, ZHENHUA, "Analysis of Spatharij's Report of the Diplomatic Mission to the Qing Empire", in: *China and Europe. Ferdinand Verbiest Yearbook, 1986*, Leuven, 1986, pp. 87-109.

HARCOURT-SMITH, S., *A Catalogue of Various Clocks, Watches, Automata and Other Miscellaneous Objects of European Workmanship Dating from the XVIIIth and Early XIXth Centuries, in the Palace Museum and the Wu Ying Tien, Peiping*, Peiping, 1933.

HARRIS, S.J., "Jesuit Ideology and Jesuit Science: Scientific Activity in the Society of Jesus, 1540-1773". Ph.D. Diss., Wisconsin-Madison, 1988.

HARTMANN, H., "Die Erweiterung der europäischen Chinakenntnis durch die *Description de la Chine* des Jesuitenpaters Du Halde", Phil. Diss., Göttingen, 1949.

HASHIMOTO, K., *Hsü Kuang-ch'i and Astronomical Reform. The Process of the Chinese Acceptance of Western Astronomy 1629-1635*, Osaka, 1988.

HAVRET, H. - CHAMBEAU, *Mélanges sur la chronologie chinoise* (Variétés Sinologiques, nr. 52), Chang-hai, 1920.

HEIGEL, K.TH., "Zur Geschichte des Censurwesens in der Gesellschaft Jesu", in: *Archiv für die Geschichte des deutschen Buchhandels*, 6, 1881, pp. 162-167.

HEISSIG, W. - BAWDEN, CH., *Catalogue of Mongol Books, Manuscripts and Xylographs (Catalogue of Oriental Manuscripts, Xylographs etc. in Danish Collections, 3)*, Copenhagen, 1971.

HEITJAN, I., "Die Buchhändler, Verleger und Drucker Bencard", in: *Archiv für die Geschichte des Buchwesens*, 3, 1960-1961, pp. 614-979.

HELLMANN, G., "Die Entwicklung der meteorologischen Beobachtungen bis zum Ende des XVIII. Jhdts.", in: *Abhandlungen der Preussischen Akademie der Wissenschaften, Physikalisch-Mathematische Klasse, 1926*, 1927, nr. 1.

HEYNDRICKX, J., C.I.C.M. (ed.), *Philippe Couplet, S.J. (1623-1693). The Man Who Brought China to Europe* (Monumenta Serica Monograph Series, XXII), St. Augustin - Nettetal, 1990.

HILDBURGH, W.L., "Aeolipiles as Fire-Blowers", in: *Archaeologia, or Miscellaneous Tracts relating to Antiquity*, 94, 1951, pp. 27-55.

HILL-PAULUS, B., *Nikolaj Gavrilovic Spatharij [1636-1708] und seine Gesandschaft nach China*, Hamburg, 1978.

HO, PENG-YOKE, "The Astronomical Bureau in Ming China", in: *J.A.H.*, 3.2, 1969, pp. 137-157.

HOANG, P., *Mélanges sur l'administration* (Variétés sinologiques, nr. 21), Chang-hai, 1902.

Concordances des chronologies néoméniques chinoise et européenne (Variétés Sinologiques, nr. 29), Chang-hai, 1910.

"Catalogue des éclipses de soleil et de lune relatées dans les documents chinois et collationnées avec le canon de Th. Ritter v. Oppolzer", in: *Variétés Sinolo-*

giques, 56, 1925, pp. I-VI; 88-91; 148-155.

HUC, E.R., *Le christianisme en Chine*, vol. II, III, Paris, 1857.

HUCKER, CH.O., *A Dictionary of Official Titles in Imperial China*, Stanford, California, 1985.

HUMMEL, A.W. (ed.), *Eminent Chinese of the Ch'ing Period (1644-1912)*, Washington, 1943 (Repr. Taipei, 1970).

HUONDER, A., S.J., *Deutsche Jesuitenmissionäre des 17. und 18. Jahrhunderts*, Freiburg i. Br., 1899.

HWANG, J., "The Early Jesuit-Printings in China in the Bavarian State Library and the University of Munich", in: *International Symposium on Chinese-Western Cultural Interchange in Commemoration of the 400th Anniversary of the Arrival of M. Ricci, S.J. in China*, Taipei, 1983, pp. 281-293.

IANNACCONE, I., "From Tycho Brahe to Isaac Newton: Ferdinand Verbiest's Astronomical Instruments in the Ancient Observatory of Beijing", in: *Memorie della Società astronomica italiana*, 60, 1989, pp. 889-906.

IANNACCONE, I. & TAMBURELLO, A. (eds.), *Dall'Europa alla Cina: Contributi per una storia dell'Astronomia*, Napoli, 1990.

ICKX, J., *Ainsi naquït l'automobile*, Lausanne, 1961.

JAEGER, F., "Das Buch von den wunderbaren Maschinen. Ein Kapitel aus der Geschichte der chinesisch-abendländischen Kulturbeziehungen", in: *Asia Major*, N.F., I.1, 1944, pp. 78-96.

JENNES, J., C.I.C.M., *Invloed der Vlaamsche prentkunst in Indië, China en Japan tijdens de XVIe en XVIIe eeuw*, Leuven, 1943.

JOCHIM, C., "The Imperial Audience Ceremonies of the Ch'ing Dynasty", in: *SSCR Bulletin*, n. 7, 1979, pp. 88-103.

KANE, W., "The End of a Jesuit Library", in: *Mid-America Historical Review*, 23, 1941, pp. 190-213.

KENNEDY, E.S., "A Survey of Islamic Astronomical Tables", in: *Transactions of the American Philosophical Society*, 46.2, 1956, pp. 123-177.

KESSLER, L.D., *K'ang-hsi and the Consolidation of Ch'ing Rule, 1661-1684*, Chicago - London, 1976.

KONINGS, P., "Astronomical Reports offered by F. Verbiest, S.J. to the Chinese Emperor". Unpubl. Report to the 6th International Conference on the History of Sciences in China, Cambridge, 1990.

KRAFT, E., "Christian Mentzel, Philippe Couplet, Andreas Cleyer und die chinesische Medizin (...)", in: E. WÖRMIT (ed.), *Fernöstliche Kultur W. Haenisch zugeeignet von seinem Marburger Studienkreis*, Marburg, 1975, pp. 158-196.

"Frühe chinesische Studien in Berlin", in: *Medizin-historisches Journal*, 11, 1976, pp. 92-128.

KRAMM, H., *Deutsche Bibliotheken unter dem Einfluss von Humanismus und Reformation*, Leipzig, 1938.

LACH, D.F., *The Preface to Leibniz' Novissima Sinica. Commentary, Translation, Text*, Honolulu, 1957.

LAMALLE, E., "La propagande du P. Nicolas Trigault en faveur des missions de

Chine (1616)", in: *A.H.S.I.*, 9, 1940, pp. 49-120.

LAMPE, G.W.H., *A Patristic Greek Lexicon*, Oxford, 1976.

LAUFER, B., "Skizze der mandjurischen Literatur", in: *Keleti Szemle*, 9, 1908, pp. 1-53.

"Christian Art in China", in: *Mitteilungen des Seminars für orientalischen Sprachen*, 1910, Erste Abt. *Ostasiatische Studien*, Jg. 13, pp. 100-118.

LE BOEUFFLE, A., *Astronomie. Astrologie. Lexique latin*, Paris, 1987.

LEIDINGER, G., "Herzog Wilhelm V. von Bayern und die Jesuitenmissionen in China" in: *Forschungen zur Geschichte Bayerns*, 12, 1904, pp. 171-175.

LIBBRECHT, U., "On the Introduction of the Thermometer into China". Unpubl. paper read to the 2nd International Conference of the History of Chinese Sciences, Peking, May 1984.

"Introduction of the Hygrometer in China". Unpubl. paper read to the 4th International Conference of the History of Chinese Sciences, Sydney (Australia), May 1986.

The Library of Ph. Robinson. Part II. *The Chinese Collection*, London, 1988.

LIESEGANG, P., "Die 'Laterna magica' bei A. Kircher" in: *Deutsche Optische Wochenschrift*, 7, 1921, pp. 180-183.

"Der Missionar und Chinageograph M. Martini (1614-1661) als erster Lichtbildredner", in: *Proteus*, 2, 1937, pp. 112-116.

LIN, YIAN TSOUAN, *Essai sur le P. Du Halde et sa description de la Chine*, Ph.D. Diss., Fribourg, 1937.

LOESCHORN, B., "Die Bedeutungsentwicklung von Lat. *organum*", in: *Museum Helveticum*, 28, 1971, pp. 193-226.

LUNDBAEK, K., *T.S. Bayer (1694-1738), Pioneer Sinologist*, London, 1986.

The Traditional History of the Chinese Script, Aarhus, 1988.

MALONE, C.B., *History of the Peking Summer Palaces under the Ch'ing Dynasty* (Illinois Studies in the Social Sciences, XIX, 1-2), Urbana, 1934.

MANCALL, M., *Russia and China: Their Diplomatic Relations to 1727*, Cambridge, 1971.

MARTZLOFF, J.-CL., "La compréhension chinoise des méthodes démonstratives euclidiennes au cours du XVIIe siècle et au début du XVIIIe", in: *Actes du IIe Colloque international de Sinologie, Chantilly 1977*, Paris, 1980, pp. 125-141.

MAURICIO, D., "Os jesuitas e o ensino das matematicas em Portugal", in: *Brotéria*, 20, 1935, pp. 189-205.

McCABE, W.H., *An Introduction to the Jesuit Theatre*, St. Louis, 1983.

MERKEL, F.R., *G.W. von Leibniz und die China-Mission*, Leipzig, 1920.

MINACAPELLI, C., "Il P. Prospero Intorcetta", in: *Atti e Memorie del Convegno di geografi orientalisti*, 1911, pp. 64-72.

MITTLER, T., "De *Summa Theologica* Divi Thomae Aquinatis in Sinicum sermonem translata", in: *C.C.S.*, 3, 1930, pp. 521-526; 635-639; 752-755.

"Introductio in versionem Sinicam *Summae Theologicae* Divi Thomae", in: *C.C.S.*, 5, 1932, pp. 541-549.

MORGAN, C., *Le Tableau du Boeuf du Printemps. Etude d'une page de l'almanach chinois* (Mémoires de l'Institut des Hautes Etudes Chinoises, XIV),

Paris, 1980.

"De l'authenticité des calendriers Qing", in: *J.A.* 271, 1983, pp. 363-384.

MUELLER-GRAUPA, E., "Zum altlat. *formus*", in: *Glotta*, 31, 1951, pp. 129-152.

MUENSTERBERG, O., "Bayern und Asien im XVI., XVII. und XVIII. Jahrhundert", in: *Zeitschrift des Münchener Alterthumsvereins*, 6, 1894, pp. 12-37.

MUNGELLO, D.E., *Curious Land: Jesuit Accomodation and the Origins of Sinology* (Studia Leibnitiana. Supplementa, vol. 25), Stuttgart, 1985.

NEEDHAM, J., *Science and Civilisation in China. Vol. 3. Mathematics and the Sciences of the Heavens and the Earth*, Cambridge, 1959.

Clerks and Craftsmen in China and the West, Cambridge, 1970.

OMONT, H., *Missions archéologiques françaises en Orient aux XVIIe et XVIIIe siècles*, Paris, 1902.

OMONT, H. & AUVRAT, L., *Catalogue général des manuscrits français. Ancien Saint-Germain Français, I-III, Nos. 15370-20064*, Paris, 1898-1900.

ORNSTEIN, M., *The Role of Scientific Societies in the XVIIth Century*, Chicago-Illinois, 1938.

OXNAM, R.B., *Ruling from Horseback. Manchu Politics in the Oboi Regency, 1661-1669*, Chicago - London, 1975.

PALMER, M., *T'ung shu. The Ancient Chinese Almanac*, London, 1986.

P'AN CHI-HSING; "K'ang-hsi ti yü hsi-yang k'o-hsüeh", in: *Studies in the History of Natural Sciences*, 3.2, 1989, pp. 177-188.

PELLIOT, P.,

"Le véritable auteur des *Elementa Linguae Tartaricae*", in: *T.P.*, 21, 1922, pp. 367-386.

"La Brevis Relatio", in: *T.P.*, 23, 1924, pp. 355-372.

"Encore à propos des *Elementa Linguae Tartaricae*", in: *T.P.*, 24, 1925, pp. 64-66.

"L'ambassade de Manoel de Saldanha", in: *T.P.*, 27, 1930, pp. 421-424.

Les influences européennes sur l'art chinois aux XVIIe et XVIIIe siècles, Paris, 1948.

PENG, R. H.-F., "The K'ang-hsi Emperor's Absorption in Western Mathematics and Astronomy and his Extensive Applications of Scientific Knowledge", in: *Bulletin of Historical Research* 3, 1975, pp. 422-349 (*sic*).

PETECH, L., "Some Remarks on the Portuguese Embassies in the K'ang-hsi Period", in: *T.P.*, 44, 1956, pp. 227-236.

PFISTER, L., S.J., *Notices biographiques et bibliographiques sur les Jésuites de l'ancienne Mission de Chine, 1552-1773* (Variétés Sinologiques, nos. 59-60), Chang-hai, 1932-1934.

PICARD, R., *Les peintres jésuites à la Cour de Chine*, Grenoble, 1973.

PIH, I., *Le Père Gabriel de Magalhâes. Un jésuite portugais en Chine au XVIIe siècle* (Cultura medieval e moderna, 14), Paris, 1979.

PINOT, V., *La Chine et la formation de l'esprit philosophique en France (1640-*

1740), Genève, 1932.

PIRAZZOLI - T'SERSTEVENS, M., *Chine. Architecture Universelle*, Paris, 1970.

PONCELET, A., *Histoire de la Compagnie de Jésus dans les anciens Pays-Bas*, Bruxelles, 1927.

PORTER, J., "Bureaucracy and Science in Early Modern China: the Imperial Astronomical Bureau in the Ch'ing Period", in: *Journal of Oriental Studies*, Hong Kong, 18, 1980, pp. 61-76.

QUESTED, R.K.I., *Sino-Russian Relations. A Short History*, Sydney-London-Boston, 1984.

RABBAEY, E., *Eerw. Pater Ferdinand Verbiest. 1623-1688*, Brugge, 1903[1].

REISMUELLER, G., "Zur Geschichte der chinesischen Büchersammlung der Bayerischen Staatsbibliothek", in: *Festschrift F. Hirth*, Berlin, 1920, pp. 331-336.

RODRIGUES, F., *Jesuitas Portugueses astronomos na China, 1583-1805*, Porto, 1925.

Historia da Companhia de Jesus na assistência de Portugal, vol. III (1; 2), Porto, 1944.

RONAN, CH.E. & OH, BONNIE B.C. (eds.), *East meets West. The Jesuits in China, 1582-1773*, Chicago, 1988.

ROSE, P.L., "The Origins of the Proportional Compass from Mordente to Galileo", in: *Physis*, 10, 1968, pp. 53-64.

ROULEAU, A.F., S.J., "El automovil fue inventado en China", in: *Rivista Javeriana*, 39, 1953, pp. 308-313.

ROWBOTHAM, A.H., *Missionary and Mandarin. The Jesuits at the Court of China*, Berkeley - Los Angeles, 1942.

SCHEEL, J.D., *Peking Precursor. A Monograph*, Green Valley, Ontario, 1984.

SCHUETTE, J.F., S.J., *Documentos del "Archivo del Japón" en el Archivo Histórico Nacional de Madrid*, Madrid, 1978-1979.

F. SECK, "Das lateinische Suffix -aster, -astra, -astrum", in: *A.L.L.* 1, 1884, pp. 390-404.

SEGUY, M.-R., "A propos d'une peinture chinoise du Cabinet des Estampes à la Bibliothèque Nationale", in: *Gazette des Beaux Arts*, 88, 1976, pp. 229-230.

SERRURE, C.P., *Het leven van Pater Petrus-Thomas Van Hamme, missionnaris in Mexico en in China (1651-1727)*, Gent, 1871.

SIREN, O., *Chinese Painting: Leading Masters and Principles*, London, 1958.

SMITH, R., *Fortune-tellers and Philosophers. Divination in Traditional Chinese Society*, Boulder, 1991.

SMOLAK, K., "Der Verbannte Dichter. Identifizierungen mit Ovid in Mittelalter und Neuzeit", in: *Wiener Studien*, NF 14, 1980, pp. 158-191.

SOMMERVOGEL, C., S.J., *Bibliothèque de la Compagnie de Jésus*, 12 vols., Bruxelles - Paris, 1890 ff.

Sources de l'histoire de l'Asie et de l'Océanie dans les archives et bibliothèques françaises, II. Bibliothèque Nationale, München, 1981.

SPECHT, TH., *Geschichte der ehemaligen Universität Dillingen (1549-1804) und der mit ihr verbundenen Lehr- und Erziehungsanstalten*, Freiburg i. Br., 1902.

"Zur Geschichte der Dillinger Druckerei im 17. und 18. Jahrhundert", in: *Jahresbericht des historischen Vereins Dillingen*, 21, 1908, pp. 36-45.

SPENCE, J.D., *Emperor of China: Self-portrait of K'ang-hsi*, Harmondsworth, 1977.

STANDAERT, N., S.J., "Note on the Spread of Jesuit Writings in Late Ming and Early Qing China", in: *China Mission Studies (1550-1800) Bulletin*, 7, 1985, pp. 22-26.

STANDEN, E.A., "The Story of the Emperor of China: A Beauvais Tapestry Series", in: *Metropolitan Museum Journal*, 11, 1976, pp. 103-117.

European Post-Medieval Tapestries and Related Hangings in the Metropolitan Museum of Art, II, New York, 1985.

STREIT, R., O.M.I. - DINDINGER, J., O.M.I. - ROMMERSKIRCHEN, J., O.M.I. - KOWALSKY, N., , O.M.I. (eds.), *Bibliotheca Missionum*, Roma.

SZCZESNIAK, B., "Note on Kepler's Tabulae Rudolphinae in the Library of Pei-t'ang in Peking", in: *Isis*, 40, 1949, pp. 344-347.

"The Seventeenth Century Maps of China: an Inquiry into the Compilations of European Cartographers", in: *Imago Mundi*, 13, 1956, pp. 116-136.

Thesaurus Librorum. 425 Jahre Bayerische Staatsbibliothek (Ausstellung 1983), Wiesbaden, 1983.

THOMAS, A., *Histoire de la mission de Pékin depuis les origines jusqu'à l'arrivée des Lazaristes*, Paris, 1923.

THWING, L.L., "Automobile Ancestry. Nearly Forgotten Forebears of Streamline 1939", in: *Technology Review (MIT)*, Febr. 1939, pp. 169-170; 190.

TIKHVINSKI, S. (ed.), *Russie - Chine aux XVIIe-XIXe siècles*, Moscou, 1985.

TORBERT, P.M., *The Ch'ing Imperial Household Department. A Study of its Organization and Principle Functions, 1662-1796* (Harvard East Asian Monographs, 71), Cambridge, Mass. - London, 1977.

TSAO KAI-FU, "The Rebellion of the Three Feudatories against the Manchu Throne in China, 1673-1681: Its Setting and Significance", Ph.D. Diss., Columbia University, 1965.

ÜBELHÖR, M., "Hsü Kuang-ch'i (1562-1633) und die Einstellung zum Christentum", in: *Oriens Extremus*, 15, 1968, pp. 191-257; 16, 1969, pp. 41-74.

VAN DE VIJVER, O., S.J., "L'école des mathématiques des jésuites de la province flandro-belge au XVIIe siècle", in: *A.H.S.I.*, 49, 1980, pp. 265-278.

VANDE WALLE, W., "Stratification in Verbiest's Works: The *Astronomia Europaea* and the memorials", in: *International Conference in Honor of Ferdinand Verbiest. Commemoration of the 300th Anniversary of His Death (1688-1988)*, Taipei, 1987, pp. 237-256.

"Ferdinand Verbiest and the Chinese Bureaucracy". Unpublished paper read to the International Conference on the Life and the Work of F. Verbiest, Leuven,

1988 (forthcoming).
VAN DEN BOOGERD, L., *Het Jezuïetendrama in de Nederlanden*, Diss., Nijmegen, 1961.
VANDERSTAPPEN, H., "Chinese Art and the Jesuits in Peking", in: RONAN, CH.E. - OH, BONNIE B.C. (eds.), *East meets West. The Jesuits in China, 1582-1773*, Chicago, 1988.
VAN HEE, L., S.J., *Ferdinand Verbiest, écrivain chinois*, Bruges, 1913.
"Napier's Rods in China", in: *The American Mathematical Monthly*, 33, 1926, pp. 326-328.
"Euclide en chinois et en mandchou", in: *Isis*, 30, 1939, pp. 84-88.
VÄTH, A., S.J., *Johann Adam Schall von Bell S.J. Missionar in China, kaiserlicher Astronom und Ratgeber am Hofe von Peking 1592-1666. Ein Lebens- und Zeitbild von* A. VÄTH, S.J. unter Mitwirkung von LOUIS VAN HEE S.J., Köln, 1933 [New edition: St. Augustin - Nettetal, 1991. Monumenta Serica Monograph Series, XXV].
VERHAEREN, H., C.M., "Wang Tcheng et la mécanique", in: *B.C.P.*, 34, 1947, pp. 178-189.
"Les faucons du P. Buglio", in: *B.C.P.*, 34, 1947, pp. 68-81.
Catalogue de la bibliothèque du Pé-t'ang, Pékin, 1949.

WALRAVENS, H., "Vorhersagen von Sonnen- und Mondfinsternissen in mandjurischer und chinesischer Sprache", in: *M.S.*, 35, 1981-1983, pp. 431-484.
"Noch einmal: Bücherschatz in Bayern", in: *Börsenblatt für den deutschen Buchhandel*. Frankfurter Ausgabe, nr. 87, Nov. 1, 1983.
China illustrata. Das europäische Chinaverständnis im Spiegel des 16. bis 18. Jahrhunderts, Weinheim, 1987.
WASSENAAR, W.A., "The True Inventor of the Magic Lantern: Kircher, Walgenstein or Huygens ?", in: *Ianus*, 66, 1976, pp. 193-207.
WELLES, H.H. & ROBINSON, H.W., "The Eastern Tombs of the Manchus", in: *Asia*, 30, 1930, pp. 756-760.
WESSELS, C., "Iets over het briefverkeer in de XVIe en XVIIe eeuw, in't bijzonder met de missiegebieden in O.-Indië en China", in: *Studiën. Tijdschrift voor godsdienst, wetenschap en letteren*, 116, 1931, pp. 221-233.
WICKY, J., S.J., "Die *Miscellanea Epistolarum* des P. Athanasius Kircher S.J. in missionarischer Sicht", in: *Euntes Docete*, 21, 1968, pp. 221-254.
WIDMAIER, R., *Leibniz korrespondiert mit China: der Briefwechsel mit den Jesuitenmissionaren (1689-1714)*, Frankfurt a.M., 1990.
WILLEKE, B.H., O.F.M., "Die Missionshandschriften im Bayerischen Hauptstaatsarchiv zu München", in: *Euntes Docete*, 21, 1968, pp. 335-342.
WILLIAMS, C.A.S., *Outlines of Chinese Symbolism and Art Motives*, (Reprint) New York, 1976.
WILLS, J.E., Jr., *Embassies and Illusions. Dutch and Portuguese Envoys to K'ang-hsi, 1666-1687* (Harvard East Asian Monographs, 113), Cambridge (Mass.), 1984.
WONG, G.H.C., "China's Opposition to Western Science during Late Ming and Early Ch'ing", in: *Isis*, 54, 1963, pp. 29-49.

WU HSIU-LIANG, "Nan-shu-fang", in: *Ssu yü yen*, 5, March 1968, pp. 6-12.
WU, S.H.L., "The Memorial Systems of the Ch'ing Dynasty", in: *H.J.A.S., 27*, 1967, pp. 7-75.
Passage to Power: K'ang-hsi and his Heir Apparent, 1661-1722 (Harvard East Asian Series, 91), Cambridge - London, 1979.
"The Memorial Systems of the Ch'ing Dynasty", in: *H.J.A.S.*, 27, 1967, pp. 7-75.
WU WEI-PING, "The Development and Decline of the 8 Banners", Ph.D. Diss., Univ. of Pennsylvania, 1969.
WYLIE, A., *Notes on Chinese Literature*, Shanghai, 1867 [1964].
"The Mongol Astronomical Instruments in Peking", in: *Travaux de la 3e session du Congrès International des Orientalistes*, 1876, vol. II, pp. 3-26.

YAMBOLSKY, J., "The Origin of the 28 Lunar Mansions", in: *Osiris*, 9, 1950, pp. 62-83.
YOUNG, J.D., "An Early Confucian Attack on Christianity: Yang Kuang-hsien and his *Pu-te-i*", in: *Journal of the Chinese University of Hong Kong*, 3, 1975, pp. 156-187.

ZEDLER, J.-H, *Grosses vollständiges Universal Lexikon*, 64 vols. and 4 suppl., Halle-Leipzig, 1732-1754 (Graz, 1961).
ZINNER, E., *Deutsche und niederländische astronomische Instrumente des 11.-18. Jahrhunderts*, München, 1956.

附录六　缩写词汇表①

AE	*Astronomia Europaea (1687).*
A.H.E.B.	*Analectes pour servir à l'histoire ecclésiastique de la Belgique.*
A.H.S.I.	*Archivum Historicum Societatis Iesu.*
A.L.L.	*Archiv für lateinische Lexikographie.*
APUG	Archivio della Pontificia Università Gregoriana.
ARSI	Archivum Romanum Societatis Iesu.
A.S.E.B.	*Annales de la Société d'Emulation pour l'Etude de l'Histoire et des Antiquités de la Flandre.*
ASJP	Chantilly, Archives des Jésuites de la Province de Paris.
A.S.S.B.	*Annales de la Société Scientifique de Bruxelles.*
B.C.P.	*Bulletin Catholique de Pékin.*
B.N.P.	Bibliothèque Nationale de Paris.
B.S.B.A.	*Bulletin de la Société Belge d'Astronomie.*
C.C.S.	*Collectanea Commissionis Synodalis* (Shanghai).
C.H.	*Compendium historicum de astronomia apud Sinas restituta auctore Ferdinando Verbieszt* (sic) (...)
C.L.	*Compendium Latinum.*
C.L.Obs.	*Compendium Libri Observationum.*
C.L.Org.	*Compendium Libri Organici.*
Corr.	H. JOSSON & L. WILLAERT, *Correspondance de F. Verbiest*, Bruxelles, 1936.
CT	"Copie du Temps", contemporary copy.
D.E.L.I.	*Dizionario Etimologico della Lingua Italiana.*
F.Ch.	Bibliothèque Nationale de Paris - Fonds Chinois.
FEW	W. VON WARTBURG, *Französisches Etymologisches Wörterbuch.*

① 英译者高华士先生在对原文的注释中，引用了大量历史上的原始资料，为了叙述的简便，他使用了若干缩写词汇，并一一列出了这些缩写词汇的原意。现将此表刊出，供读者参考。

FG	ARSI, Fondo Gesuitico.
H.J.A.S.	*Harvard Journal of Asiatic Studies.*
JA	Ajuda, Jesuítas na Asia.
J.A.	*Journal Asiatique.*
J.A.H.	*Journal of Asian History.*
J.A.O.S.	*Journal of the American Oriental Society.*
J.R.A.S.	*Journal of the Royal Asiatic Society.*
JS	ARSI, Japonica-Sinica.
L.A.	*Litterae Annuae.*
M	*Astronomiae apud Sinas restitutae Mechanica, centum et sex figuris adumbrata auctore Ferdinando Verbiest (...)*
M.S.	*Monumenta Serica.*
NED	*New English Dictionary* (Oxford).
NH	Nicole Halsberghe.
N.R.	G. DE MAGALHAES, *Nouvelle Relation de la Chine*, Paris, 1688.
N.Z.M.	*Neue Zeitschrift für Missionswissenschaft.*
OVDV	Omer Van de Vyver, S.J.
Pet.	Petitions.
PK	Patricia Konings.
Pl.	Plate.
PTI	*Pu-te-i.*
PTIP	*Pu-te-i pien* (of F. Verbiest).
R.A.L.	*Rendiconti dell'Accademia dei Lincei, Classe di scienze morali.*
R.Q.Sc.	*Revue des Questions Scientifiques.*
SSCR Bulletin	*Society for the Study of Chinese Religions. Bulletin.*
Th.L.L.	*Thesaurus Linguae Latinae.*
T.P.	*T'oung Pao.*
V.O.C.	Vereenigde Oost-Indische Compagnie.
VDW	Prof. Dr. W. Vande Walle.
WNT	Woordenboek Nederlandse Taal.